INDUSTRIAL ENGINEER CONSTRUCTION SAFETY

건설안전 산업기사 실기

필답형 작업형

세영직업전문학교 | 경국현

SYED
세영에듀

세영직업전문학교(세영에듀)에서 출판된 수험서 구입시
유튜브에서 동영상강의를 무료로 시청하실 수 있습니다.

[무료 시청 과정]

- 건설안전기사 필기 · 실기
- 산업안전기사 필기 · 실기
- 건설안전산업기사 필기 · 실기
- 산업안전산업기사 필기 · 실기
- 소방설비기사(기계분야) 필기 · 실기
- 소방설비기사(전기분야) 필기 · 실기
- 일반기계기사 필기

머/리/말

본 교재는 열악한 환경과 모자라는 시간 속에서 건설안전산업기사 실기를 준비하는 수험생들이 단기간에 가장 효율적으로 공부할 수 있도록 저자가 수년간의 실무경험과 강의경험을 통해 얻은 산업안전 지식을 총망라하였다.

수험자가 반드시 알아야 할 중요한 내용을 요약·정리하고, 엄선된 예상문제를 선정·수록하여 건설안전산업기사 실기시험에 대비할 수 있도록 하였다.

이 **교재**의 **특징**은

- 수험자가 단기간에 완성할 수 있도록 한국산업인력공단의 출제기준안에 의하여 각 항목별(과목별)로 체계적인 단원분류 및 요약·정리하였다
- ▶ 각 항목별 과년도문제분석(2013~2018년)을 통하여 출제경향 및 중요도를 쉽게 파악할 수 있도록 하였다.
- ▶ 최근 기출문제(2019~2024년)를 수록하여 학습한 내용을 확인하고 평가할 수 있도록 수험준비에 만전을 기울였다.

본 교재를 충분히 활용하여 건설안전산업기사 실기를 준비하는 수험생 모두에게 합격의 영광이 있기를 기원하며, 차후 변경되는 출제경향 및 과년도 문제 등을 꾸준히 수정·수록하면서 보완해 나갈 것을 약속드린다.

끝으로 본서를 출간함에 있어 도움을 주시고 지도하여 주신 모든 선·후배님들께 감사드리며, 세영에듀 정은재 대표님께 감사의 인사를 전한다.

2025년
저자 경국현

출제기준(실기)

직무분야	안전관리	중직무분야	안전관리	자격종목	건설안전산업기사	적용기간	2021.1.1.~2025.12.31.

○ 직무내용 : 건설현장의 생산성 향상과 인적물적 손실을 최소화하기 위한 안전계획을 수립하고, 그에 따른 작업환경의 점검 및 개선, 현장 근로자의 교육계획 수립 및 실시, 작업환경 순회감독 등 안전관리 업무를 통해 인명과 재산을 보호하고, 사고 발생 시 효과적이며 신속한 처리 및 재발 방지를 위한 대책 안을 수립, 이행하는 등 안전에 관한 기술적인 관리 업무를 수행하는 직무이다.
○ 수행준거 : 1. 안전관리에 관한 이론적 지식을 바탕으로 안전관리 계획을 수립하고, 재해조사 분석을 하며 안전교육을 실시할 수 있다.
　　　　　　 2. 각종 건설공사 현장에서 발생할 수 있는 유해위험요소를 인지하고 이를 예방 조치를 할 수 있다.
　　　　　　 3. 안전에 관련한 규정사항을 인지하고, 이를 현장에 적용할 수 있다.

실기검정방법	복합형	시험시간	• 산업기사: 1시간 50분 정도(필답형: 1시간, 작업형: 50분 정도)

실기과목명	주요항목	세부항목	세세항목
건설안전실무	1. 안전관리	1. 안전관리 조직 이해 하기	1. 안전보건관리조직의 유형을 이해할 수 있어야 한다. 2. 안전책임과 직무 및 안전보건관리 규정을 알고 적용할 수 있어야 한다.
		2. 안전관리계획 수립하기	1. 공사에 필요한 안전관리 계획을 수립하기 위하여 건설안전 관련법령에서 정하는 사항을 확인할 수 있다. 2. 공종별 안전 시공계획, 안전 시공절차, 주의사항에 대하여 구체적으로 제시할 수 있다. 3. 안전점검계획은 재해예방지도기관, 안전진단기관과 계약을 체결하여 공사 기간 중 안전점검이 이루어지도록 계획할 수 있다. 4. 각종 관련서식, 안전점검표를 건설안전 관련법령을 참조하여 작성하고, 현장의 특수성을 검토하여 계획 확인 단계까지 보완할 수 있다. 5. 건설안전 관련법령 외의 안전관리사항을 안전관리계획서에 반영할 수 있다. 6. 안전관리계획 수립에 있어서 중대사고 예방에 관한 사항을 우선으로 고려하여 계획에 반영할 수 있다.
		3. 산업재해발생 및 재해 조사 분석하기	1. 재해발생모델을 알고 이해할 수 있어야 한다. 2. 사고예방원리를 이해할 수 있어야 한다. 3. 재해조사를 실시할 수 있어야 한다. 4. 재해발생의 구조를 이해할 수 있어야 한다. 5. 재해분석을 실시할 수 있어야 한다. 6. 재해율을 분석할 수 있어야 한다.
		4. 재해 예방대책 수립하기	1 사고장소에 대한 증거물과 관련자와의 면담 등을 통하여 사고와 관련된 기인물과 가해물을 규명할 수 있다. 2. 사고조사를 통해 근본적인 사고원인을 규명하여 개선대책을 제시할 수 있다.

실기 과목명	주요항목	세부항목	세세항목
건설안전 실무	1. 안전관리	5. 개인보호구 선정하기	1. 산업안전보건법령에 의해 안전인증 받은 보호구를 선정하고, 성능 시험의 적합 여부를 확인할 수 있다. 2. 개인보호구를 근로자가 적정하게 착용하고 있는지를 확인할 수 있다.
		6. 안전 시설물 설치하기	1. 건설공사의 기획, 설계, 구매, 시공, 유지관리 등 모든 단계에서 건설안전 관련 자료를 수집하고, 세부공정에 맞게 위험요인에 따른 안전 시설물 설치계획을 수립할 수 있다. 2. 산업안전보건법령에 기준하여 안전인증을 취득한 자재를 사용할 수 있다.
		7. 안전보건교육 계획하기	1. 안전교육에 관한 법령을 검토할 수 있다. 2. 교육종류에 따른 교육 대상자를 선정할 수 있다.
		8. 안전보건교육 실시하기	1. 안전보건교육의 연간 일정계획에 따라 교육을 실시할 수 있다. 2. 작업 상황사진, 동영상을 참고하여 불안전한 행동, 상태를 예방하기 위한 안전기술과 시공을 교육프로그램에 반영할 수 있다. 3. 건설안전 관련법령에 따라 교육일지를 작성하고 피교육자의 서명과 사진을 부착하여 교육 실시 여부를 기록할 수 있다. 4. 법적자료를 고려하여 교육대상자, 적정 시간과 횟수를 제대로 준수하고 있는지를 확인할 수 있다. 5. 작업공종을 기준으로 해당 안전담당자를 지정하고, 교육대상자가 의식과 행동의 변화를 가져올 때까지 교육을 실시할 수 있다.
	2. 건설공사 안전	1. 건설공사 특수성 분석하기	1. 설계도서에서 요구하는 특수성을 확인하여 안전관리계획 시 반영할 수 있다. 2. 공정관리계획 수립 시 해당 공사의 특수성에 따라 세부적인 안전지침을 검토할 수 있다. 3. 공사장 주변 작업환경이나 공법에 따라 안전관리에 적용해야 하는 특수성을 도출할 수 있다. 4. 공사의 계약조건, 발주처 요청 등에 따라 안전관리상의 특수성을 도출할 수 있다.
		2. 가설공사 안전을 이해하기	1. 가설공사 안전에 관한 일반을 이해할 수 있어야 한다. 2. 통로의 안전에 관한 사항을 이해할 수 있어야 한다. 3. 비계공사의 안전에 관한 사항을 이해할 수 있어야 한다.
		3. 토공사 안전을 이해하기	1. 사전점검 사항을 알고 적용할 수 있어야 한다. 2. 굴착작업의 안전조치 사항을 적용할 수 있어야 한다. 3. 붕괴재해 예방대책을 수립할 수 있어야 한다.
		4. 구조물공사 안전을 이해하기	1. 철근공사의 안전에 관한 사항을 이해할 수 있어야 한다. 2. 거푸집공사의 안전에 관한 사항을 이해할 수 있어야 한다. 3. 콘크리트공사의 안전에 관한 사항을 이해할 수 있어야 한다. 4. 철골공사의 안전에 관한 사항을 이해할 수 있어야 한다.

실기 과목명	주요항목	세부항목	세세항목
건설안전 실무	2. 건설공사 안전	5. 마감공사 안전을 이해하기	1. 마감공사의 안전에 관한 사항을 이해할 수 있어야 한다.
		6. 건설기계, 기구 안전을 이해하기	1. 차량계 건설기계에 관한 안전을 이해할 수 있어야 한다. 2. 토공기계에 관한 안전을 이해할 수 있어야 한다. 3. 차량계 하역운반기계에 관한 안전을 이해할 수 있어야 한다. 4. 양중기에 관한 안전을 이해할 수 있어야 한다.
		7. 사고형태별 안전을 이해하기	1. 떨어짐(추락)재해에 관한 안전을 이해할 수 있을 이해할 수 있어야 한다. 2. 낙하물 재해에 관한 안전을 이해할 수 있다. 3. 토사 및 토석 붕괴 재해에 관한 안전을 이해할 수 있다. 4. 감전재해에 관한 안전을 이해할 수 있다. 5. 건설 기타 재해에 관한 안전을 이해할 수 있다. 6. 사고조사 후 도출된 각각의 사고원인들에 대하여 사고 가능성 및 예상 피해를 감소시키기 위해 필요한 사항들을 검토할 수 있다. 7. 사고조사를 통해 근본적인 사고원인을 규명하여 개선대책을 제시할 수 있다.
	3. 안전기준	1. 건설안전 관련법규 적용하기	1. 산업안전보건법을 적용할 수 있어야 한다. 2. 산업안전보건법 시행령을 적용할 수 있어야 한다. 3. 산업안전보건법 시행규칙을 적용할 수 있어야 한다.
		2. 안전기준에 관한 규칙 및 기술지침 적용하기	1. 작업장의 안전기준을 적용할 수 있어야 한다. 2. 기계기구 설비에 의한 위험예방에 관한 안전기준 및 기술 지침을 적용할 수 있어야 한다. 3. 양중기에 관한 안전기준 및 기술 지침을 적용할 수 있어야 한다. 4. 차량계 하역운반 기계에 관한 안전기준 및 기술 지침을 적용할 수 있어야 한다. 5. 콘베이어에 관한 안전기준 및 기술 지침을 적용할 수 있어야 한다. 6. 차량계 건설기계 등에 관한 안전기준 및 기술 지침을 적용할 수 있어야 한다. 7. 전기로 인한 위험 방지에 관한 안전기준 및 기술 지침을 적용할 수 있어야 한다. 8. 건설작업에 의한 위험예방에 관한 안전기준 및 기술 지침을 적용할 수 있어야 한다. 9. 중량물 취급시 위험방지에 관한 안전기준 및 기술 지침을 적용할 수 있어야 한다. 10. 하역작업 등에 의한 위험방지에 관한 안전기준 및 기술 지침을 적용할 수 있어야 한다. 11. 기타 기술 지침을 적용할 수 있어야 한다.

차/례

1 part 건설안전산업기사 실기 핵심 요점정리

1. 안전관리 —————————————————————— 2
  (1) 안전관리조직 ———————————————————— 2
  (2) 안전보건관리 규정 및 계획 ———————————————— 5
  (3) 산업재해발생 및 재해조사 ———————————————— 6
  (4) 안전점검 및 작업분석 ————————————————— 12
  (5) 보호구 및 안전표지 —————————————————— 15

2. 안전교육 및 심리 ——————————————————— 24
  (1) 안전교육 —————————————————————— 24
  (2) 산업심리 —————————————————————— 29

3. 인간공학 및 시스템 위험분석 ————————————— 34
  (1) 인간공학 —————————————————————— 34
  (2) 시스템 위험분석 ——————————————————— 41

4. 건설공사 안전 ———————————————————— 45
  (1) 건설안전 일반 ———————————————————— 45
  (2) 가설공사 안전 ———————————————————— 52
  (3) 토공사 안전 ————————————————————— 59
  (4) 구조물공사 안전 ——————————————————— 66
  (5) 건설기계·기구 안전 ————————————————— 71
  (6) 사고형태별 안전 ——————————————————— 81

part 2 건설안전산업기사 과년도기출문제 분석 [2013~2018년]

2-1. 필답형 기출분석

1. 안전관리 ——————————————————————— 88
2. 교육 및 심리 ————————————————————— 148
3. 인간공학 및 시스템안전공학 ——————————————— 153
4. 건설공사안전 ————————————————————— 156
5. 안전기준 —————————————————————— 177

2-2. 작업형 기출분석

1. 건설기계·기구 ————————————————————— 248
2. 건설공사안전 ————————————————————— 264
3. 안전기준 —————————————————————— 361

part 3 최근 과년도문제 [2019~2024년]

3-1. 필답형 과년도문제

1. 건설안전산업기사 ────────────────────────── 445
    2019년 시행(제1, 2, 4회) ·· 446
    2020년 시행(제1, 2, 3, 4회) ··· 465
    2021년 시행(제1, 2, 4회) ·· 490
    2022년 시행(제1, 2, 4회) ·· 509
    2023년 시행(제1, 2, 4회) ·· 526
    2024년 시행(제1, 2, 3회) ·· 545

3-2. 작업형 과년도문제

1. 건설안전산업기사 ────────────────────────── 571
    2019년 시행(제1, 2, 4회) ·· 572
    2020년 시행(제1, 2, 3, 4회) ··· 592
    2021년 시행(제1, 2, 4회) ·· 625
    2022년 시행(제1, 2, 4회) ·· 642
    2023년 시행(제1, 2, 4회) ·· 663
    2024년 시행(제1, 2, 3회) ·· 680

P.A.R.T 01

건설안전산업기사 실기
핵심 요점정리

1. 안전관리
2. 안전교육 및 심리
3. 인간공학 및 시스템 위험분석
4. 건설공사 안전

CHAPTER 01 안전관리

01 안전관리조직

1 안전관리조직의 유형별 특징

(1) 라인형(직계형) 조직의 특성

1) 장점
   ① 안전에 관한 지시나 명령계통이 철저하다.
   ② 명령과 보고가 상하관계이므로 간단명료하다.
   ③ 안전대책의 실시가 신속하다.

2) 단점
   ① 안전에 관한 전문지식이 부족하다.
   ② 안전의 정보가 불충분하다.
   ③ 라인에 과중한 책임을 지우기 쉽다.

(2) 스탭형(참모식) 조직의 특징

1) 장점
   ① 안전전문가가 안전계획을 세워 안전에 관한 전문적인 문제해결 방안을 모색하고 조치한다.
   ② 경영자에게 조언과 자문역할을 할 수 있다.
   ③ 안전 정보수집이 빠르다.

2) 단점
   ① 안전지시나 명령이 작업자에게까지 신속·정확하게 하달되지 못한다.
   ② 생산부분은 안전에 대한 책임과 권한이 없다.
   ③ 권한다툼이나 조정 때문에 시간과 노력이 소모된다.

(3) 라인·스탭형(직계·참모식)의 특징

1) 장점
   ① 안전활동이 생산과 잘 협조가 된다.
   ② 생산라인의 각 계층에서도 안전업무를 겸임하게 할 수 있다.

③ 안전대책은 staff 부문에서 기획조사, 입안, 연구하고 line을 통하여 실시하도록 한다.
④ 전 근로자가 안전활동에 참여할 기회가 부여된다.

2) 단점
① 명령계통과 조언, 권고적 참여가 혼동되기 쉽다.
② 라인이 스탭에만 의존하거나 또는 활용하지 않는 경우가 있다.
③ 스탭의 월권행위의 경우가 있다.

2 안전관리조직의 업무 · 직무 등

(1) 안전보건관리책임자의 업무내용
① 산업재해 예방계획의 수립에 관한 사항
② 안전보건관리규정의 작성 및 변경에 관한 사항
③ 근로자의 안전 · 보건교육에 관한 사항
④ 작업환경측정 등 작업환경의 점검 및 개선에 관한 사항
⑤ 근로자의 건강진단 등 건강관리에 관한 사항
⑥ 산업재해의 원인조사 및 재발방지대책의 수립에 관한 사항
⑦ 산업재해에 관한 통계의 기록 및 유지에 관한 사항
⑧ 안전 · 보건과 관련된 안전장치 및 보호구 구입 시 적격품 여부 확인에 관한 사항
⑨ 그 밖에 근로자의 유해 · 위험예방 조치에 관한 사항으로서 「고용노동부령으로 정하는 사항」
(위험성 평가의 실시에 관한 사항과 안전보건규칙에서 정하는 근로자의 위험 또는 건강장해의 방지에 관한 사항)

(2) 안전관리자의 업무내용
① 산업안전보건위원회 또는 안전 · 보건에 관한 노사협의체에서 심의 · 의결한 업무와 해당 사업장의 안전보건관리규정 및 취업규칙에서 정한 업무
② 안전인증대상 기계 · 기구 등과 자율안전확인대상 기계 · 기구 등의 구입 시 적격품의 선정에 관한 보좌 및 지도 · 조언
③ 위험성 평가에 관한 보좌 및 지도 · 조언
④ 해당 사업장 안전교육계획의 수립 및 안전교육 실시에 관한 보좌 및 지도 · 조언
⑤ 사업장 순회점검 · 지도 및 조치의 건의
⑥ 산업재해 발생의 원인조사 · 분석 및 재발방지를 위한 기술적 보좌 및 지도 · 조언
⑦ 산업재해에 관한 통계의 유지 · 관리 · 분석을 위한 기술적 보좌 및 지도 · 조언
⑧ 법 또는 법에 따른 명령으로 정한 안전에 관한 사항의 이행에 관한 보좌 및 지도 · 조언
⑨ 업무수행 내용의 기록 · 유지
⑩ 그 밖에 안전에 관한 사항으로서 고용노동부장관이 정하는 사항

(3) 안전보건총괄책임자의 직무

① 작업의 중지 및 재개
② 도급사업 시의 안전·보건조치
③ 수급인의 산업안전보건관리비의 집행 감독 및 그 사용에 관한 수급인 간의 협의·조정
④ 안전인증대상 기계·기구 등과 자율안전확인대상 기계·기구 등의 사용여부 확인
⑤ 위험성 평가의 실시에 관한 사항

3 산업안전보건위원회

(1) 산업안전보건위원회를 설치·운영해야 할 사업의 종류 및 규모

사업의 종류	규 모
1. 토사석 광업 2. 목재 및 나무제품 제조업 : 가구 제외 3. 화학물질 및 화학제품 제조업 : 의약품 제외(세제, 화장품 및 광택제 제조업과 화학섬유 제조업은 제외) 4. 비금속 광물제품 제조업 5. 1차 금속 제조업 6. 금속가공제품 제조업 : 기계 및 기구는 제외 7. 자동차 및 트레일러 제조업 8. 기타 기계 및 장비 제조업(사무용 기계 및 장비 제조업은 제외) 9. 기타 운송장비 제조업(전투용 차량 제조업은 제외)	상시근로자 50명 이상
10. 농업 11. 어업 12. 소프트웨어 개발 및 공급업 13. 컴퓨터 프로그래밍, 시스템 통합 및 관리업 14. 정보서비스업 15. 금융 및 보험업 16. 임대업 : 부동산 제외 17. 전문 과학 및 기술 서비스업(연구개발업은 제외) 18. 사업지원 서비스업 19. 사회복지 서비스업	상시근로자 300명 이상
20. 건설업	공사금액 120억원 이상 (토목공사업에 해당하는 공사의 경우에는 150억원 이상)
21. 제1호부터 제20호까지의 사업을 제외한 사업	상시근로자 100명 이상

(2) 위원회의 구성

1) 근로자 위원(10명)

① 근로자대표(노동조합의 대표자 또는 근로자 과반수를 대표하는 사람)
② 근로자대표가 지명하는 1명 이상의 명예감독관
③ 근로자대표가 지명하는 9명 이내의 해당 사업장의 근로자(명예감독관 수만큼 제외)

2) 사용자 위원 (10명)
① 해당 사업의 대표자(다른 지역에 사업장의 있는 경우 그 사업장의 최고책임자)
② 안전관리자 1명
③ 보건관리자 1명
④ 산업보건의(선임되어 있는 경우로 한정)
⑤ 해당 사업의 대표자가 지명하는 9명 이내의 해당사업장 부서의 장

 안전관리조직 규정 및 계획

1 안전보건관리규정

(1) 법상 안전보건관리규정에 포함시켜야 할 사항

① 안전·보건 관리조직과 그 직무에 관한 사항
② 안전·보건 교육에 관한 사항
③ 작업장 안전관리에 관한 사항
④ 작업장 보건관리에 관한 사항
⑤ 사고 조사 및 대책 수립에 관한 사항
⑥ 그 밖에 안전·보건에 관한 사항

(2) 안전관리규정 작성시 유의사항

① 규정된 기준은 법정기준을 상회하도록 할 것
② 관리자층의 직무와 권한, 근로자에게 강제 또는 요청한 부분을 명확히 할 것
③ 관계법령의 개·제정에 따라 즉시 개정되도록 라인활용에 쉬운 규정이 되도록 할 것
④ 작성 또는 개정 시에 현장의 의견을 충분히 반영시킬 것
⑤ 규정의 내용은 정상 시는 물론, 이상 시, 사고 시, 재해발생시의 조치와 기준에 관해서도 규정할 것

2 안전·보건개선계획

(1) 법상의 안전·보건개선계획 대상 사업장

① 산업재해율이 같은 업종의 규모별 평균산업재해율보다 높은 사업장
② 안전보건조치 의무를 이행하지 아니하여 중대재해가 발생한 사업장
③ 대통령령으로 정하는 수 이상의 직업성 질병자가 발생한 사업장
④ 유해인자의 노출기준을 초과한 사업장

(2) 법상의 안전보건진단을 받아 개선계획을 수립, 제출해야 되는 사업장
   ① 사업주가 필요한 안전보건 조치를 이행하지 아니하여 중대재해가 발생한 사업장
   ② 산업재해율이 같은 업종 평균산업재해율의 2배 이상인 사업장
   ③ 직업병에 걸린 사람이 연간 2명 이상(상시근로자 1,000명 이상은 3명 이상)인 사업장
   ④ 작업환경불량, 화재·폭발 또는 누출사고 등으로 사업장 주변까지 피해가 확산된 사업장으로서 고용노동부장관이 정하는 사업장

(3) 법상의 안전·보건 개선계획서에 포함해야 되는 내용
   ① 시설
   ② 안전·보건교육
   ③ 안전·보건관리체제
   ④ 산업재해예방 및 작업환경의 개선을 위하여 필요한 사항

03 산업재해발생 및 재해조사

1 재해발생의 메커니즘(3가지 구조적 요소)

① 단순자극형(집중형) : 상호자극에 의해 순간적으로 재해가 발생하는 유형
② 연쇄형 : 하나의 사고요인이 또 다른 요인을 발생시키며 재해를 발생하는 유형
③ 복합형 : 연쇄형과 단순자극형의 복합적인 발생 유형

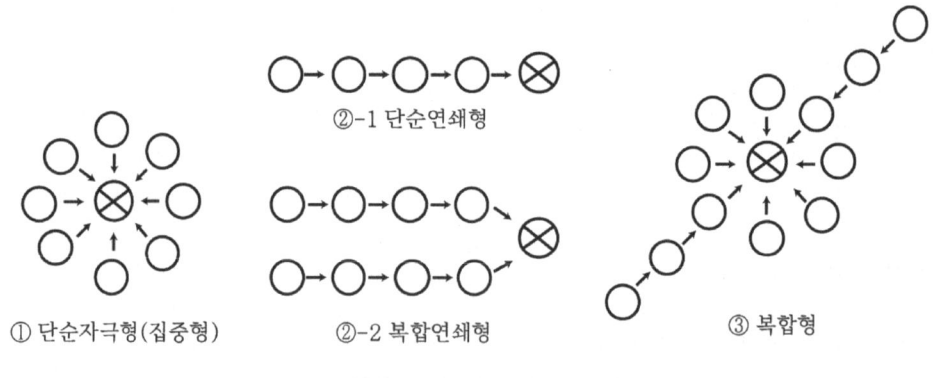

그림 재해발생의 메커니즘

2 재해발생시의 조치사항

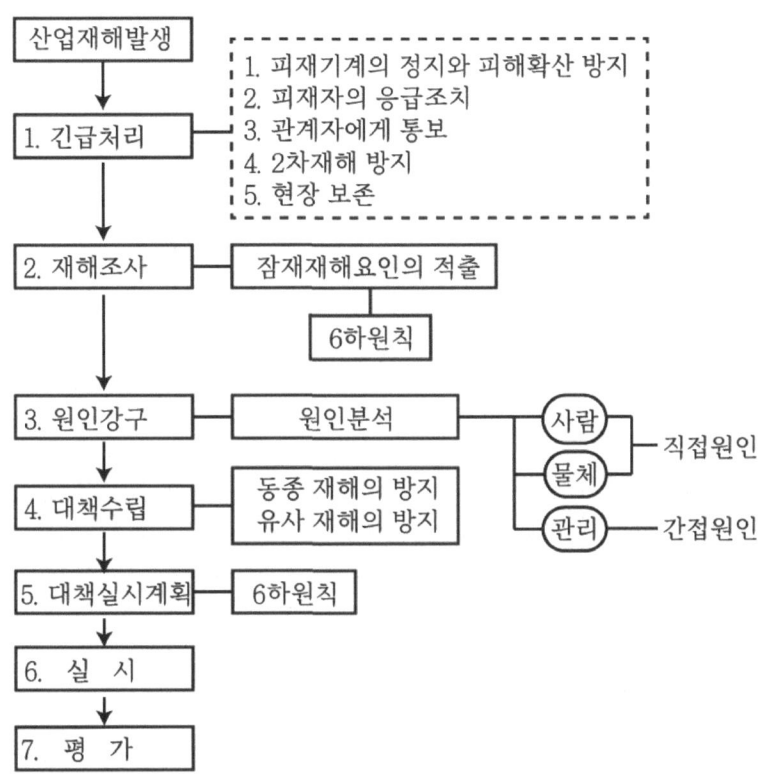

3 재해조사

(1) 재해조사의 목적
① 동종재해 및 유사재해의 재발 방지
② 원인의 규명 및 예방대책 자료 수집

(2) 재해조사시의 유의사항
① 사실을 수집한다. 이유는 뒤에 확인한다.
② 목격자 등이 증언하는 사실 이외의 추측의 말은 참고로만 한다.
③ 조사는 신속하게 행하고 긴급조치하여, 2차재해의 방지를 도모한다.
④ 사람, 기계설비 양면의 재해요인을 모두 도출한다.
⑤ 객관적인 입장에서 공정하게 조사하며, 조사는 2인 이상이 한다.
⑥ 책임추궁보다 재발방지를 우선하는 기본태도를 갖는다.
⑦ 피해자에 대한 구급조치를 우선한다.
⑧ 2차재해의 예방과 위험성에 대한 보호구를 착용한다.

4 사고연쇄성 이론

(1) 하인리히의 사고연쇄성 이론(사고 domino이론)
    ① 1단계 : 사회적 환경 및 유전적 요소
    ② 2단계 : 개인적인 결함
    ③ 3단계 : 불안전한 행동 및 불안전한 상태
           (사고방지를 위해 중점적으로 배제시켜야 할 단계)
    ④ 4단계 : 사고
    ⑤ 5단계 : 재해

(2) 버드의 최신 사고연쇄성 이론(버드의 관리모델)
    ① 1단계 : 통제부족 - 관리소홀
           (사고방지를 위해 중점적으로 관리해야 할 단계)
    ② 2단계 : 기본원인 - 기원
    ③ 3단계 : 직접원인 - 징후
    ④ 4단계 : 사고 - 접촉
    ⑤ 5단계 : 상해 - 손해 - 손실

(3) 아담스의 사고연쇄성 이론
    ① 1단계 : 관리구조
    ② 2단계 : 작전적 에러
    ③ 3단계 : 전술적 에러
    ④ 4단계 : 사고
    ⑤ 5단계 : 상해 - 손실

5 재해예방의 4원칙

① 손실우연의 원칙 : 재해손실은 사고발생시 사고대상의 조건에 따라 달라지므로 사고의 결과로서 생긴 재해손실은 우연성에 의해 결정된다.
② 원인계기의 원칙 : 사고와 원인관계는 필연적으로, 재해발생은 반드시 원인이 있다.
③ 예방가능의 원칙 : 재해는 원칙적으로 원인만 제거되면 예방이 가능하다.
④ 대책선정의 원칙 : 재해예방을 위한 안전대책은 반드시 존재한다.

6 (하인리히)사고예방대책의 기본원리 5단계

단계별 과정	내용	
1단계 : 조직	① 경영층의 참여 ③ 안전의 라인 및 참모조직 구성 ⑤ 조직을 통한 안전활동	② 안전관리자의 임명 ④ 안전활동 방침 및 계획 수립
2단계 : 사실의 발견	① 사고 및 안전활동 기록 검토 ③ 안전점검 및 안전진단 ⑤ 안전회의 및 토의 ⑦ 관찰 및 보고서의 연구 등을 통하여 불안전요소 발견	② 작업분석 ④ 사고조사 ⑥ 근로자의 제안 및 여론조사
3단계 : 분석평가	① 사고보고서 및 현장조사 ② 사고기록 및 인적·물적 조건의 분석 ③ 작업공정 분석 ④ 교육훈련 분석 등을 통하여 사고의 직접원인 및 간접원인을 규명	
4단계 : 시정방법의 선정	① 기술적 개선 ③ 교육훈련의 개선 ⑤ 규정 및 수칙 작업표준 제도의 개선	② 인사조정 ④ 안전행정의 개선 ⑥ 확인 및 통제체제 개선
5단계 : 시정책의 적용 (SE 적용)	① 기술적(engineering) 대책 ③ 단속적(enforcement) 대책	② 교육적(education) 대책

7 재해율 등 산정식

(1) 연천인율(年天人率) : 근로자 1,000명당 1년간에 발생하는 사상자 수

$$연천인율 = \frac{사상자수}{연평균 근로자수} \times 1,000$$

(2) 도수율(Frequency Rate of Injury, FR) : 연 근로시간 합계 100만 시간당의 재해발생건수

$$도수율 = \frac{재해발생건수}{연근로시간수} \times 10^6$$

(3) 연천인율과 도수율과의 관계

$$연천인율 = 도수율 \times 2.4$$
$$도수율 = \frac{연천인율}{2.4}$$

(4) 강도율(Severity Rate of Injury, SR) : 연 근로시간 1,000시간당 재해에 의해서 잃어버린 근로손실일수

$$강도율 = \frac{근로손실일수}{연근로시간수} \times 1,000$$

▶ 근로손실일수의 산정기준(국제기준)
① 사망 및 영구 전노동불능(신체장해등급 : 1 ~ 3) : 7,500일
② 영구 일부노동불능(신체장해등급 : 4~14) : 다음과 같다.

신체장해등급	4	5	6	7	8	9	10	11	12	13	14
근로손실일수	5,500	4,000	3,000	2,200	1,500	1,000	600	400	200	100	50

③ 일시 전노동불능 : 근로손실일수 = 휴업일수 × 300/365

(5) 환산도수율 및 환산강도율

① 환산도수율(FR) = $\frac{도수율}{10}$
② 환산강도율(SR) = 강도율 × 100

(6) 종합재해지수(도수강도치, FSI)

$$종합재해지수(FSI) = \sqrt{도수율(FR) \times 강도율(SR)}$$

(7) Safe T. Score(세이프 티 스코어)

① 뜻 : 과거와 현재의 안전성적을 비교, 평가하는 방법으로 단위가 없으며 계산결과 (+)이면 나쁜 기록, (-)이면 과거에 비해 좋은 기록으로 본다.
② 공식

$$Safe\ T.\ Score = \frac{빈도율(현재) - 빈도율(과거)}{\sqrt{\frac{빈도율(과거)}{연간근로시간수(현재)} \times 10^6}}$$

③ 판정
   ㉠ +2.00 이상인 경우 : 과거보다 심각하게 나쁘다.
   ㉡ +2.00 ~ -2.00 경우 : 심각한 차이 없음
   ㉢ -2.00 이하 : 과거보다 좋다.

8 재해코스트 산정방식

(1) 하인리히 방식

> 총재해 코스트(cost) = 직접비 + 간접비

① 직접비 : 간접비 = 1 : 4
② 직접비 : 법령으로 정한 피해자에게 지급되는 산재보상비(휴업보상비, 장해보상비, 요양보상비, 장의비, 유족보상비, 상병보상연금 등)
③ 간접비 : 재산손실, 생산중단 등으로 기업이 입은 손실(인적 손실, 물적 손실, 생산 손실, 특수 손실 등)

(2) 시몬즈 방식

> 총재해 코스트(cost) = 산재보험 코스트(cost) + 비보험 코스트(cost)
> 비보험 코스트 = (휴업 상해건수 × A) + (통원 상해건수 × B) + (응급조치 건수 × C) + (무상해 사고건수 × D)
>   A, B, C, D : 재해 정도별 비보험 코스트의 평균치

9 재해구성비율

(1) 하인리히의 재해구성비율

중상 또는 사망 : 경상(인적·물적손실 수반) : 무상해사고(물적손실, 고장 포함)
    = 1 : 29 : 300

(2) 버드의 재해구성비율

중상 또는 폐질 : 경상 : 무상해사고 : 무상해무사고(앗차사고) = 1 : 10 : 30 : 600

10 재해사례연구의 진행단계

① 전제조건 : 재해상황의 파악(현상파악)
② 1단계 : 사실의 확인
③ 2단계 : 문제점 발견
④ 3단계 : 근본적 문제점 결정
⑤ 4단계 : 대책의 수립

안전점검 및 작업분석

1 안전점검

(1) 안전점검의 종류
① 수시점검 : 작업 전, 작업 중, 작업 후 등 수시로 실시하는 점검(일상점검)
② 정기점검 : 일정기간마다 정기적으로 실시하는 점검
③ 임시점검 : 이상 발견 시 임시로 실시하거나 정기점검과 정기점검 사이에 실시하는 점검
④ 특별점검
   ㉠ 기계·기구 및 설비의 신설·변경 및 수리 등을 할 경우에 실시
   ㉡ 천재지변 발생 후 실시
   ㉢ 안전강조기간 내 실시

(2) 체크리스트 작성시 유의사항
① 사업장에 적합한 독자적인 내용일 것
② 중점도가 높은 것부터 순서대로 작성할 것(위험성이 높은 순이나 긴급을 요하는 순으로 작성)
③ 정기적으로 검토하여 재해방지에 실효성 있게 개조된 내용일 것(관계자 의견 청취)
④ 일정 양식을 정하여 점검 대상을 정할 것
⑤ 점검표의 내용은 이해하기 쉽도록 표현하고 구체적일 것

(3) 안전점검의 순환과정
① 현상의 파악(실상 파악)   ② 결함의 발견
③ 시정대책의 선정   ④ 대책의 실시

2 동작경제의 3원칙

(1) 동작능력 활용의 원칙
① 발 또는 왼손으로 할 수 있는 것은 오른손을 사용하지 않는다.
② 양손으로 동시에 작업을 시작하고 동시에 끝낸다.
③ 양손이 동시에 쉬지 않도록 함이 좋다.

(2) 작업량 절약의 원칙
① 적게 움직이게 한다.
② 재료나 공구는 취급하는 부근에 정돈한다.
③ 동작의 수를 줄인다.
④ 동작의 양을 줄인다.

⑤ 물건을 장시간 취급할 경우에는 장구를 사용한다.

(3) 동작 개선의 원칙
① 동작이 자동적으로 이루어지는 순서로 한다.
② 양손은 동시에 반대의 방향으로, 좌우 대칭적으로 운동한다.
③ 관성, 중력, 기계력 등을 이용한다.
④ 작업장의 높이를 적당히 하여 피로를 줄인다.

3 안전인증(산업안전보건법)

(1) 안전인증대상 기계·기구

구분	안전인증대상 기계·기구	자율안전확인대상 기계·기구
기계·기구 및 설비	① 프레스 ② 전단기 및 절곡기 ③ 크레인 ④ 리프트 ⑤ 압력용기 ⑥ 롤러기 ⑦ 사출성형기 ⑧ 고소작업대 ⑨ 곤돌라	① 연삭기 또는 연마기(휴대형은 제외) ② 산업용 로봇 ③ 혼합기 ④ 파쇄기 또는 분쇄기 ⑤ 컨베이어 ⑥ 식품가공용기계 　(파쇄·절단·혼합·제면기만 해당) ⑦ 자동차정비용리프트 ⑧ 인쇄기 ⑨ 공작기계 　(선반, 드릴기, 평삭·형삭기, 밀링만 해당) ⑩ 고정형 목재가공용 기계(둥근톱, 대패, 루타기, 띠톱, 모떼기 기계만 해당)
방호장치	① 프레스 및 전단기 방호장치 ② 양중기용 과부하방지장치 ③ 보일러 압출방출용 안전밸브 ④ 압력용기 압력방출용 안전밸브 ⑤ 압력용기 압력방출용 파열판 ⑥ 절연용 방호구 및 활선작업용 기구 ⑦ 방폭구조 전기기계·기구 및 부품 ⑧ 추락·낙하 및 붕괴 등의 위험방지 및 보호 필요한 가설기자재로서 고용노동부 장관이 정하여 고시하는 것 ⑨ 충돌·협착 등의 위험 방지에 필요한 산업용 로봇 방호장치로서 고용노동부장관이 정하여 고시하는 것	① 아세틸렌 용접장치용 또는 가스집합 용접장치용 안전기 ② 교류아크 용접기용 자동전격 방지기 ③ 롤러기 급정지장치 ④ 연삭기 덮개 ⑤ 목재가공용 둥근톱 반발예방장치 및 날접촉 예방장치 ⑥ 동력식 수동 대패용 칼날접촉 방지장치 ⑦ 추락·낙하 및 붕괴 등의 위험방지 및 보호에 필요한 가설기자재로서 고용노동부장관이 정하여 고시하는 것
보호구	① 추락 및 감전 위험방지용 안전모 ② 차광 및 비산물 위험방지용 보안경 ③ 방진마스크　④ 방독마스크 ⑤ 송기마스크　⑥ 전동식 호흡보호구 ⑦ 방음용 귀마개 또는 귀덮개 ⑧ 용접용 보안면　⑨ 안전장갑 ⑩ 안전화　⑪ 안전대 ⑫ 보호복	① 안전모(추락 및 감전 위험방지용 제외) ② 보안경(차광 및 비산물 위험방지용 제외) ③ 보안면(용접용 제외)

(2) 안전인증심사의 종류 및 내용·심사기간

심사의 종류	심사의 내용	심사기간
1. 예비심사	유해·위험한 기계·기구·설비 등이 안전인증기준에 적합한지를 확인하기 위한 심사	7일
2. 서면심사	종류별 또는 형식별로 설계도면 등 제품 기술과 관련된 문서가 안전인증기준에 적합한지 여부에 대한 심사	15일 (외국에서 제조한 경우는 30일)
3. 기술능력 및 생산체계심사	안전성능을 지속적으로 유지·보증하기 위하여 사업장에서 갖추어야 할 기술능력과 생산체계가 안전인증기준에 적합한 지에 대한 심사	30일 (외국에서 제조한 경우는 45일)
4. 제품심사 (안전성능이 안전인증기준에 적합한 지에대한 심사)	(1) 개별제품심사 : 서면심사결과가 안전인증기준에 적합할 경우에 모두에 대하여 하는 심사	15일
	(2) 형식별 제품검사 : 서면심사와 기술능력 및 생산체계 심사결과가 안전인증 기준에 적합할 경우에 형식별로 표본을 추출하여 하는 심사	30일 (방호장치 중 방호구조전기기계·기구 및 부품과 보호구는 60일)

4 안전검사

(1) 안전검사대상 유해·위험기계·설비 등
   ① 프레스
   ② 전단기
   ③ 크레인(정격하중 2톤 미만인 것은 제외)
   ④ 리프트
   ⑤ 압력용기
   ⑥ 곤돌라
   ⑦ 국소 배기장치(이동식은 제외)
   ⑧ 원심기(산업용에 한정)
   ⑨ 롤러기(밀폐형 구조는 제외)
   ⑩ 사출성형기(형체결력 294kN 미만은 제외)
   ⑪ 고소작업대(화물자동차 또는 특수자동차에 탑재한 고소작업대로 한정)
   ⑫ 컨베이어
   ⑬ 산업용 로봇

(2) 안전검사대상 유해·위험기계 등의 검사주기(시행규칙 제73조의 3)
   ① 크레인(이동식크레인은 제외), 리프트(이삿짐 운반용 리프트는 제외) 및 곤돌라 : 사업장에 설치가 끝난 날부터 3년 이내에 최초 안전검사를 실시하되, 그 이후부터 2년마다(건설현장에 사용하는 것은 최초로 설치한 날부터 6개월마다)

② 이동식크레인, 이삿짐운반용 리프트 및 고소작업대 : 신규 등록 이후 3년 이내에 최초 안전검사를 실시하되, 그 이후부터 2년마다
③ 프레스, 전단기, 압력용기, 국소배기장치, 원심기, 화학설비 및 그 부속설비, 건조설비 및 그 부속설비, 롤러기, 사출성형기, 컨베이어 및 산업용 로봇(11종) : 사업장에 설치가 끝난 날부터 3년 이내에 최초 안전검사를 실시하되, 그 이후부터 2년마다(공정안전보고서를 제출하여 확인을 받은 압력용기는 4년마다)

5 중대재해

(1) 중대재해의 정의
① 사망자가 1명 이상 발생한 재해
② 3개월 이상의 요양이 필요한 부상자가 동시에 2명 이상 발생한 재해
③ 부상자 또는 직업성 질병자가 동시에 10명 이상 발생한 재해

(2) 중대재해 발생 시 보고사항
① 발생 개요 및 피해상황
② 조치 및 전망
③ 그 밖의 중요한 사항

05 보호구 및 안전표지

1 보호구의 일반사항

(1) 보호구의 구비조건
① 착용시 작업이 용이할 것
② 대상물(유해물)에 대하여 방호가 완전할 것
③ 재료의 품질이 우수할 것
④ 구조 및 표면 가공이 우수할 것
⑤ 외관이 보기 좋을 것
⑥ 작업에 방해가 안되도록 할 것

(2) 안전인증대상 보호구

안전인증대상 보호구	자율안전확인대상 기계 · 기구
① 추락 및 감전 위험방지용 안전모 ② 차광 및 비산물 위험방지용 보안경 ③ 용접용 보안면 ④ 방진마스크 ⑤ 방독마스크 ⑥ 송기마스크 ⑦ 전동식 호흡보호구 ⑧ 안전장갑 ⑨ 안전대 ⑩ 안전화 ⑪ 보호복 ⑫ 방음용 귀마개 또는 귀덮개	① 안전모(추락 및 감전 위험방지용 제외) ② 보안경(차광 및 비산물 위험 방지용 제외) ③ 보안면(용접용 제외)

2 안전모

(1) 안전모의 종류

종류(기호)	사용 구분	내전압성
AB	물체의 낙하 또는 비래 및 추락[1]에 의한 위험을 방지 또는 경감시키기 위한 것	비내전압성
AE	물체의 낙하 및 비래에 의한 위험을 방지 또는 경감하고 머리 부위 감전에 의한 위험을 방지하기 위한 것	내전압성[2]
ABE	물체의 낙하 또는 비래 및 추락에 의한 위험을 방지 또는 경감하고, 머리 부위 감전에 의한 위험을 방지하기 위한 것	내전압성[2]

㈜ (1) 추락 : 높이 2m 이상의 고소 작업, 굴착 및 하역 작업 등에 있어서의 추락을 의미
　 (2) 내전압성 : 7,000V 이하의 전압에 견디는 것을 의미

(2) 안전모 재료의 성질(안전모의 각 부품에 사용하는 재료의 구비조건)

① 쉽게 부식하지 않는 것
② 피부에 해로운 영향을 주지 않는 것
③ 사용 목적에 따라 내열성, 내한성 및 내수성을 보유할 것
④ 모체의 표면을 밝고 선명한 색채로 할 것
⑤ 충분한 강도를 가질 것
⑥ 안전모의 모체, 충격흡수라이너, 착장제의 무게는 440g을 초과하지 않을 것

(3) 안전모 시험성능 항목

자율안전확인대상 시험항목	안전인증대상 시험항목
① 내관통성 시험 ② 충격흡수성 시험 ③ 난연성 시험 ④ 턱끈풀림 시험 ⑤ 측면변형 시험	① 내수성 시험 ② 내전압성 시험 ③ 금속용융물 분사시험 ④ 자율안전확인 대상 시험과목 5가지 포함

3 보안경

(1) 보안경의 종류

종류	사용 구분
차광안경	눈에 대하여 해로운 자외선 및 적외선 또는 강렬한 가시광선(이하 유해광선이라 한다)이 발생하는 장소에서 눈을 보호하기 위한 것
유리 보호안경	미분, 칩, 기타 비산물로부터 눈을 보호하기 위한 것
플라스틱 보호안경	미분, 칩, 기타 비산물로부터 눈을 보호하기 위한 것
도수렌즈 보호안경	근시, 원시 혹은 난시인 근로자가 차광안경, 유리 보호안경을 착용해야 하는 장소에서 작업하는 경우, 빛이나 비산물 및 기타 유해물질로부터 눈을 보호함과 동시에 시력을 교정하기 위한 것

4 보안면의 종류

종류	사용 구분
용접용 보안면 (안전인증)	아크 용접 및 가스 용접, 절단 작업시에 발생하는 유해한 자외선, 가시광선 및 적외선으로부터 눈을 보호하고, 용접광 및 열에 의한 화상의 위험에서 용접자의 안면, 머리 부분 및 목 부분을 보호하기 위한 것
일반보안면 (자율안전확인)	일반작업 및 용접작업시 발생하는 각종 비산물과 유해물, 유해한 액체로부터 얼굴(머리의 전면, 이마, 턱, 목 앞부분, 코, 입)을 보호하고 눈부심을 방지하기 위해 적당한 보안경 위에 겹쳐 착용하는 것

5 방음 보호구의 종류

형식	종류	기호	적요
귀마개	1종	EP-1	저음부터 고음까지를 차단하는 것
	2종	EP-2	고음만을 차단하는 것
귀덮개		EM	저음부터 고음까지를 차단하는 것

6 호흡용 보호구

(1) 방진마스크

1) 방진마스크의 등급별 사용장소

등급	사용장소
특급	· 베릴륨 등과 같이 독성이 강한 물질을 함유한 분진 등 발생장소 · 석면 취급장소
1급	· 특급마스크 착용장소를 제외한 분진 등 발생장소 · 금속 흄 등과 같이 열적으로 생기는 분진 등 발생장소 · 기계적으로 생기는 분진 등 발생장소(규소 등과 같이 2급 마스크를 착용하여도 무방한 경우는 제외)
2급	· 특급 및 1급 마스크를 착용장소를 제외한 분진 등 발생장소

2) 방진마스크의 선정기준(구비조건)
　① 분진포집효율(여과효율)이 좋을 것
　② 흡기·배기저항이 낮을 것
　③ 사용면적(유효공간)이 적을 것
　④ 중량이 가벼울 것
　⑤ 시야가 넓을 것(하방 시야 60° 이상)
　⑥ 안면 밀착성이 좋을 것
　⑦ 피부 접촉부위의 고무질이 좋을 것

(2) 방독마스크

1) 방독마스크의 일반구조
　① 쉽게 깨지지 않을 것
　② 착용자의 시야가 충분할 것
　③ 착용자의 얼굴과 방독마스크 내면 사이의 공간이 너무 크지 않을 것
　④ 착용이 쉽고 착용했을 때 공기가 새지 않고, 압박감이나 고통을 주지 않을 것
　⑤ 전면형 방독마스크는 호기에 의해 눈 주위에 안개가 끼지 않을 것
　⑥ 정화통, 흡기밸브 또는 머리끈을 바꿀 수 있는 것은 쉽게 바꿀 수 있는 구조일 것

2) 방독마스크의 흡수관(흡수통 또는 정화통)

종류	표지 기호	표지 색	대응 독물	주성분
보통가스용 (할로겐가스용)	A	흑색, 회색	염소 및 할로겐류, 포스겐, 유기 및 산성가스	활성탄, 소다라임
유기가스용	C	흑색	유기가스 및 증기, 이황화탄소	활성탄
일산화탄소용	E	적색	TEL, 일산화탄소	호프카라이트, 방습제
암모니아용	H	녹색	암모니아	큐프라마이트
아황산용	I	황적색	아황산 및 황산미스트	산화금속 알칼리제제

(3) 송기마스크

1) 송기마스크 : 산소 결핍(공기 중 산소농도가 18% 미만) 장소에서 사용하는 호흡용 보호구
2) 송기마스크의 종류 : 자급식, 호스마스크, 에어-라인마스크

7 안전장갑

(1) 절연장갑의 종류

구분	종류	재료	용도
전기용 고무장갑	A종	고무	주로 300V를 초과하고 교류 600V 또는 직류 750V 이하의 작업에 사용
	B종	고무	주로 교류 600V 또는 직류 750V를 초과하고 3500V 이하의 작업에 사용
	C종	고무	주로 3,500V를 초과하고 7,000V 이하의 작업에 사용

(2) 유기화합물용 안전장갑 : 액체상태의 유기화합물이 피부를 통하여 인체에 흡수되는 것을 방지하기 위하여 사용하는 보호장갑

8 안전화

(1) 안전화의 종류

종류	사용 구분
가죽제 안전화	물체의 낙하, 충격 및 날카로운 물체에 의해 바닥으로부터의 찔림에 의한 위험으로부터 발을 보호하기 위한 것
고무제 안전화	물체의 낙하, 충격 또는 날카로운 물체에의 찔림에 의한 위험으로부터 발을 보호하고 내수성 또는 내화학성을 겸한 것
정전기 안전화	정전기의 인체 대전을 방지하기 위한 것
발등 안전화	물체의 낙하 및 충격으로부터 발 및 발등을 보호하기 위한 것
절연화	저압의 전기에 의한 감전을 방지하기 위한 것
절연장화	고압에 의한 감전 방지 및 방수를 겸한 것
화학물질용 안전화	낙하, 충격, 찔림위험으로부터 발을 보호하고 화학물질로부터 유해위험을 방지하는 것

(2) 고무제 안전화의 구분 및 사용장소

구분	사용 장소
일반용	일반 작업장
내유용	탄화수소류의 윤활유 등을 취급하는 작업장

9 안전대

(1) 사용방법에 따른 안전대의 종류

종류	사용 구분
벨트(B)식	U자걸이 전용
	1개걸이 전용
안전그네(H)식	안전블록
	추락방지대

(2) 안전대용 로프의 구비조건

① 충격, 인장강도에 강할 것 ② 내마모성이 높을 것
③ 내열성이 높을 것 ④ 완충성이 높을 것
⑤ 습기나 약품류에 침범당하지 않을 것 ⑥ 부드럽고, 되도록 매끄럽지 않을 것

10 안전·보건표지

(1) 안전·보건표지의 종류 및 색채

분류	종류		색채
금지표지	① 출입금지 ③ 차량통행금지 ⑤ 탑승금지 ⑦ 화기금지	② 보행금지 ④ 사용금지 ⑥ 금연 ⑧ 물체이동금지	· 바탕은 흰색 · 기본모형은 빨간색 · 관련부호 및 그림은 검은색
경고표지	① 인화성물질 경고 ③ 폭발성물질 경고 ⑤ 부식성물질 경고 ⑥ 발암성·변이원성·생식독성·전신독성·호흡기과민성물질 경고	② 산화성물질 경고 ④ 급성독성물질 경고	· 바탕은 무색 · 기본모형은 빨간색 (검은색도 가능)
	⑦ 방사성물질 경고 ⑨ 매달린 물체 경고 ⑪ 고온 경고 ⑬ 몸균형상실 경고 ⑮ 위험장소 경고	⑧ 고압전기 경고 ⑩ 낙하물 경고 ⑫ 저온 경고 ⑭ 레이저광선 경고	· 바탕은 노란색 · 기본모형·관련부호 및 그림은 검은색
지시표지	① 보안경 착용 ③ 방진마스크 착용 ⑤ 안전모 착용 ⑦ 안전화 착용 ⑨ 안전복 착용	② 방독마스크 착용 ④ 보안면 착용 ⑥ 귀마개 착용 ⑧ 안전장갑 착용	· 바탕은 파란색 · 관련그림은 흰색

안내표지	① 녹십자표지
	③ 들것
	⑤ 비상구
	⑦ 우측비상구
		② 응급구호표지
		④ 세안장치
		⑥ 좌측비상구
		⑧ 비상용구
			· 바탕은 흰색, 기본모형 및
			  관련부호는 녹색
			· 바탕은 녹색, 관련부호 및
			  그림은 흰색

분류	종류	색채
관계자 외 출입금지	① 허가대상 유해물질 취급 ② 석면취급 및 해체·제거 ③ 금지유해물질 취급	· 글자는 흰색바탕에 흑색 · 다음 글자는 적색 - OOO제조/사용/보관 중 - 석면취급/해체 중 - 발암물질 취급 중

(2) 산업안전표지의 색채 종류, 색도기준 및 용도

색채	색도기준	용도	사용 예
빨간색	7.5R 4/14	금지	정지신호, 소화설비 및 그 장소, 유해행위의 금지
		경고	화학물질 취급장소에서의 유해·위험물질 경고
노란색	5Y 8.5/12	경고	화학물질 취급장소에서의 유해·위험 경고 이외의 위험 경고·주의표지 또는 기계방호물
파란색	2.5PB 4/10	지시	특정행위의 지시 및 사실의 고지
녹색	2.5G 4/10	안내	비상구 및 피난소, 사람 또는 차량의 통행표지
흰색	N 9.5		파란색 또는 녹색에 대한 보조색
검은색	N 0.5		문자 및 빨간색 또는 노란색에 대한 보조색

(3) 안전·보건표지의 종류와 형태

① 금지표지	101 출입금지	102 보행금지	103 차량통행금지	104 사용금지	105 탑승금지	106 금연
	107 화기금지	108 물체이동금지	② 경고표지	201 인화성 물질경고	202 산화성 물질경고	203 폭발성 물질경고	204 급성 독성물질 경고
205 부식성 물질경고	206 방사성 물질경고	207 고압전기 경고	208 매달린 물체경고	209 낙하물 경고	210 고온경고	211 저온경고
212 몸균형 상실경고	213 레이저 광선경고	214 발암성·변이원성·생식독성·전신독성·호흡기과민성 물질경고	215 위험장소경고	③ 지시표지	301 보안경 착용	302 방독 마스크 착용
303 방진 마스크 착용	304 보안면 착용	305 안전모 착용	306 귀마개 착용	307 안전화 착용	308 안전장갑 착용	309 안전복 착용

④ 안내표지	401 녹십자 표지	402 응급 구호표지	403 들것	404 세안장치	405 비상용 기구	406 비상구

	407 좌측 비상구	408 우측 비상구	⑤ 관계자외 출입금지	501 허가대상물질 작업장	502 석면취급/해체 작업장	503 금지대상 물질의 취급 실험실 등
				관계자외 출입금지 (허가물질 명칭) 제조/사용/보관중 보호구/보호복 착용 흡연 및 음식물 섭취 금지	관계자외 출입금지 석면 취급/해체중 보호구/보호복 착용 흡연 및 음식물 섭취 금지	관계자외 출입금지 발암물질 취급중 보호구/보호복 착용 흡연 및 음식물 섭취 금지

⑥ 문자 추가시 예시문	
화기엄금	▶ 내 자신의 건강과 복지를 위하여 안전을 늘 생각한다. ▶ 내 가정의 행복과 화목을 위하여 안전을 늘 생각한다. ▶ 내 자신의 실수로써 동료를 해치지 않도록 하기 위하여 안전을 늘 생각한다. ▶ 내 자신이 일으킨 사고로 인한 회사의 재산과 손실을 방지하기 위하여 안전을 늘 생각한다. ▶ 내 자신의 방심과 불안전한 행동이 조국의 번영에 장애가 되지 않도록 하기 위하여 안전을 늘 생각한다.

CHAPTER 02 안전교육 및 심리

01 안전교육

1 안전교육의 개요

(1) 교육의 3요소
① 교육의 주체(subject of education) : 강사(교도자)
② 교육의 객체(object of education) : 학생(수강자)
③ 교육의 매개체(educational materials) : 교재

(2) 교육(학습)지도의 원칙
① 상대방 입장에서의 교육(학습자 중심 교육)
② 동기부여
③ 쉬운 부분에서 어려운 부분으로 진행
④ 반복교육
⑤ 한 번에 하나씩 교육
⑥ 인상의 강화(강조하고 싶은 사항)
　㉠ 보조재의 활용
　㉡ 견학 및 현장사진 제시
　㉢ 사고사례의 제시
　㉣ 중요사항의 재강조
　㉤ 토의과제 제시 및 의견 청취
　㉥ 속담, 격언과의 연결 및 암시 등의 방법 선택
⑦ 오감의 활용
⑧ 기능적인 이해

(3) 교육법의 4단계
① 1단계 - 도입(준비) : 배우고자 하는 마음가짐을 일으키도록 도입한다.
② 2단계 - 제시(설명) : 상대의 능력에 따라 교육하고 내용을 확실하게 이해시키고 납득시켜 다시 기능으로서 습득시킨다.

③ 3단계 - 적용(응용) : 이해시킨 내용을 구체적인 문제 또는 실제문제로 활용시키거나 응용시킨다.
④ 4단계 - 확인(총괄) : 교육내용을 정확하게 이해하고 습득하였는지의 여부를 확인한다.

2 안전교육의 기본 방향 및 목적

(1) 안전교육의 기본 방향
① 사고사례 중심의 안전교육
② 안전작업(표준작업)을 위한 안전교육
③ 안전의식 향상을 위한 안전교육

(2) 안전교육의 목적
① 인간정신의 안전화
② 행동의 안전화
③ 환경의 안전화
④ 설비와 물자의 안전화

3 안전교육의 3단계

① 제1단계 - 지식교육 : 강의 시청각 교육을 통한 지식의 전달과 이해
② 제2단계 - 기능교육 : 시범, 실습, 현장실습교육, 견학을 통한 이해와 경험 채득
③ 제3단계 - 태도교육 : 생활지도, 작업동작지도 등을 통한 안전의 습관화

4 하버드학파의 5단계 교수법

① 준비시킨다.(preparation)
② 교시한다.(presentation)
③ 연합한다.(association)
④ 총괄시킨다.(generalization)
⑤ 응용시킨다.(application)

5 OJT와 off JT

(1) **OJT**(On the job training, 현장 중심교육) : 직속 상사가 현장에서 업무상의 개별교육이나 지도훈련을 하는 교육형태

(2) **off JT**(off the job traning, 현장 외 중심교육) : 계층별 또는 직능별 등과 같이 공통된 교육대상자를 현장 외의 한 장소에 모아 집체 교육훈련을 실시하는 집단 교육 형태

(3) OJT와 off JT의 특징

OJT	off JT
① 개개인에게 적합한 지도훈련을 할 수 있다.	① 다수의 근로자에게 조직 훈련이 가능하다.
② 직장의 실정에 맞는 실체적 훈련을 할 수 있다.	② 훈련에만 전념하게 된다.
③ 훈련에 필요한 업무의 계속성이 끊어지지 않는다.	③ 특별설비기구를 이용할 수 있다.
④ 즉시 업무에 연결되는 관계로 신체와 관련이 있다.	④ 전문가를 강사로 초청할 수 있다.
⑤ 효과가 곧 업무에 나타나며 훈련의 좋고 나쁨에 따라 개선이 용이하다.	⑤ 각 직장의 근로자가 많은 지식이나 경험을 교류할 수 있다.
⑥ 교육을 통한 훈련효과에 의해 상호신뢰 이해도가 높아진다.	⑥ 교육 훈련목표에 대해서 집단적 노력이 흐트러질 수 있다.

6 강의계획의 4단계 및 학습목적의 3요소

(1) 강의계획의 4단계
① 1단계 : 학습목적과 학습 성과의 설정
② 2단계 : 학습자료 수집 및 체계화
③ 3단계 : 교수방법의 선정
④ 4단계 : 강의안 작성

(2) 학습목적의 3요소
① 목표(goal) : 학습을 통하여 달성하려는 지표
② 주체(subject) : 목표달성을 위한 테마(thema)
③ 학습정도(level of learning) : 학습범위와 내용의 정도를 말하며 다음 단계에 의해 이루어진다.
   ㉠ 인지 : ~을 인지하여야 한다.
   ㉡ 지각 : ~을 알아야 한다.
   ㉢ 이해 : ~을 이해하여야 한다.
   ㉣ 적용 : ~을 ~에 적용할 줄 알아야 한다.

7 교육훈련 평가의 4단계

① 반응 단계(1단계) : 훈련을 어떻게 생각하고 있는가?
② 학습 단계(2단계) : 어떠한 원칙과 사실 및 기술 등을 배웠는가?
③ 행동 단계(3단계) : 직무 수행상 어떠한 행동의 변화를 가져왔는가?
④ 결과 단계(4단계) : 코스트절감, 품질개선, 안전관리, 생산증대 등에 어떠한 결과를 가져왔는가?

8 사업 내 안전보건 교육의 종류

① 정기교육
② 채용시 교육(건설 일용근로자 채용은 제외)
③ 작업내용 변경시 교육
④ 특별교육(유해·위험 작업에 근로자를 사용할 때 실시)
⑤ 건설업 기초 안전보건교육

9 산업안전보건 관련 교육과정별 교육시간 (시행규칙 별표8)

(1) 근로자 안전·보건교육

교육과정	교육대상		교육시간
1. 정기교육	사무직 종사 근로자		매분기 3시간 이상
	사무직 종사근로자 외의 근로자	판매업무에 직접 종사하는 근로자	매분기 3시간 이상
		판매업무에 직접 종사하는 근로자 외의 근로자	매분기 6시간 이상
	관리감독자의 지위에 있는 사람		연간 16시간 이상
2. 채용시교육	일용근로자를 제외한 근로자		8시간 이상
	일용근로자		1시간 이상
3. 작업내용 변경시 교육	일용근로자를 제외한 근로자		2시간 이상
	일용근로자		1시간 이상
4. 특별교육	특별교육대상 작업에 종사하는 일용근로자를 제외한 근로자		· 16시간 이상(최초 작업에 종사하기 전 4시간 실시하고12시간은 3개월 이내에 분할하여 실시 가능 · 단기간 작업 또는 간헐적 작업인 경우에는 2시간 이상
	특별교육대상 작업 중 타워크레인 신호작업에 종사하는 일용 근로자		8시간
	특별교육대상 작업에 종사하는 일용근로자		2시간 이상
5. 건설업기초 안전·보건교육	건설 일용 근로자		4시간

(2) 안전보건관리책임자 등에 대한 교육

교육대상	교육시간	
	신규교육	보수교육
안전보건관리책임자	6시간 이상	6시간 이상
안전관리자, 안전관리전문기관의 종사자	34시간 이상	24시간 이상
보건관리자, 보건관리전문기관의 종사자	34시간 이상	24시간 이상
재해예방전문지도기관 종사자	34시간 이상	24시간 이상
석면조사기관의 종사자	34시간 이상	24시간 이상
안전보건관리 담당자	-	8시간 이상

10 교육대상별 교육내용

(1) 사업 내 안전보건교육 내용

① 근로자 정기교육

교육내용
1. 산업안전 및 사고예방에 관한 사항 2. 산업보건 및 직업병 예방에 관한 사항 3. 건강증진 및 질병예방에 관한 사항 4. 유해·위험 작업환경관리에 관한 사항 5. 산업안전보건법 및 산업재해보상보험 제도에 관한 사항 6. 직무스트레스 예방 및 관리에 관한 사항 7. 직장 내 괴롭힘, 고객의 폭언 등으로 인한 건강장해 예방 및 관리에 관한 사항

② 관리감독자 정기교육

교육내용
1. 작업공정의 유해·위험과 재해예방대책에 관한 사항 2. 표준안전작업방법 및 지도요령에 관한 사항 3. 관리감독자의 역할과 임무에 관한 사항 4. 산업안전 및 사고 예방에 관한 사항 5. 산업보건 및 직업병 예방에 관한 사항 6. 유해위험 작업환경관리에 관한 사항 7. 산업안전보건법령 및 산업재해보상보험 제도에 관한 사항 8. 직무스트레스 예방 및 관리에 관한 사항 9. 직장 내 괴롭힘, 고객의 폭언 등으로 인한 건강장해 예방 및 관리에 관한 사항 10. 안전보건교육 능력 배양에 관한 사항

③ 채용시 및 작업내용 변경시 교육

교육내용
1. 기계·기구의 위험성과 작업의 순서 및 동선에 관한 사항 2. 작업개시 전 점검에 관한 사항 3. 정리정돈 및 청소에 관한 사항 4. 사고발생시 긴급조치에 관한 사항 5. 산업안전 및 사고 예방에 관한 사항 6. 산업보건 및 직업병 예방에 관한 사항 7. 물질안전보건자료에 관한 사항 8. 산업안전보건법령 및 산업재해보상보험 제도에 관한 사항 9. 직무스트레스 예방 및 관리에 관한 사항 10. 직장 내 괴롭힘, 고객의 폭언 등으로 인한 건강장해 예방 및 관리에 관한 사항

산업심리

1 운동의 시지각 현상

(1) 자동운동

(2) 유도운동

(3) 가현운동

2 주의력과 부주의 현상

(1) 주의의 특징

① 선택성 : 여러 종류의 자극을 자각할 때 소수의 특정한 것에 한하여 선택하는 기능
② 방향성 : 주시점만 인지하는 기능
③ 변동성 : 주의에는 주기적으로 부주의의 리듬이 존재

(2) 부주의 현상(부주의 심리특성)

① 의식의 단절
② 의식의 우회
③ 의식수준의 저하
④ 의식의 과잉

3 안전사고와 사고심리

(1) 안전사고의 요인

① 안전사고의 경향성 : Greenwood는 대부분의 사고는 소수의 근로자에 의해서 발생된다. 즉, 사고를 자주 내는 사람이 항상 사고를 낸다고 지적하였다.
② 소질적인 사고 요인 : 지능, 성격, 감각운동 기능(시각기능)

(2) 안전심리의 5요소

① 습관 ② 동기 ③ 기질 ④ 감정 ⑤ 습성

4 재해빈발자의 유형 등

(1) 재해빈발자(재해누발자, 사고경향성자)의 유형

① 상황성 누발자 : 작업의 어려움, 기계설비의 결함, 환경상 주의력의 집중 곤란, 심신의 근심 등 때문에 재해를 누발하는 자이다.

② 습관성 누발자 : 재해의 경험으로 겁쟁이가 되거나 신경과민이 되어 재해를 누발하는 자와 일종의 슬럼프상태에 빠져서 재해를 누발하는 자이다.
③ 소질성 누발자 : 재해의 소질적 요인을 가지고 있고 때문에 재해를 누발하는 자이다.
④ 미숙성 누발자 : 기능 미숙이나 환경에 익숙하지 못하기 때문에 재해를 누발하는 자이다.

(2) 재해빈발설

① 기회설 : 재해가 다발하는 것은 개인의 영향이 아니라 위험한 작업을 담당하고 있거나 작업조건 자체에 위험성이 많기 때문이라는 설이다.(상황성 누발자)
② 재해빈발 경향자설 : 재해를 빈발하는 소질적인 결함자가 있다는 설이다.(소질성 누발자)
③ 암시설 : 한 번 재해를 당하면 겁쟁이가 되거나 신경과민이 되어 그 사람이 갖는 대응능력이 열화되기 때문에 재해가 빈발한다는 설이다.(습관성 누발자)

5 노동과 피로

(1) 피로의 3표지(피로의 종류)

① 주관적 피로 : 스스로 피곤함을 느끼고 권태감이나 단조감 또는 포화감 등이 따른다.
② 객관적 피로 : 생산된 제품의 양과 질의 저하를 지표로 한다.
③ 생리적 피로(기능적 피로) : 인체의 생리적 상태에 의해 피로를 알 수 있다.

(2) 작업에 수반되는 피로의 예방대책

① 작업부하를 작게 할 것
② 근로시간과 휴식을 적정하게 할 것
③ 작업속도 및 작업정도 등을 적당하게 할 것
④ 불필요한 마찰을 배재할 것
⑤ 정적동작을 피할 것
⑥ 직장체조를 통한 혈액순환을 촉진할 것(운동을 적당히 할 것)
⑦ 충분한 영양을 섭취할 것(건강식품의 준비, 비타민 B, C 등의 적정한 영양제 보급 등)

(3) 휴식시간 산출

$$R = \frac{60(E-4)}{E-1.5}$$

여기서, R : 휴식시간(분)
E : 작업 시 평균에너지소비량(kcal/분)
총 작업시간 : 60분, 휴식시간 중의 에너지소비량 : 1.5kcal/분

6 동기부여이론

(1) 레빈(Lewin)의 법칙

$$B = f(P \cdot E)$$

여기서, B(behavior) : 인간의 행동
f(function) : 함수관계(적성 기타 P와 E에 영향을 미치는 조건)
P(person) : 개체(연령, 경험, 심신상태, 성격, 지능 등)
E(environment) : 심리적 환경(인간관계, 작업환경 등)

(2) 데이비스(Davis)의 경영성과이론

$$인간성과 \times 물리적성과 = 경영성과$$

① 인간성과 = 능력 × 동기유발
② 능력 = 지식 × 기능
③ 동기유발 = 상황 × 태도

(3) 매슬로우(Maslow)의 욕구 5단계

① 1단계 - 생리적 욕구(신체적 욕구) : 기아, 갈등, 호흡, 배설, 성욕 등 기본적 욕구
② 2단계 - 안전의 욕구 : 안전을 구하려는 욕구
③ 3단계 - 사회적 욕구(친화욕구) : 애정, 소속에 대한 욕구
④ 4단계 - 인정받으려는 욕구(자기존경의 욕구, 승인욕구) : 자존심, 명예, 성취, 지위 등에 대한 욕구
⑤ 5단계 - 자아실현의 욕구(성취욕구) : 잠재적인 능력을 실현하고자 하는 욕구

(4) 알더퍼(Alderfer)의 ERG 이론

① 생존(Existence)욕구(존재욕구) : 신체적인 차원에서 유기체의 생존과 유지에 관련된 욕구
② 관계(Relatedness)욕구 : 타인과의 상호작용을 통해 만족되는 대인욕구
③ 성장(Growth)욕구 : 개인적인 발전과 증진에 관한 욕구

(5) 맥그리거(McGregor)의 X · Y 이론

① 맥그리거의 X · Y 이론
  ㉠ X이론 : 저차적 욕구이론
  ㉡ Y이론 : 고차적 욕구이론

② X이론과 Y이론의 비교

X이론	Y이론
인간의 불신감	상호 신뢰감
성악설	성선설
인간은 본래 게으르고 태만하여 남의 지배 받기를 즐긴다.	인간은 부지런하고 근면·적극적이며, 자주적이다.
물질욕구(저차적 욕구)	정신욕구(고차적 욕구)
명령통제의 의한 관리	목표통합과 자기통제에 의한 자율관리
저개발국형	선진국형

(6) 허즈버그(Herzberg)

① 위생요인 : 「직무환경」에 관계된 내용으로 기업정책, 개인상호간의 관계(친교, 대인관계), 감독형태, 작업조건, 임금(급료), 보수지위, 안전 등이 있다.
② 동기요인 : 「직무내용」(일의 내용)에 관한 것으로 목표달성에 대한 성취감, 안정감, 도전감, 책임감, 성장과 발전, 작업자체 등이 있다.(자아실현을 하려는 인간의 독특한 경향 반영)

(7) 안전동기의 유발방법

① 안전의 기본이념을 인식시킬 것
② 안전목표를 명확히 할 것
③ 결과를 알려줄 것(KR법, Knowledge Results)
④ 상과 벌을 줄 것(상벌제도를 합리적으로 시행)
⑤ 경쟁과 협동을 유도할 것
⑥ 동기유발의 최적수준(적정수준)을 유지할 것

7 무재해운동 및 위험예지훈련

(1) 무재해운동 이념의 3원칙

① 무의 원칙
② 참가의 원칙
③ 선취해결의 원칙

(2) 무재해운동 추진 3기둥(무재해운동 3요소)

① 최고경영자의 엄격한 안전경영자세
② 관리감독자에 의한 안전보건의 추진(라인화의 철저)
③ 직장 소집단 자주활동의 활발화

(3) 브레인스토밍(BS, brain storming)의 4원칙

① 비평금지 : 좋다, 나쁘다를 비판하지 않는다.
② 자유분방 : 마음대로 편안히 발언하게 한다.
③ 대량발언 : 무엇이든 좋으니 많이 발언하게 한다.
④ 수정발언 : 타인의 아이디어에 수정하거나 덧붙여 말하게 한다.

(4) 위험예지훈련의 안전선취를 위한 방법

① 감수성 훈련
② 단시간 미팅훈련
③ 문제해결 훈련

(5) 위험예지훈련의 4Round(4단계)

① 1R - **현상파악** : 잠재위험요인을 발견하는 단계(BS 적용)
② 2R - **본질추구** : 가장 위험한 요인(위험포인트)을 합의로 결정하는 단계(요약)
③ 3R - **대책수립** : 대책을 수립하는 단계(BS 적용)
④ 4R - **행동목표** : 행동계획을 정하고 수립한 대책 가운데서 질이 높은 항목에 합의하는 단계(요약)

(6) TBM 실시 5단계

① 1단계 : 도입
② 2단계 : 점검정비
③ 3단계 : 작업지시
④ 4단계 : 위험예지
⑤ 5단계 : 확인

CHAPTER 03 인간공학 및 시스템 위험분석

01 인간공학

1 인간·기계체계의 기능

① 감지(정보수용)
② 정보저장(보관)
③ 정보처리 및 의사결정
④ 행동기능

2 인간과 기계의 성능비교

인간이 우수한 기능	기계가 우수한 기능
① 저에너지 자극(시각, 청각, 후각 등) 감지 ② 복잡 다양한 자극형태 식별 ③ 예기치 못한 사전감지(예감, 느낌) ④ 다량정보를 오래 보관 ⑤ 귀납적 추리 ⑥ 과부하 상황에서는 주요한 일에만 전념 ⑦ 임기응변, 융통성, 원칙적용, 주관적 추산, 독창력 발휘 등의 기능	① 인간 감지범위 밖의 자극감지 　(X선, 초음파 등) ② 인간 및 기계에 대한 모니터 기능 ③ 드물게 발생하는 사상 감지 ④ 암호화된 정보를 신속하게 대량보관 ⑤ 연역적 추리 ⑥ 과부하시 효율적으로 작동 ⑦ 정량적 정보처리, 장시간 중량작업, 반복작업, 동시에 여러 가지 작업수행

3 인간기준

(1) 인간기준의 유형

① 인간성능척도　　② 생리학적 지표
③ 주관적인 반응　　④ 사고빈도

(2) 기준의 요건

① 적절성(relevance)
② 무오염성
③ 신뢰성

4 휴먼에러(human error)

(1) 휴먼에러의 심리적인 분류(Swain)

① Omission error(생략과오, 부작위실수) : 필요한 task 또는 절차를 수행하지 않는데 기인한 error
② Time error(시간적 과오, 지연오류) : 필요한 task 또는 절차의 수행지연으로 인한 error
③ Commission error(작위실수, 수행적 과오) : 필요한 task 또는 절차의 불확실한 수행으로 인한 error
④ Sequential error(순서적 과오) : 필요한 task 또는 절차의 순서착오로 인한 error
⑤ Extraneous error(불필요한 과오) : 불필요한 task 또는 절차를 수행함으로써 기인한 error

(2) 휴먼에러 원인의 Level적 분류

① Primary error(주과오) : 작업자 자신으로부터 error(안전교육을 통하여 제거)
② Secondary error(2차 과오) : 작업형태나 작업조건 중에서 다른 문제가 생겨 그 때문에 필요한 사항을 실행할 수 없는 error. 어떤 결함으로부터 파생되어 발생하는 error
③ command error(지시과오) : 요구된 것을 실행하고자 하여도 필요한 물건, 정보, 에너지 등의 공급이 없는 것처럼 작업자가 움직이려 해도 움직일 수 없으므로 발생하는 error

(3) 인간과오의 배후요인 4요소(4M)

① 맨(man) : 본인 이외의 사람(팀워크, 커뮤니케이션)
② 머신(machine) : 장치나 기계 등의 물적 요인(본질안전화, 표준화, 점검, 장비)
③ 미디어(media) : 인간과 기계를 잇는 매체라는 뜻으로 작업방법이나 순서, 작업정보의 실태나 환경과의 관계, 정리정돈 등이 포함된다.(환경개선, 작업방법개선 등)
④ 매니지먼트(management) : 안전법규의 준수방법, 단속, 점검관리 외에 지휘감독, 교육훈련 등이 여기에 속한다.(적성배치, 교육 및 훈련)

5 신뢰의 요인

(1) 인간의 신뢰성 요인

① 주의력
② 긴장수준
③ 의식수준(경험연수, 지식수준, 기술수준)

(2) 기계의 신뢰성 요인

① 재질
② 기능
③ 작동방법

6 설비의 신뢰도

(1) 직렬연결 : 자동차 운전

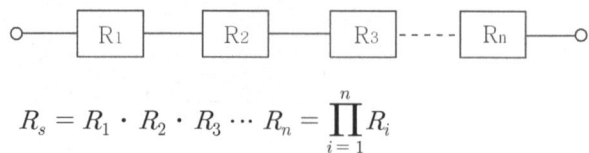

$$R_s = R_1 \cdot R_2 \cdot R_3 \cdots R_n = \prod_{i=1}^{n} R_i$$

(2) 병렬연결 : 열차나 항공기의 제어장치

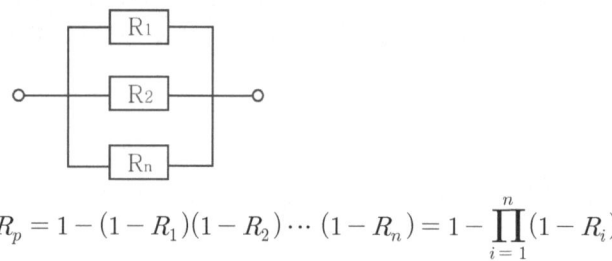

$$R_p = 1 - (1-R_1)(1-R_2) \cdots (1-R_n) = 1 - \prod_{i=1}^{n}(1-R_i)$$

7 리던던시

(1) 리던던시(redundancy) : 리던던시는 일부에 고장이 나더라도 전체가 고장나지 않도록 기능적으로 여력(redundant)인 부분을 부가해서 신뢰도를 향상시키려는 중복설계를 의미한다.

(2) 리던던시 방식
① 병렬 리던던시
② 대기 리던던시
③ M out of N 리던던시(N개 중 M개 동작시 계는 정상)
④ 스페어에 의한 교환
⑤ 페일 세이프(fail safe)

8 고장률의 유형

(1) 초기고장(감소형) : 불량제조나 생산과정에서의 품질관리 미비로 생기는 고장으로 점검작업이나 시운전 등에 의해 사전에 방지할 수 있는 고장

① 디버깅(debugging) 기간 : 결함을 찾아내 고장률을 안정시키는 기간
② 번인(burn in) 기간 : 실제로 장시간 움직여 보고 그 동안 고장난 것을 제거하는 공정 기간

(2) 우발고장(일정형) : 예측할 수 없을 때 생기는 고장으로 시운전이나 점검작업으로는 방지할 수 없는 고장

(3) **마모고장(증가형)** : 수명이 다해 생기는 고장으로, 안전진단 및 적당한 보수(정비)에 의해서 방지할 수 있는 고장

9 신뢰도 및 불신뢰도

(1) **신뢰도(R_t)** : 고장 없이 작동할 확률

$$R_t = e^{-\lambda t} = e^{-t/t_o}$$

여기서, λ : 고장률
t : 가동(작동)시간
t_o : 평균수명(MTTF)

(2) **불신뢰도(F_t)** : 고장을 일으킬 확률

$$F_t = 1 - R_t = 1 - e^{-\lambda t} = 1 - e^{-t/t_o}$$

10 페일세이프

(1) **페일세이프(fail safe)** : 인간이나 기계에 과오(error)나 동작상의 실수가 있더라도 사고방지를 위해서 2중, 3중으로 통제를 가하도록 한 체계를 말함

(2) **페일세이프 구조의 기능면에서의 분류**
① fail passive : 성분의 고장 시 기계·장치는 정지상태로 돌아간다.
② fail operational : 병렬 여분계의 성분을 구성한 경우이며, 성분의 고장이 있어도 다음 정기 점검까지는 운전이 가능하다.
③ fail active : 성분의 고장 시 기계·장치는 경보를 나타내며 단시간에 역전이 된다.

(3) **구조적 페일세이프(항공기의 엔진, 압력용기의 안전밸브)**
① 저균열속도 구조
② 조합구조
③ 다경로하중 구조
④ 하중해방 구조

11 인간계측자료의 응용원칙

① 최대치수와 최소치수 : 최대치수 또는 최소치수를 기준으로 하여 설계한다.
   (극단에 속하는 사람을 위한 설계)
② 조절범위(조절식) : 체격이 다른 여러 사람에게 맞도록 만드는 것이다.
   (조정할 수 있도록 범위를 두는 설계)
③ 평균치를 기준으로 한 설계 : 최대치수나 최소치수, 조절식으로 하기가 곤란할 때 평균치를 기준으로 하여 설계한다.(평균적인 사람을 위한 설계)

12 의자설계원칙 및 부품배치의 4원칙

(1) 의자 설계원칙

① 체중분포 : 체중이 좌골 결절에 실려야 편안하다.
② 의자 좌판의 높이 : 좌판 앞부분이 오금의 높이보다 높지 않아야 한다.
③ 의자 좌판의 깊이와 폭 : 폭은 큰 사람에게, 깊이는 작은 사람에게 맞도록 해야 한다.
④ 몸통의 안정 : 의자의 좌판각도는 3°, 좌판 등판간의 각도는 100°가 몸통안정에 효과적이다.

(2) 부품배치의 4원칙

① 중요성의 원칙 : 부품을 작동하는 성능이 체계의 목표도달에 긴요한 정도에 따라 우선순위를 설정한다.
② 사용빈도의 원칙 : 부품을 사용하는 빈도에 따라 우선순위를 설정한다.
③ 기능별 배치의 원칙 : 기능적으로 관련된 부품들(표시장치, 조정장치 등)을 모아서 배치한다.
④ 사용순서의 원칙 : 사용되는 순서에 따라 장치들을 가까이에 배치한다.

13 통제표시비(통제비)

(1) 통제표시비(C/D)

$$\frac{C}{D} = \frac{X}{Y}$$

여기서, X : 통제기기의 변위량(cm)
Y : 표시장치의 변위량(cm)

(2) 조종구(ball control)에서의 C/D

$$\frac{C}{D}비 = \frac{\frac{a}{360} \times 2\pi L}{표시계기의 이동거리}$$

여기서, a : 조정장치가 움직인 각도
L : 반경(지레의 길이)

14 통제장치 및 표시장치

(1) 통제장치의 유형

① 양의 조절에 의한 통제 : 연속조절(knob, crank, handle, lever, pedal 등)
② 개폐에 의한 통제 : 불연속 조절(수동식 푸시버튼, 발 푸시버튼, 토글스위치, 로터리 스위치 등)
③ 반응에 의한 통제 : 자동경보 시스템

(2) 표시장치의 선택(청각장치와 시각장치의 선택)

청각장치 사용	시각장치 사용
① 전언이 간단하고 짧다.	① 전언이 복잡하고 길다.
② 전언이 후에 재참조되지 않는다.	② 전언이 후에 재참조된다.
③ 전언이 즉각적인 사상을 이룬다.	③ 전언이 공간적인 위치를 이룬다.
④ 전언이 즉각적인 행동을 요구한다.	④ 전언이 즉각적인 행동을 요구하지 않는다.
⑤ 수신자의 시각계통이 과부하 상태일 때	⑤ 수신자의 청각계통이 과부하 상태일 때
⑥ 수신장소가 너무 밝거나 암조용 유지가 필요할 때	⑥ 수신장소가 너무 시끄러울 때
⑦ 직무상 수신자가 자주 움직이는 경우	⑦ 직무상 수신자가 한 곳에 머무르는 경우

(3) 정량적 동적표시장치의 기본형

① 정목동침형(moving pointer) : 눈금이 고정되고 지침이 움직이는 형
② 정침동목형(moving scale) : 지침이 고정되고 눈금이 움직이는 형
③ 계수형(digital) : 전력계나 택시요금 계기와 같이 기계, 전자적으로 숫자가 표시되는 형

(4) 시각적 암호, 부호 및 기호의 유형

① 묘사적 부호 : 사물의 행동을 단순하고 정확하게 묘사한 것(예 : 위험표지판의 해골과 뼈, 도보표지판의 걷는 사람)
② 추상적 부호 : 전언의 기본요소를 도식적으로 압축한 부호로써, 원 개념과는 약간의 유사성이 있을 뿐이다.
③ 임의적 부호 : 부호가 이미 고안되어 있으므로 이를 배워야 하는 부호
[예] 교통표지판의 삼각형 - 주의, 원형 - 규제, 사각형 - 안내표시

(5) 양립성

① 공간적 양립성 : 표시장치나 조종장치에서 물리적 형태나 공간적인 배치의 양립성
② 운동 양립성 : 표시 및 조종장치, 체계반응에 대한 운동방향의 양립성
③ 개념적 양립성 : 사람들이 가지고 있는 개념적 연상(어떤 암호체계에서 청색이 정상을 나타내듯이)의 양립성

15 실효온도(ET)

(1) **실효온도(체감온도 또는 감각온도)에 영향을 주는 요인** : 온도, 습도, 기류(공기 유동)
(2) **허용한계** : 정신(사무작업)(60~64°F), 중작업(50~55°F)

16 조도

(1) 반사율 산정식

$$반사율(\%) = \frac{광속발산도(fL)}{조명(fc)} \times 100$$

(2) 옥내 최적 반사율
   ① 천장 : 80~90%
   ② 벽, 창문 발(blind) : 40~60%
   ③ 가구, 사무기기, 책상 : 25~45%
   ④ 바닥 : 20~40%

(3) **대비(對比)** : 표적의 광속발산도(L_t)와 배경의 광속발산도(L_b)의 차를 나타내는 척도

$$대비 = \frac{L_b - L_t}{L_b} \times 100$$

   ① 표적이 배경보다 어두울 경우 : 대비는 ±100%에서 0 사이
   ② 표적이 배경보다 밝을 경우 : 대비는 0에서 -∞ 사이

(4) 법상 작업면의 조명도
   ① 초정밀작업 : 750Lux 이상
   ② 정밀작업 : 300Lux 이상
   ③ 보통작업 : 150Lux 이상
   ④ 기타 작업 : 75Lux 이상

17 음의 크기의 수준

(1) **phon에 의한 음량수준** : 1,000Hz 순음의 음압수준(dB)을 1phon이라 한다.
(2) **sone에 의한 음량** : 40phon(1,000Hz, 40dB의 음압수준을 가진 순음의 크기)을 1sone이라 한다.

시스템 위험분석

1 시스템의 안전설계원칙

(1) **1순위** : 위험상태 존재의 최소화(페일세이프나 용장성 도입)
(2) **2순위** : 안전장치 채용(안전장치를 기계 속에 내장시켜 일체화시킬 것)
(3) **3순위** : 경보장치 채용(이상상태를 검출해서 경보를 발생하는 장치의 설치)
(4) **4순위** : 특수한 수단 강구(표식 등의 규격화도 필요)

2 시스템 위험분석기법

(1) **PHA(예비사고(위험)분석)**

① PHA : 시스템안전프로그램에 있어서 최초단계의 분석으로 시스템 내의 위험요소가 얼마나 위험한 상태에 있는가를 정성적으로 평가하는 것이다.
② PHA의 목적 : 시스템의 개발단계에 있어서 시스템 고유의 위험상태를 식별하고 예상되는 재해의 위험수준을 결정하는데 있다.

(2) **FMEA(고장의 형과 영향분석)**

1) FMEA : 시스템 각 요소의 고장유형과 그 고장이 시스템에 미치는 영향을 귀납적·정성적으로 분석하는 안전해석기법이다.

2) FMEA의 장·단점
  ① 장점
    ㉠ 서식이 간단하다.
    ㉡ 특별한 훈련 없이 쉽게 분석할 수 있다.
  ② 단점
    ㉠ 논리성이 부족하다.
    ㉡ 2가지 이상의 요소가 고장날 경우 분석이 곤란하다.
    ㉢ 인적원인의 분석이 곤란하다.

3) 위험성의 분류
  ① category 1 : 생명 또는 가옥의 상실
  ② category 2 : 작업수행의 실패
  ③ category 3 : 활동의 지연
  ④ category 4 : 영향 없음

(3) DT(decision tree)와 ETA

1) DT(의사결정나무) : 요소의 신뢰도를 이용하여 시스템의 신뢰도를 나타내는 시스템 모델의 하나로서, 귀납적이고 정량적인 분석방법이다.

2) ETA(사상수분석법) : 사상의 안전도를 사용한 시스템의 안전도를 나타내는 시스템 모델의 하나로서 귀납적이고, 정량적인 분석방법으로 재해의 확대요인을 분석하는데 적합한 방법이다.

> **주** ETA : DT를 재해사고의 분석에 이용할 경우의 분석법을 ETA라 한다.

(4) THERP(인간과오율 예측기법) : 인간의 과오를 정량적으로 평가하기 위한 안전분석기법이다.

(5) MORT(경영소홀과 위험수분석) : 관리, 설계, 생산, 보존 등으로 광범위하게 안전을 도모하는 것으로서, 고도의 안전을 달성하는 것을 목적으로 한다.

3 FTA(결함수분석법)

(1) FTA의 특징

① 정량적 해석(재해발생확률 계산)
② 연역적 해석(TOP down 형식)

(2) FTA 도표에 사용하는 논리기호

명칭	기호	해설
① 결함사상		FT도표의 정상에 선정되는 사상, 즉 이제부터 해석하고자 하는 사상인 정상사상(top 사상)과 중간사상에 사용한다.
② 기본사상		더 이상 해석을 할 필요가 없는 기본적인 기계의 결함 또는 작업자의 오동작을 나타낸다. (말단사상)
③ 이하 생략의 결함사상 (추적 불가능한 최후사상)		사상과 원인과의 관계를 충분히 알 수 없거나 또는 필요한 정보를 얻을 수 없기 때문에 이것 이상 전개할 수 없는 최후적 사상을 나타낼 때 사용한다. (말단사상)
④ 통상사상		결함사상이 아닌 발생이 예상되는 사상을 나타낸다. (말단사상)
⑤ 전이기호(이행기호)	(in) (out)	FT도상에서 다른 부분에의 이행 또는 연결을 나타내는 기호로 사용한다. 좌측은 전입, 우측은 전출을 뜻한다.
⑥ AND gate	출력 입력	출력 X의 사상이 일어나기 위해서는 모든 입력 A, B, C의 사상이 일어나지 않으면 안된다는 논리조작을 나타낸다.

명칭	기호	해설
⑦ OR gate		입력사상 A, B 중 어느 하나가 일어나도 출력 X의 사상이 일어난다고 하는 논리조작을 나타낸다.
⑧ 수정기호		제약 gate 또는 제지 gate라고도 하며, 이 gate는 입력사상이 생김과 동시에 어떤 조건을 나타내는 사상이 발생할 때에만 출력 사상이 생기는 것을 나타내고 또한 AND gate와 OR gate에 여러 가지 조건부 gate를 나타낼 경우 이 수정기호를 사용한다.

(3) FTA에 의한 재해사례 연구순서

① 1단계 : 톱사상(정상수상) 선정
② 2단계 : 사상의 재해원인 규명
③ 3단계 : FT도 작성
④ 4단계 : 개선계획의 작성

(4) 논리적과 논리화의 확률

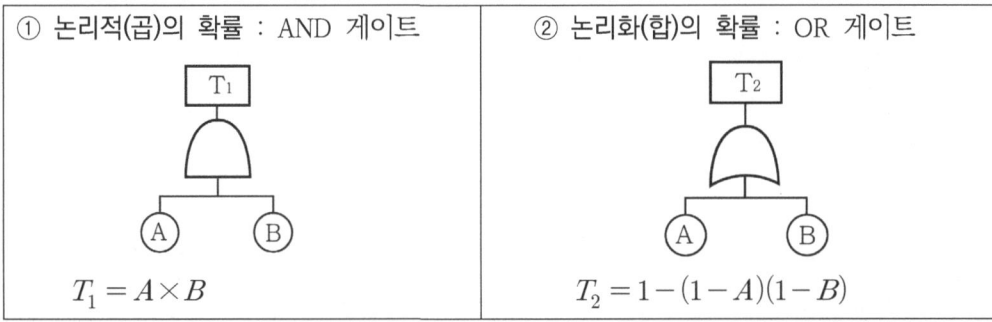

① 논리적(곱)의 확률 : AND 게이트
$T_1 = A \times B$

② 논리화(합)의 확률 : OR 게이트
$T_2 = 1 - (1-A)(1-B)$

(5) 컷과 패스

1) 컷셋과 미니멀 컷

① **컷셋**(cut set) : 정상사상을 일으키는 기본사상(통상사상, 생략사상 포함)의 집합을 컷이라 한다.
② **미니멀 컷**(minimal cut) : 정상사상을 일으키기 위한 필요 최소한의 컷을 말한다. (시스템의 위험성을 나타냄)

2) 패스셋과 미니멀 패스

① **패스셋**(path set) : 정상사상이 일어나지 않는 기본사상의 집합을 말한다.
② **미니멀 패스**(minimal path sets) : 필요 최소한의 패스를 말한다.
(시스템의 신뢰성을 나타냄)

4 안전성 평가

(1) 안전성 평가의 기본원칙(6단계)
① 1단계 : 관계자료의 정비검토
② 2단계 : 정성적 평가
③ 3단계 : 정량적 평가
④ 4단계 : 안전대책
⑤ 5단계 : 재해정보에 의한 재평가
⑥ 6단계 : FTA에 의한 재평가

(2) 리스크 처리기술
① 회피　　② 경감
③ 보류　　④ 전가

(3) 화학공장 설비의 안전성 평가

1) 공장설비의 안전성 평가의 5단계
① 1단계 : 관계 자료의 작성준비
② 2단계 : 정성적 평가
③ 3단계 : 정량적 평가
④ 4단계 : 안전대책
⑤ 5단계 : 재평가

2) 정성적 평가

설계관계	2. 운전관계
① 입지조건 ② 공장 내 배치 ③ 건조물 ④ 소방설비	① 원재료, 중간체제품 ② 공정 ③ 수송, 저장 등 ④ 공정기기

3) 정량적 평가
① 정량적 평가 5항목 : 화학설비의 취급물질, 용량, 온도, 압력, 조작
② 급수에 따른 점수 : A급 : 10점, B급 : 5점, C급 : 2점, D급 : 0점
③ 합산결과에 의한 위험도의 등급

등급	점수	내용
등급 I	16점 이상	위험도가 높다.
등급 II	11~15점 이하	주의상황, 다른 설비와 관련해서 평가 위험도가 낮다.
등급 III	10점 이하	

CHAPTER 04 건설공사 안전

01 건설안전 일반

1 건설업의 유해·위험 방지계획서의 제출 등

(1) 건설업의 유해·위험 방지계획서의 제출 대상공사의 종류

① 지상 높이가 31m 이상인 건축물 또는 인공구조물, 연면적 3만m^2 이상인 건축물 또는 연면적 5천m^2 이상의 문화 및 집회시설(전시장인 동물원·식물원은 제외), 판매시설, 운수시설(고속철도의 역사 및 집배송시설은 제외), 종교시설, 의료시설 중 종합병원, 숙박시설 중 관광숙박시설 또는 지하도상가 또는 냉동·냉장창고시설의 건설·개조 또는 해체(이하 "건설 등"이라 함)
② 연면적 5천m^2 이상의 냉동·냉장창고시설의 설비공사 및 단열공사
③ 최대지간길이가 50m 이상인 교량건설 등 공사
④ 터널건설 등의 공사
⑤ 다목적댐, 발전용댐 및 저수용량 2천만 톤 이상의 용수전용댐, 지방상수도 전용댐건설 등의 공사
⑥ 깊이 10m 이상인 굴착공사

(2) 유해·위험 방지계획서 제출시기 : 해당 공사의 착공 전날까지 2부를 공단에 제출

(3) 심사결과의 구분

① **적정** : 근로자의 안전과 보건상 필요한 조치가 구체적으로 확보되었다고 인정될 때
② **조건부적정** : 근로자가 안전과 보건을 확보하기 위하여 일부 개선이 필요하다고 인정될 때
③ **부적정** : 기계설비 또는 건설물이 심사기준에 위반되어 공사 착공시 중대한 위험발생의 우려가 있거나 계획에 근본적 결함이 있다고 인정될 때

2 산업안전보건관리비

(1) 산업안전보건관리비의 계상 : 산업재해예방을 위한 안전관리비를 도급금액 또는 사업비에 계상하여야 할 사업의 종류
① 건설업

② 선박건조 · 수리업
③ 그 밖에 대통령령으로 정하는 사업 : 유해 또는 위험한 사업으로서 산업재해보상보험 및 예방심의위원회의 심의를 거쳐 고용노동부장관이 정하는 사업(시행령)

(2) 산업안전보건관리비 사용시 재해예방전문지도기관의 지도를 받아야 할 공사의 규모

1) 공사금액 3억 원(전기공사 및 정보통신공사는 1억 원) 이상 120억 원(토목공사업은 150억 원)미만인 공사

2) 재해예방전문지도기관의 지도 제외대상 공사
  ① 공사기간이 3개월 미만인 공사
  ② 육지와 연결되지 아니한 섬지역(제주특별자치도는 제외)에서 이루어지는 공사
  ③ 사업주가 안전관리자를 선임[같은 광역자치단체의 지역 내에서 같은 사업주가 경영하는 셋(3) 이하의 공사에 대하여 공동으로 안전관리자 1명을 선임한 경우 포함]하여 안전관리자의 업무만을 전담하도록 하는 공사[이 경우 사업주는 안전관리자 선임 등 보고서(건설업)를 관할지방고용노동관서의 장에게 제출하여야 함]
  ④ 유해 · 위험 방지계획서를 제출하여야 하는 공사

(3) 안전관리비 계상기준 (고용노동부 고시)

① 대상액 = 재료비 + 직접노무비
② 대상액이 5억원 미만 또는 50억원 이상일 때
   안전관리비 = 대상액 × 법정요율(비율)
③ 대상액이 5억원 이상~50억원 미만일 때
   안전관리비 = 대상액 × 법정요율(비율 : X) + 기초액(C)
④ 발주자가 재료를 제공한 경우 해당금액을 대상액에 포함시킬 때의 안전관리비를 해당 금액을 포함시키지 않은 대상액을 기준으로 계상한 안전관리비의 1.2배를 초과할 수 없음
⑤ 공사종류별 규모 및 안전관리비 계상기준표(별표1)

공사종류 \ 대상액	5억원 미만	5억원 이상 50억원 미만 비율(X)	5억원 이상 50억원 미만 기초액(C)	50억 이상
일반건설공사(갑)	2.93%	1.86%	5,349,000원	1.97%
일반건설공사(을)	3.09%	1.99%	5,499,000원	2.10%
중건설공사	3.43%	2.35%	5,400,000원	2.44%
철도 · 궤도신설공사	2.45%	1.27%	4,411,000원	1.66%
특수 및 기타 건설공사	1.85%	1.20%	3,250,000원	1.27%

(4) 공사의 종류(건설공사의 종류 예시표)
① 일반건설공사(갑) : 건축건설공사, 도로신설공사, 기타 이에 부대하여 해당 공사 현장 내에서 행하는 건설공사
② 일반건설공사(을) : 각종 기계ㆍ기구장치 등을 설치하는 공사
③ 중건설공사 : 고제방(댐) 등 신설공사, 수력발전시설 설비공사, 터널 신설공사
④ 철도ㆍ궤도 신설공사 : 철도 또는 궤도 신설공사, 고가 및 지하철도 신설공사
⑤ 특수 및 기타 건설공사 : 타공사와 분리 발주되어 시간, 장소적으로 독립하여 행하는 다음의 공사(타공사와 병행하여 행하는 경우는 일반건설공사(갑)로 분류)
  ㉠ 준설공사, 조경공사, 택지조성공사(경지 정리공사 포함), 포장공사
  ㉡ 전기공사 및 정보통신공사

(5) 안전관리비 항목
① 안전관리자 등의 인건비 및 각종 업무수당 등
② 안전시설비 등
③ 개인보호구 및 안전장구 구입비 등
④ 사업장의 안전진단비 등
⑤ 안전보건교육비 및 행사비 등
⑥ 근로자의 건강관리비 등
⑦ 건설재해예방 기술지도비
⑧ 본사 사용비

(6) 안전관리비의 사용내역에서 제외되는 항목
① 관리감독자의 업무수당 외의 인건비
② 경비원, 청소원, 폐자재처리원, 사무보조원의 인건비
③ 외부비계, 작업발판, 가설계단 등의 시설비
④ 도로확장ㆍ포장공사 등에서 공사용 외의 차량의 원활한 흐름 및 경계표시를 위한 교통안전 시설물
⑤ 기성제품에 부착된 안전장치 비용
⑥ 가설전기설비, 분전반, 전신주 이설비용
⑦ 타법 적용사항(대기환경보전법에 의한 대기오염 방지시설 등)
⑧ 일반근로자의 작업복의 구입비
⑨ 순시선ㆍ구명정 등의 구명조끼, 튜브 등 구입비
⑩ 면장갑, 코팅장갑 구입비
⑪ 건설기술관리법에 의한 안전점검비, 전기안전 대행수수료 등
⑫ 매설물 탐지, 계측, 지하수개발, 지질조사, 구조안전검토 비용
⑬ 안전관계자(안전보건관리책임자, 안전보건총괄책임자, 안전관리자, 관리감독자, 명예산업

안전감독관, 본사 안전전담부서 안전전담직원) 외의 해외견학·연수비
⑭ 안전교육장 대지구입비
⑮ 안전교육장 외의 냉난방 관련비용
⑯ 기공식, 준공식 등 무재해 기원과 관계없는 행사
⑰ 안전보건의식 고취 명목의 회식비
⑱ 국민건강보험에 의해 실시되는 비용
⑲ 기숙사 또는 현장사무소 내의 휴게시설비
⑳ 이동식 화장실, 급수, 세면, 샤워시설, 병·의원 등에 지불되는 진료비

3 관리감독자의 유해·위험방지업무(직무수행내용)

(건설업의 관리감독자 : 직장·조장 및 반장의 지위에서 그 작업을 직접 지휘·감독하는 자)

작업의 종류	직무수행내용
1. 크레인을 사용하는 작업	① 작업방법과 근로자의 배치를 결정하고 그 작업을 지휘하는 일 ② 재료의 결함유무 또는 기구 및 공구의 기능을 점검하고 불량품을 제거 하는 일 ③ 작업 중 안전대 또는 안전모의 착용상황을 감시하는 일
2. 거푸집동바리의 고정·조립 또는 해체 작업, 지반의 굴착작업, 흙막이 지보공의 고정·조립 또는 해체작업, 터널의 굴착 작업, 건물 등의 해체작업	① 안전한 작업방법을 결정하고 작업을 지휘하는 일 ② 재료·기구의 결함유무를 점검하고 불량품을 제거하는 일 ③ 작업 중 안전대 및 안전모 등 보호구 착용상황을 감시하는 일
3. 달비계 또는 높이 5m 이상의 비계를 조립·해체 하거나 변경하는 작업 (해체작업의 경우 ① 목의 규정 적용 제외)	① 재료의 결함유무를 점검하고 불량품을 제거하는 일 ② 기구·공구·안전대 및 안전모 등의 기능을 점검하고 불량품을 제거하는 일 ③ 작업방법 및 근로자의 배치를 결정하고 작업진행상태를 감시하는 일 ④ 안전대 및 안전모 등의 착용상황을 감시하는 일
4. 발파작업	① 점화 전에 점화작업에 종사하는 근로자 외의 자의 대피를 지시하는 일 ② 점화작업에 종사하는 근로자에 대하여 대피장소 및경로를 지시하는 일 ③ 점화 전에 위험구역 내에서 근로자가 대피한 것을 확인하는 일 ④ 점화순서 및 방법에 대하여 지시하는 일 ⑤ 점화신호를 하는 일 ⑥ 점화작업에 종사하는 근로자에 대하여 대피신호를 하는 일 ⑦ 발파 후 터지지 아니한 장약이나 남은 장약의 유무, 용수의 유무 및 암석·토사의 낙하 여부 등을 점검하는 일 ⑧ 점화하는 사람을 정하는 일 ⑨ 공기압축기의 안전밸브 작동유무를 점검하는 일 ⑩ 안전모 등 보호구의 착용상황을 감시하는 일
5. 채석을 위한 굴착작업	① 대피방법을 미리 교육하는 일 ② 작업을 시작하기 전 또는 폭우가 내린 후에는 암석·토사의 낙하·균열의 유무 또는 함수(含水)·용수 및 동결의 상태를 점검하는 일 ③ 발파한 후에는 발파장소 및 그 주변의 암석·토사의 낙하·균열의 유무를 점검하는 일

작업의 종류	직무수행내용
6. 화물취급작업	① 작업방법 및 순서를 결정하고 작업을 지휘하는 일 ② 기구 및 공구를 점검하고 불량품을 제거하는 일 ③ 그 작업장소에는 관계근로자가 아닌 사람의 출입을 금지하는 일 ④ 로프 등의 해체작업을 하는 때에는 하대(荷臺) 위의 화물의 낙하위험 유무를 확인하고 작업의 착수를 지시하는 일
7. 부두 및 선박에서의 하역작업	① 작업방법을 결정하고 작업을 지휘하는 일 ② 통행설비·하역기계·보호구 및 기구·공구를 점검·정비하고 이들의 사용 상황을 감시하는 일 ③ 주변 작업자간의 연락 조정을 행하는 일
8. 밀폐공간 작업	① 산소가 결핍된 공기나 유해가스에 노출되지 않도록 작업시간 전에 해당 근로자의 작업을 지휘하는 업무 ② 작업을 하는 장소의 공기가 적절한지를 작업시작 전에 점검하는 여부 ③ 측정장비·환기장치 또는 공기호흡기 또는 송기마스크를 작업시작 전에 점검하는 업무 ④ 근로자에게 공기마스크 또는 송기마스크의 착용을 지도하고 착용상황을 점검하는 업무

4 작업시작 전 점검사항(안전보건규칙)(점검자 - 관리감독자)

작업의 종류	점검내용
1. 크레인을 사용하여 작업을 하는 때	① 권과방지장치·브레이크·클러치 및 운전장치의 기능 ② 주행로의 상측 및 트롤리가 횡행(橫行)하는 레일의 상태 ③ 와이어로프가 통하고 있는 곳의 상태
2. 이동식 크레인을 사용하여 작업을 하는 때	① 권과방지장치나 그 밖의 경보장치의 기능 ② 브레이크·클러치 및 조정장치의 기능 ③ 와이어로프가 통하고 있는 곳 및 작업장소의 지반상태
3. 리프트(간이리프트를 포함)를 사용하여 작업을 하는 때	① 방호장치·브레이크 및 클러치의 기능 ② 와이어로프가 통하고 있는 곳의 상태
4. 곤돌라를 사용하여 작업을 하는 때	① 방호장치·브레이크의 기능 ② 와이어로프·슬링와이어 등의 상태
5. 양중기의 와이어로프·달기체인·섬유로프·섬유벨트 또는 훅·샤클·링 등의 철구(이하 "와이어 로프 등")를 사용하여 고리걸이 작업을 하는 때	와이어로프 등의 이상 유무
6. 지게차를 사용하여 작업을 하는 때	① 제동장치 및 조종장치 기능의 이상 유무 ② 하역장치 및 유압장치 기능의 이상 유무 ③ 바퀴의 이상 유무 ④ 전조등·후미등·방향지시기 및 경보장치 기능의 이상 유무
7. 구내운반차를 사용하여 작업을 하는 때	① 제동장치 및 조종장치 기능의 이상 유무 ② 하역장치 및 유압장치 기능의 이상 유무 ③ 바퀴의 이상 유무 ④ 전조등·후미등·방향지시기 및 경음기 기능의 이상 유무 ⑤ 충전장치를 포함한 홀더 등의 결합상태의 이상 유무

작업의 종류	점검내용
8. 고소작업대를 사용하여 작업을 하는 때	① 비상정지장치 및 비상하강방지장치 기능의 이상유무 ② 과부하방지장치의 작동 유무(와이어로프 또는 체인구동방식의 경우) ③ 아웃트리거 또는 바퀴의 이상유무 ④ 작업면의 기울기 또는 요철 유무
9. 화물자동차를 사용하는 작업을 행하게 하는 때	① 제동장치 및 조종장치의 기능 ② 하역장치 및 유압장치의 기능 ③ 바퀴의 이상유무
10. 컨베이어 등을 사용하여 작업을 하는 때	① 원동기 및 풀리 기능의 이상유무 ② 이탈 등의 방지장치기능의 이상유무 ③ 비상정지장치 기능의 이상유무 ④ 원동기·회전축·기어 및 풀리 등의 덮개 또는 울 등의 이상유무
11. 차량계 건설기계를 사용하여 작업을 하는 때	브레이크 및 클러치 등의 기능
12. 이동식 방폭구조 전기기계·기구를 사용하는 때	전선 및 접촉부 상태
13. 근로자가 반복하여 계속적으로 중량물을 취급하는 작업을 하는 때	① 중량물 취급의 올바른 자세 및 복장 ② 위험물이 흩어짐에 따른 보호구의 착용 ③ 카바이드·생석회 등과 같이 온도상승이나 습기에 의하여 위험성이 존재하는 중량물의 취급방법 ④ 그 밖에 하역운반기계 등의 적절한 사용방법
14. 양화장치를 사용하여 화물을 싣고 내리는 작업을 하는 때	① 양화장치(陽貨裝置)의 작동상태 ② 양화장치에 제한하중을 초과하는 하중을 실었는지 여부
15. 슬링 등을 사용하여 작업을 하는 때	① 훅이 붙어 있는 슬링·와이어슬링 등의 매달린 상태 ② 슬링·와이어슬링 등의 상태(작업시작 전 및 작업 중 수시로 점검)

5 사전조사 및 작업계획서의 작성 내용

작업명	사전조사 내용	작업계획서 내용
1. 타워크레인을 설치·조립·해체하는 작업	-	① 타워크레인의 종류 및 형식 ② 설치·조립 및 해체순서 ③ 작업도구·장비·가설(假設設備) 및 방호설비 ④ 작업인원의 구성 및 작업근로자의 역할 범위 ⑤ 지지 방법(제142조)
2. 차량계 하역운반기계 등을 사용하는 작업	-	① 해당 작업에 따른 추락·낙하·전도·협착 및 붕괴 등의 위험 예방대책 ② 차량계 하역운반기계 등의 운행경로 및 작업방법
3. 차량계 건설기계를 사용하는 작업	해당 기계의 전락(轉落), 지반의 붕괴 등으로 인한 근로자의 위험을 방지하기 위한 해당 작업장소의 지형 및 지반상태	① 사용하는 차량계 건설기계의 종류 및 성능 ② 차량계 건설기계의 운행경로 ③ 차량계 건설기계에 의한 작업방법

작업명	사전조사 내용	작업계획서 내용
4. 굴착작업	① 형상·지질 및 지층의상태 ② 균열·함수(含水)·용수 및 동결의 유무 또는 상태 ③ 매설물 등의 유무 또는 상태 ④ 지반의 지하수위 상태	① 굴착방법 및 순서, 토사 반출방법 ② 필요한 인원 및 장비 사용계획 ③ 매설물 등에 대한 이설·보호대책 ④ 사업장 내 연락방법 및 신호방법 ⑤ 흙막이지보공 설치방법 및 계측계획 ⑥ 작업지휘자의 배치계획 ⑦ 그 밖에 안전·보건에 관련된 사항
5. 터널굴착작업	보링(boring) 등 적절한 방법으로 낙반·출수(出水) 및 가스폭발 등으로 인한 근로자의 위험을 방지하기 위하여 미리 지형·지질 및 지층상태를 조사	① 굴착의 방법 ② 터널지보공 및 복공(覆工)의 시공방법과 용수(湧水)의 처리방법 ③ 환기 또는 조명시설을 설치할 때에는 그 방법
6. 교량작업	-	① 작업방법 및 순서 ② 부재(部材)의 낙하·전도 또는 붕괴를 방지하기 위한 방법 ③ 작업에 종사하는 근로자의 추락위험을 방지하기 위한 안전조치방법 ④ 공사에 사용되는 가설 철구조물등의 설치·사용·해체시 안전성 검토 방법 ⑤ 사용하는 기계 등의 종류 및 성능, 작업방법 ⑥ 작업지휘자 배치계획 ⑦ 그 밖에 안전·보건에 관련된 사항
7. 채석작업	지반의 붕괴·굴착기계의 전락(轉落) 등에 의한 근로자에게 발생할 위험을 방지하기 위한 해당 작업장의 지형·지질 및 지층의 상태	① 노천굴착과 갱내굴착의 구별 및 채석 방법 ② 굴착면의 높이와 기울기 ③ 굴착면 소단(小段)의 위치와 넓이 ④ 갱내에서의 낙반 및 붕괴방지 방법 ⑤ 발파방법 ⑥ 암석의 분할방법 ⑦ 암석의 가공장소 ⑧ 사용하는 굴착기계·분할기계·적재기계 또는 운반기계(이하 "굴착기계 등"이라 함)의 종류 및 성능 ⑨ 토석 또는 암반의 적재 및 운반 방법과 운반경로 ⑩ 표토 또는 용수(湧水)의 처리방법
8. 건물 등의 해체작업	해체건물 등의 구조, 주변상황 등	① 해체의 방법 및 해체 순서도면 ② 가설설비·방호설비·환기설비·및 살수·방화설비 등의 방법 ③ 사업장 내 연락방법 ④ 해체물의 처분계획 ⑤ 해체작업용 기계·기구 등의 작업계획서 ⑥ 해체작업용 화약류 등의 사용계획서 ⑦ 그 밖에 안전·보건에 관련된사항
9. 중량물의 취급작업	-	① 추락위험을 예방할 수 있는 안전대책 ② 낙하위험을 예방할 수 있는 안전대책 ③ 전도위험을 예방할 수 있는 안전대책 ④ 협착위험을 예방할 수 있는 안전대책 ⑤ 붕괴위험을 예방할 수 있는 안전대책
10. 궤도와 그 밖의 관련 설비의 보수·점검작업 입환작업(入換作業)	-	① 적절한 작업인원 ② 작업량 ③ 작업순서 ④ 작업방법 및 위험요인에 대한 안전조치방법 등

6 운전위치의 이탈을 금지해야 할 기계·기구

① 양중기
② 항타기 또는 항발기(권상장치에 하중을 건 상태)
③ 양화장치(화물을 적재한 상태)

가설공사 안전

01 가설통로

(1) 통로의 조명 : 75Lux 이상

(2) 가설통로의 구조(가설통로 설치시 준수사항)
① 견고한 구조로 할 것
② 경사는 30° 이하로 할 것(계단을 설치하거나 높이 2m 미만의 가설통로로서 튼튼한 손잡이를 설치한 경우에는 그러하지 아니하다.)
③ 경사가 15°를 초과하는 경우에는 미끄러지지 아니하는 구조로 할 것
④ 추락의 위험이 있는 장소에는 안전난간을 설치할 것(작업상 부득이한 때에는 필요한 부분에 한하여 임시로 이를 해체할 수 있음)
⑤ 수직갱에 가설된 통로의 길이가 15m 이상인 경우에는 10m 이내마다 계단참을 설치할 것
⑥ 건설공사에 사용하는 높이 8m 이상인 비계다리에는 7m 이내마다 계단참을 설치할 것

(3) 사다리식 통로 등의 구조(사다리식 통로 등의 설치시 준수사항)
① 견고한 구조로 할 것
② 심한 손상·부식 등이 없는 재료를 사용할 것
③ 발판의 간격은 일정하게 할 것
④ 발판과 벽과의 거리는 15cm 이상의 간격을 유지할 것
⑤ 폭은 30cm 이상으로 할 것
⑥ 사다리가 넘어지거나 미끄러지는 것을 방지하기 위한 조치를 할 것
⑦ 사다리의 상단은 걸쳐놓은 지점으로부터 60cm 이상 올라가도록 할 것
⑧ 사다리식 통로의 길이가 10m 이상인 경우에는 5m 이내마다 계단참을 설치할 것
⑨ 사다리식 통로의 기울기는 75°이하로 할 것(다만, 고정식 사다리식 통로의 기울기는 90°이하로 하고, 그 높이가 7m 이상인 경우에는 바닥으로부터 높이가 2.5m 되는 지점부터 등받이울을 설치할 것)

⑩ 접이식 사다리 기둥은 사용 시 접혀지거나 펼쳐지지 않도록 철물 등을 사용하여 견고하게 조치할 것

2 가설 계단 등

(1) **계단의 강도** : 계단 및 계단참 설치시는 500kg/m² (매 m²당 500kg) 이상의 하중에 견딜 수 있는 강도를 가진 구조로 설치할 것(안전율 : 4 이상)

(2) **계단의 폭** : 계단을 설치하는 경우 그 폭을 1m 이상으로 할 것(다만, 급유용·보수용·비상용 계단 및 나선형 계단이거나 높이 1m미만의 이동식 계단은 제외)

(3) **계단참의 높이** : 높이가 3m를 초과하는 계단에 높이 3m 이내마다 너비 1.2m 이상 계단참을 설치할 것

(4) **천장의 높이** : 계단을 설치하는 경우 바닥면으로부터 높이 2m 이내의 공간에 장애물이 없도록 할 것(다만, 급유용·보수용·비상용 계단 및 나선형 계단은 제외)

(5) **계단의 난간** : 높이가 1m 이상인 계단의 개방된 측면에 안전난간을 설치할 것

3 경사로(고용노동부 고시)

(1) **경사로의 설치·사용시 준수사항**

① 비탈면의 경사각은 30° 이내로 할 것
② 경사로의 폭은 최소 90cm 이상일 것
③ 높이 7m 이내마다 계단참을 설치할 것
④ 경사로의 지지기둥은 3m 이내마다 설치할 것
⑤ 발판의 폭은 40cm 이상으로 하고 틈은 3cm 이내로 설치할 것

(2) **이동식 사다리 설치·사용시 준수사항**

① 길이가 6m를 초과하지 않도록 할 것
② 다리의 벌림은 벽 높이의 1/4 정도로 할 것
③ 벽면 상부로부터 최소한 1m 이상의 연장길이가 있도록 할 것

(3) **미끄럼방지장치 : 사다리의 설치·사용시 준수사항**

① **미끄럼방지장치** : 사다리 지주의 끝에 고무, 코르크, 가죽, 강스파이크 등을 부착시켜 바닥과의 미끄럼을 방지하는 안전장치가 있어야 한다.
② **쐐기형 강스파이크** : 지반이 평탄한 맨땅 위에 세울 때 사용하여야 한다.
③ **미끄럼방지 판자 및 미끄럼방지 고정쇠** : 돌마무리 또는 인조석 깔기로 마감한 바닥용으로 사용하여야 한다.

④ 미끄럼방지 발판 : 인조고무 등으로 마감한 실내용으로 사용하여야 한다.

4 비계의 설치기준

(1) 비계의 종류 등

1) 비계의 종류
   ① 통나무비계   ② 강관비계
   ③ 강관틀비계   ④ 달비계
   ⑤ 달대비계   ⑥ 이동식비계
   ⑦ 말비계(인장비계, 각주비계)   ⑧ 시스템비계

2) 비계가 갖추어야 할 3요소
   ① 안전성
   ② 작업성
   ③ 경제성

(2) 비계의 재료 및 구조 등

1) 비계의 재료 : 변형·부식 또는 심하게 손상된 것을 사용하지 않을 것

2) 달비계(곤돌라의 달비계는 제외)의 최대적재하중을 정함에 있어서의 안전계수

$$안전계수 = \frac{절단하중}{최대사용하중}$$

   ① 달기와이어로프 및 달기강선의 안전계수 : 10 이상
   ② 달기체인 및 달기훅의 안전계수 : 5 이상
   ③ 달기강대와 달비계의 하부 및 상부지점의 안전계수 : 강재의 경우 2.5 이상, 목재의 경우 5 이상

3) 작업발판의 구조
   ① 발판재료는 작업시의 하중에 견딜 수 있도록 견고한 것으로 할 것
   ② 작업발판의 폭은 40cm 이상으로 하고, 발판재료간의 틈은 3cm 이하로 할 것
   ③ 추락의 위험성이 있는 장소에는 안전난간을 설치할 것(작업의 성질상 안전난간을 설치하는 것이 곤란할 때 및 작업의 필요상 임시로 안전난간을 해체함에 있어서 안전방망을 치거나 근로자로 하여금 안전대를 사용하도록 하는 등 추락에 의한 위험방지 조치를 할 때에는 제외)
   ④ 작업발판의 지지물은 하중에 의하여 파괴될 우려가 없는 것을 사용할 것
   ⑤ 작업발판의 재료는 뒤집히거나 떨어지지 아니하도록 2 이상의 지지물에 연결하거나 고정

시킬 것

⑥ 작업발판을 작업에 따라 이동시킬 때에는 위험방지에 필요한 조치를 할 것

(3) 비계의 조립·해체 및 점검 등(안전보건규칙)

1) 달비계 또는 높이 5m 이상의 비계를 조립·해체 및 변경작업시 준수사항

① 근로자는 관리감독자의 지휘에 따라 작업하도록 할 것
② 조립·해체 또는 변경의 시기·범위 및 절차를 그 작업에 종사하는 근로자에게 주지시킬 것
③ 조립·해체 또는 변경 작업구역에는 해당 작업에 종사하는 근로자가 아닌 사람의 출입을 금지하고 그 내용을 보기 쉬운 장소에 게시할 것
④ 비, 눈 그 밖의 기상상태의 불안정으로 인하여 날씨가 몹시 나쁜 경우에는 그 작업을 중지시킬 것
⑤ 비계재료의 연결·해체작업을 하는 경우에는 폭 20cm 이상의 발판을 설치하고, 근로자로 하여금 안전대를 사용하도록 하는 등 추락방지를 위한 조치를 할 것
⑥ 재료·기구 또는 공구 등을 올리거나 내리는 경우에는 근로자가 달줄 또는 달포대 등을 사용하도록 할 것

주 강관비계 또는 통나무비계를 조립하는 경우 쌍줄로 할 것. 다만, 별도의 작업발판을 설치할 수 있는 시설을 갖춘 경우에는 외줄로 할 수 있음

2) 악천후로 작업을 중지시킨 후 또는 비계를 조립·해체·변경한 후 그 비계에서 작업을 할 때 작업시작 전 점검사항

① 발판재료의 손상 여부 및 부착 또는 걸림상태
② 해당 비계의 연결부 또는 접속부의 풀림상태
③ 연결재료 및 연결철물의 손상 또는 부식상태
④ 손잡이의 탈락 여부
⑤ 기둥의 침하, 변형, 변위 또는 흔들림 상태
⑥ 로프의 부착상태 및 매단장치의 흔들림 상태

(4) 강관비계 및 강관틀비계

1) 강관비계 조립시의 준수사항

① 비계기둥에는 미끄러지거나 침하하는 것을 방지하기 위하여 밑받침철물을 사용하거나 깔판·깔목 등을 사용하여 밑둥잡이를 설치하는 등의 조치를 할 것
② 강관의 접속부 또는 교차부(交叉部)는 적합한 부속철물을 사용하여 접속하거나 단단히 묶을 것
③ 교차가새로 보강할 것

④ 외줄비계·쌍줄비계 또는 돌출비계에 대해서는 다음 각 목에서 정하는 바에 따라 벽이음 및 버팀을 설치할 것.
  ㉠ 강관비계의 조립 간격은 다음 [표]의 기준에 적합하도록 할 것

강관비계의 종류	조립간격 (단위 : m)	
	수직방향	수평방향
1. 단관비계	5	5
2. 틀비계(높이 5m 미만은 제외)	6	8
3. 통나무비계	5.5	7.5

  ㉡ 강관·통나무 등의 재료를 사용하여 견고한 것으로 할 것
  ㉢ 인장재(引張材)와 압축재로 구성된 경우에는 인장재와 압축재의 간격을 1m 이내로 할 것
⑤ 가공전로(架空電路)에 근접하여 비계를 설치하는 경우에는 가공전로를 이설(移設) 하거나 가공전로에 절연용 방호구를 장착하는 등 가공전로와의 접촉을 방지하기 위한조치를 할 것

2) 강관비계의 구조(강관을 사용하여 비계를 구성하는 경우 준수사항)
  ① 비계기둥의 간격은 띠장 방향에서는 1.85m 이하, 장선(長線)방향에서는 1.5m 이하로 할 것
  ② 띠장 간격은 2m 이하로 할 것
  ③ 비계기둥의 제일 윗부분으로부터 31m 되는 지점 밑부분의 비계기둥은 2개의 강관으로 묶어 세울 것. 다만 브래킷(bracket) 등으로 보강하여 2개의 강관으로 묶을 경우 이상의 강도가 유지되는 경우에는 제외
  ④ 비계기둥 간의 적재하중은 400kg을 초과하지 않도록 할 것

3) 강관틀비계를 조립하여 사용하는 경우 준수사항
  ① 비계기둥의 밑둥에는 밑받침철물을 사용하여야 하며 밑받침에 고저차(高低差)가 있는 경우에는 조절형 밑받침철물을 사용하여 각각의 강관틀비계가 항상 수평 및 수직을 유지하도록 할 것
  ② 높이가 20m를 초과하거나 중량물의 적재를 수반하는 작업을 할 경우에는 주틀간의 간격을 1.8m 이하로 할 것
  ③ 주틀 간에 교차가새를 설치하고 최상층 및 5층 이내마다 수평재를 설치할 것
  ④ 수직방향으로 6m, 수평방향으로 8m 이내마다 벽이음을 할 것
  ⑤ 길이가 띠장 방향으로 4m 이하이고 높이가 10m를 초과하는 경우에는 10m 이내마다 띠장 방향으로 버팀기둥을 설치할 것

(5) 달비계 및 달대비계

1) 달비계 및 달대비계
   ① 달비계 : 와이어로프나 철선 등을 이용하여 상부지점에 승강할 수 있는 작업용 발판을 매다는 형식의 비계로써 건물외벽의 도장이나 청소 등의 작업에 사용
   ② 달대비계 : 철골공사의 리벳치기, 볼트 작업시에 주로 이용되는 것으로 주체인철골에 매달아서 작업발판을 만드는 비계로서 상하이동을 시킬 수 없는 것

2) 달비계에 사용하는 와이어로프의 사용금지사항
   ① 이음매가 있는 것
   ② 와이어로프의 한 꼬임[스트랜드(strand)를 말함]에서 끊어진 소선(素線)[필러(pillar)선은 제외]의 수가 10% 이상(비자전로프의 경우에는 끊어진 소선의 수가 와이어로프 호칭지름의 6배 길이 이내에서 4개 이상이거나 호칭지름 30배 길이 이내에서 8개 이상)인 것
   ③ 지름의 감소가 공칭지름의 7%를 초과하는 것
   ④ 꼬인 것
   ⑤ 심하게 변형되거나 부식된 것
   ⑥ 열과 전기충격에 의해 손상된 것

3) 달비계에 사용하는 달기체인의 사용금지사항
   ① 달기체인의 길이가 달기체인이 제조된 때의 길이의 5%를 초과한 것
   ② 링의 단면지름이 달기체인이 제조된 때의 해당 링의 지름의 10%를 초과하여 감소한 것
   ③ 균열이 있거나 심하게 변형된 것

4) 달비계에 사용하는 섬유로프 또는 섬유벨트의 사용금지사항
   ① 꼬임이 끊어진 것
   ② 심하게 손상되거나 부식된 것

(6) 말비계 및 이동식비계

1) 말비계를 조립하여 사용하는 경우 준수사항
   ① 지주부재(支柱部材)의 하단에는 미끄럼방지장치를 하고, 근로자가 양측 끝부분에 올라서서 작업하지 않도록 할 것
   ② 지주부재와 수평면의 기울기를 75° 이하로 하고, 지주부재와 지주부재 사이를 고정시키는 보조부재를 설치할 것
   ③ 말비계의 높이가 2m를 초과하는 경우에는 작업발판의 폭을 40cm 이상으로 할 것

2) 이동식비계를 조립하여 작업을 하는 경우 준수사항
   ① 이동식비계의 바퀴에는 뜻밖의 갑작스러운 이동 또는 전도를 방지하기 위하여 브레이크·쐐기 등으로 바퀴를 고정시킨 다음 비계의 일부를 견고한 시설물에 고정하거나 아웃트리거(outrigger)를 설치하는 등 필요한 조치를 할 것

② 승강용 사다리는 견고하게 설치할 것
③ 비계의 최상부에서 작업을 하는 경우에는 안전난간을 설치할 것
④ 작업발판은 항상 수평을 유지하고 작업발판 위에서 안전난간을 딛고 작업을 하거나 받침대 또는 사다리를 사용하여 작업하지 않도록 할 것
⑤ 작업발판의 최대적재하중은 250kg을 초과하지 않도록 할 것

(7) 시스템계의 구조(시스템비계를 사용하여 비계를 구성하는 경우 준수사항)
① 수직재·수평재·가새재를 견고하게 연결하는 구조가 되도록 할 것
② 비계 밑단의 수직재와 받침철물은 밀착되도록 설치하고, 수직재와 받침철물의 연결부의 겹침길이는 받침철물 전체길이의 3분의 1 이상이 되도록 할 것
③ 수평재는 수직재와 직각으로 설치하여야 하며, 체결 후 흔들림이 없도록 견고하게 설치할 것
④ 수직재와 수직재의 연결철물은 이탈되지 않도록 견고한 구조로 할 것
⑤ 벽 연결재의 설치간격은 제조사가 정한 기준에 따라 설치할 것

(8) 통나무비계
1) 통나무비계의 구조(통나무비계를 조립하는 경우 준수사항)
 ① 비계기둥의 간격은 2.5m 이하로 하고 지상으로부터 첫 번째 띠장은 3m 이하의 위치에 설치할 것. 다만, 작업의 성질상 이를 준수하기 곤란하여 쌍기둥 등에 의하여 해당 부분을 보강한 경우에는 그러하지 아니하다.
 ② 비계기둥이 미끄러지거나 침하하는 것을 방지하기 위하여 비계기둥의 하단부를 묻고 밑둥잡이를 설치하거나 깔판을 사용하는 등의 조치를 할 것
 ③ 비계기둥의 이음이 겹침이음인 경우에는 이음부분에서 1m 이상을 서로 겹쳐서 두 군데 이상을 묶고, 비계기둥의 이음이 맞댄이음인 경우에는 비계기둥을 쌍기둥틀로 하거나 1.8m 이상의 덧댐목을 사용하여 네 군데 이상을 묶을 것
 ④ 비계기둥·띠장·장선 등의 접속부 및 교차부는 철선이나 그 밖의 튼튼한 재료로 견고하게 묶을 것
 ⑤ 교차가새로 보강할 것
 ⑥ 외줄비계·쌍줄비계 또는 돌출비계에 대해서는 다음 각 목에 따른 벽이음 및 버팀을 설치할 것
  ㉠ 간격은 수직방향에서 5.5m 이하, 수평방향에서는 7.5m 이하로 할 것
  ㉡ 강관·통나무 등의 재료를 사용하여 견고한 것으로 할 것
  ㉢ 인장재와 압축재로 구성되어 있는 경우에는 인장재와 압축재의 간격은 1m 이내로 할 것
2) 통나무비계는 지상높이 4층 이하 또는 12m 이하인 건축물·공작물 등의 건조·해체 및 조립 등의 작업에만 사용할 수 있음

5 공사용 가설도로를 설치하는 경우 준수사항

① 도로는 장비와 차량이 안전하게 운행할 수 있도록 견고하게 설치할 것
② 도로와 작업장이 접하여 있을 경우에는 방책 등을 설치할 것
③ 도로는 배수를 위하여 경사지게 설치하거나 배수시설을 설치할 것
④ 차량의 속도제한 표지를 부착할 것

토공사 안전

1 흙의 성질

(1) 흙 = 토립자 + 간극(물, 공기, 가스)

(2) 공극률과 포화도

① 공극률 $= \dfrac{\text{공극의 용적}}{\text{토립자의 용적}} \times 100(\%)$

② 포화도 $= \dfrac{\text{물의 용적}}{\text{공극의 용적}} \times 100(\%)$

(3) 함수비와 함수율

① 함수비 : 습윤토 중에 함유된 물의 중량(공극중의 물의 무게)과 그 토립자의 절대건조상태의 중량(흙입자만의 건조무게)과의 중량비를 백분율로 나타낸 것이다.

$$\text{함수비} = \dfrac{\text{물의 중량}}{\text{흙의 건조중량}} \times 100(\%)$$

② 함수율 : 흙의 전체중량(흙 + 물의 중량)에 대한 흙 속의 물의중량과의 비를 백분율로 나타낸 것이다.

$$\text{함수율} = \dfrac{\text{물의 중량}}{\text{흙의 전체중량}} \times 100(\%)$$

(4) 흙의 전단강도(Coulomb식)

$$S = C + \sigma \tan \phi$$

여기서, S : 흙의 전단강도(kg/cm²)
C : 점착력(kg/cm²)
σ : 전단면(파괴면)에 작용하는 수직응력(kg/cm²)
ϕ : 내부마찰각

2 지반조사 및 현장 토질시험방법

(1) 보링(Boring)

1) 기계식 보링 : 충격식, 수세식, 회전식(가장 정확한 방법)
2) 오거 보링 : 작업현장에서 인력으로 간단하게 실시할 수 있는 방법

(2) 현장의 토질시험방법

1) 베인 테스트(vane test) : 십자형 날개의 vane test를 지반에 때려 박고 회전시켜서 그 회전력에 의해 점토의 점착력을 판별하는 방법(연한 점토질에 주로 쓰이는 방법)

2) 표준관입시험 : 63.5kg의 추를 76cm의 높이에서 자유 낙하시켜 30cm 관입시킬 때의 타격횟수(N)를 측정하여 흙의 경·연도의 정도를 판정하는 방법
   ① 사질지반의 상대밀도 등 토질조사시 신뢰성 높음
   ② N값과 모래의 상태

N값	모래의 상태
0~5	몹시 느슨하다.
5~10	느슨하다.
10~30	보통
50 이상	다진 상태(밀실 상태)

3) 지내력 시험(평판재하시험) : 지반면에 직접 재하하여 허용지내력을 구하기 위한 시험방법
   ① 시험은 원칙적으로 예정기초면에서 행한다.
   ② 하중시험용 재하판은 정방향 또는 원형의 두께 약 25mm 절판재, 면적 0.2m², 보통 30cm의 각이나 45cm 각의 것이 사용된다.
   ③ 매회의 재하는 1톤 이하 또는 예정파괴하중의 1/5 이하로 한다.
   ④ 침하의 증가는 2시간에 0.1mm의 비율 이하가 될 때에는 침하가 정지된 것으로 간주한다.
   ⑤ 단기하중에 대한 허용지내력은 총침하량이 20mm에 도달하였을 때, 침하량이 20mm 이하더라도 침하곡선이 항복상황을 나타낼 때로 한다.
   ⑥ 장기하중에 대한 허용지내력은 단기하중에 대한 허용지내력의 1/2이다.

3 지반의 이상현상

(1) 보일링

1) 보일링(boiling) : 사질토 지반을 굴착시 굴착부와 지하수위차가 있을 경우, 수두차(水頭差)에 의하여 침투압이 생겨 흙막이벽 근입부분을 침식하는 동시에, 굴착부 저면의 모래가 액상화

(液狀化)되어 솟아오르는 현상이다.

   2) 대책
      ① 주변수위를 저하시킨다.(지하수위 감소)
      ② 흙막이벽 근입도를 증가하여 동수구배를 저하시킨다.(흙막이 벽을 깊게 박음)
      ③ 굴착토를 즉시 원상 매립한다.
      ④ 작업을 중지시킨다.

(2) 히빙현상

   1) 히빙(heaving) : 연약성 점토지반에서 굴착이 진행됨에 따라 흙막이벽 뒤쪽 흙의 중량이 굴착부 바닥의 지지력 이상이 되면 흙막이벽 근입(根入)부분의 지반이동이 발생하여 굴착부 저면이 솟아오르는 현상이다.

   2) 대책
      ① 굴착주변의 상재하중을 제거한다.
      ② 시트 파일(Sheet Pile) 등의 근입심도를 검토한다.(흙막이벽을 깊게 박음)
      ③ 버팀대, 브래킷, 흙막이를 점검한다.
      ④ 굴착방식을 개선(Island Cut 공법 등)한다.

(3) 점토의 비화작용
   액상상태에 있는 흙을 건조시키면 고체로 되었다가 재차 흡수하면 토립자간의 결합력이 감쇠되어 붕괴되는 현상

4 흙막이 공법

(1) **흙막이벽 오픈컷 공법** : 널말뚝을 건물의 주위에 박고 소정의 깊이까지 파내어 기초를 구축하는 공법이다.

   ① 타이로드(tie rod)공법 : 흙막이 후변에 구멍을 뚫고 로드(rod)를 앵커시켜 흙막이와 연결시키는 공법으로 타이로드(tie rod: 지지봉)는 되도록 경질 지반에 정착시켜야 안전하다.
   ② 버팀대공법 : 굴착부 주위에 타입된 흙막이벽을 활용하여 굴착을 진행하면서 내부에 버팀대를 가설하고 흙막이벽에 가해지는 토압에 대응하도록 하는 공법이다.
   ③ 자립흙막이벽공법 : 굴착부 주위에 흙막이벽을 타입하여 토사의 붕괴를 흙막이벽 자체의 저항력으로 방지하며 굴착한다.

(2) **버팀대 공법**
   ① 빗 버팀대식 공법 : 넓은 면적에서 비교적 얕은 기초파기를 할 때 이용되는 공법

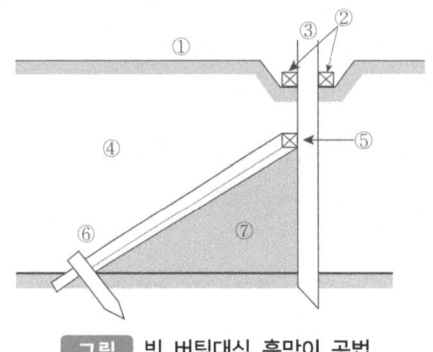

[그림] 빗 버팀대식 흙막이 공법

① 줄파기
② 규준대 대기
③ 널말뚝 박기
④ 중앙부 흙파기
⑤ 띠장 대기
⑥ 버팀말뚝 및 버팀대 대기
⑦ 주변부 흙파기

② 수평버팀대식 공법 : 좁은 면적에서 깊은 기초파기를 할 때나, 폭이 좁고 길이가 길 경우에 이용되는 공법

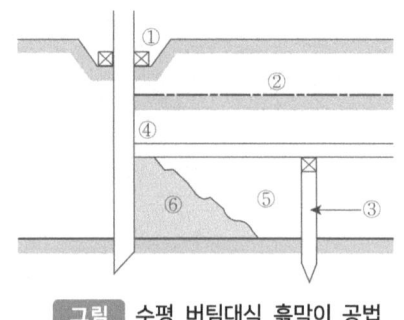

[그림] 수평 버팀대식 흙막이 공법

① 줄파기, 규준대 대기, 널말뚝 박기
② 흙파기
③ 받침기둥 박기
④ 띠장, 버팀대 대기
⑤ 중앙부 흙파기
⑥ 주변부 흙파기

5 굴착작업 등의 위험방지

(1) 지반 등의 굴착시 굴착면의 기울기 기준 : 다음 [표]의 기준에 맞도록 할 것.

구분	지반의 종류	구배
보통흙	습지	1 : 1 ~ 1 : 1.5
	건지	1 : 0.5 ~ 1 : 1
암반	풍화암	1 : 1.0
	연암	1 : 1.0
	경암	1 : 0.5

(2) 관리감독자의 작업시작 전 점검사항 : 굴착작업시 지반의 붕괴 또는 토석의 낙하에 의한 위험을 방지하기 위하여 관리 감독자가 작업시작 전에 작업장소 및 그 주변에 대하여 점검해야 할 사항

① 부석·균열의 유무
② 함수·용수 및 동결상태의 변화

(3) 지반의 붕괴 등에 의한 위험방지

1) 굴착작업시 지반의 붕괴 또는 토석의 낙하에 의한 위험방지 조치사항
   ① 흙막이지보공 설치
   ② 방호망 설치
   ③ 근로자의 출입금지

2) 비가 올 경우 빗물 등의 침투에 의한 붕괴재해방지 조치사항
   ① 측구 설치
   ② 굴착사면에 비닐을 덮음

(4) 흙막이지보공

1) 흙막이지보공 조립시 조립도의 내용
   ① 부재(흙막이판·말뚝·버팀대 및 띠장 등)의 배치·치수
   ② 부재의 재질 및 설치방법과 순서

2) 흙막이지보공 설치시 정기점검사항
   ① 부재의 손상·변형·부식·변위 및 탈락의 유무와 상태
   ② 버팀대의 긴압(緊壓)의 정도
   ③ 부재의 접속부·부착부 및 교차부의 상태
   ④ 침하의 정도

(5) 발파에 의한 굴착(표준안전작업지침)

1) 암질 판별방식 : 암질 변화구간 및 이상암질의 출현시 반드시 암질 판별을 실시하여야 하며, 암질 판별은 아래 각 목을 기준으로 하여야 한다.
   ① RQD(%)
   ② 탄성파속도(m/sec)
   ③ RMR(%)
   ④ 일축압축강도(kg/cm^2)
   ⑤ 진동치 속도(cm/sec=kine)

2) 터널의 경우(NATM 기준) 계측관리사항 기준 : 다음 각 목의 사항을 적용하며 지속적 관찰에 의한 보강대책을 강구하여야 한다. 또한 이상변위가 나타나면 즉시 작업중단 및 장비·인력 대피조치를 하여야 한다.
   ① 내공변위 측정
   ② 천단침하 측정
   ③ 지중·지표침하 측정
   ④ 록볼트 축력 측정

⑤ 숏크리트 응력 측정

(6) 계측기의 설치 : 깊이 10.5m 이상의 굴착의 경우 아래 각 목의 계측기의 설치에 의하여 흙막이 구조의 안전을 예측하여야 하며, 설치가 불가능한 경우 트랜싯 및 레벨 측량기에 의해 수직·수평 변위측정을 실시하여야 한다.

① 수위계
② 경사계
③ 하중 및 침하계
④ 응력계

(7) 발파의 작업기준(발파작업시 준수사항)

① 얼어붙은 다이너마이트는 화기에 접근시키거나 그 밖의 고열물에 직접 접촉시키는 등 위험한 방법으로 융해되지 않도록 할 것
② 화약이나 폭약을 장전하는 경우에는 그 부근에서 화기를 사용하거나 흡연을 하지 않도록 할 것
③ 장전구(裝塡具)는 마찰·충격·정전기 등에 의한 폭발의 위험이 없는 안전한 것을 사용할 것
④ 발파공의 충진재료는 점토·모래 등 발화성 또는 인화성의 위험이 없는 재료를 사용할 것
⑤ 점화 후 장전된 화약류가 폭발하지 아니한 경우 또는 장전된 화약류의 폭발여부를 확인하기 곤란한 경우에는 다음 각 목의 사항을 따를 것
  ㉠ 전기뇌관에 의한 경우 : 발파모선을 점화기에서 떼어 그 끝을 단락시켜 놓는 등 재점화되지 않도록 조치하고 그 때부터 5분 이상 경과한 후가 아니면 화약류의 장전장소에 접근시키지 않도록 할 것
  ㉡ 전기뇌관 외의 것에 의한 경우 : 점화한 때부터 15분 이상 경과한 후가 아니면 화약류의 장전장소에 접근시키지 않도록 할 것
⑥ 전기뇌관에 의한 발파의 경우 : 점화하기 전에 화약류를 장전한 장소로부터 30m 이상 떨어진 안전한 장소에서 전선에 대하여 저항측정 및 도통(道通)시험을 할 것

6 터널작업의 위험방지

(1) 인화성가스의 농도측정 등

1) 인화성 가스가 발생할 위험이 있는 장소에 대하여 인화성가스의 농도를 측정하도록 할 것
2) 인화성가스 농도의 이상상승을 조기에 파악하기 위하여 그 장소에 자동경보장치를 설치할 것
3) 자동경보장치의 작업시작 전 점검사항
   ① 계기의 이상유무
   ② 검지부의 이상유무

③ 경보장치의 작동상태

(2) 터널 건설작업시 낙반 등에 의한 위험방지 조치사항

① 터널지보공 설치
② 록 볼트의 설치
③ 부석의 제거

(3) 터널 등의 출입구 부근의 지반붕괴 및 토석낙하에 의한 위험방지 조치사항

① 흙막이지보공 설치
② 방호망 설치

(4) 터널작업시 터널 내부의 시계를 유지하기 위한 조치사항

① 환기를 시킬 것
② 물을 뿌릴 것

7 터널지보공의 위험방지

(1) 터널지보공 조립시 조립도에 명시해야 할 내용

① 재료의 재질
② 재료의 단면규격
③ 재료의 설치간격 및 이음방법

(2) 터널지보공의 조립·변경시 조치사항

① 주재(主材)를 구성하는 1세트의 부재는 동일 평면 내에 배치할 것
② 목재의 터널지보공은 그 터널지보공의 각 부재의 긴압 정도가 균등하게 되도록 할 것
③ 기둥에는 침하를 방지하기 위하여 받침목을 사용하는 등의 조치를 할 것
④ 강(鋼)아치 지보공의 조립 : 다음 각 목의 사항을 따를 것
　㉠ 조립간격은 조립도에 따를 것
　㉡ 주재가 아치작용을 충분히 할 수 있도록 쐐기를 박는 등 필요한 조치를 할 것
　㉢ 연결볼트 및 띠장 등을 사용하여 주재 상호간을 튼튼하게 연결할 것
　㉣ 터널 등의 출입구 부분에는 받침대를 설치할 것
　㉤ 낙하물이 근로자에게 위험을 미칠 우려가 있는 경우에는 널판 등을 설치할 것

(3) 터널지보공 설치시 수시점검사항

① 부재의 손상·변형·부식·변위·탈락의 유무 및 상태
② 부재의 긴압 정도
③ 부재의 접속부 및 교차부의 상태
④ 기둥침하의 유무 및 상태

8 잠함 내 굴착작업시의 위험방법

(1) 잠함 또는 우물통의 내부에서 굴착작업시 잠함·우물통의 급격한 침하에 의한 위험방지를 위한 준수사항
   ① 침하관계도에 따라 굴착방법 및 재하량(載荷量) 등을 정할 것
   ② 바닥으로부터 천장 또는 보까지의 높이는 1.8m 이상으로 할 것

(2) 잠함·우물통·수직갱 등의 내부에서 굴착작업시 준수사항
   ① 산소결핍 우려가 있는 경우에는 산소농도 측정자를 지명하여 산소농도를 측정하도록 할 것
   ② 근로자가 안전하게 오르내리기 위한 설비를 설치할 것
   ③ 굴착 깊이가 20m를 초과하는 경우에는 해당 작업장소와 외부와의 연락을 위한 통신설비 등을 설치할 것
   ④ 산소농도 측정결과 산소결핍이 인정되거나 굴착 깊이가 20m를 초과하는 경우에는 송기(送氣)를 위한 설비를 설치하여 필요한 양의 공기를 공급할 것

(3) 잠함 등의 내부에서 굴착작업을 금지해야 할 경우
   ① 승강설비, 통신설비, 송기설비 등 설비에 고장이 있는 경우
   ② 잠함 등의 내부에 많은 양의 물 등이 스며들 우려가 있는 경우

04 구조물공사 안전

1 거푸집 동바리 및 거푸집

(1) 거푸집 및 동바리(지보공) 설계시 고려해야 할 하중 콘크리트공사(표준안전작업지침)
   ① 연직방향 하중 : 거푸집, 지보공(동바리), 콘크리트, 철근, 작업원, 타설용 기계기구, 가설설비 등의 중량 및 충격하중
   ② 횡방향 하중 : 작업할 때의 진동, 충격, 시공오차 등에 기인되는 횡방향 하중, 이외에 필요에 따라 풍압, 유수압, 지진 등
   ③ 콘크리트의 측압 : 굳지 않은 콘크리트의 측압
   ④ 특수하중 : 시공 중에 예상되는 특수한 하중
   ⑤ 상기 1~4호의 하중에 안전율을 고려한 하중

(2) 거푸집 동바리 등 조립시의 조립도에 명시하여야 할 내용
   ① 동바리·멍에 등 부재의 재질
   ② 단면규격
   ③ 설치간격 및 이음방법

(3) 거푸집 동바리 등의 안전조치(거푸집 동바리 등을 조립하는 경우 준수사항)

① 깔목의 사용, 콘크리트 타설, 말뚝박기 등 동바리의 침하를 방지하기 위한 조치를 할 것
② 개구부 상부에 동바리를 설치하는 경우에는 상부하중을 견딜 수 있는 견고한 받침대를 설치할 것
③ 동바리의 상하 고정 및 미끄러짐 방지 조치를 하고, 하중의 지지상태를 유지할 것
④ 동바리의 이음은 맞댄이음이나 장부이음으로 하고 같은 품질의 재료를 사용할 것
⑤ 강재와 강재의 접속부 및 교차부는 볼트·클램프 등 전용철물을 사용하여 단단히 연결할 것
⑥ 거푸집이 곡면인 경우에는 버팀대의 부착 등 그 거푸집의 부상(浮上)을 방지하기 위한 조치를 할 것

(4) 거푸집 동바리로 사용하는 강관 등 설치기준

1) 동바리로 사용하는 강관(파이프 서포트, pipe support)의 설치기준

   ① 높이 2m 이내마다 수평연결재를 2개 방향으로 만들고 수평연결재의 변위를 방지할 것
   ② 멍에 등을 상단에 올릴 경우에는 해당 상단에 강재의 단판을 붙여 멍에 등을 고정시킬 것

2) 동바리로 사용하는 파이프 서포트의 설치기준

   ① 파이프 서포트를 3개 이상 이어서 사용하지 않도록 할 것
   ② 파이프 서포트를 이어서 사용하는 경우에는 4개 이상의 볼트 또는 전용철물을 사용하여 이을 것
   ③ 높이가 3.5m를 초과하는 경우에는 높이 2m 이내마다 수평연결재를 2개 방향으로 만들고 수평연결재의 변위를 방지할 것

3) 동바리로 사용하는 강관틀의 설치기준

   ① 강관틀과 강관틀 사이에 교차가새를 설치할 것
   ② 최상층 및 5층 이내마다 거푸집 동바리의 측면과 틀면의 방향 및 교차가새의 방향에서 5개 이내마다 수평연결재를 설치하고 수평연결재의 변위를 방지할 것
   ③ 최상층 및 5층 이내마다 거푸집 동바리의 틀면의 방향에서 양단 및 5개틀 이내마다 교차가새의 방향으로 띠장틀을 설치할 것
   ④ 멍에 등을 상단에 올린 경우에는 해당 상단에 강재의 단판을 붙여 멍에 등을 고정시킬 것

4) 동바리로 사용하는 조립강주의 설계기준

   ① 멍에 등을 상단에 올린 경우에는 해당 상단에 강재의 단판을 붙여 멍에 등을 고정시킬 것
   ② 높이가 4m를 초과하는 경우에는 높이 4m 이내마다 수평연결재를 2개 방향으로 설치하고 수평연결재의 변위를 방지할 것

5) 시스템 동바리(규격화·부품화된 수직재, 수평재 및 가새재 등의 부재를 현장에서 조립하여 거푸집으로 지지하는 동바리 형식을 말함)의 설치기준
   ① 수평재는 수직재와 직각으로 설치하여야 하며, 흔들리지 않도록 견고하게 설치할 것
   ② 연결철물을 사용하여 수직재를 견고하게 연결하고, 연결 부위가 탈락 또는 꺾어지지 않도록 할 것
   ③ 수직 및 수평하중에 의한 동바리 본체의 변위가 발생하지 않도록 각각의 단위수직재 및 수평재에는 가새재를 견고하게 설치하도록 할 것
   ④ 동바리 최상단과 최하단의 수직재와 받침철물은 서로 밀착되도록 설치하고 수직재와 받침 철물의 연결부의 겹침길이는 받침철물 전체길이의 3분의 1 이상 되도록 할 것

6) 동바리로 사용하는 목재의 설치기준
   ① 멍에 등을 상단에 올릴 경우에는 해당 상단에 강재의 단판을 붙여 멍에 등을 고정시킬 것
   ② 목재를 이어서 사용하는 경우에는 2개 이상의 덧댐목을 대고 네 군데 이상 견고하게 묶은 후 상단을 보나 멍에에 고정시킬 것

(5) 조립 등 작업시의 준수사항

1) 기둥·보·벽체·슬래브 등의 거푸집 동바리 등을 조립하거나 해체하는 작업을 하는 경우 준수사항
   ① 해당 작업을 하는 구역에는 관계 근로자가 아닌 사람의 출입을 금지할 것
   ② 비, 눈, 그 밖의 기상상태의 불안정으로 날씨가 몹시 나쁜 경우에는 그 작업을 중지할 것
   ③ 재료, 기구 또는 공구 등을 올리거나 내리는 경우에는 근로자로 하여금 달줄·달포대 등을 사용하도록 할 것
   ④ 낙하·충격에 의한 돌발적 재해를 방지하기 위하여 버팀목을 설치하고 거푸집 동바리 등을 인양장비에 매단 후에 작업을 하도록 하는 등 필요한 조치를 할 것

2) 철근조립 등의 작업을 하는 경우 준수사항
   ① 양중기로 철근을 운반할 경우에는 두 군데 이상 묶어서 수평으로 운반할 것
   ② 작업위치의 높이가 2m 이상일 경우에는 작업발판을 설치하거나 안전대를 착용하게 하는 등 위험방지를 위하여 필요한 조치를 할 것

2 작업발판 일체형 거푸집의 정의 및 종류

(1) 작업발판 일체형 거푸집 : 거푸집의 설치·해체, 철근 조립, 콘크리트 타설, 콘크리트 면처리 작업 등을 위하여 거푸집을 작업발판과 일체로 제작하여 사용하는 거푸집

(2) 종류
① 갱 폼(gang form)
② 슬립 폼(slip form)
③ 클라이밍 폼(climbing form)
④ 터널 라이닝 폼(tunnel lining form)
⑤ 그 밖에 거푸집과 작업발판이 일체로 제작된 거푸집 등

3 거푸집을 해체할 때의 유의사항
① 해체작업을 할 때에는 안전모 등 안전보호장구를 착용토록 하여야 한다.
② 거푸집 해체작업장 주위에는 관계자를 제외하고는 출입을 금지시켜야 한다.
③ 상하 동시작업은 원칙적으로 금지하여 부득이한 경우에는 긴밀히 연락을 취하며 작업을 하여야 한다.
④ 거푸집 해체 때 구조체에 무리한 충격이나 큰 힘에 의한 지렛대 사용은 금지하여야 한다.
⑤ 보 또는 슬래브 거푸집을 제거할 때에는 거푸집의 낙하충격으로 인한 작업원의 돌발적 재해를 방지하여야 한다.
⑥ 해체된 거푸집이나 각목 등에 박혀 있는 못 또는 날카로운 돌출물은 즉시 제거하여야 한다.
⑦ 해체된 거푸집이나 각목은 재사용 가능한 것과 보수하여야 할 것을 선별, 분리하여 적치하고 정리정돈을 하여야 한다.

4 콘크리트 타설작업(안전보건규칙)

(1) 콘크리트의 타설작업(콘크리트 타설작업을 하는 경우 준수사항)
① 당일의 작업을 시작하기 전에 해당 작업에 관한 거푸집 동바리 등의 변형·변위 및 지반의 침하유무 등을 점검하고 이상이 있으면 보수할 것
② 작업 중에는 거푸집 동바리 등의 변형·변위 및 침하유무 등을 감시할 수 있는 감시자를 배치하여 이상이 있으면 작업을 중지하고 근로자를 대피시킬 것
③ 콘크리트 타설작업시 거푸집 붕괴의 위험이 발생할 우려가 있으면 충분한 보강조치를 할 것
④ 설계도서상의 콘크리트 양생기간을 준수하여 거푸집동바리 등을 해체할 것
⑤ 콘크리트를 타설하는 경우에는 편심이 발생하지 않도록 골고루 분산하여 타설할 것

(2) 콘크리트 펌프 또는 펌프카 등 사용시 준수사항
① 작업을 시작하기 전에 콘크리트 펌프용 비계를 점검하고 이상을 발견하였으면 즉시 보수할 것
② 건축물의 난간 등에서 작업하는 근로자가 호스의 요동·선회로 인하여 추락하는 위험을 방지하기 위하여 안전난간 설치 등 필요한 조치를 할 것
③ 콘크리트 펌프카의 붐을 조정하는 경우에는 주변의 전선 등에 의한 위험을 예방하기 위한

적절한 조치를 할 것
④ 작업 중에 지반의 침하, 아웃트리거의 손상 등에 의하여 콘크리트 펌프카가 넘어질 우려가 있는 경우에는 이를 방지하기 위한 적절한 조치를 할 것

5 철골공사

(1) 철골건립 중 강풍에 의한 풍압 등 외압에 대한 내력이 설계에 고려되었는지 확인해야 할 철골구조물(표준안전작업지침)

① 높이 20m 이상의 구조물
② 구조물의 폭과 높이의 비가 1 : 4 이상인 구조물
③ 단면구조에 현저한 차이가 있는 구조물
④ 연면적당 철골량이 50kg/m² 이하인 구조물
⑤ 기둥이 타이 플레이트(tie plate)형인 구조물
⑥ 이음부가 현장용접인 구조물

(2) 철골작업을 중지해야 할 기상조건

① 풍속이 초당 10m 이상인 경우
② 강우량이 시간당 1mm 이상인 경우
③ 강설량이 시간당 1cm 이상인 경우

(3) 철골공사의 재해방지설비

구분	기능	용도, 사용장소, 조건	설비
추락방지	안전한 작업대 가능한 작업대	높이 2m 이상의 장소로서 추락의 우려가 있는 작업	비계, 달비계, 수평통로, 안전난간대
	추락자를 보호할 수 있는 것	작업대 설치가 어렵거나 개구부 주위로 난간설치가 어려운 곳	추락방지용 방망
	추락의 우려가 있는 위험 장소에서 작업자의 행동을 제한하는 것	개구부 및 작업대의 끝	난간, 울타리
	작업자의 신체를 유지시키는 것	안전한 작업대나 난간설비를 할 수 없는 곳	안전대 부착 설비, 안전대, 구명줄
낙하·비래 및 비산 방지	위에서 낙하된 것을 막는 것	철골 건립, 볼트 체결 및 기타 상하작업	방호철망, 방호울타리, 가설앵커설비
	제3자의 위해 방지	볼트, 콘크리트 덩어리, 형틀재, 일반자재, 먼지 등이 낙하·비산할 우려가 있는 작업	방호철망, 방호시트, 방호울타리, 방호선반, 안전망
	불꽃의 비산 방지	용접, 용단을 수반하는 작업	석면포

건설기계 · 기구 안전

1 굴착용 기계

(1) 파워쇼벨(power shovel)
① 중기가 위치한 지면보다 높은 곳의 땅을 굴착하는데 적합하다.
② 용도 : 굳은 점토, 암석, 토사 등의 굴착, 쇄석 옮겨쌓기, 토사의 처리 등에 널리 쓰인다.

(2) 드래그쇼벨(drag shovel)=백호우(back hoe)
① 중기가 위치한 지면보다 낮은 곳의 땅을 굴착하는데 적합하다.
② 용도 : 지하층이나 기초의 굴착, 도랑파기굴착, 수중굴착 등에 쓰인다.

(3) 드래그라인(drag line)
① 지반보다 낮은 연질지반의 넓은 굴착에 적합하다.(힘이 약함)
② 용도 : 8m 정도의 기초흙파기 등 깊은 곳 굴착 등에 쓰인다.

(4) 크램셀(clam shell)
① 붐의 선단에서 크램셀버킷을 와이어로프에 매달아 바로 아래로 떨어뜨려 흙을 퍼올리는 토공기계이다.
② 용도 : 깊은 흙파기용, 흙막이 버팀대가 있는 좁은 곳, 케이슨(caisson) 내의 굴착 등 좁은 곳의 수직굴착, 자갈 등의 적재, 연약한 지반이나 수중굴착 등에 쓰인다.

2 정지용 기계

(1) 도저(dozer)
트랙터에 블레이드(blade, 배토판, 토공판)를 장치하여 송토(淞土), 절토(切土), 성토(盛土)작업을 할 수 있는 토공기계이다.
① 불도저(bull dozer)
② 앵글도저(angle dozer)
③ 틸트도저(tilt dozer)

(2) 스크레이퍼(scraper)
흙의 굴착, 싣기, 운반, 하역 등의 일관작업을 연속적으로 행할 수 있는 토공만능기이다.

(3) 모터그레이더(motor grader)
토공기계의 대패라고도 하며 지면을 절삭하여 평활하게 다듬는 정지용 기계이다.

(4) 로더(loader)

1) 트랙터의 앞 작업장치에 버킷을 붙인 것으로 쇼벨도저(shovel dozer) 또는 트랙터 쇼벨(tractor shovel)이라고도 한다.

2) 로더의 작업
   ① 굴착작업
   ② 송토작업
   ③ 지면고르기 작업
   ④ 토사 깎아내기 작업

3 차량계 건설기계 위험방지

(1) 차량계 건설기계의 정의 및 종류

1) 차량계 건설기계 정의 : 동력원을 사용하여 특정되지 아니한 장소로 스스로 이동할 수 있는 건설기계

2) 종류
   ① 도저형 건설기계(불도저, 스트레이트도저, 틸트도저, 앵글도저, 버킷도저 등)
   ② 모터그레이더
   ③ 로더(포크 등 부착물 종류에 따른 용도변경 형식을 포함)
   ④ 스크레이퍼
   ⑤ 크레인형 굴착기계(크램쉘, 드래그라인 등)
   ⑥ 굴삭기(브레이커, 크러셔, 드릴 등 부착물 종류에 따른 용도변경 형식을 포함)
   ⑦ 항타기 및 항발기
   ⑧ 천공용 건설기계(어스드릴, 어스오거, 크롤러드릴, 점보드릴 등)
   ⑨ 지반 압밀침하용 건설기계(샌드드레인머신, 페이퍼드레인머신, 팩트드레인머신 등)
   ⑩ 지반 다짐용 건설기계(타이어롤러, 매커덤롤러, 탠덤롤러 등)
   ⑪ 준설용 건설기계(버킷준설선, 그래브준설선, 펌프준설선 등)
   ⑫ 콘크리트 펌프카
   ⑬ 덤프트럭
   ⑭ 콘크리트 믹서 트럭
   ⑮ 도로포장용 건설기계(아스팔트 살포기, 콘크리트 살포기, 아스팔트 피니셔, 콘크리트 피니셔 등)
   ⑯ 제1호부터 제15호까지와 유사한 구조 또는 기능을 갖는 건설기계로서 건설작업에 사용하는 것

(2) 헤드가드를 갖추어야 할 차량계 건설기계
① 불도저
② 트랙터
③ 쇼벨(shovel)
④ 로더(loader)
⑤ 파우더 쇼벨(powder shovel)
⑥ 드래그 쇼벨(drag shovel)

(3) 차량계 건설기계의 전도·전락에 의한 근로자의 위험방지 조치사항
① 유도자 배치
② 지반의 부동침하 방지
③ 갓길의 붕괴방지
④ 도로 폭의 유지

(4) 차량계 건설기계의 이송시 준수사항
: 차량계 건설기계를 이송하기 위하여 자주(自走) 또는 견인에 의하여 화물자동차 등에 싣거나 내리는 작업을 할 때에 발판·성토 등을 사용하는 경우에는 해당 차량계 건설기계의 전도 또는 전락에 의한 위험 방지를 위해 준수할 사항

① 싣거나 내리는 작업은 평탄하고 견고한 장소에서 할 것
② 발판을 사용하는 경우에는 충분한 길이·폭 및 강도를 가진 것을 사용하고 적당한 경사를 유지하기 위하여 견고하게 설치할 것
③ 마대·가설대 등을 사용하는 경우에는 충분한 폭 및 강도와 적당한 경사를 확보할 것

(5) 차량계 건설기계의 붐·암 등의 불시하강에 의한 위험방지 조치사항
① 안전지주 사용
② 안전블록 사용

(6) 수리 등의 작업시 조치사항(작업지휘자 지정·준수사항)
① 작업순서를 결정하고 작업을 지휘할 것
② 안전지주 또는 안전블록 등의 사용상황 등을 점검할 것

4 항타기 및 항발기의 위험방지

(1) 항타기 또는 항발기를 조립하는 경우 점검사항
① 본체 연결부의 풀림 또는 손상의 유무
② 권상용 와이어로프·드럼 및 도르래의 부착상태의 이상 유무
③ 권상장치의 브레이크 및 쐐기장치 기능의 이상 유무
④ 권상기의 설치상태의 이상 유무

⑤ 버팀의 방법 및 고정상태의 이상 유무

(2) 항타기·항발기의 도괴(倒壞)방지를 위해 준수해야 할 사항
① 연약한 지반에 설치하는 경우에는 각부(脚部)나 가대(架臺)의 침하를 방지하기 위하여 깔판·깔목 등을 사용할 것
② 시설 또는 가설물 등에 설치하는 경우에는 그 내력을 확인하고 내력이 부족하면 그 내력을 보강할 것
③ 각부나 가대가 미끄러질 우려가 있는 경우에는 말뚝 또는 쐐기 등을 사용하여 각부나 가대를 고정시킬 것
④ 궤도 또는 차로 이동하는 항타기 또는 항발기에 대해서는 불시에 이동하는 것을 방지하기 위하여 레일 클램프(rail clamp) 및 쐐기 등으로 고정시킬 것
⑤ 버팀대만으로 상단부분을 안정시키는 경우에는 버팀대는 3개 이상으로 하고 그 하단 부분은 견고한 버팀말뚝 또는 철골 등으로 고정시킬 것
⑥ 버팀줄만으로 상단부분을 안정시키는 경우에는 버팀줄을 3개 이상으로 하고 같은 간격으로 배치할 것
⑦ 평형추를 사용하여 안정시키는 경우에는 평형추의 이동을 방지하기 위하여 가대에 견고하게 부착시킬 것

(3) 항타기 또는 항발기의 권상용 와이어로프의 안전계수 : 5 이상

(4) 권상용 와이어로프의 길이 등
① 권상용 와이어로프는 추 또는 해머가 최저의 위치에 있을 때 또는 널말뚝을 빼내기 시작할 때를 기준으로 권상장치의 드럼에 적어도 2회 감기고 남을 수 있는 충분한 길이일 것
② 권상용 와이어로프는 권상장치의 드럼에 클램프·클립 등을 사용하여 견고하게 고정할 것

(5) 도르래의 부착 등
① 항타기 또는 항발기의 권상장치의 드럼축과 권상장치로부터 첫 번째 도르래의 축 간의 거리를 권상장치 드럼폭의 15배 이상으로 하여야 한다.
② 도르래는 권상장치의 드럼 중심을 지나야 하며 축과 수직면상에 있어야 한다.

5 차량계 하역운반기계의 위험방지

(1) 차량계 하역운반기계의 종류
① 지게차
② 구내운반차
③ 화물자동차

(2) 차량계 하역운반기계의 전도 · 전락에 의한 위험방지 조치사항
① 유도자 배치
② 지반의 부동침하 방지
③ 갓길(노견)의 붕괴 방지

(3) 차량계 하역운반기계 등의 접촉에 의한 위험방지 조치사항
① 위험장소에 출입금지
② 작업지휘자 또는 유도자 배치

(4) 차량계 하역운반기계 등에 화물을 적재하는 경우 준수사항
① 하중이 한쪽으로 치우치지 않도록 적재할 것
② 구내운반차 또는 화물자동차의 경우 화물의 붕괴 또는 낙하에 의한 위험을 방지하기 위하여 화물에 로프를 거는 등 필요한 조치를 할 것
③ 운전자의 시야를 가리지 않도록 화물을 적재할 것

(5) 차량계 하역운반기계 등의 이송 : 차량계 하역운반기계 등을 이송하기 위하여 자주(自走) 또는 견인에 의하여 화물자동차에 싣거나 내리는 작업을 할 때에 발판·성토 등을 사용하는 경우에는 해당 차량계 하역운반기계 등의 전도 또는 전락에 의한 위험방지를 위해 준수해야 할 사항
① 싣거나 내리는 작업은 평탄하고 견고한 장소에서 할 것
② 발판을 사용하는 경우에는 충분한 길이·폭 및 강도를 가진 것을 사용하고 적당한 경사를 유지하기 위하여 견고하게 설치할 것
③ 가설대 등을 사용하는 경우에는 충분한 폭 및 강도와 적당한 경사를 확보할 것
④ 지정운전자의 성명·연락처 등을 보기 쉬운 곳에 표시하고 지정운전자 외에는 운전하지 않도록 할 것

(6) 싣거나 내리는 작업 : 차량계 하역운반기계 등에 단위화물의 무게가 100kg 이상인 화물을 싣는 작업(로프걸이 작업 및 덮개 덮기 작업을 포함) 또는 내리는 작업(로프 풀기작업 또는 덮개 벗기기 작업을 포함)을 하는 경우에 해당 작업 지휘자의 준수사항
① 작업순서 및 그 순서마다의 작업방법을 정하고 작업을 지휘할 것
② 기구와 공구를 점검하고 불량품을 제거할 것
③ 해당 작업을 하는 장소에 관계 근로자가 아닌 사람이 출입하는 것을 금지할 것
④ 로프 풀기작업 또는 덮개 벗기기 작업은 적재함의 화물이 떨어질 위험이 없음을 확인한 후에 하도록 할 것

6 지게차 및 구내운반차의 위험방지

(1) 지게차 헤드가드(head guard)의 구비조건

① 강도는 지게차의 최대하중의 2배값(4톤을 넘는 값에 대해서는 4톤으로 함)의 등분포정하중(等分布靜荷重)에 견딜 수 있을 것
② 상부틀의 각 개구의 폭 또는 길이가 16cm 미만일 것
③ 운전자가 앉아서 조작하거나 서서 조작하는 지게차의 헤드가드는 산업표준화법에 따른 한국산업표준에서 정하는 높이기준 이상일 것
  ㉠ 입식 : 1.88m
  ㉡ 좌식 : 0.903m

(2) 구내운반차 사용시 준수사항(작업장 내 운반을 주목적으로 하는 차량으로 한정)

① 주행을 제동하거나 정지상태를 유지하기 위하여 유효한 제동장치를 갖출 것
② 경음기를 갖출 것
③ 핸들의 중심에서 차체 바깥측까지의 거리가 65cm 이상일 것
④ 운전석이 차 실내에 있는 것은 좌우에 한 개씩 방향지시기를 갖출 것
⑤ 전조등과 후미등을 갖출 것. 다만, 작업을 안전하게 하기 위하여 필요한 조명이 있는 장소에서 사용하는 구내운반차의 대해서는 제외

7 화물자동차

(1) 섬유로프 등의 점검 등 : 섬유로프 등을 화물자동차의 짐걸이에 사용하는 경우 해당 작업시작 전 조치사항

① 작업순서와 순서별 작업방법을 결정하고 작업을 직접 지휘하는 일
② 기구와 공구를 점검하고 불량품을 제거하는 일
③ 해당 작업을 하는 장소에 관계 근로자가 아닌 사람의 출입을 금지하는 일
④ 로프 풀기작업 및 덮개 벗기기 작업을 하는 경우에는 적재함의 화물에 낙하 위험이 없음을 확인한 후에 해당 작업의 착수를 지시하는 일

(2) 화물 중간에서 빼내기 금지 : 화물자동차에서 화물을 내리는 작업을 하는 경우에는 그 작업을 하는 근로자에게 쌓여있는 화물의 중간에서 화물을 빼내도록 해서는 안 됨

8 고소작업대를 설치하는 경우 설치조건

① 작업대를 와이어로프 또는 체인으로 올리거나 내릴 경우에는 와이어로프 또는 체인이 끊어져 작업대가 떨어지지 아니하는 구조여야 하며, 와이어로프 또는 체인의 안전율은 5 이상일 것
② 작업대를 유압에 의해 올리거나 내릴 경우에는 작업대를 일정한 위치에 유지할 수 있는 장치를 갖추고 압력의 이상저하를 방지할 수 있는 구조일 것
③ 권과방지장치를 갖추거나 압력의 이상상승을 방지할 수 있는 구조일 것
④ 붐의 최대 지면경사각을 초과 운전하여 전도되지 않도록 할 것
⑤ 작업대에 정격하중(안전율 5 이상)을 표시할 것
⑥ 작업대에 끼임·충돌 등 재해를 예방하기 위한 가드 또는 과상승방지장치를 설치할 것
⑦ 조작반의 스위치는 눈으로 확인할 수 있도록 명칭 및 방향표시를 유지할 것

9 컨베이어의 방호장치

① **이탈 및 역주행 방지장치** : 정전·전압강하 등에 따른 화물 또는 운반구의 이탈 및 역주행을 방지하는 장치
② **덮개 또는 울** : 컨베이어 등으로부터 화물의 낙하로 인한 위험을 방지하기 위해 설치
③ **비상정지장치** : 컨베이어 등에 근로자의 신체의 일부가 말려들 우려가 있는 경우 및 비상시에 설치
④ **건널다리** : 운전 중인 컨베이어 등의 위로 근로자를 넘어가도록 하는 경우 위험을 방지하기 위해 설치

10 양중기의 위험방지

(1) 양중기의 종류

① 크레인[호이스트(hoist) 포함]
② 이동식 크레인
③ 리프트(이삿짐운반용 리프트의 경우에는 적재하중이 0.1톤 이상인 것으로 한정)
④ 곤돌라
⑤ 승강기

(2) 양중기(승강기 제외) 및 달기구의 운전자 또는 작업자가 보기 쉬운 곳에 표시할 사항

① 정격하중
② 운전속도
③ 경고표시

(3) 양중기의 종류에 따른 방호장치

1) 양중기의 종류
   ① 크레인
   ② 이동식 크레인
   ③ 리프트
   ④ 곤돌라
   ⑤ 승강기

2) 양중기의 방호장치의 종류 : 상기 양중기 1)의 방호장치는 다음 각 호와 같으며, 방호장치가 정상적으로 작동될 수 있도록 미리 조정해 둘 것
   ① 과부하방지장치
   ② 권과방지장치
   ③ 비상정지장치
   ④ 제동장치

3) 승강기의 방호장치
   ① 파이널 리미트 스위치(final limit switch)
   ② 속도조절기[조속기(調速機)]
   ③ 출입문 인터록(inter lock)

(4) 크레인

1) 조립 등의 작업 시 조치사항 : 크레인의 설치·조립·수리·점검 또는 해체작업을 하는 경우 조치사항
   ① 작업순서를 정하고 그 순서에 따라 작업을 할 것
   ② 작업을 할 구역에 관계 근로자가 아닌 사람의 출입을 금지하고 그 취지를 보기 쉬운 곳에 표시할 것
   ③ 비·눈, 그 밖에 기상상태의 불안정으로 날씨가 몹시 나쁜 경우에는 그 작업을 중지시킬 것
   ④ 작업장소는 안전한 작업이 이루어질 수 있도록 충분한 공간을 확보하고 장애물이 없도록 할 것
   ⑤ 들어 올리거나 내리는 기자재는 균형을 유지하면서 작업을 하도록 할 것
   ⑥ 크레인의 성능, 사용조건 등에 따라 충분한 응력(應力)을 갖는 구조로 기초를 설치하고 침하 등이 일어나지 않도록 할 것
   ⑦ 규격품인 조립용 볼트를 사용하고 대칭되는 곳을 차례로 결합하고 분해할 것

2) **폭풍에 의한 이탈방지** : 순간풍속이 30m/sec를 초과하는 바람이 불어올 우려가 있는 경우 옥외에 설치되어 있는 주행 크레인에 대하여 이탈방지장치를 작동시키는 등 이탈방지를 위한 조치를 하여야 한다.

3) **폭풍 등으로 인한 이상유무 점검** : 순간풍속이 30m/sec를 초과하는 바람이 불거나 중진(中震) 이상 진도의 지진이 있은 후에 옥외에 설치되어 있는 양중기를 사용하여 작업을 하는 경우에는 미리 기계 각 부위에 이상이 있는지를 점검하여야 한다.

4) **건설물 등과의 사이 통로**
   ① 주행 크레인 또는 선회 크레인과 건설물 또는 설비와의 사이에 통로를 설치하는 경우 그 폭을 0.6m 이상으로 하여야 한다. 다만, 그 통로 중 건설물의 기둥에 접촉하는 부분에 대해서는 0.4m 이상으로 할 수 있다.
   ② (제1항에 따른) 통로 또는 주행궤도 상에서 정비·보수·점검 등의 작업을 하는경우 그 작업에 종사하는 근로자가 주행하는 크레인에 접촉될 우려가 없도록 크레인의 운전을 정지시키는 등 필요한 안전조치를 하여야 한다.

5) **건설물 등의 벽체와 통로의 간격 등** : 다음 각 호의 간격을 0.3m 이하로 하여야 한다. 다만, 근로자가 추락할 위험이 없는 경우에는 그 간격을 0.3m 이하로 유지하지 아니할 수 있다.
   ① 크레인의 운전실 또는 운전대를 통하는 통로의 끝과 건설물 등의 벽체의 간격
   ② 크레인 거더(girder)의 통로 끝과 크레인 거더의 간격
   ③ 크레인 거더의 통로로 통하는 통로의 끝과 건설물 등의 벽체의 간격

(5) 리프트의 위험방지

1) **리프트의 방호장치** : 리프트(자동차정비용 리프트는 제외)는 운반구의 이탈 등의 위험방지를 위해 다음의 방호장치를 설치할 것
   ① 권과방지장치
   ② 과부하방지장치
   ③ 비상정지장치

2) **붕괴 등의 방지** : 순간풍속이 35m/sec를 초과하는 바람이 불어올 우려가 있는 경우 건설작업용 리프트(지하에 설치되어 있는 것은 제외)에 대하여 받침의 수를 증가시키는 등 그 붕괴 등을 방지하기 위한 조치를 할 것

3) **리프트의 설치·조립·수리·점검 또는 해체작업을 하는 경우 조치사항**
   ① 작업을 지휘하는 사람을 선임하여 그 사람의 지휘하에 작업을 실시할 것
   ② 작업을 할 구역에 관계 근로자가 아닌 사람의 출입을 금지하고 그 취지를 보기 쉬운 장소에 표시할 것

③ 비·눈, 그밖에 기상상태의 불안정으로 날씨가 몹시 나쁜 경우에는 그 작업을 중지시킬 것

4) 작업을 지휘하는 사람의 이행사항
① 작업방법과 근로자의 배치를 결정하고 해당 작업을 지휘하는 일
② 재료의 결함 유무 또는 기구 및 공구의 기능을 점검하고 불량품을 제거하는 일
③ 작업 중 안전대 등 보호구의 착용 상황을 감시하는 일

5) 화물의 낙하 방지 : 이삿짐 운반용 리프트 운반구로부터 화물이 빠짐 및 낙하방지 조치사항
① 화물을 적재시 하중이 한쪽으로 치우치지 않도록 할 것
② 적재화물이 떨어질 우려가 있는 경우에는 화물에 로프를 거는 등 낙하방지 조치를 할 것

(6) 승강기

1) 폭풍에 의한 도괴 방지 : 순간풍속이 35m/sec를 초과하는 바람이 불어올 우려가 있는 경우 옥외에 설치되어 있는 승강기에 대하여 받침의 수를 증가시키는 등 그 도괴를 방지하기 위한 조치를 할 것

2) 승강기의 설치·조립·수리·점검 또는 해체작업을 하는 경우 조치사항
① 작업을 지휘하는 사람을 선임하여 그 사람의 지휘하에 작업을 실시할 것
② 작업을 할 구역에 관계 근로자가 아닌 사람의 출입을 금지하고 그 취지를 보기 쉬운 장소에 표시할 것
③ 비·눈, 그 밖에 기상상태의 불안정으로 날씨가 몹시 나쁜 경우에는 그 작업을 중지시킬 것

(7) 와이어로프 등 달기구의 안전계수

① 근로자가 탑승하는 운반구를 지지하는 달기와이어로프 또는 달기체인의 경우 : 10 이상
② 화물의 하중을 직접 지지하는 달기와이어로프 또는 달기체인의 경우 : 5 이상
③ 훅, 샤클, 클램프, 리프팅 빔의 경우 : 3 이상
④ 그 밖의 경우 : 4 이상

사고형태별 안전

1 추락에 의한 안전방지

(1) 추락하거나 넘어질 위험이 있는 장소(작업발판끝·개구부 등은 제외) 또는 기계·설비·선박블록 등에서 작업 시 추락위험방지 조치사항
① (비계를 조립하여) 작업발판 설치
② 추락방호망 설치
③ 안전대 착용

(2) 추락방호망 설치기준
① 설치위치 : 가능하면 작업면으로부터 가까운 지점에 설치하여야 하며, 작업면으로부터 망의 설치지점까지의 수직거리는 10m를 초과하지 아니할 것
② 추락방호망 수평으로 설치할 것
③ 추락방호망의 처짐 : 짧은 변 길이의 12% 이상이 되도록 할 것
④ 추락방호망의 내민 길이 : 벽면으로부터 3m 이상, 다만 그물코가 20mm 이하인 망을 사용한 경우에는 낙하물방지망을 설치한 것으로 봄

(3) 작업발판 및 통로의 끝이나 개구부 등의 추락위험방지 조치사항
① 안전난간·울타리·수직형 추락방망 또는 덮개 설치(덮개는 뒤집히거나 떨어지지 않도록 설치하고, 어두운 장소에서도 알아볼 수 있도록 개구부임을 표시할 것)
② 추락방호망 설치
③ 안전대 착용

(4) 슬레이트, 선라이트 등 지붕 위에서의 위험방지(강도가 약한 재료로 덮은 지붕)
① 폭 30cm 이상의 발판을 설치
② 추락방호망 설치

2 낙하물 등에 의한 위험방지

(1) 물체의 낙하·비래에 의한 위험방지 조치사항
① 낙하물 방지망, 수직보호망 또는 방호선반의 설치
② 출입금지구역의 설정
③ 보호구의 착용 등

(2) 낙하물 방지망 또는 방호선반 등의 설치 시 준수사항
① 높이10m 이내마다 설치하고, 내민 길이는 벽면으로부터 2m 이상으로 할 것
② 수평면과의 각도는 20° 이상 30° 이하를 유지할 것

(3) 투하설비 설치 등 : 높이가 3m 이상인 장소로부터 물체를 투하하는 경우 위험방지 조치사항
① 투하설비를 설치할 것
② 감시인을 배치할 것

3 붕괴 등에 의한 위험방지

(1) 붕괴·낙하에 의한 위험방지 : 지반의 붕괴, 구축물의 붕괴 또는 토석의 낙하 등에 의하여 근로자가 위험해질 우려가 있는 경우 위험방지 조치사항
① 지반은 안전한 경사로 하고 낙하의 위험이 있는 토석을 제거하거나 옹벽, 흙막이 지보공 등을 설치할 것
② 지반의 붕괴 또는 토석의 낙하 원인이 되는 빗물이나 지하수 등을 배제할 것
③ 갱내의 낙반·측벽(側壁) 붕괴의 위험이 있는 경우에는 지보공을 설치하고 부석을 제거하는 등 필요한 조치를 할 것

(2) 구축물 또는 이와 유사한 시설물의 안전성 평가 : 구축물 또는 이와 유사한 시설물이 다음 각 호의 어느 하나에 해당하는 경우 안전진단 등 안전성 평가를 하여 근로자에게 미칠 위험성을 미리 제거하도록 할 것
① 구축물 또는 이와 유사한 시설물의 인근에서 굴착·항타작업 등으로 침하·균열 등이 발생하여 붕괴의 위험이 예상될 경우
② 구축물 또는 이와 유사한 시설물에 지진, 동해(凍害), 부동침하(不同沈下) 등으로 균열·비틀림 등이 발생하였을 경우
③ 구조물, 건축물, 그 밖의 시설물이 그 자체의 무게·적설·풍압 또는 그 밖에 부가되는 하중 등으로 붕괴 등의 위험이 있을 경우
④ 화재 등으로 구축물 또는 이와 유사한 시설물의 내력(耐力)이 심하게 저하되었을 경우
⑤ 오랜 기간 사용하지 아니하던 구축물 또는 이와 유사한 시설물을 재사용하게 되어 안전성을 검토하여야 하는 경우
⑥ 그 밖의 잠재위험이 예상될 경우

4 토사붕괴의 원인 및 안전기준(굴착공사 표준안전작업지침)

(1) 토사붕괴의 원인

1) 외적 원인
   ① 사면, 법면의 경사 및 기울기의 증가
   ② 절토 및 성토 높이의 증가
   ③ 공사에 의한 진동 및 반복하중의 증가
   ④ 지표수 및 지하수의 침투에 의한 토사 중량의 증가
   ⑤ 지진, 차량, 구조물의 하중작용
   ⑥ 토사 및 암석의 혼합층 두께

2) 내적 원인
   ① 절토사면의 토질·암질
   ② 성토사면의 토질 구성 및 분포
   ③ 토석의 강도 저하

(2) 토사붕괴의 발생을 예방하기 위한 조치사항

① 적절한 경사면의 기울기를 계획하여야 한다.
② 경사면의 기울기가 당초 계획과 차이가 발생되면 즉시 재검토하여 계획을 변경시켜야 한다.
③ 활동할 가능성이 있는 토석을 제거하여야 한다.
④ 경사면의 하단부에 암성토 등 보강공법으로 활동에 대한 저항 대책을 강구하여야 한다.
⑤ 말뚝(강관, H형강, 철근 콘크리트)을 타입하여 지반을 강화시킨다.

(3) 토사붕괴의 발생을 예방하기 위한 점검사항

① 전 지표면의 답사
② 경사면의 지층 변화부 상황 확인
③ 부석의 상황 변화의 확인
④ 용수의 발생 유무 또는 용수량의 변화 확인
⑤ 결빙과 해빙에 대한 상황의 확인
⑥ 각종 경사면 보호공의 변위, 탈락 유무
⑦ 점검시기는 작업 전·중·후, 비온 후, 인접 작업구역에서 발파한 경우에 실시한다.

PART 02

건설안전산업기사 실기
과년도기출문제 분석

2-1. 필답형 기출분석
2-2. 작업형 기출분석

2-1. 필답형 기출분석
[2013년~2018년]

1. 안전관리
2. 교육 및 심리
3. 인간공학 및 시스템안전공학
4. 건설공사안전
5. 안전기준

건설안전산업기사

1. 안전관리

1 13/1 ㉮ 16/1 ㉮

다음 [표]는 안전·보건표지의 종류별 색채를 나타내고 있다. (   )안에 알맞은 내용을 쓰시오.

종류	바탕	기본 모형	관련부호 및 그림
금연	흰색	(①)	검정색
폭발성물질 경고	무색	(②)	–
안전복 착용	(③)	–	흰색
비상용 기구	(④)	–	흰색

 해답
① 빨간색   ② 빨간색
③ 파란색   ④ 녹색

길잡이 산업안전표지의 종류와 색채
1) 금지표시 : 바탕은 흰색, 기본모형은 빨간색, 관련부호 및 그림은 검정색
2) 경고표시 : 바탕은 노란색, 기본모형, 관련부호 및 그림은 검정색 [다만, 인화성물질 경고, 산화성물질 경고, 폭발성물질 경고, 급성독성물질 경고, 부식성물질 경고 및 발암성·변이원성·생식독성·전신독성·호흡기 과민성물질 경고의 경우 바탕은 무색, 기본모형은 빨간색(흑색도 가능)]
3) 지시표지 : 바탕은 파란색, 관련그림은 흰색
4) 안내표지 : 바탕은 흰색, 기본모형 및 관련 부호는 녹색, 바탕은 녹색, 관련부호 및 그림은 흰색
5) 관계자 외 출입금지표지 : 바탕은 흰색, 글자는 흑색, 다음 글자는 적색
   ① ○○○제조/사용/보관중
   ② 석면취급/해체중
   ③ 발암물질 취급중

안전·보건표지의 종류별 색채(시행규칙 별표2)

분류	종류		색채
금지 표지	① 출입금지 ③ 차량통행금지 ⑤ 탑승금지 ⑦ 화기금지	② 보행금지 ④ 사용금지 ⑥ 금연 ⑧ 물체이동금지	· 바탕은 흰색 · 기본모형은 빨간색 · 관련부호 및 그림은 검은색
경고 표지	① 인화성물질 경고 ③ 폭발성물질 경고 ⑤ 부식성물질 경고 ⑥ 발암성·변이원성·생식독성·전신독성·호흡기과민성물질 경고	② 산화성물질 경고 ④ 급성독성물질 경고	· 바탕은 무색 · 기본모형은 빨간색 (검은색도 가능)
	⑦ 방사성물질 경고 ⑨ 매달린 물체 경고 ⑪ 고온 경고 ⑬ 몸균형상실 경고 ⑮ 위험장소 경고	⑧ 고압전기 경고 ⑩ 낙하물 경고 ⑫ 저온 경고 ⑭ 레이저광선 경고	· 바탕은 노란색 · 기본모형·관련부호 및 그 림은 검은색
지시 표지	① 보안경 착용 ③ 방진마스크 착용 ⑤ 안전모 착용 ⑦ 안전화 착용 ⑨ 안전복 착용	② 방독마스크 착용 ④ 보안면 착용 ⑥ 귀마개 착용 ⑧ 안전장갑 착용	· 바탕은 파란색 · 관련그림은 흰색

안내
표지
	① 녹십자표지
	③ 들것
	⑤ 비상구
	⑦ 우측비상구
		② 응급구호표지
		④ 세안장치
		⑥ 좌측비상구
		⑧ 비상용구
			· 바탕은 흰색, 기본모형 및
			  관련부호는 녹색
			· 바탕은 녹색, 관련부호 및
			  그림은 흰색

관계자 외
출입금지
	① 허가대상 유해물질 취급
	② 석면취급 및 해체·제거
	③ 금지유해물질 취급
			· 글자는 흰색바탕에 흑색
			· 다음 글자는 적색
			  – ○○○제조/사용/보관 중
			  – 석면취급/해체 중
			  – 발암물질 취급 중

> **Guide** • 「안전·보건표지」는 출제율이 높고, 중요도가 매우 높은 내용이므로 다음 사항에 대해서 반드시 숙지하여야 합니다.
> ① 표지별 종류와 형상
> ② 색채 및 색도기준

2

13/1 ㉺ 18/2 ㉾

어느 건설업 사업장의 근로자가 500명이고 연간재해건수가 8건, 재해로 인한 휴업일수가 300일, 1일 9시간 작업, 연간 300일간 근무시 종합재해지수를 구하시오.

해답

① 도수율 $= \dfrac{재해건수}{총근로시간수} \times 10^6 = \dfrac{8}{500 \times 9 \times 300} \times 10^6 = 5.93$

② 강도율 $= \dfrac{근로손실일수}{총근로시간수} \times 10^3 = \dfrac{300 \times \dfrac{300}{365}}{500 \times 9 \times 300} \times 10^3 = 0.18$

③ 종합재해지수 $= \sqrt{도수율 \times 강도율} = \sqrt{5.93 \times 0.18} = 1.03$

3

18/4 ㉾

어느 건설업 사업장의 연간재해건수가 6건, 재해자수는 5명, 재해로 인한 휴업일수가 219일, 연간 근로시간이 1,400,000 시간일 때 도수율과 강도율을 구하시오.

해답

① 도수율 $= \dfrac{재해건수}{연근로시간수} \times 10^6$
$= \dfrac{6}{1,400,000} \times 10^6 = 4.29$

② 강도율 $= \dfrac{근로손실일수}{연근로시간수} \times 1,000$
$= \dfrac{219 \times 300/365}{1,400,000} \times 1000 = 0.13$

4

13/2 ㉾ 18/2 ㉾

근로자가 350명인 사업장에 연간 산업재해가 15건, 재해자수는 28명이 발생하였다. 도수율과 연천인율을 구하시오. (단, 근로시간은 1일 9시간 연간 280일 근무한다.)

해답

① 도수율 $= \dfrac{재해건수}{연근로시간수} \times 10^6$
$= \dfrac{15}{350 \times 9 \times 280} \times 10^6 = 17$

② 연천인율 $= \dfrac{재해자수}{연평균근로자수} \times 1000$
$= \dfrac{28}{350} \times 1000 = 80$

5

500명을 사용하는 A 사업장에서 연간 6명의 재해자가 발생되었다. A 사업장의 재해율 중 연천인율과 도수율을 계산하시오.

해답
① 연천인율 = $\dfrac{\text{사상자수}}{\text{연평균근로자수}} \times 1000$
$= \dfrac{6}{500} \times 1000 = 12.00$

② 도수율 = $\dfrac{\text{재해건수}}{\text{연근로총시간수}} \times 10^6$
$= \dfrac{6}{500 \times 2400} \times 10^6 = 5.00$

도수율 = $\dfrac{\text{연천인율}}{2.4} = \dfrac{12}{2.4} = 5.00$

6

근로자 500명이 근무하는 A회사에 산업재해가 연간 12건이 발생하였고, 재해자수가 15명이 발생하여 600일의 근로손실이 발생하였다. ① 연천인율 ② 도수율 ③ 강도율을 구하시오. (단, 연간근무일수는 270일, 근로시간은 1일 9시간 근무한다.)

해답
① 연천인율 = $\dfrac{\text{사상자수}}{\text{연평균근로자수}} \times 1000 = \dfrac{15}{500} \times 1000 = 30$

② 도수율 = $\dfrac{\text{재해건수}}{\text{연근로시간수}} \times 10^6 = \dfrac{12}{500 \times 270 \times 9} \times 10^6 = 9.88$

③ 강도율 = $\dfrac{\text{근로손실일수}}{\text{연근로시간수}} \times 1000 = \dfrac{600}{500 \times 270 \times 9} \times 1000 = 0.49$

7

건설현장의 지난 한해 동안 근무상황 및 재해 상황이 다음 [보기]와 같은 경우에 (1) 도수율, (2) 강도율, (3) 종합재해지수를 구하시오.

[보기]
1) ① 연평균근로자수 : 250명   ② 1일 작업시간 : 8시간
   ③ 출근율 : 90%   ④ 시간외 작업시간합계 : 20000시간
   ⑤ 지각 및 조퇴시간 합계 : 2000시간
2) 연간재해발생건수 : 12건
3) 휴업일수 : 225일

해답 (1) 도수율 $= \dfrac{재해건수}{연근로시간수} \times 10^6 = \dfrac{12}{(250 \times 8 \times 300 \times 0.9) + (20000 - 2000)} \times 10^6$

$= 21.5$

(2) 강도율 $= \dfrac{근로손실일수}{연근로시간수} \times 1000$

$= \dfrac{225 \times 300/365}{(250 \times 8 \times 300 \times 0.9) + (20000 - 2000)} \times 1000$

$= 0.33$

(3) 종합재해지수 $= \sqrt{도수율 \times 강도율}$

$= \sqrt{21.5 \times 0.33} = 2.66$

8

13/4 산 16/1 산 18/1 산

다음 [보기]의 조건에 대한 종합재해지수를 구하시오.

[보기]
1. 연근로시간수 : 257,600시간
2. 연간재해발생건수 : 17건
3. 휴업일수 : 34일/년
4. 근로손실일수 : 420일/년

해답

① 도수율 $= \dfrac{\text{재해건수}}{\text{연근로시간수}} \times 10^6$
$= \dfrac{17}{257,600} \times 10^6 = 65.99$

② 강도율 $= \dfrac{\text{근로손실일수}}{\text{연근로시간수}} \times 10^3$
$= \dfrac{(34 \times 300/365) + 420}{257,600} \times 10^3$
$= 1.74$

③ 종합재해지수 $= \sqrt{\text{도수율} \times \text{강도율}}$
$= \sqrt{65.99 \times 1.74} = 10.72$

9

15/4 산

다음 조건에 대한 종합재해지수를 구하시오.

[보기]
1) 연근로 시간 수 : 257,600일
2) 연간재해발생건수 : 27건
3) 근로손실일수 : 370일
4) 휴업일수 : 43일

해답

1) 도수율 $= \dfrac{\text{재해건수}}{\text{연근로시간수}} \times 10^6 = \dfrac{27}{257,600} \times 10^6 = 104.81$

2) 강도율 $= \dfrac{\text{근로손실일수}}{\text{연근로시간수}} \times 1000 = \dfrac{370 + \left(43 \times \dfrac{300}{365}\right)}{257,600} \times 1000 = 1.57$

2) 종합재해지수 $= \sqrt{\text{도수율} \times \text{강도율}} = \sqrt{104.81 \times 1.57} = 12.83$

10

도급 사업 시 도급인인 사업주가 합동 안전·보건점검을 할 때에는 점검반을 구성하여야 다. 점검반의 구성인원 3명을 쓰시오.

해답
1) 도급인인 사업주(같은 사업 내에 지역을 달리하는 사업장이 있는 경우에는 그 사업장의 최고 책임자)
2) 수급인인 사업주(같은 사업 내에 지역을 달리하는 사업장이 있는 경우에는 그 사업장의 최고 책임자)
3) 도급인 및 수급인의 근로자 각 1명(수급인 근로자의 경우는 해당공정에만 해당)

※ 도급사업의 합동 안전·보건점검반 구성 : 시행규칙 제30조의2 제 ① 항

 정기안전·보건점검 실시 횟수(시행규칙 제30조의2 제 ② 항)
1) 2개월에 1회 이상 실시 사업의 경우
　① 건설업
　② 선박 및 보트건조업
2) 분기별 1회 이상 실시 사업의 경우
　① 토사석 광업
　② 제조업(선박 및 보트건조업은 제외)
　③ 서적, 잡지 및 기타 인쇄물 출판업
　④ 음악 및 기타 오디오물 출판업
　⑤ 금속 및 비금속 원료 재생업

11

다음 노사협의체에 대한 물음에 답하시오.

(1) 노사협의체 설치대상 공사금액은?
(2) 노사협의체의 근로자위원과 사용자위원은 합의를 통해 노사협의체에 공사금액이 얼마 미만인 경우에 도급 또는 하도급 사업주 및 근로자대표를 위원으로 위촉할 수 있는가?
(3) 노사협의체에의 정기회의의 주기는?

해답
(1) 120억 이상(토목공사업은 150억원 이상)
(2) 20억원
(3) 2개월마다

※ 노사협의체의 설치대상·구성·운영 등 : 시행령 제63조, 제64조, 제65조

12

산업안전보건법상 안전보건표지 중 "위험장소"표지를 그리시오. (단, 색상표지는 글자로 나타내도록 하고 크기에 대한 기준은 표시하지 않아도 된다.)

해답 1) 위험장소 표지

2) 색채 : 바탕은 노란색, 기본모형·관련부호 및 그림은 검은색

13

위험조정 기술 4가지 쓰시오.

해답
1) 회피
2) 보유
3) 감소 및 제거
4) 통제
5) 분담

14

무재해 1배수 목표시간 계산식은 2가지 쓰시오. (단, 재해율을 기준으로 한다.)

해답
1) 무재해 목표시간(1배수) = $\dfrac{연간총근로시간}{연간총재해자수}$

2) 무재해 목표시간(1배수) = $\dfrac{연평균근로자수 \times 1인당 연평균근로시간}{연간총재해자수}$

3) 무재해 목표시간(1배수) = $\dfrac{1인당 연평균 근로시간 \times 100}{재해율}$

15

다음 [보기]의 건설업 산업안전·보건 관리비를 계산 하시오.

[보기]
① 일반건설공사(을)
② 낙찰률 : 75%
③ 예정가격 내역서상의 재료비 : 180억 원(사업주의 재료비 제외한 금액)
④ 예정가격 내역서상의 직접 노무비 : 80억 원
⑤ 사업주가 제공한 재료비 45억 원에서 산업안전보건관리비를 산출함
⑥ 법정요율 : 2.10%

해 답 안전관리비 = 대상액(재료비+직접노무비) × 법정요율 × 낙찰률 × 1.2

$= (180억 + 80억) \times \dfrac{2.10}{100} \times 0.75 \times 1.2$

= 491,400,000원(4억9천1백4십만 원)

① 안전관리비 = $[(180억 + 80억) \times 0.75 \times 45억] \times \dfrac{2.10}{100}$

② 상기 [해답]에서 구한 안전관리비와 [길잡이]에서 구한 안전관리비를 비교하였을 때 「발주자가 재료를 제공한 경우 해당금액을 대상액에 포함시킬 때의 안전관리비를 해당금액을 포함하지 않은 대상액을 기준으로 계상한 안전관리비의 1.2배를 초과할 수 없음」 규정에 따라 [정답]은 491,400,00원이 된다.

16   13/2 기

다음 [보기]에 관련된 안전관리자의 최소인원을 쓰시오.

[보기]
(1) 총 공사금액 1000억원 이상인 건설업에서 안전관리자 수를 쓰시오
(2) 총 공사금액 2000억원 이상인 건설업에서 안전관리자 수를 쓰시오
(3) 선임하여야 할 안전관리자의 수가 3명 이상인 사업장의 경우에는 3명중에 1명은 필수로 선임하여야 하는 자격을 쓰시오.

해답
(1) 2명
(2) 3명
(3) 건설안전기술사

건설업의 안전관리자 수

공사규모	안전관리자수	
	다만, 전체공사기간 중 전후 15에 해당하는 기간은 제외하고 할 경우	다만, 전체공사기간 중 전후 15에 해당하는 기간인 경우
1. 공사금액 50억 원 이상(관계수료인은 100억원이상) 120억원 미만(토목공사업은 150억원 미만)	1명 이상	
2. 공사금액 120억원 이상(토목공사업은 150억원 이상) 800억원 미만		
3. 공사금액 800억원 이상 1500억원 미만	2명 이상	1명 이상
4. 공사금액 1500억원 이상 2200억원 미만	3명 이상	2명 이상
5. 공사금액 2200억원 이상 3000억원 미만	4명 이상	2명 이상

[비고] 안전관리자의 수가 3명 이상인 경우 산업안전지도사 등(건설안전기술사:건설안전기사 산업안전기사 자격 취득 후 7년 이상 건설안전업무를 수행한자나 건설안전산업기사 또는 산업안전산업기사 자격취득 후 10년 이상 건설안전업무를 수행한다.) 자격취득자 1명 이상 포함되어야 함.

17

다음 [보기]에 대한 안전관리자의 최소인원을 쓰시오.

[보기]
1) 운수업 - 상시근로자 500명
2) 총공사금액 1500억원 이상인 건설업

해답 1) 1명　　　　2) 3명

1) 제조업의 안전관리자의 수

사업의 종류	규모	안전관리자 수
1. 토사석 광업 2. 식료품 제조업, 음료 제조업 ⋮ 9. 비철금속 광물 제품 제조업 10. 1차 금속 제조업 ⋮ 22. 자동차 종합 수리업, 자동차 전문 수리업	• 상시근로자 500명 이상	2명 이상
	• 상시근로자 50명 이상 500명 미만	1명 이상
23. 농업, 임업 및 어업 ⋮ 27. 운수업 ⋮ 32. 통신업 ⋮ 40. 기타 개인 서비스업	• 상시 근로자 1000명 이상	2명 이상
	• 상시근로자 50명 이상 1000명 미만	1명 이상

2) 건설업의 공사금액에 따른 안전관리자의 수(시행령 별표 3)

공사금액	안전관리자 수
1. 50억원 이상 (관계수급인은 100억원 이상) 120억원 미만(토목공사업은 150억원 미만) 2. 120억원 이상(토목 공사업은 150억원 이상) 800억원 미만	1명 이상
3. 800억원 이상 1500억원 미만	2명 이상 (다만, 전체공사기간 중 전후 15에 해당하는 기간은 1명 이상)
4. 1500억원 이상 2200억원 미만	3명 이상 (다만, 전체공사기간 중 전후 15에 해당하는 기간은 2명 이상)
5. 2200억원 이상 3천억원 미만 ⋮	4명 이상 (다만, 전체공사기간 중 전후 15에 해당하는 기간은 2명 이상)
12. 1조원 이상	11명 이상[매 2천억원(2조원이상부터는 매 3천억원)마다 1명씩 추가] [다만, 전체공사기간 중 전후 15에 해당하는 기간은 안전관리자의 수의 2분의 1(소수점 이하는 올림)이상으로 함]

18

13/4 기

명예감독관의 업무내용을 4가지 쓰시오.

해답
1) 사업장에서 하는 자체점검 참여 및 근로감독관이 하는 사업장 감독 참여
2) 사업장 산업재해 예방계획 수립 참여 및 사업장에서 하는 기계·기구 자체검사 입회
3) 법령을 위반한 사실이 있는 경우 사업주에 대한 개선요청 및 감독기관에의 신고
4) 산업재해 발생의 급박한 위험이 있는 경우 사업주에 대한 작업 중지 요청
5) 작업환경 측정, 근로자 건강진단시의 입회 및 그 결과에 대한 설명회 참여
6) 직업성질환의 증상이 있거나 질병에 걸린 근로자가 여럿 발생한 경우 사업주에 대한 임시건강진단 실시 요청
7) 근로자에 대한 안전수칙 준수지도
8) 법령 및 산업재해 예방정책 개선 건의
9) 안전·보건 의식을 북돋우기 위한 활동과 무재해운동 등에 대한 참여와 지원

주) 명예감독관 위촉 대상 등 : 시행령 제45조의2

19

15/4 기

산업재해 예방활동에 대한 참여와 지원을 촉진하기 위하여 명예산업안전감독관에 위촉할 수 있는 대상자 3가지를 쓰시오.

해답
1) 산업안전보건위원회 또는 노사협의체 설치 대상 사업의 근로자 중에서 근로자 대표가 사업주의 의견을 들어 추천하는 사람
2) 연합단체인 노동조합 또는 그 지역 대표기구에 소속된 임직원 중에서 해당 연합단체인 노동조합 또는 그 지역대표기구가 추천하는 사람
3) 전국 규모의 사업주단체 또는 그 산하조직에 소속된 임직원 중에서 해당 단체 또는 그 산하조직이 추천하는 사람
4) 산업재해 예방 관련 업무를 하는 단체 또는 그 산하조직에 소속된 임직원 중에서 해당단체 또는 그 산하조직이 추천하는 사람

주) 명예감독관 위촉대상 등 : 시행령 제45조의 2

20

"출입금지표지"를 그리고 표지판과 문자의 색을 쓰시오.

해 답
1) 바탕 : 흰색
2) 도형 : 빨간색
3) 화살표 : 검정색

21

다음 [표]는 공정진행에 따른 안전관리비 사용기준이다. ( )안에 알맞은 내용을 쓰시오.

공정률	50%~70%미만	70%~90%미만	90% 이상
사용 기준	(①)% 이상	(②)% 이상	(③)% 이상

해 답
① 50% 이상
② 70% 이상
③ 90% 이상

※ 산업안전보건관리비 계상 및 사용기준 : 고용노동부 고시

22

근로감독관이 사업장에서 관련 서류 등을 요구할 수 있는 경우 3가지를 쓰시오.

해 답
1) 정기 감독
2) 수시 감독
3) 특별 감독

근로감독관의 권한 등(근로기준법 제102조)
1) **근로감독관의 권한** : 근로감독관은 사업장, 기숙사, 그 밖의 부속 건물에 임검하고 장부와 서류의 제출을 요구할 수 있으며 사용자와 근로자에 대하여 심문할 수 있다.
   ※ 임검 : 현장에 가서 검사하는 것
2) **사업장 감독의 종류**(근로감독관집무규정 제12조)
   ① **정기감독** : 사업장근로감독종합(세부)시행계획에 따라 실시하는 근로감독
   ② **수시감독** : 사업장근로감독종합(세부)시행계획이 확정된 이후 법령의 제·개정, 사회적 요구 등으로 정기 감독계획에 반영하지 못한 사항에 대하여 별도의 계획을 수립하여 실시하는 근로감독
   ③ **특별감독** : 근로계약에 의한 노사분규, 임금 상습체불, 파견근로자 차별적 대우 등에 해당하는 사업장에 대하여 노동관계법령 위반사실을 수사하기 위해 실시하는 근로 감독

23

다음 안전보건표지의 명칭을 쓰시오.

| ① | ② | ③ | ④ |

해답
① 사용금지
② 인화성물질경고
③ 폭발성물질경고
④ 낙하물경고

주) 안전보건표지의 종류와 형태 : 시행규칙 별표1의2

24

다음 [보기]중에서 안전관리비로 사용할 수 없는 항목 4가지를 골라서 번호를 쓰시오.

[보기]
① 공사장 경계표시를 위한 가설 울타리
② 안전보조원의 인건비
③ 경사법면의 보호망
④ 개인보호구, 개인장구의 보관시설
⑤ 현장사무소의 휴게시설
⑥ 근로자에게 일률적으로 지급하는 보냉·보온장구
⑦ 안전교육장의 설치비
⑧ 작업장 방역 및 소독비, 방충비
⑨ 실내 작업장의 냉·난방 시설 설치비 및 유지비
⑩ 안전보건 정보교류를 위한 모임 사용비

해답 ①, ⑤, ⑥, ⑨

주) 건설업 산업안전보건관리비 계상 및 사용기준 : 고용노동부고시 제2013-47호

25

건설업에서 공사금액이 1800억 원일 경우 선임해야 할 안전관리자의 수와 이유를 쓰시오.

해 답
1) 안전관리자수 : 3명
2) 이유 : 1,500억원 이상 2,200억원 미만 안전관리자 수 : 3명 이상

주) 안전관리자를 두어야 할 사업의 종류·규모, 안전관리자의 수 : 시행령 별표3

건설업의 공사금액에 따른 안전관자의 수

공사금액	안전관리자 수
1. 50억원 이상 (관계수급인은 100억원 이상) 120억원 미만(토목공사업은 150억원 미만)	1명 이상
2. 120억원 이상(토목 공사업은 150억원 이상 800억원 미만)	
3. 800억원 이상 1500억원 미만	2명 이상 (다만, 전체공사기간 중 전·후 15에 해당하는 기간은 1명 이상)
4. 1500억원 이상 2200억원 미만	3명 이상 (다만, 전체공사기간 중 전·후 15에 해당하는 기간은 2명 이상)
5. 2200억원 이상 3천억원 미만 ⋮	4명 이상 (다만, 전체공사기간 중 전·후 15에 해당하는 기간은 2명 이상)
⋮ 12. 1조원 이상	11명 이상[매 2천억원(2조원이상부터는 매 3천억원)마다 1명씩 추가] [다만, 전체공사기간 중 전후 15에 해당하는 기간은 안전관리자의 수의 2분의 1(소수점 이하는 올림)이상으로 함]

[비고] 안전관리자의 수가 3명 이상인 경우 : 산업안전지도사 또는 건설안전기술사(건설안전기사·산업안전기사 자격 취득 후 7년 이상 건설안전업무를 수행한 자나 건설안전산업기사·산업안전산업기사 자격 취득 후 10년 이상 건설안전 업무를 수행한 사람 포함) 1명 이상 포함되어야 함.

26

다음 내용은 건설업인 경우 사업의 규모에 대한 안전관리자 수를 나타낸 것이다. ( )안에 알맞은 내용을 쓰시오.

(가) 공사금액이 120억원 이상(토목공사업은 150억원 이상) 800억원 미만: (①)명 이상
(나) 공사금액 800억원 이상 1500억원 미만 : (②)명 이상

해 답
① 1
② 2

주) 안전관리자를 두어야 할 사업의 종류·규모, 안전관리자의 수 등 : 시행령 별표3

27

산업안전보건법상 산업안전보건위원회 (1) 위원장 선출방법과 (2) 위원회에서 의결되지 아니한 사항 등의 처리방법을 쓰시오.

해답
(1) **위원장 선출방법** : 산업안전보건위원회의 위원장은 위원 중에서 선출한다. 이 경우 근로자위원과 사용자위원 중 각 1명을 공동위원장으로 선출할 수 있다.
(2) **산업안전보건위원회에서 의결되지 않은 사항 등의 처리방법** : 근로자위원과 사용자위원의 합의에 따라 산업안전보건위원회에 중재기구를 두어 해결하거나 제3자에 의한 중재를 받아야 한다.

주 (1) 위원회 위원장 선출 : 시행령 제25조의3
  (2) 위원회에서 의결되지 아니한 사항 등의 처리 : 시행령 제25조의2

28

건설업 산업안전 보건관리비 계상 및 사용기준에 관한 설명 중 ( )안에 알맞은 수치를 써넣으시오.

가) 안전만을 전담으로 하는 별도 조직을 갖춘 건설업체의 본사에서 사용하는 사용항목과 본사안전 전담 부서의 안전전담직원 인건비·업무수행 출장비로 계상된 안전관리비의 (①)%를 초과할 수 없다.

나) 본사에서 안전관리비를 사용하는 경우 1년간 본사 안전관리비 실행예산과 사용금액은 전년도 미사용금액을 합하여 (②)원을 초과할 수 없다.

다) 건설재해예방 기술지도비가 계상된 안전관리비 총액의 (③)% 초과하는 경우에는 그 이내에서 기술지도 횟수를 조정할 수 있다.

해답
① 5
② 5억
③ 20

주 건설업 산업안전보건관리비 계상 및 사용기준 : 고용노동부 고시

29

산업안전보건법상 안전관리자를 정수 이상으로 증원하게 하거나 교체하여 임명할 것을 명할 수 있는 경우 3가지를 쓰시오.

해답
1) 해당사업장의 연간재해율이 같은 업종 평균재해율의 2배 이상인 경우
2) 중대재해가 연간 3건 이상 발생한 경우
3) 관리자가 질병 그 밖의 사유로 3개월 이상 직무를 수행할 수 없게 된 경우
4) 화학적 인자로 인한 직업성질병자가 연간 3명 이상 발생한 경우

※ 안전관리자 등의 증원·교체임명 명령 : 시행규칙 제12조

30

산업안전보건법상 안전보건총괄책임자의 직무 4가지를 쓰시오.

해답
1) 작업의 중지 및 재개
2) 도급사업시의 안전·보건 조치
3) 수급인의 산업안전보건관리비의 집행 감독 및 그 사용에 관한 수급인 간의 협의·조정
4) 안전인증대상 기계·기구 등과 자율안전확인대상 기계·기구 등의 사용 여부 확인
5) 위험성 평가의 실시에 관한 사항

※ 안전보건총괄책임자의 직무 등 : 시행령 제25조

31

다음 [표]는 안전보건표지의 종류에 대한 색채 기준이다. ( )안에 알맞은 내용을 쓰시오.

표지의 종류	색채	
금지표지	바탕은 흰색	기본모형은 (①)
지시표지	바탕은 (②)	관련그림은 흰색
안내표지 (녹십자)	바탕은 흰색	기본모형은 (③)
출입금지 표지	바탕은 (④)	글자는 흑색

해답
① 빨간색
② 파란색
③ 녹색
④ 흰색

※ 안전보건표지의 종류별 색채 등 : 시행규칙 별표2

32

연평균 300명이 근무하는 A사업장에서 중대재해가 1건 발생하여 사망 1건, 50일의 휴업일수 2명, 30일의 휴업일수 1명이 발생되었다. 강도율을 구하시오. (단, 근로자의 1일 근로시간은 8시간, 연간 근무일수는 305일이다.)

해답 강도율 $= \dfrac{\text{근로손실일수}}{\text{연근로시간수}} \times 1000$

$$= \dfrac{7500 + (50 \times 2 + 30) \times 305/365}{300 \times 8 \times 305} \times 1000$$
$$= 10.39$$

 근로손실일수
① 사망, 영구전노동불능(1~3급) : 7500일
② 근로손실일수 = 휴업일수 × $\dfrac{\text{연근로일수}}{365}$

33

상시근로자가 200명인 사업장에서 중대재해가 발생하여 1명이 사망하고 120일의 휴업일수가 발생하였다. 강도율을 구하시오. (단, 연간 근무일수는 305일, 1일 근무시간은 8시간이다.)

해답 강도율 $= \dfrac{\text{근로손실일수}}{\text{연근로시간수}} \times 1000$

$$= \dfrac{7500 + \left(120 \times \dfrac{305}{365}\right)}{200 \times 305 \times 8} \times 1000 = 15.57$$

> **Guide**
> 1) 문제 중에는 틀려도 될 문제(어려운 문제, 복잡한 문제 등)가 있지만 절대로 틀려서는 안될 문제가 있습니다. 바로 재해율 구하는 문제가 절대로 틀려서는 안 될 문제입니다.
> 2) 재해율 구하는 방법 순서 : 다음과 같이 표준화 하십시오
>   ① 공식을 쓴다
>   ② 공식에 숫자를 대입한다
>   ③ 계산기로 계산을 하여 답(정확하게 소수점 처리)을 구한다.

34

연평균 100인의 근로자를 가진 사업장에서 연간 5건의 재해가 발생하였는데 그 중 사망 1명 장애등급 14급 3명, 1명은 가료 30일, 1명은 가료 10일 일 때, ① 강도율은 구하고 ② 강도율 의미는 무엇인지 쓰시오. (단, 근로자는 1일 8시간, 연간 300일을 근무하였다.)

해답 ① 강도율 = $\dfrac{\text{근로손실일수}}{\text{연근로시간수}} \times 1000$

$$= \dfrac{7500 + (50 \times 3) + (30+10) \times \dfrac{300}{365}}{100 \times 8 \times 300} \times 1000$$

$= 32.01$

② 연간 근로일수 시간수 중의 근로손실일수가 32.01일이라는 것을 의미한다.

35

무재해운동의 추진기둥 3요소를 쓰시오.

해답
1) 최고 경영자의 엄격한 안전경영자세
2) 라인화의 철저(관리감독자에 의한 안전보건활동 추진)
3) 직장 자주활동의 활발화

36

작업자가 비계위에 설치된 안전난간이 없는 작업발판에서 작업하다가 밑으로 떨어져 바닥에 부딪치는 사고가 발생하였다. ① 기인물 ② 가해물 ③ 재해형태를 쓰시오.

해답
① 기인물 : 작업발판
② 가해물 : 바닥
③ 재해형태 : 추락

37 14/4 기 17/1 기

다음 물음에 답하시오.

(1) 안전보건개선계획 수립대상 사업장 2곳을 쓰시오.
(2) 안전·보건진단을 받아 안전보건개선계획을 수립·제출하도록 명할 수 있는 사업장 2곳을 쓰시오

해답 (1) 안전보건개선계획 수립대상 사업장
① 산업재해율이 같은 업종의 규모별 평균 산업재해율 보다 높은 사업장
② 사업주가 안전보건조치의무를 이행하지 아니하여 중대재해가 발생한 사업장
③ 유해인자의 노출기준을 초과한 사업장

(2) 안전·보건진단을 받아 안전보건개선계획을 수립·제출하도록 명할 수 있는 사업장
① 중대재해 발생 사업장
② 산업재해율이 같은 업종 평균 산업재해율의 2배 이상인 사업장
③ 직업병에 걸린 사람이 연간 2명 이상 발생한 사업장
④ 작업환경 불량, 화재·폭발 또는 누출사고 등으로 사회적 물의를 일으킨 사업장

주 (1) 안전보건개선계획 : 법 제50조
(2) 안전보건개선계획 수립대상 사업장 : 시행규칙 제131조

38 14/4 산 18/1 산

작업자가 앞이 보이지 않도록 부피가 큰 짐을 운반하던 중 덮개가 없는 개구부에서 바닥으로 떨어지는 사고를 당하였다. 다음 재해원인 분석을 위한 물음에 답하시오.
① 재해형태 :
② 기인물 :
③ 가해물 :
④ 불안전한 상태 :
⑤ 불안전한 행동 :

해답 ① 재해형태 : 추락
② 기인물 : 큰 짐
③ 가해물 : 바닥
④ 불안전한 상태 : 개구부 덮개가 없음
⑤ 불안전한 행동 : 앞이 보이지 않도록 부피가 큰 짐을 운반하고 있음

39

다음은 산업안전보건법상 안전보건개선계획 수립대상 사업장 등에 관한 내용이다. ( )안에 알맞은 내용을 쓰시오.

[보기]
(가) 안전보건개선계획의 수립·시행명령을 받은 사업주는 고용노동부장관이 정하는 바에 따라 안전보건개선계획서를 작성하여 그 명령을 받은 날부터 (①)일 이내에 관할 지방고용노동관서의 장에게 제출하여야 한다.
(나) 안전보건개선계획서에는 시설, (②), (③), 산업재해 예방 및 작업환경의 개선을 위하여 필요한 사항이 포함되어야 한다.

해답
① 60
② 안전·보건관리체제
③ 안전·보건교육

주) 안전보건개선계획 수립대상 사업장 등 : 시행규칙 제 131조

40

근로자가 작업발판 위에서 전기용접작업을 하다가 바닥으로 떨어져 머리를 다쳤다. 다음의 재해원인 분석에 대한 물음에 답하시오.
(1) 재해형태 :   (2) 기인물 :   (3) 가해물 :

해답
(1) 재해형태 : 추락
(2) 기인물 : 작업발판
(3) 가해물 : 바닥

41

하인리히의 사고예방대책 원리 5단계를 쓰시오.

해답
1) 1단계 : 안전보건관리 조직
2) 2단계 : 사실의 발견
3) 3단계 : 분석·평가
4) 4단계 : 시정책의 선정
5) 5단계 : 시정책의 적용

42

14/4 / 18/4

다음 내용은 TBM에 관한 것이다. (　　)안에 알맞은 내용을 쓰시오.

(가) 인원은 (①)명 이하로 구성하고 소요시간은 (②)분이 적당하다.
(나) 다음은 TBM의 단계이다.

제1단계	도입
제2단계	(③)
제3단계	작업지시
제4단계	(④)
제5단계	확인

해답 ① 10 ② 5~15 ③ 정비점검 ④ 위험예지

43

18/4

TBM(tool box meeting)에 관계되는 다음 (　) 안에 알맞은 내용을 쓰시오.

(가) 인원은 (①)명 정도로 구성한다.
(나) 소요시간은 작업시작 전 (②)분, 작업 후 3~5분 정도가 바람직하다.
(다) TBM실시 5단계는 아래와 같고 [보기]에서 답을 골라 쓰시오.

제1단계	도입	[보기]
제2단계	(③)	㉠ 작업점검
제3단계	작업 지시	㉡ 위험예지
제4단계	(④)	㉢ 행동개시
제5단계	확인	㉣ 점검정비

해답 ① 5 ~ 7(10명 이하) ② 5 ~ 15 ③ 점검 정비 ④ 위험 예지

TBM(tool box meeting)
① 작업자 5~7명
② 공구상자 주위에서
③ 작업시작 전 5~15분, 작업 후 3~5분, 안전회의(meeting)를 하는 것

44

15/1

산업안전보건법상 다음 안전 보건표지별 종류를 각각 2가지씩 쓰시오.

해답
1) 금지표지 : ① 출입금지 ② 보행금지 ③ 차량통행금지
2) 경고표지 : ① 인화성 물질경고
             ② 산화성 물질경고
             ③ 폭발성 물질경고
3) 안내표지 : ① 녹십자표시
             ② 응급구호표지
             ③ 들것
4) 지시표지 : ① 보안경 착용
             ② 방독마스크 착용
             ③ 방진마스크 착용

45

15/2 18/2

산업안전보건법상 안전관리에 선임된 후 3개월 이내에 직무수행에 필요한 신규교육과 신규교육 이수 후 2년이 되는 날의 3개월 전부터 2년이 되는 날 사이에 보수교육을 받아야 한다. 안전관리자의 보수교육시간에 관한 다음 [표]의 (   )안에 알맞은 수치를 쓰시오.

교육대상	보수 교육시간
안전보건관리책임자	(①)시간 이상
안전관리자	(②)시간 이상
보건관리자	(③)시간 이상
재해예방 전문지도기관 종사자	(④)시간 이상

해답 ① 6   ② 24
        ③ 24   ④ 24

신규교육시간
1) 안전보건관리책임자 : 6시간 이상
2) 안전관리자 : 34시간 이상
3) 보건관리자 : 34시간 이상

46

작업원 5~7명이 공구상자 주변에서 작업시작 전 5~15분, 작업종료 후 3~5분 동안 작업 중 발생할 수 있는 재해원인(위험요인)과 안전대책에 대하여 의논하는 것을 무엇이라고 하는가?

해답 TBM(tool box meating)

47

안전모의 종류 3가지를 기호로 표시하고 사용 구분 및 내전압성을 각각 구분하시오.

해답

종류 (기호)	사용구분	내전압성
AB	물체의 낙하 또는 비래 및 추락에 의한 위험 방지 또는 경감시키기 위한 것	비내전압성
AE	물체의 낙하 및 비래에 위한 위험을 방지 또는 경감하고 머리부위 감전에 의한 위험을 방지하기 위한 것	내전압성
ABE	물체의 낙하 또는 비래 및 추락에 의한 위험을 방지 또는 경감하고, 머리부위 감전에 의한 위험을 방지하기 위한 것	내전압성

48

관리감독자 안전보건업무 수행시 안전관리비에서 업무수당을 지급할 수 있는 작업을 5가지 쓰시오. (단, 건설업외의 작업은 제외한다.)

해답
1) 건설용 리프트·곤돌라를 이용한 작업
2) 콘크리트 파쇄기를 사용하여 행하는 파쇄작업
3) 굴착 깊이가 2m 이상인 지반의 굴착작업
4) 흙막이지보공의 보강, 동바리 설치 또는 해체작업
5) 터널 안에서의 굴착작업, 터널거푸집의 조립 또는 콘크리트 작업
6) 굴착면의 깊이가 2m 이상인 암석 굴착 작업
7) 거푸집지보공의 조립 또는 해체작업
8) 비계의 조립, 해체 또는 변경작업

※ 건설업 안전관리비 계상 및 사용기준 : 고용노동부고시 제2014-37호

49

건설공사의 총 공사원가가 100억 원이고, 이 중 재료비와 직접 노무비의 합이 60억 원인 터널신설공사의 산업안전보건관리비를 다음 기준표를 참고하여 계산하시오.

공사규모 공사 분류	5억원 미만	5억원 이상 ~ 5억원 미만		50억원 이상
		비율	기초액	
중건설 공사	3.43%	2.35%	5,400,000원	2.44%
일반건설공사(갑)	2.93%	1.86%	5,349,000원	1.97%

해답 안전관리비 = 대상액 $\times \dfrac{요율}{100} = 60억 \times \dfrac{2.44}{100}$

= 1억4천6백4십만원(146,400,000원)

50

산업안전보건법상 안전검사대상 유해·위험기계의 종류 5가지를 쓰시오.

해답
1) 프레스
2) 전단기
3) 크레인(이동식 크레인과 정격하중 2톤 미만인 호이스트는 제외)
4) 리프트
5) 압력용기
6) 곤돌라
7) 국소배기장치(이동식은 제외)
8) 원심기(산업용에 한정)
9) 롤러기(밀폐구조는 제외)
10) 사출성형기(형체결력 294kN 미만은 제외)
11) 고소작업대(화물자동차·특수자동차에 탑재한 것 한정)
12) 컨베이어
13) 산업용 로봇

주 안전검사대상 유해·위험기계 등 : 시행령 제28조의 6

51

산업안전보건법령상 고용노동부 장관이 명예산업안전감독관을 해촉할 수 있는 경우 2가지만 쓰시오.

해답
1) 명예감독관의 업무와 관련하여 부정한 행위를 한 경우
2) 질병이나 부상 등의 사유로 명예감독관의 업무 수행이 곤란하게 된 경우
3) 근로자대표가 사업주의 의견을 들어 위촉된 명예감독관의 해촉을 요청한 경우
4) 위촉된 명예감독관이 해당 단체 또는 그 산하조직으로부터 퇴직하거나 해임된 경우

주 명예감독관의 해촉 : 시행령 제45조의 3

52

연 평균 근로자 수 600명, A 회사의 안전전담부서에서 6개월간 아래와 같이 안전전담 활동 시 안전활동율을 계산하시오. (단, 1일 9시간, 월 22일 근무, 6개월간 사고건수 2건)

[안전활동 건수]
① 불안전한 행동 20건 발견 조치   ② 불안전한 상태 34건 조치
③ 권고 12건   ④ 안전홍보 3건
⑤ 안전회의 6회

해답 안전활동률 $= \dfrac{\text{안전활동건수}}{\text{근로자수} \times \text{근로시간수}} \times 10^6$

$= \dfrac{20+34+12+3+6}{600 \times (6 \times 22 \times 9)} \times 10^6 = 105.22$

53

산업재해발생률 산정기준에서 사고사망만인율과 상시근로자수를 구하는 공식을 쓰시오.

해답 1) 사고사망만인율 $= \dfrac{\text{사고사망자 수}}{\text{상시근로자 수}} \times 100$

2) 상시근로자수 $= \dfrac{\text{연간공사실적액} \times \text{노무비율}}{\text{건설업 월평균임금} \times 12}$

주) 산업재해발생률 산정기준 : 시행규칙[별표1]

54

안전보건관리 규정의 작성 변경 절차에 관한 사항이다. 다음 ( )에 알맞은 용어 또는 수치를 넣으시오.

가) 안전보건관리규정을 작성하여야 할 사업은 상시 근로자 (①)명 이상을 사용하는 사업으로 한다.
나) 안전보건관리규정을 작성하여야 할 사유가 발생한 날부터 (②)일 이내에 안전보건관리규정을 작성하여야 한다.
다) 안전보건관리규정을 작성하거나 변경할 때에는 (③)의 심의·의결을 거쳐야 한다.
라) (③)가 설치되어 있지 아니한 사업장의 경우에는 (④)의 동의를 받아야 한다.

해답 ① 100
② 30
③ 산업안전보건위원회
④ 근로자대표

55 16/2

다음은 산업재해 발생 보고에 관한 내용이다. (   )에 알맞은 내용을 쓰시오.

> 사업주는 산업재해로 사망자가 발생하거나 3일 이상의 요양이 필요한 부상을 입거나 질병에 걸린 사람이 발생한 경우에는 해당 산업재해가 발생한 날부터 (①)개월 이내에 (②)를 작성하여 관할 지방고용노동청장 또는 지청장에게 제출하여야 한다.

해답
① 1
② 산업재해조사표

주) 산업재해 발생보고 : 시행규칙 제4조

56 16/2

일반건설공사(갑)에서 직접재료비 250,000,000원이고, 관급재료비 350,000,000원, 직접노무비가 200,000,000원 일 때 안전관리비를 계산하시오.

해답

1) 안전관리비
= 대상액[재료비(직접재료비+관급재료비)+직접노무비] × 요율+기초액(C)
= $[250,000,000 + 350,000,000 + 200,000,000] \times \frac{1.86}{100} + 5,349,000$
= 20,229,000원

2) 안전관리비 = [대상액(직접재료비+직접노무비) × 요율] × 1.2
= $[(250,000,000 + 200,000,000) \times \frac{2.93}{100} \times 1.2$
= 15,822,000원

3) **정답** : 15,822,000 원 (관급재료비를 대상액에 포함시킬 때의 안전관리비 1)의 값은 관급재료비를 포함시키지 않은 안전관리비의 1.2배를 초과할 수 없으므로 안전관리비는 15,822,000원이 됨)

57

다음은 안면부 여과식의 시험성능기준에서 등급별 여과재 분진등 포집효율 기준이다. [표]의 ( )안에 알맞은 내용을 쓰시오.

종류	등급	분진포집효율 (시험 %)
안면부 여과식	특급	(①)
	1급	(②)
	2급	(③)

해답
① 99% 이상
② 94% 이상
③ 80% 이상

주 분리식의 등급별 분진포집효율

등급	분진포집효율(시험 %)
특급	99.95%
1급	94%
2급	80%

58

다음 산업안전표지의 종류를 쓰시오.

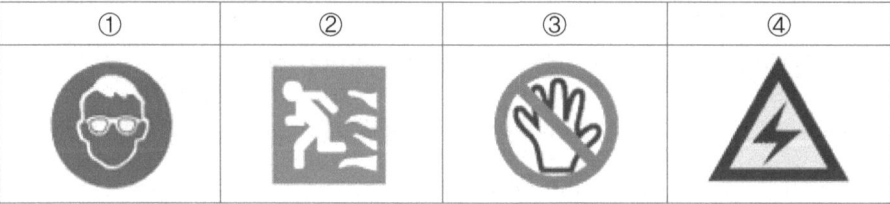

| ① | ② | ③ | ④ |

해답
① 보안경 착용
② 비상구
③ 사용금지
④ 고압전기 경고

> Guide 금지표지 8, 경고표시 15, 지시표시 9, 안내표지 8)는 출제율이 매우 높으므로 반드시 숙지하여야 합니다.

59

17/1 ㉯

400명의 근로자가 1일 8시간씩 연간 300일 근무한 A사업장의 전년도 도수율이 120, 현재 도수율이 100인 경우 (1) safe T. score를 구하고 (2) 안전관리 수행도 평가를 하시오.

 (1) safe T. score = $\dfrac{(현재)빈도율 - (과거)빈도율}{\sqrt{\dfrac{(과거)빈도율}{근로총시간수} \times 10^6}}$

$= \dfrac{100 - 120}{\sqrt{\dfrac{120}{400 \times 8 \times 300} \times 10^6}} = -1.79$

(2) 과거에 비해 심각한 차이가 없다.

Safe T. Score(세이프 티 스코어)

1) 뜻 : 과거와 현재의 안전성적을 비교, 평가하는 방법으로 단위가 없으며 계산결과 (+)이면 나쁜 기록, (−)이면 과거에 비해 좋은 기록으로 본다.

2) 공식

safe T. score = $\dfrac{빈도율(현재) - 빈도율(과거)}{\sqrt{\dfrac{빈도율(과거)}{연간근로시간수(현재)} \times 10^6}}$

3) 판정
① +2.00 이상인 경우 : 과거보다 심각하게 나쁘다.
② +2.00 ~ −2.00 경우 : 심각한 차이 없음
③ −2.00 이하 : 과거보다 좋다.

60

13/2 산 17/4 기

산업안전보건법상 안전관리자가 수행하여야 할 업무내용 5가지를 쓰시오.

해 답
1) 산업안전보건위원회 또는 노사협의체에서 심의·의결한 직무와 안전보건관리규정 및 취업규칙에서 정한 업무
2) 안전인증대상 기계·기구 등과 자율안전확인대상 기계·기구 등 구입시 적격품의 선정에 관한 보좌 및 지도·조언
3) 위험성평가에 관한 보좌 및 지도·조언
4) 해당 사업장 안전교육계획의 수립 및 안전교육 실시에 관한 보좌 및 지도·조언
5) 사업장 순회점검·지도 및 조치의 건의
6) 산업재해발생의 원인조사 분석 및 재발방지를 위한 기술적 보좌 및 지도·조언
7) 산업재해에 관한 통계의 유지·관리·분석을 위한 보좌 및 지도·조언
8) 법 또는 법에 따른 명령으로 정한 안전에 관한 사항의 이행에 관한 보좌 및 지도·조언
9) 업무수행 내용의 기록·유지

주 안전관리자의 업무 등 : 시행령 제13조

61

17/4 기

산업안전보건위원회에 관한 다음 물음에 답하시오.
1) 위원장 선출방법
2) 의결되지 아니한 사항 등의 처리방법

해 답
1) **위원장 선출방법** : 산업안전보건위원회의 위원장은 위원 중에서 호선한다. 이 경우 근로자위원과 사용자위원 중 각 1명을 공동위원장으로 선출할 수 있다.
2) **의결되지 아니한 사항 등의 처리방법** : 근로자위원과 사용자위원의 합의에 따라 산업안전보건위원회에 중재기구를 두어 해결하거나 제 3자에 의한 중재를 받아야 한다.

주 1) 위원장 선출 : 시행령 제 25조의 3
2) 의결되지 않은 사항 등의 처리 : 시행령 제 25조의 5

62 17/4 기

고소작업대 이동시 준수사항 2가지를 쓰시오.

해답
1) 작업대를 가장 낮게 내릴 것
2) 작업대를 올린 상태에서 작업자를 태우고 이동하지 말 것.
3) 이동통로의 요철상태 또는 장애물의 유무 등을 확인할 것.

주) 고소작업대 이동시 준수사항 : 안전보건규칙 제186조 제③항

63 17/4 기

다음 조건에 해당하는 안전관리조직의 유형을 쓰시오.
① 생산부분은 안전에 대한 책임과 권한이 없다.
② 안전에 대한 전문지식 및 기술축적이 용이하다.
③ 권한다툼이나 조정 때문에 시간과 노력이 소모된다.

해답 스탭(STAFF)형 (참모식 조직)

64 17/4 기

다음 [보기]를 참고하여 건설업 안전관리비를 계산하시오. 공사의 종류는 일반건설공사(갑)이며 계상기준은 1.97%이다.

[보기]
· 노무비 40억 (직접노무비 30억, 간접노무비 10억)
· 재료비 40억
· 기계경비 30억

해답 안전관리비 = 대상액(재료비+직접노무비) × 법정요율(비율)

$$= (40억 + 30억) \times \frac{1.97}{100}$$

$$= 137,900,000원 (1억3천7백9십만원)$$

65

재해예방의 4원칙을 쓰시오.

해답
1) 원인연계의 원칙
2) 손실우연의 원칙
3) 예방가능의 원칙
4) 대책선정의 원칙

66

명예감독관에 대한 다음 물음에 답하시오.
(1) 명예감독관을 위촉할 수 있는 주체를 쓰시오
(2) 명예감독관의 임기는?

해답
(1) 고용노동부장관
(2) 2년

주 (1) 명예산업안전감독관의 위촉 : 법 제61조의 2
 (2) 명예산업안전감독관의 임기 : 시행령 제145조의 2 제③항

명예감독관의 위촉대상(시행령 제45조의 2 제①항) :
 고용노동부장관은 다음 각 호의 어느 하나에 해당하는 사람 중에서 명예감독관을 위촉할 수 있다.
1) 산업안전보건위원회 또는 노사협의체 설치 대상 사업의 근로자 중에서 근로자대표가 사업주의 의견을 들어 추천하는 사람
2) 「노동조합 및 노동관계조정법」 제10조에 따른 연합단체인 노동조합 또는 그 지역 대표기구에 소속된 임직원 중에서 해당 연합단체인 노동조합 또는 그 지역 대표기구에 소속된 임직원 중에서 해당 연합단체인 노동조합 또는 그 지역 대표기구가 추천하는 사람
3) 전국 규모의 사업주단체 또는 그 산하조직에 소속된 임직원 중에서 해당 단체 또는 그 산하조직이 추천하는 사람
4) 산업재해 예방 관련 업무를 하는 단체 또는 그 산하조직에 소속된 임직원 중에서 해당 단체 또는 그 산하조직이 추천하는 사람

67

산업재해 예방활동에 대한 참여와 지원을 촉진하기 위하여 근로자, 근로자단체, 사업주단체 및 산업재해 예방관련 전문단체에 소속된 자 중에서 명예산업안전감독관(이하 명예감독관)을 위촉할 수 있다. 명예 감독관의 임기를 쓰시오.

해답 명예감독관의 임기 : 2년으로 하되, 연임할 수 있음

1) **명예감독관의 위촉대상 등**(시행령 제45조의 2 제1항)
   ① 산업안전보건위원회 또는 노사협의체 설치 대상 사업의 근로자 중에서 근로자대표가 사업주의 의견을 들어 추천하는 사람
   ② 「노동조합 및 노동관계조정법」 제10조에 따른 연합단체인 노동조합 또는 그 지역 대표기구에 소속된 임직원 중에서 해당 연합단체인 노동조합 또는 그 지역 대표기구가 추천하는 사람
   ③ 전국 규모의 사업주단체 또는 그 산하조직에 소속된 임직원 중에서 해당 단체 또는 그 산하조직이 추천하는 사람
   ④ 산업재해 예방 관련 업무를 하는 단체 또는 그 산하조직에 소속된 임직원 중에서 해당 단체 또는 그 산하조직이 추천하는 사람

2) **명예감독관의 업무내용**(시행령 제45조의2 제2항) [제 1)의 ①에 따라 위촉된 명예감독관의 업무범위 : 해당사업장에서의 업무(⑧의 경우 제외)로 한정, 제 1)의 ②, ③, ④에 따라 위촉된 명예감독관의 업무범위 : ⑧, ⑨, ⑩의 업무로 한정]
   ① 사업장에서 하는 자체점검 참여 및 근로감독관이 하는 사업장 감독 참여
   ② 사업장 산업재해 예방계획 수립 참여 및 사업장에서 하는 기계·기구 자체검사 입회
   ③ 법령을 위반한 사실이 있는 경우 사업주에 대한 개선 요청 및 감독기관에의 신고
   ④ 산업재해 발생의 급박한 위험이 있는 경우 사업주에 대한 작업중지 요청
   ⑤ 작업환경측정, 근로자 건강진단 시의 입회 및 그 결과에 대한 설명회 참여
   ⑥ 직업성 질환의 증상이 있거나 질병에 걸린 근로자가 여럿 발생한 경우 사업주에 대한 임시건강진단 실시 요청
   ⑦ 근로자에 대한 안전수칙 준수 지도
   ⑧ 법령 및 산업재해 예방정책 개선 건의
   ⑨ 안전·보건 의식을 북돋우기 위한 활동과 무재해운동 등에 대한 참여와 지원
   ⑩ 그 밖에 산업재해 예방에 대한 홍보·계몽 등 산업재해 예방업무와 관련하여 고용노동부장관이 정하는 업무

68

안전보건총괄책임자 지정 대상 사업 중 건설업인 경우 총공사금액을 쓰시오.

1) 안전보건총괄책임자 지정대상 사업(시행령 제23조)
   ① 수급인에게 고용된 근로자를 포함한 상시근로자가 100명(선박 및 보트 건조업, 1차금속제조업 및 토사석 광업의 경우에는 50명) 이상인 사업
   ② 수급인의 공사금액을 포함한 해당 공사의 총공사금액이 20억원 이상인 건설업
2) 안전보건총괄책입자의 직무 등(시행령 제24조)
   ① 작업의 중지 및 재개
   ② 도급사업 시의 안전 · 보건조치
   ③ 수급인의 산업안전보건관리비의 집행 감독 및 그 사용에 관한 수급인 간의 협의 · 조정
   ④ 안전인증대상 기계 · 기구 등과 자율안전확인대상 기계 · 기구 등의 사용 여부 확인
   ⑤ 위험성 평가의 실시에 관한 사항

69

다음은 사업의 종류 · 규모에 따른 안전관리자의 수에 관한 사항이다. 다음 물음에 답하시오.
1) 총공사금액 1000억원 이상인 건설업에서 안전관리자 수를 쓰시오.
2) 유해 · 위험방지계획서 제출대상으로서 선임하여야 할 안전관리자의 수가 3명 이상인 사업장의 경우에는 3명중에 1명은 필수로 선임하여야 하는 자격을 쓰시오.

해답
1) 2명
2) 건설안전기술사(건설안전기사 · 산업안전기사 자격증 취득자로서 7년 이상 경력자이거나 건설안전산업기사 · 산업안전산업기사 자격증 취득자로서 10년 이상 경력자 포함)

70
18/1

산업재해 발생시 기록·보존해야 할 사항 4가지를 쓰시오.

해답
1) 사업장의 개요 및 근로자의 인적사항
2) 재해 발생의 일시 및 장소
3) 재해 발생의 원인 및 과정
4) 재해 재발방지 계획

※ 산업재해 기록 등 : 시행규칙 제4조의 2

71
18/2

근로자가 500명인 사업장에 재해건수가 10건, 휴업일수가 159일 경우 종합재해지수를 구하시오. (단, 1일 8시간, 280일 근무)

해답 종합재해지수 = $\sqrt{도수율 \times 강도율}$

$$= \sqrt{\left(\frac{재해보수}{연근로자수} \times 10^6\right) \times \left(\frac{근로손실일수}{연근로시간수} \times 10^3\right)}$$

$$= \sqrt{\left(\frac{10}{500 \times 8 \times 280} \times 10^6\right) \times \left(\frac{159 \times 280/365}{500 \times 8 \times 280} \times 10^3\right)}$$

$$= 0.99$$

72
18/2

지반굴착 작업 시 굴착시기와 작업순서를 정하기 위한 사전 조사사항 3가지를 쓰시오.

해답
1) 형상·지질 및 지층의 상태
2) 균열·함수·용수 및 동결의 유무 또는 상태
3) 매설물 등의 유무 또는 상태
4) 지반의 지하수위 상태

※ 사전조사 및 작업계획서 내용 : 안전보건규칙 별표 4

73

18/2

채석작업을 하는 경우 작업계획서에 포함되는 사항 3가지를 쓰시오.

해답
1) 발파방법
2) 암석의 분할방법
3) 암석의 가공장소
4) 굴착면의 높이와 기울기
5) 굴착면 소단(小段)의 위치와 넓이
6) 갱내에서의 낙반 및 붕괴방지 방법
7) 노천굴착과 갱내굴착의 구별 및 채석방법
8) 표토 또는 용수의 처리방법
9) 토석 또는 암석의 적재 및 운반방법과 운반경로
10) 사용하는 굴착기계(굴착기계·분할기계·적재기계 또는 운반기계)등의 종류 및 성능

주) 사전조사 및 작업계획서 내용 : 안전보건규칙 별표4

74

18/2

하역작업을 할 때 화물운반용 또는 고정용으로 사용할 수 없는 섬유로프 2가지를 쓰시오.

해답
1) 꼬임이 끊어진 것
2) 심하게 손상 또는 부식된 것

주) 꼬임이 끊어진 섬유로프 등의 사용금지 : 안전보건규칙 제387조

75 14/4 ㉮ 18/2 ㉮

건설공사에 있어서 콘크리트 타설 전에 거푸집 동바리 등에 작용하는 하중을 충분히 검토하지 않으면 붕괴·전도 등의 위험이 유발된다. 거푸집 동바리 설계시 고려해야 할 하중의 종류를 4가지 쓰시오.

해답
1) 연직방향하중
2) 횡방향하중
3) 콘크리트 측압
4) 특수하중
5) 상기 1~4호 하중에 안전율을 고려한 하중

거푸집 및 동바리(지보공)의 하중 : 고용노동부 고시

(1)	연직방향 하중	거푸집, 동바리, 콘크리트, 철근, 타설용 기계·기구, 가설설비 등의 중량 및 충격하중
(2)	횡방향 하중	작업할 때의 진동, 충격, 시공오차 등에 기인되는 횡방향 하중 이외에 필요에 따라 풍압, 유수압, 지진 등
(3)	콘크리트 측압	굳지 않은 콘크리트의 측압
(4)	특수하중	시공 중에 예상되는 특수한 하중
(5)	상기(1) ~ (4)호의 하중에 안전율을 고려한 하중	

76

다음[표]는 산업안전표지의 색채종류, 색도기준 및 용도에 관한 것이다. 빈칸에 알맞은 내용을 쓰시오.

색채	색도기준	용도	사용 예
(①)	7.5R 4/14	금지	정지신호, 소화설비 및 그 장소, 유해행위의 금지
		경고	화학물질 취급장소에서의 유해·위험물질 경고
(②)	5Y 8.5/12	경고	화학물질 취급장소에서의 유해·위험 경고, 이 외의 위험 경고, 주의표지 또한 기계방호물
파란색	(③)	지시	특정행위의 지시 및 사실의 고지
녹색	2.5G 4/10	안내	비상구 및 피난소, 사람 또는 차량의 통행표지
흰색	(④)		파란색 또는 녹색에 대한 보조색
검정색	N 0.5		문자 및 빨간색 또는 노란색에 대한 보조색

해답
① 빨간색
② 노란색
③ 2-5PB 4/10
④ N 9.5

주 안전보건표지의 색채, 색도기준 및 용도 : 시행규칙 별표3

77

18/4 기

다음의 재해율에 대한 의미와 공식을 쓰시오.

1) 연천인율
2) 도수율
3) 강도율

해답

1) **연천인율**(連川人率) : 근로자 1000명당 1년간에 발생하는 사상자수

$$연천인율 = \frac{사상자수}{연평균 근로자수} \times 1000$$

2) **도수율**(Frequency Rate of Injury, FR) : 연근로시간 합계 100만 시간당의 재해발생건수

$$도수율 = \frac{재해발생건수}{연근로시간수} \times 10^6$$

3) **강도율**(Severity Rate of injury, SR) : 연근로시간 1000시간당 재해에 의해서 잃어버린 근로손실 일수

$$강도율 = \frac{근로손실일수}{연근로시간수} \times 1000$$

78

17/1 산

연천인율의 정의와 공식을 쓰시오.

해답

1) **연천인율의 정의** : 연간 평균근로자수 1000명이 작업하였을 때 발생하는 사상자수를 말한다.

2) **공식** : $연천인율 = \dfrac{사상자수}{연간평균 근로자수} \times 1000$

> **Guide** 재해율 [(1) 연천인율, (2) 도수율, (3) 강도율, (4) 도수율과 연천인율과의 관계 (5) 환산도수율 및 환산강도율 (6) 종합재해지수 등]에 관계되는 정의를 이해하고 공식은 반드시 암기하여 계산문제에 적용할수 있도록 하여야 합니다.

79

근로자가 250명이 근무하는 A회사에 연간 재해건수가 15건이 발생하였고, 재해지수는 30명이 발생하였다. 도수율과 연천인율을 구하시오. (단, 근로시간은 1일 8시간 연간 280일을 근무한다.)

해답

1) 연천인율 $= \dfrac{\text{사상자수}}{\text{연평균근로자수}} \times 1000$

$= \dfrac{30}{250} \times 1000$

$= 120$

2) 도수율 $= \dfrac{\text{재해건수}}{\text{연근로시간수}} \times 10^6$

$= \dfrac{15}{250 \times 8 \times 280} \times 10^6$

$= 26.79$

80

A사업장의 근로자 500명이 연간 산업재해 3건이 발생하여 1명은 사망, 1명은 120일, 1명은 60일의 휴업일수가 발생하였다. 연천인율과 강도율을 구하시오. (단, 근로자의 1일 근로시간은 10시간, 연간 근무일수는 300일이다.)

해답

1) 연천인율 $= \dfrac{\text{사상자수}}{\text{연평균근로자수}} \times 1000$

$= \dfrac{3}{500} \times 1000 = 6$

2) 강도율 $= \dfrac{\text{근로손실일수}}{\text{연근로시간수}} \times 1000$

$= \dfrac{7500 + \left[(120+60) \times \dfrac{300}{365}\right]}{500 \times 10 \times 300} \times 1000$

$= 5.10$

근로손실일수 산정기준

1) 사망 및 영구전노동불능(1~3급) : 7500일
2) 영구일부노동불능(4~15급)

장해등급	4급	5급	6급	7급	8급	9급	10급	11급	12급	13급	14급
근로손실일수	5,500	4,000	3,000	2,200	1,500	1,000	600	400	200	100	50

2) 일시전노동불능

근로손실일수 $=$ 휴업일수 $\times \dfrac{\text{연근로일수}}{365}$

81

14/4

근로자 400명인 사업장에서 3건의 재해가 발생하여 사망 1명과 2명이 총 150일의 휴업상해를 당했을 때 연천인율과 강도율을 구하시오. (단, 1일 8시간, 300일 근무)

해답

1) 연천인율 $= \dfrac{\text{재해발생자수}}{\text{연평균근로자수}} \times 1000 = \dfrac{3}{400} \times 1000 = 7.5$

2) 강도율 $= \dfrac{\text{근로손실일수}}{\text{연근로시간수}} \times 1000$

$= \dfrac{7500 + \left(150 \times \dfrac{300}{365}\right)}{400 \times 8 \times 300} \times 1000 = 7.94$

82

18/4

안전관리자를 두어야 할 수급인인 사업주는 도급인인 사업주가 요건을 갖춘 경우에는 안전관리자를 선임하지 아니할 수 있다. 안전관리자를 선임하지 아니할 수 있는 요건 2가지를 쓰시오.

해답

1) 도급인인 사업주 자신이 선임하여야 할 안전관리자를 둔 경우

2) 안전관리자를 두어야 할 수급인인 사업주의 업종별로 상시 근로자 수를 합계하여 그 근로자 수 또는 공사금액에 해당하는 안전관리자를 추가로 선임한 경우

83

18/4

사고예방대책의 기본원리 5단계 중 제5단계 "시정책의 적용단계"에서 적용할 3E를 쓰시오.

해답

1) 기술(engineering)

2) 교육(education)

3) 규제(enforcement)

사고예방대책의 기본원리 5단계

1) 1단계 : 조직(조직을 통한 안전활동)
2) 2단계 : 사실을 발견(불안전요소 발견)
3) 3단계 : 분석평가(사고의 직접원인 · 간접원인 규명)
4) 4단계 : 시정방법의 선정(개선책 강구)
5) 5단계 : 시정책의 적용(3E적용)

84

다음 용어의 정의를 기술하시오.
① 건설업 산업안전보건관리비
② 안전관리비 대상액

해답
① **건설업 산업안전보건관리비** : 건설사업장과 본사 안전전담부서에서 산업재해의 예방을 위하여 법령에 규정된 사항의 이행에 필요한 비용을 말한다.
② **안전관리비 대상액** : 공사원가계산서 구성 항목 중 직접재료비, 간접재료비와 직접노무비를 합친 금액(발주자가 재료를 제공할 경우에는 해당 비용을 포함한 금액)을 말한다.

주) 건설업 산업안전보건관리비 계상 및 사용기준 : 고용노동부 고시

85

하인리히 및 버드의 재해구성비율에 대해서 설명하시오.

해답
1) **하인리히의 재해구성 비율** : 330회의 사고 중에 중상 또는 사망 1회, 경상 29회, 무상해사고 300회의 비율로 발생한다는 것을 나타낸다.
   중상 또는 사망 : 경상 : 무상해사고 = 1 : 29 : 300
2) **버드의 재해구성 비율** : 641회의 사고 중에 중상 또는 폐질 1회, 경상 10회, 무상해사고 30회, 무상해무사고 고장 600회의 비율로 사고가 발생한다는 이론이다.
   중상 또는 폐질 : 경상 : 무상해사고 : 무상해무사고 = 1 : 10 : 30 : 600

> Guide (1) 상기문제의 학습요령 : 숫자(1 : 29 : 300 하인리히, 1 : 10 : 30 : 600 버드)를 먼저암기한 후에 내용을 순서대로 생각하여야 합니다.
> (2) 실기시험은 내용을 기술해야 하므로 내용을 암기해야 하며 암기기법은 요령(암기기술)과 반복학습에 의해서 이루어집니다.
> (3) 합격과 불합격은 점수 1점에 의해서 좌우되므로 중요도 높은 내용은 반드시 기억할 수 있도록 노력해야 합니다.

86

13/2

유해·위험방지계획서의 심사결과 판정기준 3가지를 쓰시오.

해답
1) 적정
2) 조건부 적정
3) 부적정

 유해·위험방지 계획서의 심사결과 구분·판정기준(시행규칙 제123조)
1) **적정** : 근로자의 안전과 보건을 위하여 필요한 조치가 구체적으로 확보되었다고 인정되는 경우
2) **조건부 적정** : 근로자의 안전과 보건을 확보하기 위하여 일부 개선이 필요하다고 인정되는 경우
3) **부적정** : 기계·설비 또는 건설물의 심사기준에 위반되어 공사 착공시 중대한 위험발생의 우려가 있거나 계획에 근본적 결함이 있다고 인정되는 경우

87

13/2

다음 내용은 보호구에 대한 내용이다. (   )안에 알맞은 용어 또는 수치를 쓰시오.

(1) 안전대 벨트의 재질은 합성섬유로 두께 (①)mm 일 것
(2) 안전블록이란 안전그네와 연결하여 추락발생시 추락을 억제할 수 있는 (②)(이)가 갖추어져 있고 죔줄이 자동적으로 수축되는 장치를 말한다.
(3) 안전블록의 줄은 합성섬유로프, 웨빙, 와이어로프이어야 하며, 와이어로프인 경우 최소 지름이 (③)mm 이상일 것
(4) 고정된 추락방지대의 수직구명줄은 와이어로프 등으로 하며 최소지름이 (④)mm 이상일 것

해답
① 2
② 자동 잠김장치
③ 4
④ 5

주 안전인증 보호구 : 고용노동부 고시 제2012-83호

88

다음의 안전관리조직 형태에 대한 장점·단점을 각각 1가지씩 쓰시오.
(1) 라인형 조직
(2) 라인·스탭 혼합형 조직

해답 (1) 라인형
    1) 장점
        ① 안전에 대한 지시 및 전달이 신속·용이하다.
        ② 명령계통이 간단·명료하다.
    2) 단점
        ① 안전에 관한 전문지식이 부족하고 기술의 축적이 미흡하다.
        ② 안전정보 및 신기술 개발이 어렵다.
(2) 라인·스탭 혼합형
    1) 장점
        ① 안전지식 및 기술 축적이 가능하다.
        ② 안전지시 및 전달이 신속·정확하다.
    2) 단점
        ① 명령계통과 조언·지도 및 권고적 참여가 혼동되기 쉽다.
        ② 스태프의 힘이 커지면 라인이 무력해진다.

89

안전관리조직의 종류 3가지와 대규모 건설업체에 적합한 조직의 명칭과 장점 1가지를 쓰시오.

해답 1) 안전관리조직의 종류
        ① 직계식(line) 조직
        ② 참모식(staff) 조직
        ③ 직계·참모식(line-staff) 조직
    2) 직계·참모식의 장점
        ① 안전 활동이 생산과 협조가 잘된다.
        ② 전 근로자가 안전 활동에 참여할 기회가 부여된다.

90

다음 [보기] 내용과 같은 사고가 발생하였을 경우에 각각 기인물을 쓰시오.

[보기]
(1) 지게차 운전 중에 트럭과 정면으로 충돌하여 지게차 운전자가 사망하였다.
(2) 이동차량에 치어 벽에 부딪힌 사고가 발생하였다.
(3) 외부요인이 없는 상태에서 사람이 걷다가 발목을 접질려 다쳤다.

해답
(1) 지게차
(2) 차량
(3) 사람

기인물 분류기준
1) 이동물체와 이동물체 사이의 접촉이면 어느 쪽의 잘못인가에 따라 판단하되, 판단이 곤란한 경우는 피해를 입은 쪽(피해자)을 기인물로 한다.
2) 이동물체와 고정물체 사이의 접촉이면, 이동물체를 기인물로 분류한다.
3) 재해발생 주요인이 사람이고 기인물, 가해물이 되는 사물이 없으면 사람으로 분류한다.

91

자율안전확인대상 기계·기구 등의 방호장치 5가지를 쓰시오.

해답
1) 아세틸렌 용접장치용 또는 가스집합용접장치용 안전기
2) 교류아크 용접기용 자동전격방지기
3) 롤러기 급정지장치
4) 연삭기 덮개
5) 목재가공용 둥근톱 반발예방장치와 날접촉예방장치
6) 동력식 수동대패용 칼날접촉방지장치
7) 산업용 로봇 안전매트

주) 자율안전확인대상 기계·기구 등 : 시행령 제28조의 5

92

중대재해 발생 후 관할 지방고용노동관서의 장에게 보고해야 할 사항 2가지와 보고시점을 쓰시오.

해답
1) 보고사항
   ① 발생개요 및 피해상황
   ② 조치 및 전망
2) 보고시점 : 지체 없이 보고

※ 중대재해 발생 보고 : 시행규칙 제4조제2항

산업재해 발생 보고(시행규칙 제4조제1항)
1) 산업재해로 사망자·3일 이상의 휴업이 필요한 부상 및 질병자가 발생한 경우
2) 산업재해가 발생한 날부터 1개월 이내에 산업재해조사표를 작성하여 관할 지방고용노동관서의 장에게 제출할 것

93

위험예지훈련의 4라운드(Round)의 진행순서를 쓰시오.

해답
1) 1라운드 : 현상파악
2) 2라운드 : 본질추구
3) 3라운드 : 대책수립
4) 4라운드 : 목표설정

94

건설업 중 건설공사 유해·위험방지계획서에 첨부하여야 할 서류 2가지를 쓰시오.

해답
1) 공사개요 및 안전보건관리계획
2) 작업공사 종류별 유해·위험방지계획

※ 유해·위험방지계획서 첨부서류 : 시행규칙 별표15

95

안전관리 사이클 PDCA의 명칭을 쓰시오.

해답
1) P(plan) : 계획
2) D(do) : 실시
3) C(check) : 검토
4) A(action) : 조치

96

안전모의 성능시험 항목 5가지를 쓰시오.

해답
1) 내관통성 시험   2) 충격흡수성 시험
3) 내전압성 시험   4) 내수성 시험
5) 난연성 시험   6) 턱끈풀림 시험

97

다음 물음에 답하시오.
(1) 하인리히가 말한 사고 방지 원리 5단계를 쓰시오.
(2) 안전 점검에 있어서 어떤 기간을 두고서 행하는 정밀 점검을 무엇이라 하는가?
(3) 페일 세이프에 대해서 간략히 설명하시오.

해답 (1) 사고 방지 원리 5단계
  ① 1단계 : 안전관리 조직
  ② 2단계 : 사실의 발견
  ③ 3단계 : 분석
  ④ 4단계 : 시정 방법의 선정
  ⑤ 5단계 : 시정책의 적용
(2) 정기점검
(3) 페일세이프 : 인간 또는 기계에 과오나 동작상의 실수가 있어도 사고를 발생시키지 않도록 2중, 3중으로 통제를 가하는 것을 말한다.

98

유해 · 위험방지계획서의 1) 제출시기와 2) 판정 · 심사기준 3가지를 쓰시오.

해답
1) 제출시기 : 해당공사의 착공 전날까지
2) 판정 · 심사기준
   ① 적정
   ② 조건부 적정
   ③ 부적정

주 1) 유해 · 위험방지계획서 대상사업장의 종류 등 : 시행규칙 제120조
　 2) 심사결과의 구분 : 시행규칙 제123조

99

A회사의 도수율이 4.0이고 강도율이 1.5일 때 이 회사에 근무하는 근로자의 1) 평균강도율과 2) 입사부터 정년퇴직까지 근로손실 일수를 갖게 되는지를 구하시오.

해답
1) 평균강도율 = $\dfrac{강도율}{도수율} \times 1000$
   = $\dfrac{1.5}{4} \times 1000 = 375$

2) 환산강도율 = 강도율 × 100
   = 1.5 × 100
   = 150일

100

안전관리자를 정수 이상으로 증원 · 개임(교체) 임명할 수 있는 사유 3가지를 쓰시오.

해답
1) 해당 사업장의 연간재해율이 같은 업무의 평균재해율의 2배 이상인 경우
2) 중대재해가 연간 2건 이상 발생한 경우
3) 관리자가 질병이나 그 밖의 사유로 3개월 이상 직무를 수행할 수 없게 된 경우

주 안전관리자 등의 증원 · 교체임명 명령 : 시행규칙 제15조

101   17/1

A회사의 도수율이 5.0 이고 강도율이 2.5일 때 이 회사에 근무하는 근로자의 1) 평균강도율과 2) 환산강도율을 구하시오.

해답 1) 평균강도율 $= \dfrac{강도율}{도수율} \times 1000$

$\qquad\qquad\qquad\;\; = \dfrac{2.5}{5} \times 1000 = 500$

2) 환산강도율 $=$ 강도율 $\times 100$
$\qquad\qquad\quad = 2.5 \times 100 = 250$일

1) 평균강도율 : 근로상해 1건당 평균근로손실일수를 말한다.
2) 환산강도율 : 입사일부터 정년퇴직일(40년, 총 10만시간)까지 사고로 인해서 잃어버린 근로손실일수를 말한다.
환산강도율 $=$ 강도율 $\times 100$

$\qquad\qquad\;\; = \left(\dfrac{근로손실일수}{연근로시간수} \times 1000 \right) \times 100$

$\qquad\qquad\;\; = \dfrac{근로손실일수}{연근로시간수} \times 10^5$

102   15/1

노사협의체에 대한 다음 물음에 답하시오.
(1) 정기회의 개최 주기 :
(2) 회의록 내용 :

해답 (1) 정기회의 개최 주기 : 2개월마다
(2) 회의록 내용
　　① 개최일시 및 장소
　　② 출석일수
　　③ 심의 내용 및 의결 · 결정사항
　　④ 그 밖의 토의사항

주 노사협의체의 운영 등 : 시행령 제26조의4

103

15/2 산 / 18/3 기

안전관리자를 두어야 할 수급인인 사업주는 도급인인 사업주가 요건을 갖춘 경우에는 안전관리자를 선임하지 아니할 수 있다. 도급인인 사업주가 갖추어야 할 요건 2가지를 쓰시오.

해 답
1) 도급인인 사업주 자신이 선임하여야 할 안전관리자를 둔 경우
2) 안전관리자를 두어야 할 수급인인 사업주의 업종별로 상시 근로자 수를 합계하여 그 근로자 수 또는 공사금액에 해당하는 안전관리자를 추가로 선임한 경우

※ 도급사업의 안전관리자 선임 : 시행규칙 제15조의2

104

15/2 산

A사의 지난해 사고로 인해 지급받은 산업재해보상보험 총보상금은 32,473,000,000원이다. 하인리히 방식에 의한 다음의 각 손실비를 구하시오.
(1) 직접손실비 :
(2) 간접손실비 :
(3) 총손실비 :

해 답
(1) 직접손실비 : 32,473,000,000원(3백2십4억7천3백만원)
(2) 간접손실비 : 32,473,000,000×4= 129,892,000,000원
　　　　　　　(1천2백9십8억9천2백만원)
(3) 총손실비 : 직접손실비+간접손실비
　　　　　　= 32,473,000,000+129,892,000,000
　　　　　　= 162,365,000,000원 (1천6백2십3억6천5백만원)

105

15/2 산

다음 안전대의 사용구분에 따른 종류 4가지를 쓰시오.

해 답
1) 1개 걸이용
2) U자걸이용
3) 추락방지대
4) 안전블록

※ 안전대의 사용구분 : 보호구 안전인증 고시

106

15/2

같은 장소에 행하여지는 사업의 사업주가 그가 사용하는 근로자와 그의 수급인이 사용하는 근로자가 같은 장소에서 작업을 할 때 생기는 산업재해를 예방하기 위한 조치사항 3가지를 쓰시오.

해답
1) 안전·보건에 관한 협의체의 구성 및 운영
2) 작업장의 순회점검
3) 관계수급인이 근로자에게 하는 안전보건교육의 실시 확인
4) 다음 항목에 어느 하나의 경우에 대비한 경보의 운영과 대피방법 등 훈련
   ① 작업장소에서 발파작업을 하는 경우
   ② 작업장소에서 화재·폭발, 토사·구축물 등의 붕괴 또는 지진 등이 발생한 경우

※ 도급에 따른 산업재해예방조치 : 법 제64조

107

15/4

안전보건총괄책임자를 선임하여야 하는 도급사업 시 산업재해를 예방하기 위한 안전보건조치 사항을 2가지 쓰시오.

해답
1) 안전·보건에 관한 협의체의 구성 및 운영
2) 작업장의 순회점검
3) 관계수급인이 근로자에게 하는 안전보건교육의 실시 확인

※ 도급사업시의 안전보건조치 : 법 제29조

108

15/4

중대재해가 발생하였을 때 안전·보건상의 조치사항 2가지를 쓰시오.

해답
1) 즉시 해당 작업을 중지시킨다.
2) 근로자를 작업장소로부터 대피시킨다.

※ 중대재해발생시 사업주의 조치 : 법 제54조

109

15/4

산업안전보건법상 안전보건표지 중 경고표지의 종류 5가지를 쓰시오.

해답
1) 인화성 물질경고
2) 산화성 물질경고
3) 폭발성 물질경고
4) 급성 독성 물질경고
5) 부식성 물질경고
6) 방사성 물질경고
7) 고압전기 경고
8) 매달린 물체경고
9) 낙하물 경고
10) 고온 경고
11) 저온 경고
12) 몸균형 상실경고
13) 레이저 광선경고
14) 유해 물질경고

주 안전보건표지의 종류별 용도·사용장소 및 색채 : 시행규칙 별표2

110

16/1

산업안전보건관리비의 적용범위는 산업재해보상보험법의 적용을 받는 공사 중 총 공사금액이 얼마 이상인 공사에 적용되는가?

해답 2천만 원

안전관리비 대상액 및 적용범위
1) 안전관리비 대상액 : 재료비와 직접노무비를 합한 금액(발주자가 재료를 제공할 경우에는 해당 비용을 포함한 금액)
2) 적용범위 : 산업재해보상보험법의 적용을 받는 공사 중 총공사금액 2천만원 이상인 공사에 적용

111
16/1, 16/2, 18/2

산업안전보건법상 건설업 중 유해·위험방지계획서의 제출사업 4가지를 쓰시오.

해답
1) 지상 높이가 31m 이상인 건축물 또는 인공구조물, 연면적 3만 m² 이상인 건축물 또는 연면적 5천m² 이상의 문화 및 집회시설(전시장인 동물원·식물원은 제외), 판매시설, 운수 시설(고속철도의 역사 및 집배송시설은 제외), 종교시설, 의료시설 중 종합병원, 숙박시설 중 관광숙박시설 또는 지하도상가 또는 냉동·냉장창고시설의 건설·개조 또는 해체 (이하 "건설 등"이라 함)
2) 연면적 5천m² 이상의 냉동·냉장창고시설의 설비공사 및 단열공사
3) 최대지간길이가 50m 이상인 교량건설 등
4) 터널건설 등의 공사
5) 다목적댐, 발전용댐 및 저수용량 2천만 톤 이상의 용수전용댐, 지방상수도 전용 댐건설 등의 공사
6) 깊이 10m 이상인 굴착공사

Guide 6개 항목 중 간단한 것부터 시작하여 4가지만 쓰면 됩니다.

112
16/1

어느 사업장에서 해당 연도에 6건의 사망 사고가 발생하였다. 하인리히의 재해발생비율 법칙에 의한다면 경상해의 발생건수는 몇 건이 되겠는가?

해답
1) 하인리히의 재해발생비율
   사망 : 경상 : 무상해사고 = 1 : 29 : 300
2) 경상해 발생건수 = 6 × 29 = 174건

113

다음은 추락방호망 설치기준이다. ( )안에 알맞는 수치를 쓰시오.

(가) 추락방호망의 설치위치는 가능하면 작업면으로부터 가까운 지점에 설치하여야 하며, 작업면으로부터 망의 설치지점까지의 수직거리는 (①)m를 초과하지 아니할 것
(나) 추락방호망은 수평으로 설치하고, 망의 처짐은 짧은 변 길이의 (②)% 이상이 되도록 할 것
(다) 건축물 등의 바깥쪽으로 설치하는 경우 망의 내민 길이는 벽으로부터 (③)m 이상 되도록 할 것

해답 ① 10   ② 12   ③ 3

※ 추락방호망 설치기준 : 안전보건규칙 제42조(추락의 방지)

114

다음 내용을 읽고 각각 기인물을 쓰시오.
1) 이동차량에 치여 벽에 부딪힌 사고가 발생하였다.
2) 외부요인이 없는 상태에서 사람이 걷다가 발목을 겹질려 다쳤다.
3) 트럭과 지게차가 운전 중 정면충돌하여 지게차 운전자가 사망하였다.

해답 1) 이동차량
2) 사람
3) 지게차

재해발생의 메커니즘
1) 기인물 : 불안전상태에 있는 물체 · 환경포함
2) 가해물 : 직접 사람에게 접촉되어 위해를 가한 물체
3) 사고의 형(재해형태) : 물체와 사람과 접촉현상(추락, 전도, 충돌, 낙하 및 비래, 협착, 감전, 폭발, 붕괴 및 도괴, 파열, 화재, 이상온도 접촉, 유해물 접촉 등)

115 16/2

하인리히의 재해코스트 방식에 대한 다음 물음에 답을 쓰시오.
(가) 직접비 : 간접비 = (①) : (②)
(나) 직접비에 해당하는 항목 4가지를 쓰시오

해답
(가) ① 1   ② 4
(나) ① 휴업급여   ② 장해급여
     ③ 유족급여   ④ 장의비
     ⑤ 장해특별급여 ⑥ 유족특별급여
     ⑦ 요양급여   ⑧ 상병보상연금
     ⑨ 치료비

116 16/2

안전관리조직의 유형 3가지를 쓰시오.

해답
1) 직계식 조직(line형)
2) 참모식 조직(staff형)
3) 직계·참모식 혼합조직(line·staff 혼합형)

117 16/2

안전활동의 단계를 순서대로 쓰시오.

해답 1) plan(계획) → 2) Do(실시) → 3) Check (검토) → 4) Action (조치)

안전관리 사이클(P→D→C→A)
1) Plan(계획) : 목표를 정하고 달성하는 방법을 계획한다.
2) Do(실시) : 교육, 훈련을 하고 실행에 옮기는 것이다.
3) Check(검토) : 결과를 검토하는 것이다.
4) Action(조치) : 검토한 결과에 의해 조치를 취하는 것이다.

118 16/4

사고사망만인율 계산식에서 상시근로자 산출식을 쓰시오.

해답 상시근로자수 = $\dfrac{\text{연간공사실적액} \times \text{노무비율}}{\text{건설업월평균임금} \times 12}$

길잡이 사고사망만인율 계산식(시행규칙 별표1)

사고사망만인율(%) = $\dfrac{\text{사고사망자수}}{\text{상시근로자수}} \times 10{,}000$

119 17/1

산업안전보건법상의 중대재해의 종류 3가지를 쓰시오.

해답
1) 사망자가 1명 이상 발생한 경우
2) 3개월 이상의 요양이 필요한 부상자가 동시에 2명 이상 발생한 경우
3) 부상자 또는 작업성 질병자가 동시에 10명 이상 발생한 경우

주 중대재해 : 시행규칙 제2조 제1항

길잡이 중대재해발생시 보고시간 및 보고내용(시행규칙 제4조 제2항)
1) 보고시간 : 지체없이 보고
2) 보고내용
  ① 발생개요 및 피해상황
  ② 조치 및 전망
  ③ 기타 중요한 사항

120 17/1

사업장 내 안전보건관리를 효율적으로 추진하기 위한 안전관리조직의 유형 3가지를 쓰시오.

해답
1) 직계형(line 형)
2) 참모형(staff 형)
3) 직계·참모 혼합형 (line - staff 혼합형)

Guide 안전관리 조직의 유형 3가지와 각각의 정의 및 장점·단점 등 특징 등이 출제됩니다.

121   17/2

발파작업시 관리감독자의 유해위험방지 업무내용을 4가지만 쓰시오.

해답
1) 점화전에 점화작업에 종사하는 근로자외의 자의 대피를 지시하는 일
2) 점화작업에 종사하는 근로자에 대하여는 대피장소 및 경로를 지시하는 일
3) 점화전에 위험구역 내에서 근로자가 대피한 것을 확인하는 일
4) 점화순서 및 방법에 대하여 지시하는 일
5) 점화신호를 하는 일
6) 점화작업에 종사하는 근로자에 대하여 대피신호를 하는 일
7) 발파 후 터지지 아니한 장약이나 남은 장약의 유무, 용수의 유무 및 암석·토사의 낙하여부 등을 점검하는 일
8) 점화하는 자를 정하는 일
9) 공기압축기의 안전밸브 작동유무를 점검하는 일
10) 안전모 등 보호구의 착용상황을 감시하는 일

※ 관리감독자의 유해·위험방지업무 : 안전보건규칙 별표2

1) 거푸집동바리의 고정·조립 또는 해체작업
2) 지반의 굴착작업
3) 흙막이 지보공의 고정·조립 또는 해체작업
4) 터널의 굴착작업
5) **건물 등의 해체작업시 관리 감독자의 유해위험방지 업무내용** (직무수행내용)
   ① 안전한 작업방법을 결정하고 작업을 지휘하는 일
   ② 재료·기구의 결함유무를 점검하고 불량품을 제거하는 일
   ③ 작업 중 안전대 및 안전모등 보호구 착용상황을 감시하는 일

> Guide 발파작업시 관리감독자 직무수행내용은 10가지중 5가지(짧고, 간단하고, 쉬운 것)만 암기하고, (길잡이)에는 5가지 작업에 관계되는 관리감독자 업무내용이 모두 동일함을 알아두어야 합니다.

122

화학물질 취급장소에서의 유해·위험경고 이외의 위험 경고표지의 종류 4가지를 쓰시오.

1) 방사성물질 경고
2) 고압전기 경고
3) 매달린물체 경고
4) 낙하물체 경고
5) 고온 경고
6) 저온 경고
7) 몸균형상실 경고
8) 레이저광선 경고
9) 위험장소 경고

> 안전보건표지의 종류와 형태 : 시행규칙 별표1의2

화학물질 취급장소에서의 유해·위험 경고표지
1) 색채 : 기본모형(다이아몬드형)은 빨간색(검은색도 가능), 바탕은 무색
2) 종류
  ① 인화성물질 경고 ② 산화성물질 경고
  ③ 폭발성물질 경고 ④ 급성독성물질 경고
  ⑤ 부식성물질 경고
  ⑥ 발암성·변이원성·생식독성·전신독성·호흡기 과민성 물질 경고

123

재해예방 전문지도기관의 기술지도 대상에서 제외되는 경우 3가지를 쓰시오

1) 공사기간은 1개월 미만인 공사
2) 육지와 연결되지 아니한 섬지역(제주특별자치도는 제외)에서 이루어지는 공사
3) 유해위험방지계획서를 제출하여야 하는 공사
4) 안전관리자의 자격을 가진 사람을 선임(같은 광역자치단체의 지역 내에서 같은 사업주가 경영하는 3이하의 공사에 대하여 공동으로 안전관리자 자격을 가진 사람 1명을 선임한 경우 포함)하여 안전관리자의 업무만을 전담하도록 하는 공사

재해예방 전문지도기관의 지도를 받아야 하는 대통령령으로 정하는 건설공사도급인(시행령 제59조) : 공사금액 1억원 이상 120억원(토목공사업은 150억원) 미만인 공사를 하는 자

124

18/4

산업안전표지 중에서 응급구호 표지를 그리고 그 색채를 쓰시오.

해답 1) 응급구호 표지

2) 색채
   ① 바탕 : 녹색
   ② 관련부호 및 그림(십자가) : 흰색

건설안전산업기사

2. 교육 및 심리

1   13/1 기   16/4 기

건설업 기초안전·보건교육에 대한 다음 물음에 답하시오.
(1) 교육시간을 쓰시오
(2) 교육내용을 공통과 교육대상별로 구분하여 각각 2가지 쓰시오.
(3) 교육시간중 시청각 또는 체험·가상실습교육시간을 쓰시오.

해답 (1) 교육시간 : 4시간

(2) 교육내용

구분	교육 내용
공통	1. 산업안전보건법 주요내용(건설일용근로자 관련부분)
	2. 안전의식 제고에 관한 사항
교육 대상별	1. 작업별 위험요인과 안전작업방법(재해사례 및 예방대책)
	2. 건설직종별 건강장해 위험요인과 건강관리

(3) 시청각 또는 체험·가상실습 : 교육대상별 교육시간 중 1시간 이상

주 교육과정별 교육시간 및 교육대상별 교육내용 : 시행규칙 별표8, 시행규칙 별표 8의 2

2   14/1 기   16/1 기   16/4 기   17/4 기

산업안전보건법상 특별안전보건교육 대상작업 중 거푸집 동바리의 조립 또는 해체작업시의 교육내용 3가지를 쓰시오. (단, 그 밖의 안전보건관리에 필요한 사항은 제외한다.)

해답 1) 동바리의 조립방법 및 작업 절차에 관한 사항
2) 조립재료의 취급방법 및 설치기준에 관한 사항
3) 조립 해체시의 사고 예방에 관한 사항
4) 보호구 착용 및 점검에 관한 사항

주 특별안전보건교육 대상 작업별 교육내용 : 시행규칙 별표8의2

3

16/2 기 17/1 기

굴착면의 높이가 2m 이상이 되는 암석의 굴착 작업시 특별교육 내용 3가지를 쓰시오.
(단, 그 밖에 안전 · 보건관리에 필요한 사항 제외)

해답
1) 폭발물 취급 요령과 대피 요령에 관한 사항
2) 안전거리 및 안전기준에 관한 사항
3) 방호물의 설치 및 기준에 관한 사항
4) 보호구 및 신호방법 등에 관한 사항

주 특별안전 · 보건교육 대상 작업별 교육내용 : 시행규칙 별표 8의 2

> Guide 특별안전보건교육을 받아야 할 대상작업이 39개소나 되므로 모두 암기할 수 없으나 출제율은 높은 편이므로 기출문제에 출제되었던 문제는 반드시 암기하여야 합니다.

4

18/2 기

안전보건관리책임자의 (1)신규교육 (2)보수교육의 교육시간을 쓰시오.

해답
(1) 신규교육 : 6시간 이상
(2) 보수교육 : 6시간 이상

안전보건관리 책임자 등에 대한 교육시간(시행규칙 별표8 제2호)

교육대상	교육시간	
	신규교육	보수교육
가. 안전보건관리책임자	6시간 이상	6시간 이상
나. 안전관리자, 안전관리전문기관의 종사자	34시간 이상	24시간 이상
다. 보건관리자, 보건관리전문기관의 종사자	34시간 이상	24시간 이상
라. 재해예방 전문지도기관의 종사자	34시간 이상	24시간 이상
마. 석면조사기관의 종사자	34시간 이상	24시간 이상
바. 안전보건관리담당자	-	8시간 이상

5 13/1 산 17/4 산 18/4 산 18/1 기

다음은 안전보건관련 교육과정별 교육시간을 나타낸 것이다. ( )안에 알맞은 수치를 쓰시오.

교육과정	교육대상	교육시간
1. 정기교육	· 판매업무에 직접 종사하는 근로자	매분기 3시간 이상
	· 판매업무에 직접 종사하는 근로자 외 근로자	매분기 6시간 이상
	· 관리감독자 지위에 있는 사람	(①)
2. 채용시 교육	· 일용근로자	(②)
	· 일용근로자를 제외한 근로자	8시간 이상
3. 작업 내용 변경시 교육	· 일용근로자	1시간 이상
	· 일용근로자를 제외한 근로자	(③)
4. 특별 교육	· 건설용 리프트·곤돌라를 이용한 작업에 종사하는 일용 근로자	(④)

해답 ① 연간 16시간 이상 ② 1시간 이상
③ 2시간 이상 ④ 2시간 이상

주 산업안전·보건관련 교육과정별 교육시간 : 시행규칙 별표8

근로자의 교육과정별 교육시간(시행규칙 별표8)

교육 과정	교육대상		교육시간
1. 정기교육	사무직 종사 근로자		매분기 3시간 이상
	사무직 종사근로자 외의 근로자	판매업무에 직접 종사하는 근로자	매분기 3시간 이상
		판매업무에 직접 종사하는 근로자 외 근로자	매분기 6시간 이상
	관리감독자의 지위에 있는 사람		연간 16시간 이상
2. 채용시교육	일용근로자를 제외한 근로자		8시간 이상
	일용근로자		1시간 이상
3. 작업내용 변경시 교육	일용근로자를 제외한 근로자		2시간 이상
	일용근로자		1시간 이상
4. 특별교육	특별안전보건교육대상 작업에 종사하는 일용근로자를 제외한 근로자		· 16시간 이상(최초 작업에 종사하기 전 4시간 실시하고 12시간은 3개월 이내에 분할하여 실시 가능) · 단기간 작업 또는 간헐적 작업인 경우에는 2시간 이상
	특별안전보건교육대상 작업에 종사하는 일용근로자		2시간 이상
5. 건설업 기초 안전보건교육	건설일용근로자		4시간 이상

6

1톤 이상의 크레인을 사용하는 작업시의 특별안전보건교육 내용을 3가지 쓰시오.
(단, 그밖에 안전·보건관리에 필요한 사항은 제외)

해답
1) 방호장치의 종류, 기능 및 취급에 관한 사항
2) 화물의 취급 및 작업방법에 관한 사항
3) 신호방법 및 공동작업에 관한 사항
4) 걸고리·와이어로프 및 비상정지장치 등의 기계·기구 점검에 관한 사항

주) 특별안전보건교육 대상 작업별 교육내용 : 시행규칙 별표8의2

7

다음 표는 산업안전·보건관련 교육과정별 교육시간을 나타낸 것이다. (   )안에 알맞은 수치를 쓰시오.

교육과정	교육대상	교육시간
채용시의 교육	일용근로자	(①)시간 이상
특별교육	2m 이상인 구축물의 파쇄작업에 종사하는 일용근로자	(②)시간 이상
건설업 기초안전보건교육	건설 일용근로자	(③)시간

해답
① 1
② 2
③ 4

주) 산업안전·보건관련 교육과정별 교육시간 : 시행규칙 별표8

8

인간의 주의에 대한 특성 3가지를 쓰시오 설명하시오.

해답
1) **선택성** : 여러 종류의 자극을 자각할 때 소수의 특정한 것에 한하여 선택하는 기능
2) **방향성** : 주시점만 인지하는 기능
3) **변동성** : 주의에는 주기적으로 부주의적 리듬이 존재하는 기능

9

15/2

적응기제 중 1) 방어적 기제와 2) 도피적 기제를 각각 2가지씩 쓰시오.

해답
1) 방어적 기제
　① 보상　② 투사
　③ 합리화　④ 승화
2) 도피적 기제
　① 고립　② 억압
　③ 퇴행　④ 백일몽

10

18/1

밀폐공간에서 작업 시 특별안전보건 교육내용 4가지를 쓰시오. 단, 그 밖에 안전·보건관리에 필요한 사항은 제외한다.

해답
1) 산소농도 측정 및 작업환경에 관한 사항
2) 사고 시의 응급처치 및 비상 시 구출에 관한 사항
3) 보호구 착용 및 사용방법에 관한 사항
4) 밀폐공간작업의 안전작업방법에 관한 사항

주 특별안전·보건교육 예상 작업별 교육내용 : 시행규칙[별표8의2]

3. 인간공학 및 시스템안전공학

1

인간과오(human error)의 분류 중 원인에 의한 분류 3가지를 쓰시오.

해답 1) 실수
2) 착오
3) 위반

> 휴먼에러(human error)의 원인적 분류
> 1) 실수(slip and lapse) : 주의를 집중하지 않은 상태에서 작업을 수행함으로써 의도와 다르게 작업이 수행되는 에러
> 2) 착오(mistake) : 의도한 대로 작업을 수행하였으나, 실제로는 지식이나 정보, 경험 등의 부족으로 인해 작업이 잘못 수행되어 원치 않는 결과가 얻어지는 에러
> 3) 위반(violation) : 작업 수행 방법과 절차를 알고 있으면서도 의식적으로 이를 따르지 않는 에러

2

건설현장에서 근로자의 작업 시 소비되는 에너지 소비량은 9kcal 이다. (1) 휴식시간과 (2) 작업시간을 각각 구하시오. 단, 작업 시 소비되는 평균 소비에너지량은 5kcal/min 이다.

해답 (1) 휴식시간 $= \dfrac{60(E-5)}{E-1.5} = \dfrac{60 \times (9-5)}{9-1.5} = 32분$

(2) 작업시간 = 60 - 휴식시간
= 60 - 32
= 28분

3

다음 그림의 신뢰도를 구하시오.

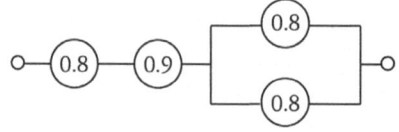

해답 R = 0.8 × 0.9 × [1 - (1 - 0.8)(1 - 0.8)]
= 0.6912
= 0.69

4

청각장치와 시각장치 중 시각장치를 사용하는 것이 효과적인 경우 4가지를 쓰시오.

해답
1) 전언이 복잡하다.
2) 전언이 길다.
3) 전언이 후에 재 참조된다.
4) 전언이 즉각적인 행동을 요구하지 않는다.

5

소음대책 중 격리적 방법 3가지를 쓰시오.

해답
1) 소음원의 통제
2) 소음원의 격리
3) 시설의 밀폐 · 흡음 처리

소음대책
1) 소음원 통제 : 기계에 고무받침대 부착, 차량 소음기 사용, 기계의 적절한 설계, 적절한 정비 및 주유 등
2) 소음의 격리 : 씌우개, 방, 장벽, 창문 등으로 격리
3) 차폐장치, 흡음제 사용
4) 음향처리제 사용
5) 적절한 배치(Layout)
6) 배경음악(BGM ; back ground music)
7) 방음보호구 사용 : 귀마개, 귀덮개
8) 소음원의 제거 : 가장 적극적 (근본적)인 소음방지 대책

6 17/1, 17/2

시각장치보다 청각장치가 우수한 경우 4가지를 쓰시오.

해답
1) 전언이 간단하고 짧은 경우
2) 전언이 후에 재참조되지 않은 경우
3) 전언이 시간적인 사상(event)을 다루는 경우
4) 전언이 즉각적인 행동을 요구하는 경우

 표시장치의 선택

청각장치사용	시각장치사용
① 전언이 간단하고 짧다.	① 전언이 복잡하고 길다.
② 전언이 후에 재참조되지 않는다.	② 전언이 후에 재참조된다.
③ 전언이 즉각적인 사상(event)을 이룬다.	③ 전언이 공간적인 위치를 다룬다.
④ 전언이 즉각적인 행동을 요구한다.	④ 전언이 즉각적인 행동을 요구하지 않는다.
⑤ 수신자가 시각계통이 과부하 상태일 때	⑤ 수신자의 청각계통이 과부하 상태일 때
⑥ 수신장소가 너무 밝거나 암조의 유지가 필요할 때	⑥ 수신장소가 너무 시끄러울 때
⑦ 직무상 수신자가 자주 움직이는 경우	⑦ 직무상 수신자가 한 곳에 머무르는 경우

4. 건설공사안전

1

흙막이공사는 건축기초나 교각 등의 기초공사를 위한 굴착공사(흙파기 공사)를 하는 경우 굴착주변이 붕괴되지 않도록 공사를 하는 것을 말한다. 다음 물음에 답하시오.
1) 흙막이 지지방식에 의한 흙막이 공법의 종류를 3가지 쓰시오.
2) 흙막이 구조방식에 의한 흙막이 공법의 종류를 3가지 쓰시오.

해답
1) 지지방식에 의한 흙막이 공법의 종류
   ① 자립식 공법
   ② 버팀대식 공법
   ③ 어스앵커(earth anchor) 공법
   ④ 타이로드 공법(tie rod, 당김줄 공법)

2) 구조방식에 의한 흙막이 공법의 종류
   ① 널말뚝 공법
   ② 지하 연속벽 공법(slurry wall)
   ③ 역타 공법(top-down 공법)

2

흙막이공법의 종류를 3가지 쓰시오.

해답
1) 자립식 공법
2) 버팀대 공법
3) 당김줄 공법(타이로드)
4) 어스앵커 공법

3

13/1 기 17/2 산

다음 양중기에 해당하는 용어를 (   )안에 쓰시오.

(가) 크레인, 이동식 크레인 또는 데릭의 재료에 따라 부하시킬 수 있는 하중 : (①)
(나) 크레인의 지브 훅의 경사각 및 길이 또는 지브의 위에 놓이는 도르래의 위치에 따라 부하시킬 수 있는 최대하중으로부터 각각 후크, 버킷 등 달아올리기 기구의 중량에 상당하는 하중을 공제한 하중 : (②)
(다) 엘리베이터, 간이리프트 또는 건설용 리프트의 구조 및 재료에 따라서 운반기에 사람 또는 짐을 올려놓고 승강할 수 있는 최대하중 : (③)

해답
① 달아올리기 하중
② 정격하중
③ 적재하중

4

13/1 기

교량건설 공법 중 ① PSM 공법과 ② PGM 공법에 대해서 간략히 설명하시오.

해답
① PSM 공법(Precast Segment method) : 세그먼트(segment, 분절상판)를 가로보(cross beam)에 의해 지지되는 런칭거더(launching girder, 수연식 거더)위에 거치, 이동 및 배열한 후 종방향 인장작업으로 하나의 스팬(span)이 완성되며 이와 같은 작업을 반복수행하여 전체교량을 완성 하는 공법이다.
② PGM 공법(precast girder method) : 상부구조를 제작상에서 제작·운반하여 교량공사를 하는 공법으로 소규모 교량공사에 사용된다.

5

13/2 기

지반의 연화현상(frost boil) 방지대책을 2가지 쓰시오.

해답
1) 고결안정공법 채용
2) 샌드드레인공법 채용
3) 구조물 강성확보

6

강재말뚝의 부식방지 대책을 3가지 쓰시오.

해답
1) 콘크리트 피복에 의한 방법
2) 도장에 의한 방법
3) 말뚝 두께를 증가하는 방법
4) 전기방식 방법

7

시트 파일 흙막이 공사 시 재해예방 대책을 위한 유의사항 3가지를 쓰시오.

해답
1) 지하수위의 변화를 수시로 측정하여 지하수위의 변동에 대처한다.
2) 보일링현상에 대처한다.
3) 히빙현상에 대처한다.

8

흙의 동결(동상)방지대책 3가지 쓰시오.

해답
1) 지표의 흙을 화약약품으로 처리한다.
2) 지하수위를 저하시킨다.
3) 단열 재료를 삽입한다.
4) 보온시공을 한다.
5) 동결깊이 상부의 흙을 동결이 잘 되지 않는 재료로 치환한다.
6) 모관수 상승을 방지하는 층을 두어 동상을 방지한다.
7) 동결심도 아래에 배수층을 설치한다.

9

18/2

흙의 동상 발생원인 3가지를 쓰시오.

해답
1) **실트**(slit) : 건조한 모래나 자갈층보다 실트(slit)와 같은 세립토층에서 쉽게 동상이 발생한다.
2) **온도** : 0℃ 이하의 온도가 장기간 지속되면 아이스 렌스(ice lense ; 서릿발)가 형성되어 동상의 원인이 된다.
3) **모관수** : 모세관 압력에 의해 물이 상승되어 아이스 렌스(ice lense)를 형성하여 동상의 원인이 된다.

흙의 동상방지대책
1) 단열재료를 삽입한다.
2) 지하수위를 저하시킨다.
3) 동결깊이 상부의 흙을 동결이 잘되지 않는 재료로 치환한다.
4) 보온시공을 한다.
5) 지표의 흙을 화학약품으로 처리한다.
6) 동결심도 아래에 배수층을 설치한다.

10

14/1

다음 [보기]에서 설명하는 현상이 무엇인지 쓰시오.

[보기]
점착성이 있는 흙은 액체상태로부터 점차 함수량을 감소하면 고체상태로 되며, 이와 같이 얻어진 고체상태의 흙을 침수시키면 다시 액체로 되지 않고 흙 입자간의 결합력이 감소되어 붕괴된다.

해답 비화작용(slaking)

11

다음 [보기]중에서 파일(pile)타입 시 부마찰력이 잘 생기는 지반을 골라 번호를 쓰시오.

[보기]
① 점착력이 있는 압축성 지반일 경우
② 사질토가 점성토 위에 놓일 경우
③ 지반이 압밀 진행중인 연약 점토지반일 경우
④ 지표면 침하에 따른 지하수가 저하되는 지반일 경우

해답 ②, ③, ④

※ 부마찰력 : 지지층에 박힌 말뚝의 주위 지반이 침하하는 경우 말뚝 주변에 하향으로 작용하는 마찰력

12

다음 [보기]를 보고 거푸집 조립순서를 쓰시오.

[보기]
① 보   ② 기둥   ③ 슬래브   ④ 벽

해답 ① 기둥 → ② 벽 → ③ 슬래브 → ④ 보

13

히빙 현상의 방지대책 5가지를 쓰시오.

해답
1) 시트파일 등의 근입심도를 깊게 한다. (널말뚝을 깊게 박는다.)
2) 굴착 주변의 상재하중을 제거한다.
3) 굴착 주변을 웰포인트 공법 병행
4) 굴착방식을 아일랜드 컷 방식으로 개선한다.
5) 지반개량에 의한 전단강도를 증가시킨다.

14 14/4 기 18/1 기

히빙파괴를 간략히 설명하고 방지대책을 3가지만 쓰시오.

해답

1) 히빙파괴

연약한 점토지반의 굴착시 굴착이 진행됨에 따라 흙막이벽 뒤쪽 흙의 중량이 굴착부 바닥의 지지력 이상이 되면 흙막이벽 근입부분의 지반이동이 발생하여 굴착부 저면이 솟아오르면서 흙막이벽의 근입부분이 파괴되는 현상

2) 방지대책
① 굴착부변의 상재하중을 제거한다.
② 시트파일 등의 근입심도를 깊게 한다.
③ 흙막이 판은 강성이 높을 것을 사용한다.
④ 굴착방식을 개선한다.

15 17/1 기

히빙현상 및 보일링현상 방지대책을 각각 2가지씩만 쓰시오.

해답

1) 히빙 방지대책
① 굴착주변의 상재하중을 제거한다.
② 흙막이벽(토류벽)의 근입깊이를 깊게 한다.(강성이 높은 흙박이벽의 밑끝을 양질의 지반 속에 깊게 박는다.)
③ 흙막이벽 재료를 강도가 높은 것을 사용하고 버팀대의 수를 증가시킨다.
④ 버팀대, 브래킷, 흙막이판 등을 점검한다.

2) 보일링 방지대책
① 굴착배면의 지하수위를 낮춘다.
② 흙막이벽(토류벽)의 근입깊이를 깊게 한다.
③ 흙막이벽 하단부에 버팀대를 보강한다.
④ 흙막이벽 선단에 코아 및 필터층을 설치한다.

16

15/4

히빙 발생현상 2가지를 쓰시오.

해답
1) 굴착부 저면이 솟아오름
2) 배면토사붕괴
3) 지보공파괴

17

13/1

다음 내용에서 설명하는 현상에 대한 용어의 정의를 쓰시오.

(1) 연약한 점토질 지반에서 굴착시 흙막이 벽 외측 흙의 중량 및 지표면의 재하 중량에 의해 굴착 저면의 흙이 붕괴되어 흙막이 바깥 흙이 내부로 밀려 불룩하게 솟아오르는 현상은?
(2) 사질토 지반을 굴착시 굴착부와 주변부의 지하수위차가 있는 경우에 수두차에 의하여 침투압이 생겨 흙막이 근입 부분이 침식하는 동시에 모래가 액상화되어 솟아오르며 흙막이 벽의 근입부 지지력을 상실하여 흙막이 지보공의 붕괴를 초래하는 현상은?

해답
(1) 히빙 현상
(2) 보일링 현상

18

14/4

콘크리트의 비빔시험 종류 4가지를 쓰시오.

해답
1) 공기량시험   2) 단위용적중량시험
3) 슬럼프시험   4) 블리딩시험

19

15/1

한중공사, 수중공사시 긴급하게 사용하여야 할 시멘트의 종류를 쓰시오.

해답 조강포틀랜드 시멘트

20

다음 [보기]에서 설명하는 공법의 명칭을 쓰시오.

[보기]
(1) 흙막이벽의 배면을 원통형으로 굴착하고, 여기에 고강도 강재 등의 인장재를 삽입하여 그라우트를 주입시켜 긴장력을 주어 흙막이벽을 지지시키는 공법은?
(2) 지하의 굴착과 병행하여 지상의 기둥, 보 등의 구조를 축조하면서 지하연속벽을 흙막이벽으로 하여 굴착하면서 구조체를 형성하는 공법은?

해답 (1) 어스앵커공법
(2) 탑다운공법

21

사질토지반의 지반개량공법의 종류 4가지를 쓰시오.

해답
1) 웰포인트공법
2) 바이브로 플로테이션공법(진동공법)
3) 다짐모래말뚝공법
4) 동결공법(또는 약액주입공법)

22

PS(prestressed) 콘크리트에서 프리스트레스를 도입할 경우 발생하는 시간적 손실원인 2가지를 쓰시오.

해답
1) 강재와 쉬스 마찰
2) 콘크리트의 탄성변형
3) 정착장치의 거동(활동)

PS콘크리트 종류
1) **프리텐션 방식**(pretension) : ① 강선긴장 → ② 콘크리트 타설·경화 → ③ 부착
2) **포스트텐션 방식**(post tension) : ① 시드를 묻고 타설·경화 → ② 강선 삽입·긴장·고정 → ③ 그라우팅

23

보일링 방지대책 4가지를 쓰시오.

해답
1) 주변 수위를 저하시킨다.
2) 흙막이 벽을 깊이 설치하여 지하수의 흐름을 막는다.
3) 굴착토를 즉시 원상 매립한다.
4) 작업을 중지시킨다.

24

지반의 이상 현상인 보일링(boling)에 대하여 다음 물음에 답하시오.
(1) 지반 조건
(2) 현상
(3) 대책

해답
(1) 지반 조건 : 지하수위가 높은 사질토
(2) 현상
   ① 굴착부 저면에 액상화(quick sand)현상 발생
   ② 굴착면에 배면토의 수두차에 의해 삼투압 발생
(3) 대책
   ① 굴착 저면 아래까지 지하수위를 낮춘다(가장 좋은 방법).
   ② 흙막이벽을 설치하여 지하수위 흐름을 막는다.
   ③ 굴착토를 즉시 원상 매립한다.
   ④ 작업을 중지한다.

보일링(boiling)
사질토 지반을 굴착시 굴착부와 지하수위차가 있을 경우, 수두차(水頭差)에 의하여 침투압이 생겨 흙막이벽 근입부분을 침식하는 동시에, 굴착부 저면의 모래가 액상화(液狀化)되어 솟아오르는 현상이다.

25   16/2 산 18/4 기

보일링(boiling) 현상을 간략히 설명하고 방지대책 2가지를 쓰시오.

해답
1) 보일링(boiling) : 보일링이란 굴착부와 흙막이벽 뒤쪽 흙의 지하수위차가 있을 경우 수두차(水頭差)에 의하여 침투압이 생겨 흙막이벽 근입부분을 침식하는 동시에 모래가 액상화(液狀化) 되어 솟아오르는 현상
2) 방지대책
  ① 주변수위를 저하시킨다.
  ② 흙막이벽 근입도를 증가하여 동수구배를 저하시킨다. (흙막이벽 근입깊이를 깊게 한다.)
  ③ 굴착토를 즉시 원상 매립한다.
  ④ 작업을 중지시킨다.

26   16/1 기 18/1 산

토공사시 비탈면 보호공법 4가지를 쓰시오.

해답
1) 식생공법(씨앗뿌리기 공법, 초식공법)
2) 콘크리트블록과 돌쌓기 공법
3) 시멘트 모르타르 뿜어 붙이기 공법
4) 소일시멘트 공법
5) 돌망테공법

27   16/2 기

철륜 표면에 다수의 돌기를 붙여 접지면적을 작게 하여 접지압을 증가시킨 롤러로서 고함수비 정성토 지반의 다짐작업에 적합한 롤러를 쓰시오.

해답 탬핑롤러

28

리프트를 사용하여 작업하는 때의 안전작업 수칙 4가지를 쓰시오.

해답
1) 리프트는 가능한한 전담운전자를 배치하여 운행토록 한다.
2) 리프트를 사용할 때에는 안전성 여부를 안전관계자에게 확인한 후 사용한다.
3) 리프트의 운전자는 조작방법을 충분히 숙지한 후 운행하여야 한다.
4) 운전자는 운행 중 이상음, 진동 등의 발생여부를 확인하면서 운행한다.
5) 조작반의 임의 조작으로 인한 자동운전은 절대로 하여서는 안 된다.
6) 리프트의 탑승은 운반구가 정지된 상태에서만 한다.
7) 리프트는 과적 또는 탑승인원을 초과하여 운행하지 않도록 한다.
8) 리프트 과적 또는 탑승인원을 초과하여 운행하지 않도록 한다.
9) 고장수리는 반드시 전문가에게 의뢰하여 실시하여야 한다.
10) 리프트 운전자 및 탑승자는 안전모, 안전화 등 개인보호구를 착용하여야 한다.

29

회전날 끝에 다이아몬드 입자를 혼합 경화하여 제조된 절단톱으로 기둥, 보, 바닥, 벽체를 적당한 크기로 절단하여 해체하는 작업을 하는 경우 준수사항을 3가지 쓰시오.

해답
1) 작업현장은 정리정돈이 잘 되어야 한다.
2) 절단기에 사용되는 전기시설과 급수, 배수설비를 수시로 정비 점검하여야 한다.
3) 회전날에는 접촉방지 커버를 부착토록 하여야 한다.
4) 회전날의 조임상태는 안전한지 작업전에 점검하여야 한다.

30

연약한 지반에 하중을 가하여 흙을 압밀시키는 방법으로 구조물 축조장소에 사전에 성토하여 침하시켜 흙의 전단강도를 증가시킨 후 성토부분을 제거하는 지반개량 공법명을 쓰시오.

해답 프리로딩 공법 (Pre-loading method)

31

16/2, 16/4, 17/1, 18/2, 18/4

기계가 위치해 있는 지반보다 높은 곳을 굴착할 때 사용하는 기계의 명칭을 쓰시오.

해답 파워쇼벨

파워쇼벨계 굴착기계

1) 파워쇼벨(power shovel) : 중기가 위치한 지면보다 높은 장소 굴착시 적합
2) 백호우(drag shovel, 드래그 쇼벨) : 중기가 위치한 지면보다 낮은 장소 굴착시 적합
   (앞쪽으로 끌어당기면서 작업)
3) 드래그 라인(drag line) : 지반보다 낮은 연질지반의 넓은 굴착에 적합(힘이 약함)
4) 클램셀(damshell) : 붐의 선단에서 버킷을 와이어로프로 매달아 바로 아래로 떨어뜨려 흙을 떠 올리는 중기
5) 굴착기의 전부장치 : 붐(boom), 암(arm), 버킷(bucket) 등으로 구성

32

17/2

NATM 공법의 터널공사에서 지질 및 지층에 관한 조사를 통해 확인할 사항 3가지를 쓰시오.

해답
1) 시추(보링)위치
2) 토층 분포상태
3) 투수계수
4) 지하수위
5) 지반의 지지력

1) NATM(New Asuatrain Tunnel Method)공법 : 화약발파에 의해 굴착하는 방식으로 주변지반을 터널의 주지보를 이용하여 암반굴착 후 록 볼트(rock bolt)를 체결하고 1차 라이닝(lining) → 방수 시트(sheet) → 2차 라이닝하여 터널을 형성시키면서 굴진하는 공법
2) 계측별 조사 항목
   ① 내공변위 측정 : 변위량, 변위속도 등을 파악하여 주위 지반의 안정성 파악, 1차 지보의 설계, 시공 타당성 파악 등
   ② 천단침하 측정 : 천단의 변위량을 측정하여 터널 천장부 침하 판단
   ③ 지중침하 측정 : 터널굴착시 지중의 침하량 파악
   ④ 록 볼트 축력 측정 : 록 볼트에 작용하는 축력을 심도별로 측정하여 지보효과와 유효설계 깊이 판단
   ⑤ 지표침하 측정 : 터널 굴착에 따른 지표의 침하량 파악
   ⑥ 숏크리트(shotcrete) 응력 측정 : 배면토압과 숏크리트의 내부응력 측정

33   17/4

콘크리트 공사시 사용되는 외부비계의 종류 5가지를 쓰시오.

해답
1) 강관비계
2) 강관틀비계
3) 통나무비계
4) 달비계
5) 달대비계
6) 말비계
7) 이동식비계
8) 걸침비계
9) 시스템비계

34   16/1

연약한 점토지반을 굴착할 때 흙막이 벽체 배면에 있는 흙의 중량이 굴착 바닥면의 흙의 중량보다 큰 경우 중량차이로 인해 흙막이 벽체 배면의 흙이 안으로 밀려들어와 바닥면이 부풀어 오르는 현상을 쓰시오.

해답 히빙현상

35   18/1   18/2

옹벽의 외적 안정조건 3가지를 쓰시오.

해답
1) 전도에 대한 안정
2) 지반지지력에 대한 안정
3) 활동에 대한 안정

  옹벽의 내적 안정조건
  1) 자체 : 철근배근, 균열과 열화 등에 대한 안정
  2) 지반 : 누수, 파이핑, 세굴, 침하 등

36

18/2 기

흙막이 공사로 인한 지반·침하의 원인 3가지를 쓰시오.

해 답
1) 흙막이 토류판 변형으로 인한 침하
2) 지하수 저하로 토압변화에 의한 침하
3) 세립토사 유출로 인한 침하

굴착공사로 인한 지반침하의 원인
1) 주위 매립상태가 불량한 지반에서의 말뚝관입시 천공작업의 진동으로 인한 압축침하.
2) 토류벽 변위에 따라 배면토 이동으로 인한 침하
3) 지하수 유출시 토사가 함께 배출되어 발생하는 침하
4) 양수시 주변지반의 침하
5) 배수에 의한 점성토의 압밀침하
6) 굴착지반이 연약지반인 경우 지반의 히빙(heaving)으로 인한 배면지반의 침하
7) 토류판 설치시 뒷채움 시공불량으로 인한 배면지반의 이동 및 침하
8) 엄지말뚝 인발시 진동 및 인발후 공극 처리불량에 의한 침하
9) 상기 원인에 의해서 발생한 침하로 인하여 인접한 상하수도관거의 파손으로 일시적으로 많은 물과 함께 토사가 유출되어 발생하는 함몰 침하

37

15/2 산

건설공사 중 발생하는 (1) 보일링 현상과 (2) 파이핑 현상을 간략히 설명하시오.

해 답
(1) 보일링 현상 : 사질토지반에서 굴착면과 흙막이 배면과의 수위차로 인하여 굴착면이 액상화(흙+물)되어 솟아오르는 현상이다.
(2) 파이핑 현상 : 보일링 현상에 의해 지반 내에 물의 통로가 생기면서 흙이 세굴되는 현상이다.

보일링 현상 방지재책
1) 흙막이벽의 근입심도를 깊게 한다(흙막이 널말뚝을 깊게 박을 것)
2) 지하수위를 낮춘다.
3) 버팀대, 흙막이판 등을 점검한다.
4) 굴착 방식을 개선한다.

38
흙깎기 굴착방법 중 지반이 느슨한 모래질 토질이 붕괴되는 현상이 무엇인지를 쓰고 발생현상을 간략히 설명하시오.

해답
1) 보일링 현상
2) 발생현상
   ① 굴착면 배면토의 수두차에 의한 침투압의 발생
   ② sheet pile 등의 저면에 액상화 현상(quick sand)이 발생

39
균열이 많은 암석으로 이루어진 경사면의 붕괴예방을 위한 조치사항 2가지를 쓰시오.

해답
1) 뿜어붙이기 공법이나 블록붙임공법을 시행한다.
2) 방호망을 설치한다.

40
함수비가 큰 지반의 기초 구조물 터파기(GL, 10m 이하)에서 안전시공을 위한 굴착공법을 3가지 쓰시오.

해답
1) 오픈 컷(open cut)공법
2) 지하연속벽 공법
3) 케이슨(caisson) 공법

41

다음 [보기]에 대한 화재의 원인을 A급화재, B급화재, C급화재, D급화재로 구분하여 쓰시오.

[보기]
누전, 목재, 나트륨, 마그네슘, 섬유, 석유

해답
1) A급화재(일반화재) : 목재, 섬유
2) B급화재(유류화재) : 석유
3) C급화재(전기화재) : 누전
4) D급화재(금속화재) : 마그네슘

길잡이 화재의 종류별 등급·색상·소화방법

종류	등급	색상	소화방법
1. 일반화재	A급	백색	냉각소화
2. 유류 및 가스화재	B급	황색	질식소화
3. 전기화재	C급	청색	질식소화
4. 금속화재	D급	무색	질식소화

42

하중이 있으면 지반이 들어가고, 하중을 제거하면 다시 원상태로 복귀되는 현상을 무엇이라 하는가?

해답 탄성침하 현상

43

다음 [보기]의 ( )안에 알맞은 용어나 수치를 쓰시오.

[보기]
( )은 흙막이 벽에 작용하는 토압에 의한 휨모멘트와 전단력에 저항하도록 하는 부재로써 흙막이 벽에 가해지는 토압을 버팀대 등에 전달하기 위해 흙막이 벽에 수평으로 설치하는 재이다.

해답 띠장

44

다음 [보기]를 보고 빗 버팀대 흙막이공법의 순서를 번호로 쓰시오.

[보기]
① 주변부 흙파기   ② 줄파기
③ 버팀 말뚝 및 버팀대 대기   ④ 규준대 대기
⑤ 띠장대기   ⑥ 중앙부 흙파기
⑦ 널말뚝 박기

해답 ② → ④ → ⑦ → ⑥ → ⑤ → ③ → ①

길잡이 수평버팀대 흙막이 공법 순서
① 줄파기·규준대 대기·널말뚝박기 → ② 흙파기 → ③ 받침기둥박기 → ④ 띠장 버팀대 대기 → ⑤ 중앙부 흙파기 → ⑥ 주변부 흙파기

45

터널굴착 공사시 터널 내에서 발생하는 공기오염 등 사고발생원인 4가지를 쓰시오.

해답
1) 가스
2) 분진
3) 지하수
4) 소음
5) 진동 등

46

수중굴착이나 폭이 좁고 깊은 장소의 굴착에서 와이어로프에 버킷을 매달아 내리는 식의 굴착작업을 하는 기계의 명칭을 쓰시오.

해답 클램셸(clamshell)

47

크램셸(clam shell)의 용도 2가지를 쓰시오.

해답
1) 수중굴착
2) 연약지반굴착
3) 좁은 곳의 수직굴착

 크램셸(clam shell)
1) 붐의 선반에서 크램셸버킷을 와이어로프에 매달아 바로 아래로 떨어트려 흙을 퍼올리는 토공기계이다.
2) 용도 : 깊은 흙파기용, 흙막이 버팀대가 있는 좁은 곳, 케이슨(caisson) 내의 굴착 등 좁은 곳의 수직굴착, 자갈 등의 적재, 연약한 지반이나 수중굴착 등에 쓰인다.

48

흙막이 개굴착의 장점 3가지를 쓰시오.

해답
1) 공기 단축
2) 부지를 효율적으로 이용
3) 경제성

49

해체 공사의 공법에 따라 발생하는 소음과 진동의 예방대책을 3가지 쓰시오.

해답
1) 철햄머 공법의 경우 햄머의 중량과 낙하높이를 가능한 한 낮게 하여야 한다.
2) 현장 내에서는 대형 부재로 해체하며 장외에서 잘게 파쇄 하여야 한다.
3) 인접건물의 피해를 줄이기 위해 방음, 방진 목적의 가시설을 설치하여야 한다.
4) 전도공법의 경우 전도물 규모를 작게하여 중량을 최소화하며 전도대상물의 높이도 되도록 작게 하여야 한다.

50

목재가공용 둥근톱기계 방호장치 2가지 쓰시오.

해답
1) 톱날접촉예방장치
2) 반발예방장치

> **길잡이** 반발예방장치의 종류
> 1) 분할날
> 2) 반발방지기구(finger)
> 2) 반발방지롤(roll)

51

추락시 로프의 지지점에서 최하단까지의 거리 h를 구하시오. (단, 로프 길이 150cm, 로프 신장률 30%, 근로자 신장 170cm)

해답 h = 로프의 길이+로프의 늘어난 길이+신장×1/2
= 150cm+(150cm×0.3)+(170cm×1/2)
= 280cm

52

다음의 유해위험기계.기구의 방호장치를 쓰시오.
1) 예초기 :
2) 원심기 :
3) 공기압축기 :

해답
1) 예초기 : 날접촉예방장치
2) 원심기 : 회전체 접촉 예방장치
3) 공기압축기 : 압력방출장치

53 17/1

건설업 중 유해·위험방지계획서 제출대상 사업장(공사)의 종류를 4가지만 쓰시오.

해답
1) 지상높이가 31m 이상인 건축물 또는 인공구조물, 연면적 3만 m² 이상인 건축물 또는 연면적 5천 m² 이상의 문화 및 집회시설(전시장 및 동물원·식물원은 제외), 판매시설, 운수시설(고속철도의 역사 및 집·배송시설은 제외), 종교시설, 의료시설 중 종합병원, 숙박시설 중 관광숙박시설, 지하도상가 또는 냉동·냉장 창고시설의 건설·개조 또는 해체(이하 "건설등"이라 함)
2) 연면적 5천 m² 이상의 냉동·냉장 창고시설의 설비공사 및 단열공사
3) 최대 지간길이가 50m 이상인 교량건설 등 공사
4) 터널 건설 등의 공사
5) 다목적댐, 발전용댐 및 저수용량 2천만톤 이상의 용수 전용 댐, 지방상수도 전용댐 건설 등의 공사
6) 깊이 10m 이상인 굴착공사

주) 유해·위험방지계획서 제출대상 사업장의 종류 : 시행규칙 제120조

Guide 1) 반드시 암기하여야 합니다. 짧고 암기하기 쉬운 것부터 순서를 정해놓고 암기하기 바랍니다.
2) 상기 문제는 ( )안에 수치를 쓰는 문제로도 많이 출제됩니다.

54 18/2

건설업 중 유해·위험방지 계획서를 공단에 제출하여야 할 경우 첨부서류 3가지를 쓰시오.

해답
1) 공사개요서
2) 전체공정표
3) 안전관리 조직표

유해·위험방지계획서 첨부서류
1) 공사 개요 및 안전보건관리계획
① 공사 개요서
② 공사현장의 주변 현황 및 주변과의 관계를 나타내는 도면(매설물 현황 포함)
③ 건설물, 사용 기계설비 등의 배치를 나타내는 도면
④ 전체 공정표
⑤ 산업안전보건관리비 사용계획
⑥ 안전관리 조직표
⑦ 재해 발생 위험 시 연락 및 대피방법
2) 작업 공사 종류별 유해·위험방지 계획

55

17/2

절토법면의 토사붕괴예방을 위한 조치사항을 3가지 쓰시오.

해답 1) 적절한 경사면의 기울기를 계획하여야 한다.
2) 활동할 가능성이 있는 토석은 제거하여야 한다.
3) 말뚝(강관, H형강, 철근 콘크리트)을 타입하여 지반을 강화시킨다.
4) 비탈면 또는 법면의 하단을 다져서 활동이 안 되도록 저항을 만들어야 한다.
5) 경사면의 하단부에 압성토 등 보강공법으로 활동에 대한 저항대책을 강구하여야 한다.

 토사붕괴예방을 위한 조치사항 : 고용노동부 고시(표준안전작업지침)

길잡이
절토면의 토사붕괴 예방을 위한 안전점검사항 (고용노동부고시)
1) 전 지표면의 답사
2) 경사면의 상황변화의 확인
3) 부석의 상황변화의 확인
4) 용수의 발생 유무 또는 용수량의 변화 확인
5) 결빙과 해빙에 대한 상황의 확인
6) 각종 경사면 보호공의 변위, 탈락 유무

건설안전산업기사

5. 안전기준

1 13/1 기 14/1 산

터널 굴착작업 시 지형·지질 및 지층 상태를 파악하기 위한 작업계획서에 포함되는 사항을 2가지만 쓰시오.

해답
1) 굴착의 방법
2) 터널지보공 및 복공의 시공방법과 용수의 처리방법
3) 환기 또는 조명시설을 설치할 때에는 그 방법

(1) 터널 굴착작업 시 사전조사 및 작업계획서 내용(안전보건규칙 별표4)

　사전조사내용 : 보링(boring) 등 적절한 방법으로 낙반·출수 및 가스폭발 등으로 인한 근로자의 위험을 방지하기 위하여 미리 지형·지질 및 지층상태를 조사

(2) 굴착작업 시 사전조사 및 작업계획서 내용(안전보건규칙 별표4)
　1) 사전조사 내용
　　① 형상·지질 및 지층의 상태
　　② 균열·함수·용수 및 동결의 유무 또는 상태
　　③ 매설물 등의 유무 또는 상태
　　④ 지반의 지하수위 상태
　2) 작업계획서 내용
　　① 굴착방법 및 순서, 토사 반출방법
　　② 필요한 인원 및 장비 사용계획
　　③ 매설물 등에 대한 이설·보호대책
　　④ 사업장내 연락방법 및 신호방법
　　⑤ 흙막이 지보공 설치방법 및 계측계획
　　⑥ 작업지휘자의 배치계획
　　⑦ 그 밖에 안전·보건에 관련된 사항

2

13/1 ㉮   15/4 ㉮   16/2 ㉮   17/1 ㉮   18/4 ㉮

철골구조물의 건립 중 강풍에 의한 풍압 등 외압에 대한 내력이 설계에서 고려되었는지를 확인해야 할 구조안전에 위험이 큰 철골구조물의 종류 4가지를 쓰시오.

해 답
1) 높이 20m 이상의 구조물
2) 이음부가 현장용접인 구조물
3) 구조물의 폭과 높이의 차이가 1 : 4이상인 구조물
4) 단면구조에 현저한 차이가 있는 구조물
5) 연면적당 철골량이 50kg/m² 이하인 구조물
6) 기둥이 타이 플레이트(tie plate)형인 구조물

※ 철골공사시 외압에 대한 내력이 설계에 고려되었는지 확인해야 할 구조물 : 고용노동부고시

3

15/1 ㉮   15/1 ㉯

달비계 또는 높이 5m 이상의 비계를 조립·해체하거나 변경하는 작업을 하는 경우 준사사항을 3가지 쓰시오.

해 답
1) 근로자가 관리감독자의 지휘에 따라 작업하도록 할 것
2) 조립·해체 또는 변경의 시기·범위 및 절차를 그 작업에 종사하는 근로자에게 주지시킬 것
3) 비, 눈, 그 밖의 기상상태의 불안정으로 날씨가 몹시 나쁜 경우에는 그 작업을 중지시킬 것
4) 재료·기구 또는 공구 등을 올리거나 내리는 경우에는 근로자가 달줄 또는 달포대 등을 사용하게 할 것
5) 조립·해체 또는 변경 작업구역에는 해당 작업에 종사하는 근로자가 아닌 사람의 출입을 금지하고 그 내용을 보기 쉬운 장소에 게시할 것

※ 비계 등의 조립·해체 및 변경 : 안전보건규칙 제57조

4   13/1 ㉠ 15/4 ㉠

달비계 또는 높이 5m 이상의 비계를 조립·해체하거나 변경하는 작업을 하는 경우에 관리감독자가 수행해야 할 직무내용을 4가지 쓰시오.

해답
1) 재료의 결함유무를 점검하고 불량품을 제거하는 일
2) 기구·공구·안전대 및 안전모 등의 기능을 점검하고 불량품을 제거하는 일
3) 작업방법 및 근로자 배치를 결정하고 작업 진행 상태를 감시하는 일
4) 안전대와 안전모 등의 착용 상황을 감시하는 일

주 관리감독자의 유해·위험방지를 위한 직무수행내용 : 안전보건규칙 별표2

5   13/1 ㉠ 18/4 ㉠

차량계하역운반기계인 지게차가 갖추어야 할 장치 3가지를 쓰시오.

해답
1) 전조등 및 후미등
2) 헤드가드(head guard)
3) 백레스트(backrest)
4) 팔레트(pallet) 또는 스키드(skid)

주 지게차가 갖추어야 할 장치 : 안전보건규칙 제179조 ~ 제182조

6   13/1 ㉠ 14/2 ㉠ 14/4 ㉠ 16/2 ㉾ 17/2 ㉾ 18/1 ㉠

비·눈, 그 밖의 기상상태의 불안정으로 인하여 날씨가 몹시 나빠서 작업을 중지시킨 후 그 비계에서 작업을 재개할 때의 작업시작 전 점검사항을 4가지만 쓰시오.

해답
1) 발판재료의 손상여부 및 부착 또는 걸림 상태
2) 해당비계의 연결부 또는 접속부의 풀림 상태
3) 연결재료 및 연결철물의 손상 또는 부식 상태
4) 손잡이의 탈락 여부
5) 기둥의 침하·변형·변위 또는 흔들림 상태
6) 로프의 부착상태 및 매단장치의 흔들림 상태

주 비계의 점검보수 : 안전보건규칙 제58조

7

통나무비계의 구조에 관한 다음 ( )안에 알맞은 내용을 쓰시오.

(가) 비계기둥의 간격은 (①) 이하로 할 것
(나) 지상으로부터 첫 번째 띠장은 (②) 이하의 위치에 설치할 것
(다) 비계기둥의 이음이 겹침 이음인 경우에는 이음부분에서 (③) 이상을 서로 겹쳐서 두 군데 이상을 묶을 것
(라) 통나무비계는 지상높이 4층 이하 또는 (④) 이하인 건축물·공작물 등의 건조·해체 및 조립 등의 작업에만 사용할 것

해답
① 2.5m
② 3m
③ 1m
④ 12m

주 통나무비계의 구조 : 안전보건규칙 제71조

8

철골공사 작업시 작업을 중지해야 할 기상조건을 2가지 쓰시오. (단, 단위를 명확히 쓰시오.)

해답
1) 풍속 : 초당 10m 이상인 경우
2) 강우량 : 시간당 1mm 이상인 경우
3) 강설량 : 시간당 1cm 이상인 경우

주 철골 작업의 제한 : 안전보건규칙 제383조

9

15/2 ㉺ 18/1 ㉾

다음은 철골공사 작업을 중지해야 하는 조건이다. (   )안에 알맞은 수치를 쓰시오.

(가) 풍속 : 초당 (①)m 이상인 경우
(나) 강우량 : 시간당 (②)mm 이상인 경우
(다) 강설량 : 시간당 (③)cm 이상인 경우

해답
① 10
② 1
③ 1

주 철골작업의 제한 : 안전보건규칙 제383조

10

13/2 ㉺

거푸집 동바리의 고정, 조립 또는 해체 작업 및 지반의 굴착작업시의 관리감독자의 직무수행내용을 2가지 쓰시오.

해답
1) 안전한 작업방법을 결정하고 작업을 지휘하는 일
2) 재료·기구의 결함 유무를 점검하고 불량품을 제거하는 일
3) 작업 중 안전대 및 안전모 등 보호구 착용 상황을 감시하는 일

주 관리감독자의 직무수행내용 : 안전보건규칙 별표2

11

13/2 ❷ 14/4 ❸ 16/2 ❷

구축물 또는 이와 유사한 시설물에 대하여 근로자에게 미칠 위험성을 사전에 제거하기 위해 안전진단 등 안전성 평가를 실시하여야 하는 경우 2가지를 쓰시오. (단, 그 밖의 잠재위험이 예상될 경우 제외)

해답
1) 화재 등으로 구축물 또는 이와 유사한 시설물에 내력이 심하게 저하되었을 경우
2) 구축물 또는 이와 유사한 시설물에 지진, 동해, 부동침하 등으로 균열·비틀림 등이 발생하였을 경우
3) 오랜 기간 사용하지 아니하던 구축물 또는 이와 유사한 시설물을 재사용하게 되어 안전성을 검토하여야 하는 경우
4) 구축물 또는 이와 유사한 시설물의 인근에서 굴착·항타작업 등으로 침하·균열 등이 발생하여 붕괴의 위험이 예상될 경우
5) 구조물, 건축물, 그 밖의 시설물이 그 자체의 무게·적설·풍압 또는 그 밖에 부가되는 하중 등으로 붕괴 등의 위험이 있을 경우

※ 구조물 또는 이와 유사한 시설물의 안전성 평가 : 안전보건규칙 제52조

12

13/2 ❷ 14/2 ❸ 18/1 ❸ 18/2 ❷ 18/4 ❷

하역작업을 할 때 화물운반용 또는 고정용으로 사용할 수 없는 섬유로프의 사용제한 조건 2가지를 쓰시오.

해답
1) 꼬임이 끊어진 것
2) 심하게 손상 또는 부식된 것

※ 꼬임이 끊어진 섬유로프 등의 사용금지 : 안전보건규칙 제357조

꼬임이 끊어진 섬유로프 등의 사용금지 : 다음의 경우 동일
1) 달비계에 사용하는 섬유로프 또는 섬유벨트 등의 사용금지(안전보건규칙 제63조 제3호)
2) 양중기에 사용하는 섬유로프 또는 섬유벨트 등의 사용금지(안전보건규칙 제169조)
3) 화물자동차의 짐걸이에 사용하는 섬유로프 등의 사용금지(안전보건규칙 제188조)
4) 하역 작업시 화물운반용 또는 고정용으로 사용하는 섬유로프 등의 사용금지 (안전보건규칙 제387조)

13

다음 [보기]는 추락방호망 설치기준에 대한 내용이다. (　)안에 알맞은 내용을 쓰시오.

[보기]
① 추락방호망의 설치위치는 가능하면 작업면으로부터 가까운 지점에 설치하여야 하며, 작업면으로부터 망의 설치지점까지의 수직거리는 (①)m를 초과하지 아니할 것
② 추락방호망은 수평으로 설치하고, 망의 처짐은 짧은 변 길이의 (②)% 이상이 되도록 할 것
③ 건축물 등의 바깥쪽으로 설치하는 경우 망의 내민 길이는 벽면으로부터 (③)m 이상 되도록 할 것

해답 ① 10　② 12　③ 3

14

다음 [보기]는 강관비계의 설치기준에 관한 내용이다. (　)안에 알맞은 수치를 쓰시오.

[보기]
(1) 띠장간격은 (①)m 이하로 설치할 것
(2) 비계기둥의 간격은 띠장 방향에서는 1.85m 이하, 장선방향에서는 (②)m 이하로 할 것
(3) 비계기둥의 제일 윗부분으로부터 31m 되는 지점밑 부분의 비계기둥은 (③)개의 강관으로 묶어세울 것
(4) 비계기둥 간의 적재하중은 (④)kg을 초과하지 않도록 할 것

해답　① 2　　② 1.5
　　　　③ 2　　④ 400

주 강관비계의 구조 : 안전보건규칙 제60조

15

다음 내용은 거푸집동바리 등을 조립하는 경우 준수사항이다. ( )안에 알맞은 수치를 쓰시오.

(가) 동바리로 사용하는 강관에 대해서는 높이 (①)m 이내마다 수평연결재를 (②)개 방향을 만들고 수평연결재의 변위를 방지할 것
(나) 동바리로 사용하는 파이프 서포트에 대해서는 높이가 (③)m를 초과하는 경우에는 높이 2m 이내마다 수평연결재를 (④)개 방향으로 만들고 수평연결재의 변위를 방지할 것
(다) 동바리로 사용하는 조립강주에 대해서는 높이가 (⑤)m를 초과하는 경우에는 높이 4m 이내마다 수평연결재를 (⑥)개 방향으로 설치하고 수평연결재를 변위를 방지할 것
(라) 동바리로 사용하는 목재에 대해서는 높이 (⑦)m 이내마다 수평연결재를 (⑧)개 방향으로 만들고 수평연결재의 변위를 방지할 것

해답
① 2   ② 2
③ 3.5   ④ 2
⑤ 4   ⑥ 2
⑦ 2   ⑧ 2

주) 거푸집동바리 등의 안전조치 : 안전보건규칙 제332조

16

꽂음접속기를 설치하거나 사용하는 경우 준수사항 4가지를 쓰시오.

해답
1) 서로 다른 전압의 꽂음 접속기는 서로 접속되지 아니한 구조의 것을 사용할 것
2) 습윤한 장소에 사용되는 꽂음 접속기는 방수형 등 그 장소에 적합한 것을 사용할 것
3) 근로자가 해당 꽂음 접속기를 접속시킬 경우에는 땀 등으로 젖은 손으로 취급하지 않도록 할 것
4) 해당 꽂음 접속기에 잠금장치가 있는 경우에는 접속 후 잠그고 사용할 것

주) 꽂음접속기의 설치·사용 시 준수사항 : 안전보건규칙 제316조

17

13/4 ㉠

섬유로프 등을 화물자동차의 짐걸이에 사용하는 경우 해당 작업을 시작하기 전에 조치하여야 할 사항 3가지를 쓰시오.

해답
1) 작업순서와 순서별 작업방법을 결정하고 작업을 직접 지휘하는 일
2) 기구와 공구를 점검하고 불량품을 제거하는 일
3) 해당 작업을 하는 장소에 관계 근로자가 아닌 사람의 출입을 금지하는 일
4) 로프 풀기작업 및 덮개 벗기기 작업을 하는 경우에는 적재함의 화물에 낙하 위험이 없음을 확인한 후에 해당 작업의 착수를 지시하는 일

▶ 섬유로프 등의 점검 등 : 안전보건규칙 제189조

18

13/4 ㉠ 13/4 ㉠

공기압축기의 작업시작 전 점검사항 3가지를 쓰시오.

해답
1) 공기저장 압력용기의 외관상태
2) 드레인 밸브의 조작 및 배수
3) 압력방출장치의 기능
4) 언로드 밸브의 기능
5) 윤활유의 상태
6) 회전부의 덮개 또는 울
7) 그 밖의 연결부위의 이상 유무

▶ 공기압축기의 작업시작 전 점검사항 : 안전보건규칙 별표3 제3호

19

잠함 등의 내부에서 굴착작업을 중지해야 하는 경우 2가지를 쓰시오.

해답
1) 근로자가 안전하게 오르내리기 위한 설비에 고장이 있는 경우
2) 굴착 깊이가 20m를 초과하는 경우에 설치하는 해당 작업장소와 외부와의 연락을 위한통신설비 등에 고장이 있는 경우
3) 잠함 등의 내부에 많은 양의 물 등이 스며들 우려가 있는 경우
4) 산소결핍이 인정되거나 굴착 깊이가 20m를 초과하는 경우에 설치하는 공기를 공급하는 송기설비 등에 고장이 있는 경우

주) 작업의 중지 : 안전보건규칙 제378조

길잡이 잠함·우물통·수직갱 등의 내부에서 굴착작업시 준수사항(안전보건규칙 제377조)
1) 산소결핍 우려가 있는 경우에는 산소농도 측정자를 지명하여 산소농도를 측정하도록 할 것
2) 근로자가 안전하게 오르내리기 위한 설비를 설치할 것
3) 굴착 깊이가 20m를 초과하는 경우에는 해당 작업장소와 외부와의 연락을 위한 통신설비 등을 설치할 것
4) 산소농도 측정결과 산소결핍이 인정되거나 굴착 깊이가 20m를 초과하는 경우에는 송기(送氣)를 위한 설비를 설치하여 필요한 양의 공기를 공급할 것

20

작업발판 일체형 거푸집인 갱 폼의 조립·이동·양중·해체작업을 하는 경우 준수사항을 4가지 쓰시오.

해답
1) 조립 등의 범위 및 작업절차를 미리 그 작업에 종사하는 근로자에게 주지시킬 것
2) 근로자가 안전하게 구조물 내부에서 갱 폼의 작업발판으로 출입할 수 있는 이동통로를 설치할 것
3) 갱 폼의 지지 또는 고정철물의 이상 유무를 수시점검하고 이상이 발견된 경우에는 교체하도록 할 것
4) 갱 폼 인양시 작업발판용 케이지에 근로자가 탑승한 상태에서 갱 폼의 인양작업을 하지 아니할 것
5) 갱 폼을 조립하거나 해체하는 경우에는 갱 폼을 인양장비에 매단 후에 작업을 실시하도록 하고, 인양장비에 매달기 전에 지지 또는 고정철물을 미리 해체하지 않도록 할 것

주) 작업발판 일체형 거푸집의 안전조치 : 안전보건규칙 제337조

21

13/4 ㉠ 14/2 ㉠

발파작업시 관리감독자의 직무수행내용 5가지를 쓰시오.

해 답
1) 점화신호를 하는 일
2) 점화하는 사람을 정하는 일
3) 점화순서 및 방법에 대하여 지시하는 일
4) 점화작업에 종사하는 근로자에게 대피신호를 하는 일
5) 점화전에 위험구역 내에서 근로자가 대피한 것을 확인하는 일
6) 점화작업에 종사하는 근로자에게 대피장소 및 경로를 지시하는 일
7) 점화전에 점화작업에 종사하는 근로자가 아닌 사람에게 대피를 지시하는 일
8) 공기압축기의 안전밸브 작동유무를 점검하는 일
9) 안전모 등 보호구의 착용상황을 감시하는 일
10) 발파 후 터지지 아니한 장약이나 남은 장약의 유무, 용수의 유두 및 암석·토사의 낙하여부 등을 점검하는 일

주 관리감독자의 유해·위험방지업무 : 안전보건규칙 별표2

22

14/1 ㉠ 18/2 ㉢

중량물 취급 작업 시 작업계획서에 포함되어야 할 사항 2가지를 쓰시오.

해 답
1) 추락위험을 예방할 수 있는 안전대책
2) 낙하위험을 예방할 수 있는 안전대책
3) 전도위험을 예방할 수 있는 안전대책
4) 협착위험을 예방할 수 있는 안전대책
5) 붕괴위험을 예방할 수 있는 안전대책

주 사전조사 및 작업계획서 내용 : 안전보건규칙 별표4

23

사업주가 시스템비계를 사용하여 비계를 구성하는 경우 준수사항 3가지를 쓰시오.

해답
1) 수직재·수평재·가새재를 견고하게 연결하는 구조가 되도록 할 것
2) 수직재와 수직재의 연결철물은 이탈되지 않도록 견고한 구조로 할 것
3) 벽 연결재의 설치간격은 제조사가 정한 기준에 따라 설치할 것
4) 수평재는 수직재와 직각으로 설치하여야 하며, 체결 후 흔들림이 없도록 견고하게 설치할 것
5) 비계 밑단의 수직재와 받침철물은 밀착되도록 설치하고, 수직재와 받침철물의 연결부의 겹침 길이는 받침철물 전체길이의 3분의 1이상이 되도록 할 것.

주 시스템비계의 구조 : 안전보건규칙 제69조

24

곤돌라 작업 시 운반구에 근로자를 탑승시킬 수 있는 경우 2가지를 쓰시오.

해답
1) 운반구가 뒤집히거나 떨어지지 않도록 필요한 조치를 할 것
2) 안전대나 구명줄을 설치하고, 안전난간을 설치할 수 있는 구조인 경우이면 안전난간을 설치할 것

주 탑승의 제한 : 안전보건규칙 제86조

25

지게차를 사용하여 작업을 하는 경우 작업시작 전 점검사항 4가지를 쓰시오.

해답
1) 제동장치 및 조종장치 기능의 이상 유무
2) 하역장치 및 유압장치 기능의 이상 유무
3) 바퀴의 이상 유무
4) 전조등·후미등·방향지시기 및 경보장치 기능의 이상 유무

주 작업시작 전 점검사항 : 안전보건규칙 별표3

26

14/2 기

크레인은 순간풍속이 (   )m/sec를 초과하는 바람이 불어올 우려가 있는 경우 옥외에 설치되어 있는 주행크레인에 대하여 이탈방지를 작동시키는 등 이탈방지를 위한 조치를 하여야 한다. (   )안에 알맞은 수치를 쓰시오.

 30

주 크레인의 폭풍에 의한 이탈방지 : 안전보건규칙 제140조

폭풍 등에 의한 안전조치사항

양중기 종류	순간풍속	조치사항
크레인	30m/sec초과	이탈방지조치
	30m/sec초과 중진 이상 진도의 지진	(기계 각 부위) 이상유무점검
건설작업용 리프트	35m/sec초과	붕괴방지조치 (받침수 증가)
승강기(옥외용)	35m/sec초과	도괴방지조치 (받침수 증가)

27

14/2 기 15/2 기 18/2 기

채석작업을 하는 경우 작업계획서에 포함되는 사항 3가지를 쓰시오.

1) 발파방법
2) 암석의 분할방법
3) 암석의 가공장소
4) 굴착면의 높이와 기울기
5) 굴착면 소단(小段)의 위치와 넓이
6) 갱내에서의 낙반 및 붕괴방지 방법
7) 노천굴착과 갱내굴착의 구별 및 채석방법
8) 표토 또는 용수의 처리방법
9) 토석 또는 암석의 적재 및 운반방법과 운반경로
10) 사용하는 굴착기계(굴착기계·분할기계·적재기계 또는 운반기계)등의 종류 및 성능

주 사전조사 및 작업계획서 내용 : 안전보건규칙 별표4

채석작업 시 사전조사내용

지반의 붕괴·굴착기계의 전락 등에 의한 근로자에게 발생할 위험을 방지하기 위한 해당 작업장의 지형·지질 및 지층의 상태

28

산업안전보건법상 항타기 또는 항발기를 조립하는 경우 점검하여야 할 사항 4가지를 쓰시오.

해 답
1) 본체의 연결부의 풀림 또는 손상의 유무
2) 권상용 와이어로프·드럼 및 도르래의 부착상태의 이상 유무
3) 권상장치의 브레이크 및 쐐기장치 기능의 이상 유무
4) 권상기의 설치상태의 이상 유무
5) 버팀의 방법 및 고정상태의 이상 유무

주 항타기·항발기 조립시 점검 : 안전보건규칙 제207조

29

컨베이어의 작업시작 전 점검사항 2가지를 쓰시오.

해 답
1) 원동기 및 풀리기능의 이상 유무
2) 이탈 등의 방지장치기능의 이상 유무
3) 비상정지장치 기능의 이상 유무
4) 원동기·회전축·기어 및 풀리 등의 덮개 또는 울 등의 이상 유무

주 작업시작 전 점검사항 : 안전보건규칙 별표 3

30

재료·기구 또는 공구 등을 올리거나 내리는 경우에 사용하는 것 2가지를 쓰시오.

해 답
1) 달줄
2) 달포대

주 비계 등의 조립·해체 및 변경 : 안전보건규칙 제57조

31

산업안전보건법상 크레인, 곤돌라, 리프트 또는 승강기에 설치할 방호장치의 종류 5가지를 쓰시오.

해답
1) 과부하방지장치
2) 권과방지장치
3) 비상정지장치
4) 제동장치
5) 파이널리미트스위치(승강기만 해당)
6) 조속기(승강기만 해당)
7) 출입문 인터록(승강기만 해당)

※ 양중기 방호장치의 조정 : 안전보건규칙 제134조

 방호장치의 조정(안전보건규칙 제134조) : 다음 각 호의 양중기에 1) 과부하장치, 2) 권과방지장치, 3) 비상정지장치 및 제동장치, 그 밖의 방호장치[승강기의 파이널 리미트 스위치(final limit switch), 속도조절기, 출입문 인터 록(interlock) 등을 말함]가 정상적으로 작동될 수 있도록 미리 조정해 두어야 한다.
1) 크레인
2) 이동식 크레인
3) 리프트
4) 곤돌라
5) 승강기

32

다음은 가설통로의 구조에 대한 설치기준이다. ( )안에 알맞은 용어 또는 수치를 쓰시오.

[보기]
(가) 경사가 (①)도를 초과하는 경우에는 미끄러지지 아니하는 구조로 할 것
(나) 수직갱에 가설된 통로의 길이가 (②)m 이상인 경우에는 10m 이내마다 (③)을 설치할 것
(다) 건설공사에 사용하는 높이 8m 이상인 비계다리에는 (④)m 이내마다 계단참을 설치할 것

해답
① 15　② 15
③ 계단참　④ 7

※ 가설통로의 구조 : 안전보건규칙 제23조

33

15/2 ㉮ 18/1 ㉮

가설통로 설치 시 준수사항 4가지를 쓰시오.

해 답
1) 견고한 구조로 할 것
2) 경사가 15도를 초과하는 경우에는 미끄러지지 아니하는 구조로 할 것
3) 경사는 30도 이하로 할 것
4) 추락할 위험이 있는 장소에는 안전난간을 설치할 것
5) 수직갱에 가설된 통로의 길이가 15m 이상인 경우에는 10m 이내마다 계단참을 설치할 것
6) 건설공사에 사용하는 높이 8m 이상인 비계다리에는 7m 이내마다 계단참을 설치할 것

※ 가설통로의 구조 : 안전보건규칙 제23조

34

14/4 ㉮ 18/2 ㉮

건설공사에 있어서 콘크리트 타설 전에 거푸집 동바리 등에 작용하는 하중을 충분히 검토하지 않으면 붕괴·전도 등의 위험이 유발된다. 거푸집 동바리 설계시 고려해야 할 하중의 종류를 4가지 쓰시오.

해 답
1) 연직방향하중
2) 횡방향하중
3) 콘크리트 측압
4) 특수하중
5) 상기 1~4호 하중에 안전율을 고려한 하중

거푸집 및 동바리(지보공)의 하중 : 고용노동부 고시

1)	연직방향 하중	거푸집, 동바리, 콘크리트, 철근, 타설용 기계·기구, 가설설비 등의 중량 및 충격하중
2)	횡방향 하중	작업할 때의 진동, 충격, 시공오차 등에 기인되는 횡방향 하중 이외에 필요에 따라 풍압, 유수압, 지진 등
3)	콘크리트 측압	굳지 않은 콘크리트의 측압
4)	특수하중	시공중에 예상되는 특수한 하중
5)	상기 1) ~ 4)호의 하중에 안전율을 고려한 하중	

35

14/4 기 18/4 기

근로자가 충전전로를 취급하거나 그 인근에서 작업하는 경우 위험방지 조치사항 3가지를 쓰시오.

 해답
1) 작업에 적합한 절연용 보호구를 착용시킬 것
2) 충전전로에 근접한 장소에서 전기작업을 하는 경우에는 해당 전압에 적합한 절연용 방호구를 설치할 것
3) 고압 및 특별 고압의 전로에서 전기 작업을 하는 근로자에게 활선작업용 기구 및 장치를 사용하도록 할 것

▶ 충전전로에서의 전기작업 : 안전보건규칙 제321조

길잡이
전기 기계·기구 등의 충전부 방호(안전보건규칙 제301조) : 근로자가 작업이나 통행 등으로 인하여 전기기계·기구 또는 전로 등의 충전부분에 접촉 또는 접근시 감전방지대책
1) 충전부가 노출되지 않도록 폐쇄형 외함이 있는 구조로 할 것
2) 충전부에 충분한 절인효과가 있는 방호망이나 절연덮개를 설치할 것
3) 충전부는 내구성이 있는 절연물로 완전히 덮어 감쌀 것
4) 발전소·변전소 및 개폐소 등 구획되어 있는 장소로서 관계 근로자가 아닌 사람의 출입이 금지되는 장소에서 충전부를 설치하고, 위험표시 등의 방법으로 방호를 강화할 것
5) 전주 위 및 철탑 위 등 격리되어 있는 장소로서 관계 근로자가 아닌 사람이 접근할 우려가 없는 장소에 충전부를 설치할 것

36

14/1 산 14/2 산 15/1 기 17/2 기 18/2 산

크레인 작업시작 전 점검사항을 3가지 쓰시오.

 해답
1) 권과방지장치·브레이크·클러치 및 운전 장치의 기능
2) 주행로의 상측 및 트롤리가 횡행하는 레일의 상태
3) 와이어로프가 통하고 있는 곳의 상태

▶ 작업시작 전 점검사항 : 안전보건규칙 별표3

길잡이
이동식 크레인의 작업시작 전 점검사항(안전보건규칙 별표3)
1) 권과방지장치나 그 밖에 경보장치의 기능
2) 브레이크·클러치 및 조정장치의 기능
3) 와이어로프가 통하고 있는 곳 및 작업 장소의 지반상태

> Guide 크레인과 이동식크레인의 작업시작 전 점검사항은 출제율이 매우 높은 내용입니다. 서로 비교하며 숙지하시기 바랍니다.

37

13/2 17/1 17/4

이동식 크레인을 사용하여 작업을 하는 때에 작업시작 전 점검사항을 3가지만 쓰시오.

해 답
1) 권과방지장치 그 밖의 경보장치의 기능
2) 브레이크·클러치 및 조정장치의 기능
3) 와이어로프가 통하고 있는 곳 및 작업장소의 지반상태

※ 작업시작 전 점검사항 : 안전보건규칙 별표3

크레인의 작업시작 전 점검사항 (안전보건규칙 별표3)
1) 권과방지장치, 브레이크, 클러치 및 운전장치의 기능
2) 주행로의 상측 및 트롤리(trolley)가 횡행하는 레일의 상태
3) 와이어로프가 통하고 있는 곳의 상태

38

15/1

굴착면 토석붕괴의 원인 중 외적요인 4가지를 쓰시오.

해 답
1) 사면, 법면의 경사 및 기울기의 증가
2) 절토 및 성토 높이의 증가
3) 지진, 차량, 구조물의 하중작용
4) 토사 및 암석의 혼합층 두께
5) 공사에 의한 진동 및 반복하중의 증가
6) 지표수 및 지하수의 침투에 의한 토사중량의 증가

내적원인
1) 절토사면의 토질·암질
2) 성토사면의 토질 구성 및 분포
3) 토석의 강도저하

39
15/1 ㉮ 16/4 ㉮

잠함, 우물통, 수직갱 기타 이와 유사한 건설물 또는 설비의 내부에서 굴착작업을 하는 때에 사업주가 준수하여야 할 사항 3가지를 쓰시오.

해 답
1) 산소 결핍 우려가 있는 경우에는 산소의 농도를 측정하는 사람을 지명하여 측정하도록 할 것
2) 근로자가 안전하게 오르내리기 위한 설비를 설치할 것
3) 굴착 깊이가 20m를 초과하는 경우에는 해당 작업장소와 외부와의 연락을 위한 통신 설비 등을 설치할 것

주 잠함 등 내부에서의 작업 : 안전보건규칙 제377조

40
15/1 ㉮

다음 ( )안에 알맞은 내용을 쓰시오.

터널건설작업을 할 때에 터널 내부의 시계가 배기가스나 (①)등에 의하여 현저하게 제한되는 경우에는 (②)를 하거나 물을 뿌리는 등 시계를 유지하기 위하여 필요한 조치를 하여야 한다.

해 답
① 분진
② 환기

41
15/1 ㉮

사다리를 설치시 이동통로에 미끄럼방지장치를 설치하여야 한다. 다음 경우에 적합한 미끄럼방지장치를 쓰시오.
(1) 실내용 :
(2) 지반이 평탄한 맨땅 :
(3) 돌마무리 또는 인조석 깔기 마감한 바닥 :

해 답
(1) 인조고무
(2) 쐐기형 강스파이크
(3) 미끄럼방지 판자 및 미끄럼방지 고정쇠

42

다음 내용은 거푸집 해체시 안전상 유의사항에 대한 설명이다. (   )안에 알맞은 내용을 쓰시오.

(가) 거푸집 해체는 순서에 의하여 실시하며, (①)를 배치한다.
(나) 콘크리트 자중 및 시공 중에 가해지는 하중에 충분히 견딜 만한 (②)를 가질 때까지는 해체하지 아니한다.
(다) 해제 작업 시에는 안전모 등 (③)를 착용한다.
(라) 해체작업장 주위에는 관계자를 제외하고는 (④) 조치를 하여야 한다.
(마) (⑤) 동시 해체 작업은 원칙적으로 금지한다. 불가피한 경우 긴밀한 연락을 유지한다.
(바) 보 또는 슬래브 거푸집을 제거할 때에는 (⑥)에 의한 돌발적 재해를 방지하여야 한다.

해답
① 관리감독자
② 강도
③ 보호구
④ 출입금지
⑤ 상하
⑥ 낙하·충격

43

다음 양중기의 와이어로프 등 달기구의 안전계수를 쓰시오.
(1) 근로자가 탑승하는 운반구를 지지하는 달기와이어로프 또는 달기체인의 경우 :
(2) 화물의 하중을 직접 지지하는 달기와이어로프 또는 달기체인의 경우 :
(3) 훅, 샤클, 클램프, 리프팅빔의 경우 :
(4) 그 밖의 경우 :

해답
(1) 10 이상
(2) 5 이상
(3) 3 이상
(4) 4 이상

주 와이어로프 등 달기구의 안전계수 : 안전보건규칙 제163조

44

근로시간이 제한되는 작업의 잠함 또는 잠수작업 등 높은 기압에서 작업을 할 때에는 1일 (①)시간, 1주 (②)시간을 초과하여 근로자에게 근로하여서는 아니 된다. ( )안에 알맞은 수치를 쓰시오.

해답 ① 6 ② 34

주) 근로시간 연장의 제한 : 법 제46조

45

산업안전보건법에서 정하는 와이어로프 사용금지 기준을 3가지 쓰시오. (단, 꼬인 것, 부식된 것, 변형된 것, 열과 전기충격에 의해 손상된 것 제외)

해답
1) 이음매가 있는 것
2) 와이어로프의 한 꼬임에서 끊어진 소선의 수가 10퍼센트 이상인 것
3) 지름의 감소가 공칭지름의 7퍼센트를 초과하는 것
4) 열과 전기충격에 의해 손상된 것

주) 이음매가 있는 와이어로프 등 사용금지 : 안전보건규칙 제166조

46

항타기 또는 항발기의 권상용 와이어로프 사용 금지사항 4가지를 쓰시오.

해답
1) 이음매가 있는 것
2) 꼬인 것
3) 심하게 변형되거나 부식된 것
4) 열과 전기충격에 의해 손상된 것
5) 지름의 감소가 공칭지름의 7%를 초과하는 것
6) 와이어로프가 한꼬임에서 끊어진 소선의 수가 10% 이상(비전자로프의 경우에는 끊어진 소선의 수가 와이어로프 호칭지름의 6배 길이이내에서 4개 이상이거나 호칭지름 36배 길이 이내에서 8개 이상)인 것

주) 이음매가 있는 와이어로프 등의 사용금지 : 안전보건규칙 제63조 제1항, 제166조, 제210조

Guide 항타기 및 항발기, 양중기, 달비계에 사용하는 와이어로프 사용금지사항은 모두 같습니다.

47

터널굴착작업시 낙반·출수 및 가스폭발 등에 의한 근로자의 위험을 방지하기 위한 사전 조사사항 3가지를 쓰시오.

해답 1) 지형 조사
2) 지질 조사
3) 지층 상태 조사
주 사전조사 및 작업계획서 내용 : 안전보건규칙 별표4

48

잠함 또는 우물통의 내부에서 근로자가 굴착작업을 하는 경우에 잠함 또는 우물통의 급격한 침하에 의한 위험을 방지하기 위하여 준수하여야 할 사항을 2가지를 쓰시오.

해답 1) 침하관계도에 따라 굴착방법 및 재하량 등을 정할 것
2) 바닥으로부터 천장 또는 보까지의 높이는 1.8m 이상으로 할 것
주 급격한 침하로 인한 위험방지 : 안전보건규칙 제376조

49

다음 내용은 지반의 붕괴, 구축물의 붕괴 또는 토석의 낙하 등에 의하여 근로자가 위험해질 우려가 있는 경우 그 위험을 방지하기 위한 조치사항이다. (   )안에 알맞은 내용을 쓰시오.

> 지반은 안전한 경사로 하고 낙하의 위험이 있는 토석을 제거하거나 옹벽, (①)등을 설치하고, 지반의 붕괴 또는 토석의 낙하 원인이 되는 빗물이나 (②)등을 배제할 것

해답 ① 흙막이지보공
② 지하수
주 붕괴·낙하에 의한 위험방지 : 안전보건규칙 제50조

50

다음 [보기] 내용은 계단 설치기준에 관한 것이다. (   )안에 알맞은 수치 또는 용어를 쓰시오.

[보기]
가) 사업주는 계단 및 계단참을 설치하는 경우 매 m²당 (①)kg 이상의 하중에 견딜 수 있는 강도를 가진 구조로 설치하여야 하며, 안전율은 (②)이상으로 하여야 한다.
(나) 사업주는 계단을 설치하는 경우 그 폭을 (③)m 이상으로 하여야 한다.
(다) 사업주는 계단을 설치하는 경우 바닥면으로부터 높이 (④)m 이내의 공간에 장애물이 없도록 하여야 한다.
(라) 사업주는 높이 (⑤)m 이상인 계단의 개방된 측면에 안전난간을 설치하여야 한다.

해답
① 500
② 4
③ 1
④ 2
⑤ 1

주) 계단설치기준 : 안전보건규칙 제27조 ~ 제30조

51

산업안전보건법상 리프트를 사용하여 작업을 하는 때의 작업시작 전 점검사항 2가지만 쓰시오.

해답
1) 방호장치·브레이크 및 클러치의 기능
2) 와이어로프가 통하고 있는 곳의 상태

주) 작업시작 전 점검사항 : 안전보건규칙 별표3

52

15/4 ㈎ 17/1 ㈤

전기기계기구로부터 누전재해를 방지하기 위한 감전방지용 누전차단기 접속장소를 3가지 쓰시오.

해답
1) 물 등 도전성이 높은 액체에 의한 습윤한 장소
2) 철판, 철골위 등 도전성이 높은 장소
3) 임시 배선의 전로가 설치되는 장소

▶ 누전차단기에 의한 감전방지 : 안전보건규칙 제304조

53

16/1 ㈎

콘크리트 타설 작업 시 콘크리트 펌프나 콘크리트 펌프카를 사용하여 작업을 하는 경우 준수사항 3가지를 쓰시오.

해답
1) 작업을 시작하기 전에 콘크리트 펌프용 비계를 점검하고 이상을 발견하였으면 즉시 보수할 것
2) 건축물의 난간 등에서 작업하는 근로자가 호스의 요동·선회로 인하여 추락하는 위험을 방지하기 위하여 안전난간 설치 등 필요한 조치를 할 것
3) 콘크리트 펌프카의 붐을 조정하는 경우에는 주변의 전선 등에 의한 위험을 예방하기 위한 적절한 조치를 할 것
4) 작업 중에 지반의 침하, 아웃트리거의 손상 등에 의하여 콘크리트 펌프카가 넘어질 우려가 있는 경우에는 이를 방지하기 위한 적절한 조치를 할 것

▶ 콘크리트 펌프등 사용시 준수사항 : 안전보건규칙 제 335조

54

16/1 ㈎

절연손상으로 인한 위험 전압의 발생으로 야기되는 간접접촉에 대한 방지대책을 2가지만 쓰시오.

해답
1) 동시에 접촉 가능한 2개의 도전성부분을 2m 이상 격리시킬 것
2) 동시에 접촉 가능한 2개의 도전성부분을 절연체로 된 방호울로 격리시킬 것
3) 2,000V의 시험전압에 견디고 누설전류가 1mA 이하가 되도록 어느 한 부분을 절연시킬 것

55

16/1 기

양중기의 종류 중 동력을 사용하여 사람이나 화물을 운반하는 것을 목적으로 하는 기계설비를 리프트라 한다. 산업안전보건기준에 관한 규칙에서 규정하고 있는 리프트의 종류 3가지를 쓰시오.

해 답
1) 건설용 리프트
2) 산업용 리프트
3) 자동차정비용 리프트
4) 이삿짐운반용 리프트

▶ 리프트의 종류 : 안전보건규칙 제132조 ② 항 3조

56

14/1 산 16/1 기 16/4 산

작업을 인하여 물체가 떨어지거나 날아올 위험이 있는 경우 위험방지를 위하여 취해야 할 조치사항 3가지를 쓰시오.

해 답
1) 낙하물방지망 설치
2) 수직보호망 설치
3) 방호선반 설치
4) 출입금지구역의 설정
5) 보호구 착용

▶ 낙하물에 의한 위험의 방지 : 안전보건규칙 제14조

57

16/2 기 16/4 산

다음은 사다리식 통로의 안전기준에 대한 사항이다. (   )안에 알맞는 내용을 쓰시오.

(가) 사다리의 상단은 걸쳐놓은 지점으로부터 (①)cm 이상 올라가도록 할 것
(나) 사다리식 통로의 길이가 10m 이상인 경우에는 (②)m 이내마다 계단참을 설치할 것
(다) 사다리식 통로의 기울기는 (③)도 이하로 할 것

해 답 ① 60   ② 5   ③ 75

▶ 사다리식 통로 등의 구조 : 안전보건규칙 제24조

58

차량계 하역운반기계(지게차 등)의 운전자가 운전위치를 이탈하고자 할 때 운전자가 준수하여야 할 사항을 2가지만 쓰시오.

해답
1) 포크, 버킷, 디퍼 등의 장치를 가장 낮은 위치 또는 지면에 내려 둘 것
2) 원동기를 정지시키고 브레이크를 확실히 거는 등 갑작스러운 주행이나 이탈을 방지하기 위한 조치를 할 것
3) 운전석을 이탈하는 경우에는 시동키를 운전대에서 분리시킬 것(다만, 운전석에서 잠금장치를 하는 등 운전자가 아닌 사람이 운전하지 못하도록 조치한 경우에는 제외)

주) 운전위치 이탈시의 조치사항 : 안전보건규칙 제99조

59

다음의 낙하물 방지망에 대한 (   )안에 알맞은 내용을 쓰시오.

(가) 낙하물 방지망 설치높이는 (①)m 이내마다 설치하고, 내민 길이는 벽면으로부터 (②)m이상으로 할 것
(나) 수평면과의 각도는 (③)도 이상 (④)도 이하를 유지할 것

해답
① 10
② 2
③ 20
④ 30

주) 낙하물방지망 또는 방호선반 설치시 준수사항 : 안전보건규칙 제14조 ③항

60

건물 해체 작업 시 작업계획에 포함될 사항을 4가지 쓰시오.

해답
1) 해체의 방법 및 해체순서도면
2) 사업장내 연락방법
3) 해체물의 처분계획
4) 해체작업용 기계·기구 등의 작업계획서
5) 해체작업용 화약류 등의 사용계획서

주) 사전조사 및 작업계획서 내용 : 안전보건규칙[별표 4]

61

16/2 기

와이어로프의 사용금지 사항이다. 빈칸을 채우시오.

(가) 와이어로프의 한꼬임에서 끊어진 소선의 수가 (①)% 이상인 것
(나) 지름의 감소가 (②)의 7%를 초과하는 것

해답
① 10
② 공칭지름

주 이음매가 있는 와이어로프 등 사용금지 : 안전보건규칙 제166조

62

16/4 기

수자원시설공사(댐공사)에 재료비와 직접노무비를 합한 대상액이 45억원일 때 안전관리비를 계산하시오.

해답 안전관리비 = 대상액 × 법정요율 + 기초액

$$= 4,500,000,000 \times \frac{2.35}{100} + 5,400,000$$

$$= 111,150,000원 (1억 1천 1백십오만원)$$

안전관리비 계상기준 : 고용노동부고시
① 대상액=재료비+직접노무비
② 대상액이 5억원 미만 또는 50억원 이상일 때
∴ 안전관리비=대상액×법정요율(비율)
③ 대상액이 5억원 이상~50억원 미만일 때
∴ 안전관리비=대상액×법정요율(비율:X)+기초액(C)
④ 발주자가 재료를 제공한 경우 해당금액을 대상액에 포함시킬 때의 안전관리비를 해당금액을 포함시키지 않은 대상액을 기준으로 계상한 안전관리비의 1.2배를 초과할 수 없음
⑤ 공사종류별 규모 및 안전관리비 계상기준표(별표1)

공사종류 \ 대상액	5억원 미만	5억원 이상 50억원 미만 비율(X)	5억원 이상 50억원 미만 기초액(C)	50억원 이상
일반건설공사(갑)	2.93%	1.86%	5,349,000원	1.97%
일반건설공사(을)	3.09%	1.99%	5,499,000원	2.10%
중건설공사	3.43%	2.35%	5,400,000원	2.44%
철도·궤도신설공사	2.45%	1.57%	4,411,000원	1.66%
특수 및 기타 건설공사	1.85%	1.20%	3,250,000원	1.27%

주 수자원시설공사(댐공사) : 중건설공사

63

다음 [표]는 공사진행에 따른 안전관리비 사용기준이다. ( )안에 알맞는 수치를 쓰시오.

공정율	50% 이상 70% 미만	70% 이상 90% 미만	90% 이상
사용기준	(①)% 이상	(②)% 이상	(③)% 이상

해답
① 50
② 70
③ 90

64

추락방지용 방망 그물코(매듭 있음)의 크기(mm)을 쓰시오.

해답 가로 세로 각각 100mm 이하

65

추락방호망 설치기준 3가지를 쓰시오.

해답
1) 안전방망의 설치위치는 가능하면 작업면으로부터 가까운 지점에 설치하여야 하며, 작업면으로부터 망의 설치지점까지의 수직거리는 10m를 초과하지 아니할 것
2) 안전방망은 수평으로 설치하고, 망의 처짐은 짧은 변 길이의 12% 이상이 되도록 할 것
3) 건축물 등의 바깥쪽으로 설치하는 경우 망의 내민 길이는 벽면으로부터 3m 이상 되도록 할 것

주 추락의 방지 : 안전보건규칙 제42조

66　　　　　　　　　　　　　　　　　　　　　　　　　　16/4 기

와이어로프의 안전계수에 대해서 설명하시오.

해답　와이어로프 등의 절단하중 값을 그 와이어로프 등에 걸리는 하중의 최대값으로 나눈 값을 말한다.

$$안전계수 = \frac{절단하중}{최대사용하중}$$

※ 와이어로프 등 달기구의 안전계수 : 안전보건규칙 제163조

67　　　　　　　　　　　　　　　　　　　　　　　　　　17/1 기

양중기의 와이어로프 등 달기구의 안전계수 4가지를 쓰시오.

해답
1) 근로자가 탑승하는 운반구를 지지하는 달기와이어로프 또는 달기체인의 경우 : 10이상
2) 화물의 하중을 직접 지지하는 달기와이어로프 또는 달기체인의 경우 : 5이상
3) 훅, 샤클, 클램프, 리프팅 빔의 경우 : 3이상
4) 그 밖의 경우 : 4이상

※ 와이어로프 등 달기구의 안전계수 : 안전보건규칙 제163조

 안전계수 = $\dfrac{절단하중}{최대사용하중}$

68　　　　　　　　　　　　　13/4 산　14/1 산　16/4 기　17/2 기

차량계 건설기계의 작업 계획에 포함 사항 3가지를 쓰시오.

해답
1) 사용하는 차량계 건설기계의 종류 및 성능
2) 차량계 건설기계의 운행경로
3) 차량계 건설기계에 의한 작업방법

※ 사전조사 및 작업계획서 내용 : 안전보건규칙 [별표 4]

69

차량계 하역운반 기계에 화물 적재 시 준수사항을 3가지 쓰시오.

해 답
1) 하중이 한쪽으로 치우치지 않도록 적재할 것
2) 운전자의 시야를 가리지 않도록 화물을 적재할 것
3) 화물을 적재하는 경우에는 최대적재량을 초과해서는 아니 된다.
4) 구내운반차 또는 화물자동차의 경우 화물의 붕괴 또는 낙하에 의한 위험을 방지하기 위하여 화물에 로프를 거는 등 필요한 조치를 할 것

⦿ 화물적재시의 조치 : 안전보건규칙 제173조

70

산업안전보건법상의 승강기의 종류를 4가지 쓰시오.

해 답
1) 승객용 엘리베이터
2) 승객화물용 엘리베이터
3) 화물용 엘리베이터
4) 소형화물용 엘리베이터
5) 에스컬레이터

1) 양중기의 종류 (안전보건규칙 제132조)
 ① 크레인(호이스트 포함)
 ② 이동식 크레인(트렉크레인, 크롤러크레인 등)
 ③ 리프트(이삿짐 운반용 리프트는 적재하중이 0.1ton 이상인 것)
 ④ 곤돌라
 ⑤ 승강기
2) 리프트의 종류 (안전보건규칙 제132조)
 ① 건설용 리프트
 ② 산업용 리프트
 ③ 자동차정비용 리프트
 ④ 이삿짐운반용 리프트

71 17/1 기

산업안전보건법상 안전검사대상 유해 위험기계의 종류를 4가지만 쓰시오. (단, 대상의 조건이 있는 경우에는 반드시 그 조건을 포함하여 쓰시오)

해답
1) 프레스
2) 전단기
3) 크레인(이동식 크레인과 정격하중 2톤 미만인 호이스트는 제외)
4) 리프트
5) 압력용기
6) 곤돌라
7) 국소배기장치(이동식은 제외)
8) 원심기(산업용에 한정)
9) 롤러기(밀폐구조는 제외)
10) 사출성형기(형체결력 29kN 미만은 제외)
11) 고소작업대(화물자동차 또는 특수자동차에 탑재한 고소작업대로 한정)
12) 콘베이어
13) 산업용 로봇

주 안전검사대상 유해·위험기계 등 : 시행령 제28조의6

안전검사대상 유해위험기계등의 검사주기
1) 크레인(이동식 크레인은 제외), 리프트(이삿짐운반용 리프트는 제외) 및 곤돌라
   ① 설치가 끝난 날부터 3년 이내에 최초 안전검사를 실시하되, 그 이후부터 2년마다 실시
   ② 건설현장에 사용하는 것은 최초로 설치한 날부터 6개월 마다 실시
2) 이동식크레인, 이삿짐 운반용리프트 및 고소작업대 : 신규등록 이후 3년 이내에 최초안전검사를 실시하되, 그 이후부터 2년마다 실시
3) 그 밖의 유해위험기계 등
   ① 설치가 끝난 날부터 3년 이내에 최초 안전검사를 실시하되, 그 이후부터 2년마다 실시
   ② 공정안전보고서를 제출하여 확인을 받은 압력용기는 4년마다 실시

72   17/1 ㉮   18/2 ㉮   18/4 ㉯

"승강기"란 함은 동력을 사용하여 운반하는 것으로서 가이드 레일을 따라 상승 또는 하강하는 운반구에 사람이나 화물을 상·하 또는 좌우로 이동·운반하는 기계설비로서 탑승장을 가진 것을 말한다. 승강기의 종류를 4가지 쓰시오.

해 답
1) 승객용 엘리베이터
2) 승객화물용 엘리베이터
3) 화물용 엘리베이터
4) 에스컬레이터
5) 소형화물용 엘리베이터

승강기의 종류(안전보건규칙 제132조)
1) **승객용 엘리베이터** : 사람의 수직 수송을 주목적으로 하는 것
2) **승객화물용 엘리베이터** : 사람과 화물의 수직 수송을 주목적으로 하되 화물을 싣고 내리는 데에 필요한 인원과 운전자만 탑승이 허용되는 것
3) **화물용 엘리베이터** : 화물 수송을 주목적으로 하며 사람의 탑승이 금지되는 것
4) **에스컬레이터** : 동력에 의하여 운전되는 것으로서 사람을 운반하는 연속계단이나 보도 상태의 것

73   17/1 ㉮

양중기(승강기는 제외) 및 달비계를 사용하여 작업을 하는 운전자 또는 작업자가 보기 쉬운 곳에 표시해야 할 사항을 2가지 쓰시오.

해 답
1) 정격하중
2) 운전속도
3) 경고표시

주 1) 정격하중 등의 표시 : 안전보건규칙 제133조
   2) 달기구 : 정격하중만 표시

74

15/2 산 17/1 기 17/2 기 18/1 산 18/4 산

다음 [표]는 지반굴착시 굴착면의 기울기 기준이다. (   )안에 알맞은 용어 및 수치를 쓰시오.

구분	지반의 종류	기울기
보통흙	습지	(①)
	건지	(②)
암반	풍화암	(③)
	연암	(④)
	경암	(⑤)

해답
① 1 : 1 ~ 1 : 1.5
② 1 : 0.5 ~ 1 : 1
③ 1 : 1.0
④ 1 : 1.0
⑤ 1 : 0.5

주) 굴착면의 기울기 기준 : 안전보건규칙 별표11

75

15/4 산 17/2 기 18/1 산 18/4 기

차량계 건설기계를 사용하여 작업을 할 때 기계가 넘어지거나 굴러 떨어짐으로써 근로자에게 위험을 미칠 우려가 있을 때에 취할 수 있는 조치사항 3가지를 쓰시오.

해답
1) 유도자배치
2) 지반의 부동침하 방지
3) 갓길의 붕괴방지
4) 도로폭의 유지

주) 차량계 건설기계 작업시 전도등의 방지 : 안전보건규칙 제199조

길잡이 차량계 하역운반기계 등의 전도 · 전락 방지대책 (안전보건규칙 제171조)
1) 유도자 배치
2) 지반의 부동침하 방지
3) 갓길의 붕괴방지

76 17/1 기 16/4 산

차량계 건설기계 중 1) 도저형 건설기계와 2) 천공용 건설기계의 종류를 각각 2가지씩 쓰시오.

해답 1) 도저형 건설기계
① 불도저
② 스트레이트도저
③ 틸트도저
④ 앵글도저
⑤ 버킷도저

2) 천공용 건설기계
① 어스드릴
② 어스오거
③ 크롤러드릴
④ 점보드릴

주 차량계 건설기계의 분류 : 안전보건규칙 [별표 6]

차량계 건설기계의 정의 및 종류

1) **차량계 건설기계 정의** : 동력원을 사용하여 특정되지 아니한 장소로 스스로 이동할 수 있는 건설기계
2) **차량계 건설기계의 종류**(안전보건규칙 별표6)
① 도저형 건설기계(불도저, 스트레이트도저, 틸트도저, 앵글도저, 버킷도저 등)
② 모터그레이더
③ 로더(포크 등 부착물 종류에 따른 용도변경 형식을 포함)
④ 스크레이퍼
⑤ 크레인형 굴착기계(크램쉘, 드래그라인 등)
⑥ 굴삭기(브레이커, 크러셔, 드릴 등 부착물 종류에 따른 용도변경 형식을 포함)
⑦ 항타기 및 항발기
⑧ 천공용 건설기계(어스드릴, 어스오거, 크롤러드릴, 점보드릴 등)
⑨ 지반 압밀침하용 건설기계(샌드드레인머신, 페이퍼드레인머신, 팩드레인머신 등)
⑩ 지반 다짐용 건설기계(타이어롤러, 매커덤롤러, 텐덤롤러 등)
⑪ 준설용 건설기계(버킷준설선, 그래브준설선, 펌프준설선 등)
⑫ 콘크리트 펌프카
⑬ 덤프트럭
⑭ 콘크리트 믹서 트럭
⑮ 도로포장용 건설기계(아스팔트 살포기, 콘크리트 살포기, 아스팔트 피니셔, 콘크리트 피니셔 등)
⑯ 제1호부터 제15호까지와 유사한 구조 또는 기능을 갖는 건설기계로서 건설작업에 사용하는 것

77
13/1 17/1

잠함·우물통·수직갱 기타 이와 유사한 건설물 또는 설비의 내부에서 굴착작업을 하는 때에 준수하여야 할 사항을 3가지 쓰시오.

해답
1) 산소결핍의 우려가 있는 때에는 산소의 농도를 측정하는 자를 지명하여 측정하도록 할 것
2) 근로자가 안전하게 승강하기 위한 설비를 설치할 것
3) 굴착깊이가 20m를 초과하는 때에는 해당 작업장소와 외부와의 연락을 위한 통신설비 등을 설치할 것
4) 산소농도 측정결과 산소의 결핍이 인정되거나 굴착깊이가 20m를 초과하는 때에는 송기를 위한 설비를 설치하여 필요한 양의 공기를 송급하도록 할 것

※ 잠함 등 내부에서의 작업 : 안전보건규칙 제377조

1) 잠함 등 내부에서 작업시 준수사항
   ① 산소농도 측정자를 지명하여 산소농도를 측정하도록 할 것
   ② 승강설비를 설치할 것
   ③ 굴착깊이가 20m 초과시에는 통신설비를 설치할 것
2) 송기설비를 설치하여 필요한 양의 공기를 송급해야 할 경우
   ① 산소농도 측정결과 산소의 결핍이 인정되는 경우
   ② 굴착깊이가 20m를 초과하는 경우

78
17/2

터널건설작업시 배기가스나 분진 등으로 시계가 제한되는 경우 시계 유지에 필요한 조치사항 2가지를 쓰시오.

해답
1) 물을 뿌릴 것
2) 환기를 실시할 것

※ 시계의 유지 : 안전보건규칙 제353조

79

크레인의 방호장치 4가지를 쓰시오.

해답
1) 과부하방지장치
2) 권과방지장치
3) 비상정지장치
4) 제동장치(브레이크장치)

※ 양중기의 방호장치의 조정 : 안전보건규칙 제134조

1) 양중기(크레인, 이동식크레인, 리프트, 곤돌라 등)의 방호장치
   ① 과부하 방지장치
   ② 권과방지장치
   ③ 비상정지장치
   ④ 제동장치
2) 승강기의 방호장치
   ① 파이널 리스트 스위치(final limit switch)
   ② 속도조절기[조속기(調速機)]
   ③ 출입문 인터록(inter lock)

80

다음은 이동식 사다리의 구조기준이다. (   )안에 알맞은 숫자를 쓰시오.

(1) 사다리의 길이가 (①)m 를 초과해서는 안 된다.
(2) 다리의 벌림은 벽 높이의 (②) 정도, 사다리기둥과 수평면과의 경사각이 (③) 정도가 적당하다.
(3) 벽면 상부로부터 최소한 (④)m 이상의 여장 길이가 있어야 한다.

해답
① 6
② $\dfrac{1}{4}$
③ 75°
④ 1

※ 이동식 사다리의 구조 : 고용노동부 고시

81
17/2 (기)

거푸집 동바리를 조립할 때 지주로 사용하는 강관(파이프서포트는 제외)에 대한 안전조치사항을 2가지만 쓰시오. (단, 산업안전보건법령에 의한다.)

해답
1) 높이 2m 이내마다 수평연결재를 2개 방향으로 만들고 수평연결재의 변위를 방지할 것
2) 멍에 등을 상단에 올릴 때에는 해당 상단에 강재의 단판을 붙여 멍에 등에 고정시킬 것

주) 거푸집 동바리 등의 안전조치 : 안전보건규칙 제332조

82
13/4 (산) 17/4 (기)

터널공사를 할 경우 암질변화 구간 및 이상암질의 출현시 암질판별법(암질분류법) 4가지를 쓰시오.

해답
1) RQD(%)
2) RMR(%)
3) 탄성파속도(m/sec)
4) 일축압축강도(kg/cm²)
5) 진동치 속도(cm/sec = kine)

주) 터널공사시 암질판별법 : 표준안전작업지침(NATM 공법)

83
17/4 (기)

공사용 가설도로를 설치하는 경우에 준수사항 3가지를 쓰시오.

해답
1) 도로는 장비 및 차량이 안전하게 운행할 수 있도록 견고하게 설치할 것
2) 도로와 작업장이 접하여 있을 경우에는 방책 등을 설치할 것
3) 도로는 배수를 위하여 경사지게 설치하거나 배수시설을 설치할 것
4) 차량의 속도제한 표지를 부착할 것

주) 가설도로 : 안전보건규칙 제379조

84

다음 내용은 안전난간의 구조 및 설치요건에 관한 것이다. (   )안에 알맞은 용어나 수치를 쓰시오.

(가) 상부 난간대는 바닥면·발판 또는 경사로의 표면으로부터 90cm 이상 지점에 설치하고, 상부 난간대를 120cm 이하에 설치하는 경우에는 중간난간대는 상부 난간대와 바닥면 등의 중간에 설치하여야 하며, 120cm 이상 지점에 설치하는 경우에는 중간 난간에 설치하여야 하며, 120cm이상 지점에 설치하는 경우에는 중간 난간대를 2단 이상으로 균등하게 설치하고 난간의 상하 간격은 (①)cm 이하가 되도록 할 것
(나) 발끝막이판은 바닥면 등으로부터 (②) cm 이상의 높이를 유지할 것
(다) 난간대는 지름 (③)cm 이상의 금속제 파이프나 그 이상의 강도가 있는 재료일 것
(라) 안전난간은 구조적으로 가장 취약한 지점에서 가장 취약한 방향으로 작용하는 (④)kg 이상의 하중에 견딜 수 있는 튼튼한 구조일 것

해답
① 60
② 10
③ 2.7
④ 100

주 안전난간의 구조 및 설치요건 : 안전보건규칙 제13조

85

다음은 터널 작업면에 대한 조도기준이다. (   ) 안에 알맞은 내용을 쓰시오.

(가) 막장구간 : (①) lux 이상
(나) 터널 중간 구간 : (②) lux 이상
(다) 터널 입·출구, 수직구 구간 : (③) lux 이상

해답
① 60
② 50
③ 30

주 터널작업면에 대한 조도기준 : 터널공사 표준안전작업지침(고용노동부고시)

86

18/1 기

다음 ( )안에 알맞은 내용을 쓰시오.

> 사업주는 순간풍속이 ( )m/s를 초과하는 바람이 불어올 우려가 있는 경우 옥외에 설치되어 있는 주행 크레인에 대하여 이탈방지장치를 작동시키는 등 이탈 방지를 위한 조치를 하여야 한다.

해답 30

1) **폭풍에 의한 이탈 방지** : 순간 풍속이 30m/sec를 초과하는 바람이 불어올 우려가 있는 「옥외에 설치된 주행크레인」에 대하여 이탈방지장치를 작동시키는 등 이탈방지조치를 할 것
2) **폭풍 등으로 인한 이상유무 점검** : 순간풍속이 30m/sec를 초과하는 바람이 불거나 중진이상 진도의 지진이 있은 후에 「옥외에 설치되는 있는 양중기」를 사용하여 작업을 하는 경우에는 미리 기계 각 부위에 이상유무를 점검할 것
3) **폭풍에 의한 붕괴 등의 방지** : 순간풍속이 35m/sec를 초과하는 바람이 불어 올 우려가 있는 경우 「건설작업용 리프티」(지하에 설치된 것은 제외)에 대하여 받침수를 증가시키는 등 그 붕괴 등을 방지하기 위한 조치를 할 것
4) **폭풍에 의한 도괴 방지** : 순간 풍속이 35m/sec를 초과하는 바람이 불어올 우려가 있는 경우 「옥외에 설치되어 있는 승강기」에 대하여 받침수를 증가시키는 등 그 도괴를 방지하기 위한 조치를 할 것

87

18/1 기

굴착공사 시 토사붕괴예방을 위한 안전점검사항 5가지를 쓰시오.

해답
1) 전 지표면의 답사
2) 경사면의 지층 변화부 상황 확인
3) 부석의 상황 변화의 확인
4) 용수의 발생 유·무 또는 용수량의 변화 확인
5) 결빙과 해빙에 대한 상황의 확인
6) 각종 경사면 보호공의 변위, 탈락 유·무

주 **토사붕괴예방을 위한 안전점검사항** : 굴착공사 표준안전작업지침 제32조

토사붕괴예방을 위한 점검시기
1) 작업전·중·후, 비온 후
2) 인접·작업구역에서 발파한 경우

88

14/4

절토법면 토사붕괴의 발생을 예방하기 위한 점검사항 3가지를 쓰시오.

해답
1) 전 지표면의 답사
2) 경사면의 지층 변화부 상황 확인
3) 부석의 상황 변화의 확인
4) 결빙과 해빙에 대한 상황의 확인

주 절토법면 토사붕괴의 발생을 예방하기 위한 점검사항 : 굴착공사 표준안전작업지침 제32조

89

18/2

고소작업대를 사용하는 경우 준수사항 3가지를 쓰시오.

해답
1) 작업자가 안전모·안전대 등의 보호구를 착용하도록 할 것
2) 관계자가 아닌 사람이 작업구역에 들어오는 것을 방지하기 위하여 필요한 조치를 할 것
3) 안전한 작업을 위하여 적정수준의 조도를 유지할 것
4) 전로(電路)에 근접하여 작업을 하는 경우에는 작업감시자를 배치하는 등 감전사고를 방지하기 위하여 필요한 조치를 할 것
5) 작업대를 정기적으로 점검하고 붐·작업대 등 각 부위의 이상 유무를 확인할 것
6) 전환스위치는 다른 물체를 이용하여 고정하지 말 것
7) 작업대는 정격하중을 초과하여 물건을 싣거나 탑승하지 말 것
8) 작업대의 붐대를 상승시킨 상태에서 탑승자는 작업대를 벗어나지 말 것.
   (다만, 작업대에 안전대 부착설비를 설치하고 안전대를 연결하였을 때에는 그러하지 아니하다.)

주 고소작업대 사용시 준수사항 : 안전보건규칙 제186조

90 18/4

고소작업대를 사용하여 작업을 할 때 작업시작 전 점검사항 4가지를 쓰시오.

해답
1) 비상정지장치 및 비상하강방지장치 기능의 이상 유무
2) 아웃트리거 및 바퀴의 이상 유무
3) 작업면의 기울기 또는 요철 유무
4) 과부하방지장치의 작동유무(와이어로프 또는 체인구동방식의 경우 해당)
5) 활선작업용 장치의 경우 홈·균열·파손 등 그 밖의 손상 유무

주) 작업시작 전 점검사항 : 안전보건규칙 별표3

1) **고소작업대를 이동하는 경우 준수사항**(안전보건규칙 제186조)
   ① 작업대를 가장 낮게 내릴 것
   ② 작업대를 올린 상태에서 작업자를 태우고 이동하지 말 것. 다만, 이동 중 전도 등의 위험예방을 위하여 유도하는 사람을 배치하고 짧은 구간을 이동하는 경우에는 그러하지 아니하다.
   ③ 이동통로의 요철상태 또는 장애물의 유무 등을 확인 할 것
2) **고소작업대를 설치하는 경우 준수사항**(안전보건규칙 제186조)
   ① 바닥과 고소작업대는 가능하면 수평을 유지하도록 할 것
   ② 갑작스러운 이동을 방지하기 위하여 아웃트리거 또는 브레이크 등을 확실히 사용할 것
3) **고소작업대를 사용하는 경우 준수사항**(안전보건규칙 제186조)
   ① 작업자가 안전모·안전대 등의 보호구를 착용하도록 할 것
   ② 관계자가 아닌 사람이 작업구역에 들어오는 것을 방지하기 위하여 필요한 조치를 할 것
   ③ 안전한 작업을 하기 위하여 적정수준의 조도를 유지할 것
   ④ 전로(錢路)에 근접하여 작업을 하는 경우에는 작업감시자를 배치하는 등 감전사고를 방지하기 위하여 필요한 조치를 할 것
   ⑤ 작업대를 정기적으로 점검하고 붐·작업대 등 각 부위의 이상 유무를 확인할 것
   ⑥ 전환스위치는 다른 물체를 이용하여 고정하지 말 것
   ⑦ 작업대는 정격하중을 초과하여 물건을 싣거나 탑승하지 말 것
   ⑧ 작업대의 붐대를 상승시킨 상태에서 탑승자는 작업대를 벗어나지 말 것. 다만, 작업대에 안전대 부착설비를 설치하고 안전대를 연결하였을 때에는 그러하지 아니하다.

91

다음 내용은 건설업의 유해·위험방지계획서의 제출 대상공사의 종류에 관한 사항이다. (   )안에 알맞은 내용을 쓰시오.

(가) 연면적 (①) 이상의 냉동·냉장창고시설의 설비공사 및 단열공사
(나) 최대지간길이가 (②) 이상인 교량건설 등
(다) 깊이 (③) 이상인 굴착공사

해답
① 5,000m²
② 50m
③ 10m

건설업의 유해·위험 방지계획서의 제출 대상공사의 종류(시행규칙 제120조)

1) 지상 높이가 31m인 건축물 또는 인공구조물, 연면적 3만m² 이상인 건축물 또는 연면적 5천m² 이상의 문화 및 집회시설(전시장인 동물원·식물원은 제외), 판매시설, 운수시설(고속철도의 역사 및 집배송시설은 제외), 종교시설, 의료시설 중 종합병원, 숙박시설 중 관광숙박시설 또는 지하도상가 또는 냉동·냉장창고시설의 건설·개조 또는 해체(이하 "건설 등"이라 함)
2) 연면적 5천m² 이상의 냉동·냉장창고시설의 설비공사 및 단열공사
3) 최대지간길이가 50m 이상인 교량건설 등 공사
4) 터널건설 등의 공사
5) 다목적댐, 발전용댐 및 저수용량 2천만 톤 이상의 용수전용댐, 지방상수도 전용댐건설 등의 공사
6) 깊이 10m 이상인 굴착공사

92

부두·안벽 등 하역작업을 하는 장소에 조치할 사항을 3가지 쓰시오.

해답
1) 작업장 및 통로의 위험한 부분에는 안전하게 작업할 수 있는 조명을 유지할 것
2) 부두 또는 안벽의 선을 따라 통로를 설치하는 경우에는 폭을 90cm 이상으로 할 것
3) 육상에서의 통로 및 작업장소로서 다리 또는 선거 갑문을 넘는 보도 등의 위험한 부분에는 안전난간 울타리 등을 설치할 것

주 **하역작업장의 조치기준** : 안전보건규칙 제390조

93
18/4

인화성가스가 발생할 우려가 있는 지하작업장에서 작업하는 경우 또는 가스도관에서 가스가 발산될 위험이 있는 장소에서 굴착작업을 하는 경우에는 폭발이나 화재를 방지하기 위하여 가스의 농도를 측정하는 사람을 지명하여 해당 가스의 농도를 측정하여야 한다. 가스농도를 측정해야 하는 경우 3가지를 쓰시오.

 해답
1) 매일 작업을 시작하기 전
2) 가스의 누출이 의심되는 경우
3) 가스가 발생하거나 정체할 위험이 있는 장소가 있는 경우
4) 장시간 작업을 계속하는 경우(이 경우 4시간마다 가스 농도를 측정하도록 하여야 한다)

주 지하작업장 등 : 안전보건규칙 제296조

길잡이 가스의 농도가 인화하한계 값의 25% 이상으로 밝혀진 경우 조치사항
1) 즉시 근로자를 안전한 장소로 대피시킬 것
2) 화기나 그 밖에 점화원이 될 우려가 있는 기계·기구 등의 사용을 중지할 것
3) 통풍 또는 환기 등을 할 것

94
13/1 15/2 17/4

다음 표는 강관비계 조립 시 벽이음 또는 버팀을 설치하는 간격을 표시한 것이다. ( )안에 알맞은 내용을 쓰시오.

비계의 종류	조립간격(단위 : m)	
	수직방향	수평방향
단관비계	(①)	(②)
틀비계(높이가 5m 미만인 것은 제외)	(③)	(④)

 해답
① 5   ② 5
③ 6   ④ 8

주 강관비계의 조립간격 : 안전보건규칙 별표5

길잡이 통나무비계의 벽이음 조립간격(안전보건규칙 제71조)
1) 수직방향 : 5.5m
2) 수평방향 : 7.5m

95

18/4 ㉑

다음 내용은 방망사의 강도에 대한 것이다. ( ) 안에 알맞은 내용을 쓰시오.

(가) 추락방지용 방망의 테두리 로프 및 달기 로프의 인장속도가 매분 20cm 이상 30cm 이하의 등속 인장 시험을 행한 경우 인장강도 (①)kg 이상이어야 한다.
(나) 방망사의 신품에 대한 인장강도는 그물코 종류에 따라 다음과 같다.

방망사의 신품에 대한 인장강도	
그물코의 크기	매듭방망 인장강도
10cm	(②)kg
5cm	(③)kg

해 답
① 1500
② 200
③ 110

방망사의 강도

1) 방망사의 신품에 대한 인장강도

그물코의 크기 (단위 : 10cm)	방망의 종류(단위 : kg)	
	매듭 없는 방망	매듭 방망
10	240	200
5		110

2) 방망사의 폐기시 인장강도

그물코의 크기 (단위 : 10cm)	방망의 종류(단위 : kg)	
	매듭 없는 방망	매듭 방망
10	150	135
5		60

96

화물을 취급하는 작업 등에 사업주는 바닥으로부터의 높이가 (①)m 이상 되는 하적단과 인접 하적단 사이의 간격을 밑부분을 기준하여 (②)cm 이상으로 하여야 한다. ( )안에 알맞은 내용을 쓰시오.

해답 ① 2   ② 10

주 하적단의 간격 : 안전보건규칙 제391조

97

다음 ( )안에 알맞은 수치를 쓰시오.

(가) 주행 크레인 또는 선회 크레인과 건설물 또는 설비와의 사이에 통로를 설치하는 경우 그 폭을 (①)m 이상으로 하여야 한다.
(나) 크레인의 운전실 또는 운전대를 통하는 통로의 끝과 건설물 등의 벽체의 간격을 (②)m 이하로 한다.
(다) 크레인 거더의 통로 끝과 크레인 거더의 간격을 (③)m 이하로 한다.
(라) 크레인 거더의 통로로 통하는 통로의 끝과 건설물 등의 벽체의 간격을 (④)m 이하로 한다.

해답 ① 0.6   ② 0.3
③ 0.3   ④ 0.3

주 크레인거더(crane girder) : 주행크레인의 주행레일을 받치는 빔(beam ; 빔)

1) 건설물 등과의 사이 통로(안전보건규칙 제144조)
   ① 사업주는 주행 크레인 또는 선회 크레인과 가설물 또는 설비와의 사이에 통로를 설치 하는 경우 그 폭을 0.6m 이상으로 하여야 한다. 다만, 그 통로 중 건설물의 기둥에 접촉하는 부분에 대해서는 0.4m 이상으로 할 수 있다.
   ② 사업주는 제1항에 따른 통로 또는 주행궤도 상에서 정비·보수·점검 등의 작업을 하는 경우 그 작업에 종사하는 근로자가 주행하는 크레인에 접촉될 우려가 없도록 크레인의 운전을 정지 시키는 등 필요한 안전조치를 하여야 한다.
2) 건설물 등의 벽체와 통로의 간격등(안전보건규칙 제145조) : 다음 각 호의 간격을 0.3m 이하로 하여야 한다. 다만, 근로자가 추락할 위험이 없는 경우에는 그 간격을 0.3m 이하로 유지하지 아니할 수 있다.
   ① 크레인의 운전실 또는 운전대를 통하는 통로의 끝과 건설물 등의 벽체의 간격
   ② 크레인 거더(girder)의 통로 끝과 크레인 거더의 간격
   ③ 크레인 거더의 통로로 통하는 통로의 끝과 건설물 등의 벽체의 간격

98

다음 내용은 비계조립에 관한 사항이다. (   )안에 알맞은 수치를 쓰시오.

(가) 강관틀비계 조립 시 전체높이는 (①)m를 초과할 수 없으며, 20m를 초과할 경우 주틀의 높이를 2m 이내로 하고 주틀간의 간격은 1.8m 이하로 하여야 한다.
(나) 이동식 비계의 최대높이는 밑변 최소폭의 (②)배 이하이어야 한다.
(다) 달대비계에 철근을 사용할 때에는 (③) mm 이상을 사용한다.

해답 ① 40　　② 4　　③ 19

주) 가설공사 : 표준안전작업지침(고용노동부 고시)

99

다음은 발파작업에 종사하는 근로자에 대한 준수사항이다. (   )안에 알맞은 수치를 쓰시오.

(가) 전기뇌관에 의한 경우에는 발파모선을 점화기에서 떼어 그 끝을 단락시켜 놓는 등 재점화되지 않도록 조치하고 그 때부터 (①)분 이상 경과한 후가 아니면 화약류의 장전장소에 접근시키지 않도록 할 것
(나) 전기뇌관 외의 것에 의한 경우에는 점화한 때부터 (②)분 이상 경과한 후가 아니면 화약류의 장전장소에 접근시키지 않도록 할 것
(다) 전기뇌관에 의한 발파의 경우 점화하기 전에 화약류를 장전한 장소로부터 (③)m 이상 떨어진 안전한 장소에서 전선에 대하여 저항측정 및 도통시험을 할 것

해답 ① 5　　② 15　　③ 30

발파의 작업기준(안전보건규칙 제348조) : 발파작업에 종사하는 근로자는 다음 각 호의 사항을 준수하여야 한다.
1) 얼어붙은 다이너마이트는 화기에 접근시키거나 그 밖의 고열 물에 직접 접촉시키는 등 위험한 방법으로 융해되지 않도록 할 것
2) 화약이나 폭약을 장전하는 경우에는 그 부근에서 화기를 사용하거나 흡연을 하지 않도록 할 것
3) 장전구는 마찰·충격·정전기 등에 의한 폭발 의 위험이 없는 안전한 것을 사용할 것
4) 발파공의 충진재료는 점토·모래 등 발화성 또는 인화성의 위험이 없는 재료를 사용할 것
5) 점화 후 장전된 화약류가 폭발하지 아니한 경우 또는 장전된 화약류의 폭발여부를 확인하기 곤란한 경우
   : 상기 문제 (가), (나) 항목의 사항을 따를 것
6) 전기뇌관에 의해 발파의 경우 : 상기문제 (다) 항목의 사항을 따를 것

100

13/1

산업안전보건법상 도급사업시 사업주는 그가 사용하는 근로자, 그의 수급인 및 그의 수급인이 사용하는 근로자와 함께 정기적으로 또는 수시로 작업장에 대한 안전보건점검을 하여야 한다. 정기안전·보건점검의 실시횟수에 대한 다음 ( )안에 알맞은 수치를 쓰시오.

(가) 건설업 : (①)
(나) 토사석 광업 : (②)

해답
① 2개월에 1회 이상
② 분기별 1회 이상

> 정기안전·보건점검의 실시횟수(안전보건규칙 제30조2 제 ② 항)
> 1) 2개월에 1회 이상
>   ① 건설업
>   ② 선박 및 보트 건조업
> 2) 분기별 1회 이상
>   ① 토사석 광업
>   ② 제조업(선박 및 보트 건조업은 제외)
>   ③ 서적, 잡지 및 기타 인쇄물 출판업
>   ④ 음악 및 기타 오디오물 출판업
>   ⑤ 금속 및 비금속 원료 재생업

101

13/2 17/4 18/1

깊이 10.5m 이상이 굴착의 경우 흙막이 구조의 안전을 예측하기 위해 설치하여야 하는 계측기기를 4가지 쓰시오.

해답
1) 수위계
2) 경사계
3) 하중 및 침하계
4) 응력계

주 계측기기 설치 : 굴착공사 표준안전작업지침(고용노동부 고시)

102

다음 내용은 타워크레인 작업시 작업중지에 관한 사항이다. ( )에 알맞은 용어나 숫자를 쓰시오.

> 순간풍속이 (①)m/s를 초과하는 경우 타워크레인의 설치·수리·점검 또는 해체작업을 중지하여야 하며, 순간풍속이 (②)m/s를 초과하는 경우에는 타워크레인의 운전 작업을 중지하여야 한다.

해답
① 10
② 15

주) 타워크레인의 강풍 시 작업 중지 : 안전보건규칙 제37조

103

달비계에 달기체인을 사용해서 안 되는 사용금지사항을 3가지 쓰시오.

해답
1) 달기체인의 길이가 달기체인이 제조된 때의 길이의 5%를 초과한 것
2) 링의 단면지름이 달기체인이 제조된 때의 해당 링의 지름의 10%를 초과하여 감소한 것
3) 균열이 있거나 심하게 변형된 것

주) 달비계의 구조 : 안전보건규칙 제63조제2호

104

리프트의 설치·조립·수리·점검 또는 해체작업을 하는 경우에 작업지휘자의 이행사항 3가지를 쓰시오.

해답
1) 작업방법과 근로자의 배치를 결정하고 해당 작업을 지휘하는 일
2) 재료의 결함유무 또는 기구 및 공구의 기능을 점검하고 불량품을 제거하는 일
3) 작업 중 안전대 등 보호구의 착용 상황을 감시하는 일

주) 리프트의 조립 등의 작업 : 안전보건규칙 제156조

105

운전자가 운전위치를 이탈하게 해서는 안 되는 기계 3가지를 쓰시오.

해답
1) 양중기
2) 항타기 또는 항발기(권상장치에 하중을 건 상태)
3) 양화장치(화물을 적재한 상태)

※ 운전위치의 이탈금지 : 안전보건규칙 제41조

106

거푸집의 설치·해체, 철근 조립, 콘크리트 타설, 콘크리트 면처리 작업 등을 위하여 거푸집을 작업발판과 일체로 제작하여 사용하는 「작업발판 일체형 거푸집」의 종류 4가지를 쓰시오.

해답
1) 갱폼
2) 슬립폼
3) 클라이닝 폼
4) 터널라이닝 폼

※ 작업발판 일체형 거푸집의 안전조치 : 안전보건규칙 제337조

107

다음 [보기] 내용은 화물취급 작업시의 하적단의 간격을 나타낸 것이다. ( )안에 알맞은 내용을 쓰시오.

[보기]
사업주는 바닥으로부터의 높이가 (①)m 이상 되는 하적단과 인접 하적단 사이의 간격을 하적단의 밑 부분을 기준하여 (②)cm 이상으로 하여야 한다.

해답
① 2
② 10

※ 하적단의 간격 : 안전보건규칙 제391조

108

14/1 산 18/2 기

지반굴착 작업 시 굴착시기와 작업순서를 정하기 위한 사전 조사사항 3가지를 쓰시오.

해답
1) 형상·지질 및 지층의 상태
2) 균열·함수·용수 및 동결의 유무 또는 상태
3) 매설물 등의 유무 또는 상태
4) 지반의 지하수위 상태

※ 사전조사 및 작업계획서 내용 : 안전보건규칙 별표 4

109

14/1 산

거푸집동바리 조립 작업시 거푸집의 침하방지를 위한 조치사항 3가지를 쓰시오.

해답
1) 깔목의 사용
2) 콘크리트 타설
3) 말뚝박기

※ 거푸집동바리 등의 안전조치 : 안전보건규칙 제332조

110

14/1 산 15/2 산 17/1 산 17/4 산

산업안전보건법상의 양중기의 종류 4가지를 쓰시오.

해답
1) 크레인(호이스트 포함)
2) 이동식크레인
3) 곤돌라
4) 승강기
5) 리프트(이삿짐 운반용 리프트의 경우에는 적재하중이 0.1톤 이상인 것)

※ 양중기 : 안전보건규칙 제132조

111
14/1

인력굴착작업 시 일일준비사항 3가지를 쓰시오.

해답
1) 근로자를 적절히 배치하여야 한다.
2) 사용하는 기기, 공구 등을 근로자에게 확인시켜야 한다.
3) 작업 전에 반드시 작업장소의 불안전한 상태 유무를 점검하고, 미비점이 있을 경우 즉시 조치하여야 한다.
4) 근로자에게 당일의 작업량, 작업방법을 설명하고, 작업의 단계별 순서와 안전상의 문제점에 대하여 교육하여야 한다.
5) 근로자의 안전모 착용 및 복장상태, 또 추락의 위험이 있는 고소작업자는 안전대를 착용하고 있는가 등을 확인하여야 한다.
6) 작업장소에 관계자 이외의 자가 출입하지 않도록 하고, 또 위험장소에는 근로자가 접근하지 않도록 출입금지 조치를 하여야 한다.

주 인력굴착 일일준비 : 굴착공사 표준안전작업지침 (고용노동부고시)

112
14/1 18/3 18/4

다음 내용은 강관틀비계 조립시 준수사항이다. ( )안에 알맞은 수치를 쓰시오.

[보기]
(가) 높이가 20m를 초과하거나 중량물의 적재를 수반하는 작업을 할 경우에는 주틀 간의 간격을 (①)m 이하로 할 것
(나) 수직방향으로 (②)m, 수평방향으로 (③)m 이내마다 벽이음을 할 것
(다) 길이가 띠장 방향으로 4m 이하이고, 높이가 (④)m를 초과하는 경우에는 10m 이내마다 띠장방향으로 버팀기둥을 설치할 것

해답
① 1.8
② 6
③ 8
④ 10

주 강관틀비계 조립 시 준수사항 : 안전보건규칙 제62조

113

흙막이지보공을 설치할 때 정기점검사항 3가지를 쓰시오.

해답
1) 부재의 손상·변형·부식·변위 및 탈락의 유무와 상태
2) 버팀대의 긴압의 정도
3) 부재의 접속부·부착부 및 교차부의 상태
4) 침하의 정도

※ 붕괴 등의 위험방지 : 안전보건규칙 제347조

114

다음은 사다리식 통로의 구조에 대한 사항이다. (   )안에 알맞은 내용을 쓰시오.

(가) 사다리식 통로의 길이가 10m 이상인 경우에는 (   )m 이내마다 계단참을 설치할 것
(나) 사다리식의 상단은 걸쳐놓은 지점으로부터 (   )cm 이상 올라가도록 할 것

해답
(가) 5
(나) 60

※ 사다리식 통로 등의 구조 : 안전보건규칙 제24조

115

다음 [표]는 비계의 조립간격을 나타낸 것이다. ( )안에 알맞은 수치를 쓰시오.

종 류	조립간격 (단위 : m)	
	수직방향	수평방향
단관비계	(①)	(②)
틀비계(높이가 5m 미만의 것을 제외한다)	(③)	(④)

해답
① 5   ② 5
③ 6   ④ 8

※ 강관비계의 조립간격 : 안전보건규칙 별표5

116

14/4 17/4

비계기둥이 미끄러지거나 침하하는 것을 방지하기 위한 조치사항 2가지를 쓰시오.

해답
1) 밑둥잡이 설치
2) 깔판 사용

주 통나무비계의 구조 : 안전보건규칙 제71조

통나무비계의 구조(안전보건규칙 제71조)
1) 비계기둥의 간격은 2.5m 이하로 하고 지상으로부터 첫 번째 띠장은 3m 이하의 위치에 설치할 것.
2) 비계기둥이 미끄러지거나 침하하는 것을 방지하기 위하여 비계기둥의 하단부를 묻고, 밑둥잡이를 설치하거나 깔판을 사용하는 등의 조치를 할 것.
3) 비계기둥의 이음이 겹침이음인 경우에는 이음부분에서 1m 이상을 서로 겹쳐서 두 군데 이상을 묶고, 비계기둥의 이음이 맞댄이음인 경우에는 비계기둥을 쌍기둥틀로 하거나 1.8m 이상의 덧댐목을 사용하여 네 군데 이상을 묶을 것.
4) 비계기둥·띠장·장선 등의 접속부 및 교차부는 철선이나 그 밖의 튼튼한 재료로 견고하게 묶을 것.
5) 교차가새로 보강할 것.
6) 비계 또는 돌출비계에 대해서는 다음 각 목에 따른 벽이음 및 버팀을 설치할 것.
   ① 간격은 수직방향에서 5.5m 이하, 수평방향에서는 7.5m 이하로 할 것
   ② 강관·통나무 등의 재료를 사용하여 견고한 것으로 할 것.
   ③ 인장재와 압축재로 구성되어 있는 경우에는 인장재와 압축재의 간격은 1m 이내로 할 것.
7) 통나무비계는 지상높이 4층 이하 또는 12m 이하인 건축물·공작물 등의 건조·해체 및 조립 등의 작업에만 사용할 수 있음

117

14/4

터널공사 등의 건설작업시 가연성 가스가 존재하여 폭발 또는 화재가 발생할 위험이 있는 때에는 필요한 장소에 당해 가연성 가스 농도의 이상상승을 조기에 파악하기 위하여 필요한 자동경보장치를 설치하여야 한다. 자동경보장치에 대하여 당일의 작업 시작 전에 점검할 사항을 3가지 쓰시오.

해답
1) 계기의 이상 유무
2) 검지부의 이상 유무
3) 경보장치의 작동상태

주 인화성가스의 농도측정 : 안전보건규칙 제350조

118

하적단의 붕괴 또는 낙하에 의한 위험방지 조치사항 2가지를 쓰시오.

해 답
1) 하적단을 로프로 묶거나 망을 치는 등 위험을 방지하기 위하여 필요한 조치를 하여야 한다.
2) 하적단을 쌓는 경우에는 기본형을 조성하여 쌓아야 한다.
3) 하적단을 헐어내는 경우에는 위에서부터 순차적으로 층계를 만들면서 헐어내어야 하며, 중간에서 헐어내어서는 아니 된다.

※ 하적단의 붕괴 등에 대한 위험방지 : 안전보건규칙 제392조

119

통나무비계의 비계기둥 이음방법 2가지를 쓰시오.

해 답
1) 겹침이음 하는 경우 1m 이상 겹쳐대고 2개소 이상 결속한다.
2) 맞댄이음을 하는 경우 쌍 기둥틀로 하거나 1.8m 이상의 덧댐목을 대고 4개소 이상 결속한다.

※ 통나무비계의 구조 : 안전보건규칙 제71조

120

달비계의 적재하중을 정하고자 할 때 다음 ( )안에 알맞은 수치를 쓰시오.

(가) 달기 와이어로프 및 달기 강선의 안전계수 : (①)이상
(나) 달기체인 및 달기훅의 안전계수 : (②) 이상
(다) 달기강대와 달비계의 하부 및 상부 지점의 안전계수는 강재의 경우 2.5이상, 목재의 경우 (③)이상

해 답
① 10
② 5
③ 5

※ 작업발판의 최대적재하중 : 안전보건규칙 제55조

121 15/1

다음은 안전검사에 관한 내용이다. ( )안에 알맞은 수치를 쓰시오.

(가) 안전검사를 받아야 하는 자는 안전검사 신청서를 검사 주기 만료일 (①)일 전에 안전검사 업무를 위탁받은 기관에 제출하여야 한다.
(나) 크레인, 리프트 및 곤돌라 : 사업장에 설치가 끝난 날부터 3년 이내에 최초 안전검사를 실시하되, 건설현장에서 사용하는 것은 최초로 설치한 날부터 (②)개월마다 안전검사를 실시한다.
(다) 크레인, 리프트 및 곤돌라 : 사업장에 설치가 끝난 날부터 3년 이내에 최초안전검사를 실시하되, 그 이후부터 (③)년마다 안전검사를 실시한다.

해답 ① 30 ② 6 ③ 2

주 안전검사의 주기 및 합격표시·표지방법 : 시행규칙 제73조의 3

122 15/1

흙막이지보공을 조립할 때 흙막이판·말뚝·버팀대 및 띠장 등에 부재에 대한 조립도에 명시하여야 할 내용 2가지를 쓰시오.

해답
1) 부재의 배치
2) 부재의 치수
3) 부재의 재질
4) 설치방법과 설치순서

주 흙막이지보공 조립도 : 안전보건규칙 제346조

123 15/4 18/2

작업발판의 끝이나 개구부로부터 추락 위험이 있는 경우 조치사항을 3가지만 쓰시오.

해답
1) 안전난간·울타리·수직형 추락방망 설치
2) 덮개 설치
3) 추락방호망 설치
4) 안전대 착용

124

다음은 터널 내 환기에 관한 내용이다. (　)안에 알맞은 내용을 쓰시오.

(가) 발파 후 유해가스, 분진 및 내연기관의 배기가스 등을 신속히 환기시켜야 하며 발파 후 (①)분 이내 배기, 송기가 완료되도록 하여야 한다.
(나) 환기가스처리장치가 없는 (②)기관은 터널 내의 투입을 금하여야 한다.
(다) 터널 내의 기온은 (③)℃ 이하가 되도록 신선한 공기로 환기시켜야 하며 근로자의 작업조건에 유해하지 아니한 상태를 유지하여야 한다.

해답 ① 30　② 디젤　③ 37

주) 터널공사 표준안전작업지침 : 고용노동부고시 제39조(환기)

125

차량계건설기계를 사용하여 작업을 할 때에는 작업계획을 작성하여야 한다. 작업계획작성시 포함시켜야 할 사항 3가지를 쓰시오.

해답
1) 사용하는 차량계건설기계의 종류 및 성능
2) 차량계 건설기계의 운행경로
3) 차량계 건설기계에 의한 작업방법

주) 사전조사 및 작업계획서 내용 : 안전보건규칙 별표4

126

다음 [보기]내용은 터널건설작업에 관한 설명이다. (　)안에 알맞은 용어를 쓰시오.

[보기]
사업주는 터널 등의 건설작업을 할 때에 터널 등의 출입구 부근의 지반의 붕괴나 토석의 낙하에 의하여 근로자가 위험해질 우려가 있는 경우에는 (①)이나 (②)을 설치하는 등 위험을 방지하기 위하여 필요한 조치를 하여야 한다.

해답 ① 흙막이지보공
② 방호망

주) 출입구 부근 등의 지반 붕괴에 의한 위험의 방지 : 안전보건규칙 제352조

127 15/4

크레인의 설치·조립·수리·점검 또는 해체 작업시 조치사항을 3가지 쓰시오.

해답
1) 작업순서를 정하고 그 순서에 따라 작업을 할 것
2) 들어올리거나 내리는 기자재는 균형을 유지하면서 작업을 하도록 할 것
3) 규격품인 조립용 볼트를 사용하고 대칭되는 곳을 차례로 결합하고 분해할 것
4) 비, 눈, 그 밖에 기상상태의 불안정으로 날씨가 몹시 나쁜 경우에는 그 작업을 중지시킬 것

▶ 크레인의 조립 등의 작업시 조치사항 : 안전보건규칙 제141조

128 15/4

사다리식 통로를 설치할 때 준수할 사항을 5가지 쓰시오.

해답
1) 견고한 구조로 할 것
2) 심한 손상·부식 등이 없는 재료를 사용할 것
3) 발판의 간격은 일정하게 할 것
4) 발판과 벽과의 사이는 15cm 이상의 간격을 유지할 것
5) 폭은 30cm 이상으로 할 것
6) 사다리의 넘어지거나 미끄러지는 것을 방지하기 위한 조치를 할것
7) 사다리식의 상단은 걸쳐 놓은 지점으로부터 60cm 이상 올라가도록 할 것
8) 사다리식 통로의 길이가 10m 이상인 때에는 5m 이내마다 계단참을 설치할 것
9) 이동식 사다리식 통로의 기울기는 75° 이하로 할 것. 다만, 고정식 사다리식 통로의 기울기는 90° 이하로 하고 높이 7m 이상인 경우 바닥으로부터 높이가 2.5m 되는 지점부터 등받이울을 설치할 것
10) 접이식 사다리 등을 사용시 접혀지거나 펼쳐지지 않도록 철물 등을 사용하여 견고하게 조치할 것

▶ 사다리식 통로의 구조 : 안전보건규칙 제24조

129　15/4

불도저(차량계 건설기계)를 이송할 때 전도 또는 전락에 의한 위험을 방지하기 위해 준수하여야 할 사항 3가지를 쓰시오.

해 답
1) 싣거나 내리는 작업은 평탄하고 견고한 장소에서 할 것
2) 발판을 사용하는 경우에는 충분한 길이·폭 및 강도를 가진 것을 사용하고 적당한 경사를 유지하기 위하여 견고하게 설치할 것
3) 마대·가설대 등을 사용하는 경우에는 충분한 폭 및 강도와 적당한 경사를 확보할 것

주 차량계 하역운반기계 등의 이송 : 안전보건규칙 제174조

130　16/1

사다리식 통로 등을 설치 시 준수사항이다. 빈칸을 채우시오.

이동식 사다리식 통로의 기울기는 (　)도 이하로 할 것

해 답 75

사다리식 통로의 구조 (사다리식통로 설치식 준수사항) : 안전보건규칙 제24조
1) 견고한 구조로 할 것
2) 심한 손상·부식 등이 없는 재료를 사용할 것
3) 발판의 간격은 동일하게 할 것
4) 발판과 벽과의 사이는 15cm 이상의 간격을 유지할 것
5) 폭은 30cm 이상으로 할 것
6) 사다리가 넘어지거나 미끄러지는 것을 방지하기 위한 조치를 할 것
7) 사다리의 상단은 걸쳐놓은 지점으로부터 60cm 이상 올라가도록 할 것
8) 사다리식 통로의 길이가 10cm 이상인 때에는 5m 이내마다 계단참을 설치할 것
9) 이동식 사다리식 통로의 기울기는 75° 이하로 할 것(다만, 고정식 사다리식 통로의 기울기는 90° 이하로 하고 높이가 7m 이상인 경우 바닥으로부터 2.5m 되는 지점부터 등받이 울을 설치할 것)
10) 접이식 사다리기둥은 사용시 접혀지거나 펼쳐지지 않도록 철물 등을 사용하여 견고하게 조치할 것

131

16/1

이동식비계를 조립하여 작업시 준수사항 4가지를 쓰시오.

해답
1) 승강용사다리는 견고하게 설치할 것
2) 비계의 최상부에서 작업을 하는 경우에는 안전난간을 설치할 것
3) 작업발판의 최대적재하중은 250kg을 초과하지 않도록 할 것
4) 작업발판은 항상 수평을 유지하고 작업발판 위에서 안전난간을 딛고 작업을 하거나 받침대 또는 사다리를 사용하여 작업하지 않도록 할 것
5) 이동식 비계의 바퀴에는 뜻밖의 갑작스러운 이동 또는 전도를 방지하기 위하여 브레이크·쐐기 등으로 바퀴를 고정시킨 다음 비계의 일부를 견고한 시설물에 고정하거나 아웃트리거를 설치하는 등 필요한 조치를 한 것

주 이동식비계를 조립하여 작업시 준수사항 : 안전보건규칙 제68조

132

16/1

크레인 방호장치 4가지를 쓰시오

해답
1) 과부하방지장치
2) 권과방지장치
3) 비상정지장치
4) 제동장치

주 방호장치의 조정 : 안전보건규칙 제134조

133

다음은 강관비계에 관한 내용이다. ( )에 알맞은 말이나 숫자를 쓰시오.

비계기둥의 제일 윗부분으로부터 (①)m 되는 지점 밑부분의 비계기둥은 (②)개의 강관으로 묶어 세울 것

해 답 ① 31 ② 2

 강관비계의 구조

1) 비계기둥의 간격은 띠장방향에서는 1.85m, 장선방향에서는 1.5m 이하로 할 것
2) 띠장간격은 2m 이하로 설치할 것
3) 비계기둥의 최고부로부터 31m 되는 지점 밑부분의 비계기둥은 2본의 강관으로 묶어세울 것(브라켓 등으로 보강하여 그 이상의 강도가 유지되는 경우에는 그러하지 아니하다)
4) 비계기둥 간의 적재하중은 400kg을 초과하지 아니하도록 할 것

134

강관틀 비계의 조립시 준수사항이다. 다음 빈칸을 채우시오.

(가) 높이가 20m를 초과하거나 중량물의 적재를 수반하는 작업을 할 경우에는 주틀 간의 간격을 (①)이하로 할 것
(나) 수직방향으로 (②), 수평방향으로 (③)이내마다 벽이음을 할 것
(다) 길이가 띠장 방향으로 4m 이하이고 높이가 10m를 초과하는 경우에는 (④)이내마다 띠장 방향으로 버팀기둥을 설치할 것

해 답 ① 1.8m ② 6m
③ 8m ④ 10m

주 강관틀비계 조립시 준수사항 : 안전보건규칙 제62조

135   16/2

강관비계에 이음 간격을 쓰시오.
① 띠장 방향   ② 장선 방향

해답 ① 띠장 방향 : 1.85m 이하
② 장선 방향 : 1.5m 이하

 강관비계의 구조 : 강관을 사용하여 비계를 구성할 때의 준수사항
1) 비계기둥의 간격은 띠장방향에서는 1.85m, 장선방향에서는 1.5m 이하로 할 것
2) 띠장간격은 2m 이하로 설치할 것
3) 비계기둥의 최고부로부터 31m 되는 지점 밑부분의 비계기둥은 2본의 강관으로 묶어둘 것 (브라켓 등으로 보강하여 그 이상의 강도가 유지되는 경우에는 그러하지 아니하다)
4) 비계기둥 간의 적재하중은 400kg을 초과하지 아니하도록 할 것

136   16/2

산업안전보건법상 작업으로 인하여 낙하물이 근로자에게 미칠 우려가 있는 경우 조치사항을 4가지 쓰시오.

해답 1) 낙하물방지망 설치
2) 수직보호망 또는 방호선반의 설치
3) 출입금지구역의 설치
4) 보호구 착용

※ 낙하물에 의한 위험의 방지 : 안전보건규칙 제14조

137

16/2

다음은 말비계를 조립하여 사용할 시 준수사항이다. ( )안에 알맞는 내용을 쓰시오.

(가) 지주부재의 하단에는 (①)를 하고, 근로자가 양측 끝부분에 올라서서 작업하지 않도록 할 것
(나) 지주부재와 수평면의 기울기를 (②)도 이하로 하고, 지주부재와 지주부재 사이를 고정시키는 보조부재를 설치할 것
(다) 말비계의 높이가 (③)m를 초과하는 경우에는 작업발판의 폭을 (④)cm 이상으로 할 것

해 답
① 미끄럼방지장치
② 75
③ 2
④ 40

주 말비계를 조립하여 사용하는 경우 준수사항 : 안전보건규칙 제67조

138

16/4

다음은 와이어로프의 클립에 관한 내용이다. ( )안에 알맞는 수치를 쓰시오.

와이어로프 직경(mm)	클립(수)
32	(①)
24	(②)
9~16	(③)

해 답
① 6
② 5
③ 4

139

거푸집동바리를 조립하고자 할 때 동바리로 사용하는 파이프서포트에 대한 설치기준을 3가지 쓰시오.

해답
1) 파이프서포트를 3개 이상 이어서 사용하지 아니하도록 할 것
2) 파이프서포트를 이어서 사용할 때에는 4개 이상의 볼트 또는 전용철물을 사용하여 이을 것
3) 높이가 3.5m를 초과할 때에는 높이 2m 이내마다 수평연결재를 2개 방향으로 만들고 수평연결재의 변위를 방지할 것

주 거푸집 동바리 등의 안전조치 : 안전보건규칙 제332조

140

다음 내용은 거푸집 동바리 등의 안전조치사항이다. ( )안에 맞는 내용을 쓰시오.

(1) 파이프서포트를 (①)본 이상 이어서 사용하지 아니하도록 할 것
(2) 파이프서포트를 이어서 사용할 때에는 (②)개 이상의 볼트 또는 전용철물을 사용하여 이을 것
(3) 높이가 3.5m 초과할 때에는 높이 2미터 이내마다 수평연결재를 (③)개 방향으로 만들고 수평연결재의 변위를 방지할 것

해답
① 3
② 4
③ 2

주 거푸집 동바리 등의 안전조치 : 안전보건규칙 제332조

141 16/4

차량계 하역운반기계 등에 단위화물의 무게가 100kg 이상인 화물을 싣는 작업 또는 내리는 작업을 하는 경우에 해당 작업 지휘자의 준수사항 3가지를 쓰시오.

해답
1) 작업순서 및 그 순서마다의 작업방법을 정하고 작업을 지휘할 것
2) 기구와 공구를 점검하고 불량품을 제거할 것
3) 해당 작업을 하는 장소에 관계 근로자가 아닌 사람이 출입하는 것을 금지할 것
4) 로프 풀기 작업 또는 덮개 벗기기 작업은 적재함의 화물이 떨어질 위험이 없음을 확인한 후에 하도록 할 것

※ 싣거나 내리는 작업시 작업지휘자의 준수사항 : 안전보건규칙 제 177조

142 17/1

콘크리트 타설작업을 할 경우 준수해야 할 사항을 3가지만 쓰시오.

해답
1) 당일의 작업을 시작하기 전에 해당 작업에 관한 거푸집 동바리의 변형, 변위 및 지반의 침하 유무 등을 점검하고 이상을 발견할 때에는 이를 보수할 것
2) 작업중에는 거푸집 동바리 등의 변형, 변위 및 침하 유무 등을 감시할 수 있는 감시자를 배치하여 이상을 발견할 때에는 작업을 중지시키고 근로자를 대피시킬 것
3) 콘크리트의 타설 작업시 거푸집 붕괴의 위험이 발생할 우려가 있는 때에는 충분한 보강 조치를 할 것
4) 설계 도서상의 콘크리트 양생 기간을 준수하여 거푸집 동바리 등을 해체할 것
5) 콘크리트를 타설하는 경우에는 편심이 발생하지 않도록 골고루 분산하여 타설할 것

※ 콘크리트의 타설작업 : 안전보건규칙 제334조

콘크리트 타설작업을 하기 위하여 콘크리트 펌프 또는 콘크리트 펌프카를 사용하는 경우 준수사항
(안전보건규칙 제335조)
1) 작업을 시작하기 전에 콘크리트 펌프용 비계를 점검하고 이상을 발견하였으면 즉시 보수할 것
2) 건축물의 난간 등에서 작업하는 근로자가 호스의 요동·선회로 인하여 추락하는 위험을 방지하기 위하여 안전난간 설치 등 필요한 조치를 할 것
3) 콘크리트 펌프카의 붐을 조정하는 경우에는 주변의 전선 등에 의한 위험을 예방하기 위한 적절한 조치를 할 것
4) 작업 중에 지반의 침하, 아웃트리거의 손상 등에 의하여 콘크리트 펌프카가 넘어질 우려가 있는 경우에는 이를 방지하기 위한 적절한 조치를 할 것

143 17/2

다음은 계단 및 계단참의 설치기준이다. ( )안에 알맞은 수치를 쓰시오.

(가) 계단 및 계단참을 설치할 때에는 매 m²당 (①)kg 이상의 하중에 견딜 수 있는 강도를 가진 구조로 설치하여야 하며, 안전율은 (②)이상으로 하여야한다.
(나) 계단의 폭은 (③)m 이상으로 하여야 한다. 다만, 급유용·보수용·비상용계단 및 나선형 계단은 제외한다.
(다) 계단의 높이가 (④)m 초과하는 계단에는 높이 (⑤)m 이내마다 너비 (⑥)m 이상의 계단참을 설치하여야 한다.

해답
① 500 ② 4
③ 1   ④ 3
⑤ 3   ⑥ 1.2

※ 계단의 강도·폭 및 계단참의 높이 등 : 안전보건규칙 제26조 ~ 제28조

길잡이
1) **천장의 높이** (안전보건규칙 제29조) : 계단을 설치하는 경우 높이 2m 이내의 공간에는 장애물이 없도록 하여야 한다.
2) **계단의 난간** (안전보건규칙 제30조) : 높이 1m 이상인 계단의 개방된 측면에는 안전난간을 설치하여야 한다.

144

17/2

지반의 굴착작업에 있어서 지반의 붕괴 또는 매설물 기타 지하공작물의 손괴 등에 의하여 근로자에게 위험이 미칠 우려가 있는 때 미리 작업장소 및 그 주변에 대하여 사전조사할 사항 3가지를 쓰시오.

해답
1) 형상, 지질 및 지층의 상태
2) 균열, 함수, 용수 및 동결의 유무 또는 상태
3) 매설물의 유무 또는 상태
4) 지반의 지하수위 상태

 지반굴착작업시 작업장소 등의 조사 내용 : 안전보건규칙 [별표4]

길잡이
굴착작업시 작업계획서 내용 (안전보건규칙 별표 4 제6호)
1) 굴착방법 및 순서, 토사 반출 방법
2) 필요한 인원 및 장비 사용계획
3) 매설물 등에 대한 이설·보호대책
4) 사업장 내 연락방법 및 신호방법
5) 흙막이 지보공 설치방법 및 계측계획
6) 작업지휘자의 배치계획
7) 그 밖에 안전·보건에 관련된 사항

145

17/2 18/2

높이가 2m 이상인 작업발판 끝이나 개구부에서의 추락위험이 있을 경우에 방호조치 사항을 3가지 쓰시오.

해답
1) 안전난간·울타리 및 수직형 추락방망 등 설치
2) 덮개 설치
3) 추락방호망 설치
4) 안전대 착용

 개구부 등의 방호조치 : 안전보건규칙 제43조

길잡이
추락하거나 전도위험이 있는 장소 (작업발판 끝·개구부는 제외) 또는 기계·설비·선박블록등에서 작업시
추락위험방지 조치사항 (안전보건규칙 제42조)
1) (비계 조립에 의해) 작업발판 설치
2) (작업발판 설치 곤란시) 추락방호망 설치
3) (안전방망 설치 곤란시) 안전대 착용

146

17/2

다음의 작업조건에 대한 적합한 보호구를 동시에 작업하는 근로자의 수 이상으로 지급하고 이를 착용하도록 해야 한다. 다음 작업조건에 대한 ( )안에 적합한 보호구를 쓰시오.

작업에 따른 위험성	착용 보호구
(1) 물체가 떨어지거나 날아올 위험 또는 근로자가 감전되거나 추락할 위험이 있는 작업	(①)
(2) 높이 또는 깊이 2m 이상의 추락할 위험이 있는 장소에서의 작업	(②)
(3) 물체의 낙하, 충격, 물체에 끼임, 감전 또는 정전기의 대전에 의한 위험이 있는 작업	(③)
(4) 물체가 날아 흩어질 위험이 있는 작업	(④)
(5) 용접시 불꽃 또는 물체가 흩어질 위험이 있는 작업	(⑤)
(6) 감전의 위험이 있는 작업	(⑥)
(7) 고열에 의한 화상 등의 위험이 있는 작업	(⑦)

해답
① 안전모　② 안전대
③ 안전화　④ 보안경
⑤ 보안면　⑥ 안전장갑
⑦ 방열복

주 보호구의 지급 등 : 안전보건규칙 제32조

1) 선창 등에서 분진이 심하게 발생하는 하역작업 : 방진마스크
2) 18℃ 이하인 급냉동어창에서 하는 하역작업 : 방한모, 방한복, 방한화, 방한장갑

147

18/1　18/4

목재가공용 둥근톱기계의 방호장치 2가지를 쓰시오.

해답
1) 톱날접촉예방장치
2) 반발예방장치

주 둥근톱기계의 방호장치 : 안전보건규칙 제105조, 제106조

148

17/2

이동식 비계를 조립하여 작업을 하는 경우 준수사항 3가지를 쓰시오.

해 답
1) 이동식 비계의 바퀴에는 뜻밖의 갑작스러운 이동 또는 전도를 방지하기 위하여 브레이크·쐐기 등으로 바퀴를 고정시킨 다음 비계의 일부를 견고한 시설물에 고정하거나 아웃트리거(outrigger)를 설치하는 등 필요한 조치를 할 것
2) 승강용 사다리는 견고하게 설치할 것
3) 비계의 최상부에서 작업을 하는 경우에는 안전난간을 설치할 것
4) 작업발판은 항상 수평을 유지하고 작업발판 위에서 안전난간을 딛고 작업을 하거나 받침대 또는 사다리를 사용하여 작업하지 않도록 할 것
5) 작업발판의 최대적재하중은 250kg을 초과하지 않도록 할 것

※ 이동식 비계를 조립하여 작업을 하는 경우 준수사항 : 안전보건규칙 제68조

149

18/2

다음은 산소결핍과 적정공기에 대한 정의를 설명한 것이다. ( )안에 알맞은 내용을 쓰시오.

(가) "산소결핍"이란 공기 중의 산소농도가 (①) 미만인 상태를 말한다.
(나) "적정공기"란 산소농도의 범위가 (②) 이상 (③) 미만, 탄산가스의 농도가 (④) 미만, 일산화탄소 농도가 (⑤) 미만, 황화수소의 농도가 (⑥) 미만 수준의 공기를 말한다.

해 답
① 18%
② 18%
③ 23.5%
④ 1.5%
⑤ 30ppm
⑥ 10ppm

※ 밀폐공간 작업 시 용어의 정의 : 안전보건규칙 제618조

150

18/2

산업안전보건법상 건설업 중 유해·위험방지계획서의 제출사업 4가지를 쓰시오.

해답
1) 다음 항목에 해당하는 건축물 또는 시설 등의 건설 등(건설·개조·해체)
   (가) 지상 높이가 31m 이상인 건축물 또는 인공구조물
   (나) 연면적 3만m² 이상인 건축물
   (다) 연면적 5천m² 이상인 시설로서 다음의 어느 하나에 해당하는 시설
      ① 문화 및 집회시설(전시장 및 동물원·식물원은 제외한다)
      ② 판매시설, 운수시설(고속철도의 역사 및 집배송시설은 제외한다)
      ③ 종교시설
      ④ 의료시설 중 종합병원
      ⑤ 숙박시설 중 관광숙박시설
      ⑥ 지하도상가
      ⑦ 냉동·냉장창고 시설
2) 연면적 5천m² 이상의 냉동·냉장창고시설의 설비공사 및 단열공사
3) 최대지간길이가 50m 이상인 교량건설 등
4) 터널건설 등의 공사
5) 다목적댐, 발전용댐 및 저수용량 2천만 톤 이상의 용수전용댐, 지방상수도 전용댐건설 등의 공사
6) 깊이 10m 이상인 굴착공사

주 유해·위험방지계획서 제출 대상 공사의 종류 : 시행령 제42조

151

18/2 18/4

굴착작업시 지반의 붕괴 또는 토석의 낙하에 의한 위험방지 조치사항 3가지를 쓰시오.

해답
1) 흙막이지보공 설치
2) 방호망 설치
3) 근로자의 출입금지

주 지반의 붕괴 등에 의한 위험방지 : 안전보건규칙 제340조

 비가 올 경우 빗물 등의 침투에 의한 지반의 붕괴 방지 조치사항
1) 측구 설치
2) 굴착사면에 비닐을 덮음

2-2. 작업형 기출분석
[2013년~2018년]

1. 건설기계·기구
2. 건설공사 안전
3. 안전기준

건설안전산업기사

1. 건설기계·기구

1 · 백호우

01　　　　　　　　　　　　　　　　　　　　　　　　　13/1 ㉮　14/1 ㉮

백호우(back hoe) 등 차량계 건설기계를 사용하는 작업을 함에 있어서 그 기계의 전도 및 전락을 방지하기 위한 대책을 2가지 쓰시오.

해 답
1) 유도자의 배치
2) 지반의 부동침하방지
3) 갓길의 붕괴방지
4) 도로폭의 유지

주) 차량계 건설기계 등의 전도 등의 방지 : 안전보건규칙 제199조

02

13/2 ㉮ 14/1 ㉮ 16/4 ㉮ 17/4 ㉮

다음 물음에 답하시오.

[보기]
(1) 동영상 화면의 건설장비의 명칭을 쓰시오.
(2) 동영상의 건설장비가 화물의 하중을 직접 지지하는 경우에 사용되는 권상용 와이어로프의 안전계수를 쓰시오.

해 답 (1) 건설장비의 명칭 : 이동식 크레인
(2) 안전계수 : 5 이상

 와이어로프 등 달기구의 안전계수(안전보건규칙 제163조)

$$\text{안전계수} = \frac{\text{절단하중}}{\text{최대사용하중}}$$

1) 근로자가 탑승하는 운반구를 지지하는 달기와이어로프 또는 달기체인의 경우 : 10이상
2) 화물의 하중을 직접 지지하는 달기와이어로프 또는 달기체인의 경우 : 5이상
3) 훅, 샤클, 클램프, 리프팅 빔의 경우 : 3이상
4) 그 밖의 경우 : 4이상

03 14/1 ㉑

동영상은 어두운 터널 안으로 차량(콘크리트 펌프카)이 들어가고 터널 천장의 울퉁불퉁한 모습을 보여주며 작업자가 차량의 기능을 점검한 후 터널 외벽에 모르타르를 뿜칠하고 있다. 다음 물음에 답하시오.

(1) 작업공정이 무엇인지 기술하시오.
(2) 차량을 사용하는 작업 시 작업계획서에 포함사항 3가지를 쓰시오

해 답 (1) 작업공정 : 숏크리트 뿜칠공정
(2) 작업계획서 내용
① 사용하는 차량계 건설기계의 종류 및 성능
② 차량계 건설기계의 운행경로
③ 차량계 건설기계에 의한 작업방법

㊟ 사전조사 및 작업계획서 내용 : 안전보건규칙 별표4

 숏크리트(shot crete)
(1) 숏크리트 : 콘크리트 또는 모르타르를 압축공기로 시공면에 뿜어붙이는 특수한 시공방법
(2) 숏크리트 타설작업시 작업계획서에 포함사항
① 압송거리
② 분진방지대책
③ 리바운드(rebound) 방지대책
④ 작업의 안전수칙
(3) 숏크리트 타설작업시 유의사항
① 낙석을 제거하고 작업을 할 것
② 방수 우의 및 보안면을 착용할 것
③ 건식콘크리트 작업시 고압호스(분무용)는 매일 확인할 것
④ 건식콘크리트 작업시 분무작업은 필히 3인 이상이 작업할 것

04
13/1 산 13/2 산 14/2 기 16/2 산

동영상의 화면에 굴착작업을 하는 1) 토공기계의 명칭과 2) 그 용도를 2가지 쓰시오.

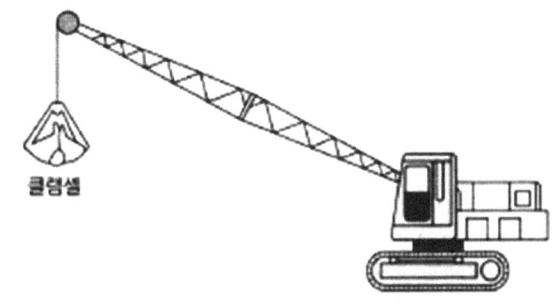

해답 1) 토공기계의 명칭 : 클램셸(clam shell)
2) 용도
① 수중굴착
② 좁은 곳의 수직굴착
③ 자갈 등의 적재

1) 클램셸(clam shell) : 붐의 선단에서 클램셸 버킷을 와이어로프로 매달아 바로 아래로 떨어뜨려 흙(모래·자갈 등)을 퍼올리는 굴착기계이다.
2) 클램셸 장비를 사용하기에 적합한 토질과 작업장소
① 적합한 토질 : 연약지반(사질지반)
② 적합한 작업 장소 : 하천부지(수중굴착)

05

14/2 기 15/1 산 15/4 기 16/2 산

사진을 보고 다음 물음에 답하시오.

(1) 기계의 명칭을 쓰시오
(2) 기계의 용도를 구체적으로 기술하시오.

해 답 (1) 기계의 명칭 : 아스팔트 피니셔
(2) 용도 : 플랜트로부터 덤프트럭으로 운반된 혼합재를 노면 위에 소정의 폭으로 균일하게 깔고 규정된 두께로 펴서 포장하는 작업기계

1) 아스팔트 믹싱 플랜트(asphalt mixing plant)
① 도로의 포장 및 아스팔트 혼합재(아스콘)를 제조하는 기계 및 그 설비 모두를 가리키는 것이다.
② 혼합재(자갈, 모래를 가열하여 자갈, 모래와 아스팔트를 혼합한 재료)등 도로의 표층재료를 생산하는 아스팔트 혼합재 생산공장을 말한다.
2) 아스팔트 피니셔 : 아스팔트 도로포장용 기계

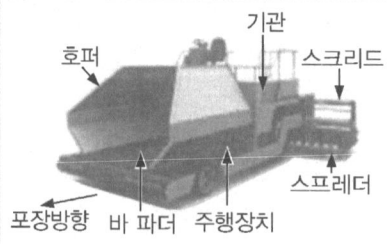

06

15/1 기

동영상에서 토공작업을 하는 건설기계의 명칭과 그 용도를 쓰시오.

해답 1) 건설기계의 명칭 : 불도저(bull dozer)
2) 용도
① 지반의 굴착 및 정지작업
② 운반·성토 및 매몰작업

 불도저(bull dozer)
블레이드(blade, 배토판, 토공판)를 트랙터의 앞부분에 90°로 설치하여 블레이드를 상하로 조종하면서 흙의 표면을 밀면서 깎고 정지작업을 하는 기계로, 일반적으로 운반거리 60m이하의 배토작업에 사용한다.

07

13/1 기

동영상화면에 나오는 건설기계의 명칭을 쓰고 작업시 위험요인 1가지를 쓰시오

해답 1) 명칭 : 백호우
2) 위험요인 : 작업원이 건설기계 작업반경 내에 접근하여 충돌할 위험이 있다.

08

동영상은 불도저에 의한 토공작업을 하는 장면을 보여주고 있다. 불도저의 용도 4가지를 쓰시오.

1) 굴착작업
2) 지반 정지작업
3) 운반작업
4) 성토 및 매몰작업

1) 도저(dozer)
① 작업조건 및 작업능력에 따라 트랙터에 블레이드(blade, 배토판, 토공판)를 장치하여 송토, 절토, 성토 작업을 하는 차량계 건설기계이다.
② 무한궤도식과 휠식 도저가 있다.

2) 도저의 종류
① **불도저** : 블레이드를 트랙터의 앞부분에 90°로 설치하여 블레이드를 상하로 조정하면서 작업을 하는 도저이다. (블레이드를 임의의 각도로 기울일 수 없게 한 것으로 스트레이트 불도저라도 함)
② **앵글도저**(angle dozer) : 불도저 및 틸트도저 보다 블레이드의 길이가 길고 높이가 30°의 각도로 회전시킬 수 있어 흙을 측면으로 보낼 수 있다.
③ **틸트도저**(tilt dozer) : 불도저와 비슷하지만 브레이드를 레버로 조정할 수 있으며 좌우 상하 20~25°(30cm)까지 기울일 수 있다.

3) 불도저 작업시 안전조치사항
① 경사면을 오르고 내릴 때는 배토판을 가능한 낮게 한다.
② 신호자 또는 유도자를 배치한다.
③ 작업장 내에는 관계자 외의 자의 출입을 금지시킨다.
④ 장비의 전도·전락 등에 의한 위험방지조치를 한다.
⑤ 작업장소의 지형 및 지반상태 등에 적합한 장비의 제한속도를 지킨다.

09　　　　　　　　　　　　　　　　　　　13/1 산　15/2 산　16/2 기　18/2 산

동영상 사진 속의 차량계건설기계에 대한 다음 물음에 답하시오.

1) 건설기계의 명칭 :
2) 용도 :

해 답　1) 건설기계의 명칭 : 모터 그레이더(motor grader)
　　　　 2) 용도
　　　　　　① 땅고르기
　　　　　　② 하수구 파기
　　　　　　③ 제설작업

1) 모터 그레이더 : 토공기계의 대패라고 하며 지면을 절삭하여 평활하게 다듬는 것이 목적인 정지용 기계이다.
2) 용도
　① 노면의 성형, 정지용 기계이므로 굴착이나 흙을 운반하는 것이 주된 작업이다.
　② 하수구 파기, 경사면 다듬기, 제방작업 등에도 사용된다.
　③ 제설작업, 아스팔트 포장재료 배합 등의 작업을 할 수도 있다.

10 16/2

차량계건설기계를 이송하기 위하여 화물자동차 등에 싣거나 내리는 작업을 할 때 차량계건설기계의 전도 또는 전락에 의한 위험방지를 위해 준수해야 할 사항 2가지를 쓰시오.

해답
1) 싣거나 내리는 작업은 평탄하고 견고한 장소에서 할 것
2) 발판을 사용하는 경우에는 충분한 길이·폭 및 강도를 가진 것을 사용하고 적당한 경사를 유지하기 위하여 견고하게 설치할 것
3) 자루·가설대 등을 사용하는 경우에는 충분한 폭 및 강도와 적당한 경사를 확보할 것

주) 차량계건설기계의 이송 : 안전보건규칙 제201조

11 17/2

동영상 화면에 나오는 (1) 건설기계의 명칭과 (2) 용도를 2가지만 쓰시오.

해답
(1) 건설기계의 명칭 : 클램셸
(2) 용도
① 수직굴착   ② 수중굴착
③ 좁은 장소굴착   ④ 우물통 내부굴착

12 16/4 기

(동영상 화면도-1)은 채석장에서 암석에 구멍을 뚫는 장면이며, (동영상 화면도-2)는 굴삭기가 암석을 굴착하는 장면이다. 다음 물음에 답하시오.

(1) 동영상 화면도-1의 건설장비의 명칭과 용도(주요 작업)를 쓰시오.
(2) 동영상 화면도-2의 건설장비의 명칭과 용도(주요 작업)를 쓰시오.

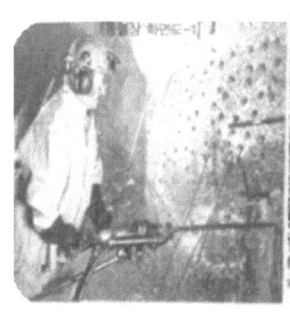 

해답 (1) ① 명칭 : 천공기
② 용도 : 암석에 구멍 뚫기 작업
(2) ① 명칭 : 백호(드래그셔블)
② 용도 : 굴착작업

13

17/2 18/1 18/4

사진을 보고 다음 물음에 답하시오.
(1) 건설기계의 명칭을 쓰시오.
(2) 사용 용도를 1가지만 쓰시오.

해 답 (1) 기계명칭 : 스크레이퍼
(2) 용도 : 지반 정지작업(지반 고르기 작업)

길잡이 스크레이퍼(scraper)

1) 스크레이퍼 : 굴착, 싣기, 운반, 하역 등의 일관작업을 하나의 기계로서 연속적으로 행할 수 있는 굴착기와 운반기를 조합한 만능 토공기계
2) 용도
① 비행장, 도로의 신설 등과 같은 대규모 정지작업
② 흙을 얇게 깎으면서 싣는 작업
③ 주어진 거리에서 높은 속도비로 중량물을 운반하는 작업

14

동영상화면(사진)의 굴착기계의 명칭을 쓰시오.

14/1

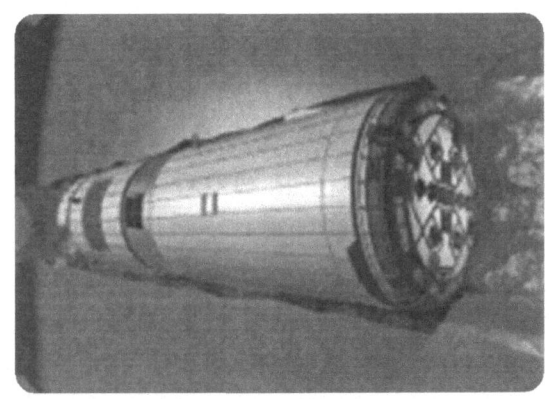

해답 굴착기계의 명칭 : TBM

1) TBM(Tunnel Boring Machine) 공법 : 화약발파 없이 유압기계장치에 의해서 기계적으로 굴착하는 공법이다.
2) TBM 공법의 특징
   ① 완전 자동화된 기계력에 의한 굴착
   ② 진동영향의 극소화
   ③ 선형의 정확한 유지
   ④ 여굴 미발생
   ⑤ 갱내 작업환경 양호 및 안전성 확보
   ⑥ 초기 시설투자(장비비)가 크며, 본바닥의 변화에 적응 곤란

15

동영상화면도(사진)에 나오는 건설기계의 작업용도를 3가지만 쓰시오.

해 답
1) 굴착작업
2) 송토작업
3) 지면 고르기 작업
4) 적재(싣기) 및 운반작업

길잡이

휠식 로더(loader)

휠식 트랙터의 앞 작업 장치에 버킷을 붙인 것으로 셔블 도저(shovel dozer)또는 트랙터 셔블(tractor shovel)이라고도 한다.

16

14/2

동영상은 콘크리트 믹서트럭의 사진을 보여주고 있다. 다음 콘크리트의 성분을 나타내는 [보기]의 ( )안에 알맞은 용어를 쓰시오.

> [보기]
> 콘크리트 : 시멘트 + ① + ② + 물

해 답   ① 모래   ② 자갈

17

15/2

동영상 화면의 (1) 기계 명칭을 쓰고 (2) 드럼을 회전하는 이유 2가지를 쓰시오.

해 답   (1) 기계명칭 : 콘크리트 믹서트럭

(2) 드럼의 회전 이유
① 투입된 골재, 시멘트 및 물 등의 콘크리트 재료를 완전히 혼합하여 균질한 혼합물을 생성하기 위해서이다.
② 재료분리가 발생하지 않고, 양생을 방지하기 위해서이다.

1) 콘크리트 타설시 외기온도에 따른 제한시간
① 외기온도가 25℃ 이상일 때 : 1.5 시간
② 외기온도가 25℃ 미만일 때 : 2시간
2) 콘크리트의 하계·동계시 타설 속도
① 하계 : 1.5m/hr
② 동계 : 1.0m/hr

18

14/4 산 16/1 산 17/1 산 17/4 산 18/1 산

다음 물음에 답하시오.
(1) 사진 속의 건설기계의 명칭을 쓰시오.
(2) 건설기계의 용도를 쓰시오.

해 답 (1) 기계의 명칭 : 로더(loader)
(2) 용도
① 굴착작업
② 싣기 및 운반작업
③ 송토작업
④ 지면 고르기 작업

로더(loader)
1) **로더** : 트랙터의 앞 작업장치에 버킷을 붙인 것으로 셔블도저(shovel dozer) 또는 트랙터셔블(tractor shovel)이라고도 한다.
2) **용도** : 버킷에 의한 굴착·상차를 주작업으로 하며 기타 부속장치를 설치하여 암석 및 나무뿌리 제거, 목재의 이동, 제설작업 등에 사용된다.

19

동영상은 안전난간을 설치하는 장면을 보여주고 있다. 안전난간의 구조 및 설치요건에 관한 다음 ( )안에 알맞은 용어나 숫자를 쓰시오.

(가) 안전난간은 (①), (②), (③) 및 (④)으로 구성할 것.
(나) (①)은 바닥면·발판 또는 경사로의 표면으로부터 (⑤)cm 이상 지점에 설치할 것
(다) (③)은 바닥면 등으로부터 (⑥) 이상의 높이를 유지할 것.

해답
① 상부 난간대
② 중간 난간대
③ 발끝막이판
④ 난간기둥
⑤ 90
⑥ 10

주 안전난간의 구조 및 설치요건 : 안전보건규칙 제13조

2. 건설공사안전

01

동영상은 트럭크레인(진흙 위에 아웃트리거 설치)을 사용하여 강관비계의 인양작업을 하는 장면을 보여주고 있다. 동영상의 작업 상황에서의 위험요인과 안전조치사항을 각각 3가지씩 쓰시오.

해 답

1) 위험요인
   ① 아웃트리거 설치시 깔판·깔목 등 침하방지조치(밑받침 조치)를 하지 않았다.
   ② 강관비계를 가운데 1군데만 묶어서 인양작업을 하였다.
   ③ 인양작업을 하고 있는 강관비계 밑에 작업자가 서 있다.
   ④ 인양물(강관비계)을 묶는 작업자가 신호수를 겸하고 있다.

2) 안전조치사항(안전대책)
   ① 아웃트리거 설치시 깔판·깔목 등을 고이는 등 침하방지조치를 취한다.
   ② 강관비계는 2군데를 묶어서 2줄 걸기로 하며 수평으로 인양한다.
   ③ 크레인의 작업 반경 내에는 출입금지조치를 취한다.
   ④ 인양작업은 별도의 신호수를 배치하여 신호수의 지시에 따라 인양작업을 실시한다.

02

14/2 ㉮

동영상은 트럭크레인이 붐대를 접지하지 않은 상태에서 이동하고 아웃트리거를 습윤한 연약지반에 설치하여 강관비계를 2줄 걸이(와이어로프의 이음매가 보임)로 하여 들어올리고 있는 장면을 보여주고 있다. 트럭크레인의 강관비계 인양작업 시 불안전요소에 대한 안전대책 3가지를 쓰시오.

해답
1) 트럭크레인을 연약지반에 설치할 때에는 아웃트리거가 침하되지 않도록 깔판, 깔목 등을 밑에 받쳐 준다.
2) 이동할 때에는 붐대를 접은 후에 이동하도록 한다.
3) 작업시작 전에 와이어로프의 결함유무를 확인하고 이상 발견시에는 교체하도록 한다.

03

동영상은 아파트공사현장인 옥상에서 작업자가 손수레에 흙을 바닥에 뿌리는 작업을 하다가 추락하는 장면(안전모의 턱끈이 풀린 채로 작업자가 손수레에 흙을 가득싣고 리프트를 타고 옥상에 올라와 리프트에서 손수레를 끌고나와 뒷걸음을 치면서 옥상 바닥에 흙을 뿌리던 중에 옥상에서 뒤로 떨어지는 장면)을 보여주고 있다. 추락사고 방지대책을 2가지만 쓰시오.

해답
1) 안전난간 및 안전방망 등을 설치하여 추락재해 방지조치를 할 것
2) 안전모의 턱끈을 확실하게 체결할 것
3) 작업지휘자(또는 관리감독자)를 배치하여 작업을 감독하도록 할 것
4) 손수레를 앞으로 끌면서 흙을 뿌리는 등 작업방법을 개선할 것

> **Guide** 사고방지대책(안전대책)은 동영상에서 작업상황과 사고가 발생되는 장면을 자세히 관찰하여 무엇이 잘못되었는지에 대한 위험요인(사고발생원인·불안전한 요소 등)을 색출할 수 있어야 합니다.

04   18/2

동영상은 건물상부에서 강관비계를 조립하는 장면(동영상에서의 작업상황 : 안전난간, 안전방망 등 안전시설이 없는 비계상부에서 한명의 작업자는 강관을 밑으로 던지고 있으며 또다른 작업자는 안전대를 착용하지 않고 안전모 턱끈이 풀린 채로 왔다갔다 하고 있는 장면)을 보여주고 있다. 재해발생원인을 2가지만 쓰시오.

해답
1) 안전난간 및 안전방망(추락방호망, 낙하물방지망 등) 등 방호설비 미설치
2) 안전대 미착용 및 안전모 턱끈을 매지 않는 등 보호구 착용상태 불량

05   13/1

동영상은 거푸집 동바리가 붕괴되는 사고장면을 보여주고 있다. 동영상에 나타난 붕괴의 원인이 되는 거푸집 동바리의 설치상태의 미비점(잘못된 사항)을 3가지만 쓰시오.

해답
1) 거푸집동바리의 수평연결재의 설치 불량(또는 미설치)
2) 거푸집동바리에 사용한 부재 자체의 결함(부적합한 재료 사용)
3) 동바리의 위치와 간격 등 설치상태 불량
4) 동바리의 침하방지조치 미흡

06

근로자가 손수레에 모래를 가득 싣고 작업을 하던 중 사고가 발생하였다.

(1) 사고 발생원인을 2가지 쓰시오.
(2) 안전대책을 2가지 쓰시오.

해답
1) 사고발생원인
   ① 손수레에 적재정량을 초과하여 적재하였음.
   ② 1인 운반 및 감독자 미배치
2) 안전대책
   ① 적재정량을 초과하지 않도록 할 것
   ② 2인 1조 운반 및 현장감독자를 배치할 것.

07

13/1 ㉮

동영상 화면은 교량공사 현장에서 거푸집 조립작업 장면을 보여주고 있다. 다음 물음에 답하시오.

(1) 동영상에서와 같이 거푸집을 요크(york)로 수직 이동시켜 연속작업을 할 수 있으며 사일로, 굴뚝 및 상하단면이 같은 기둥 등의 공사에 적합한 거푸집의 명칭을 쓰시오.
(2) 사진 속의 거푸집의 장점을 3가지만 쓰시오.

해답 (1) 거푸집의 명칭 : 슬라이딩 폼(sliding form, 수직 활동 거푸집)
(2) 장점
① 공사기간이 단축된다. (1/3로 단축)
② 콘크리트의 일체성을 확보할 수 있다.
③ 내부·외부 비계를 설치하지 않아도 된다.

08　　　　　　　　　　　　　　　　　　　　　13/4 산　14/2 기　16/4 기

동영상은 거푸집 동바리 설치작업 중 붕괴되는 장면을 보여주고 있다. 거푸집 동바리의 설치불량에 의한 붕괴원인 3가지를 쓰시오.

해답
1) 동바리의 수평연결재의 설치불량
2) 거푸집 및 동바리의 부재 자체의 결함
3) 재료의 단면부족
4) 이질재료의 사용
5) 안전성이 검증되지 않은 미검정품 동바리 사용

길잡이
거푸집 동바리의 구조적 불량에 의한 붕괴원인
1) 변형·부식 또는 심하게 손상된 재료사용
2) 수평연결재 미설치
3) 동바리의 위치와 간격 등 설치상태 불량

09
13/1 ㉮

동영상은 아파트공사 현장에서 작업자가 자재를 운반하는 작업 장면을 보여주고 있다. 위험요인을 2가지만 쓰시오.

해답
1) 작업발판을 설치하지 않았다. (작업발판 미설치로 추락사고 발생)
2) 작업자가 안전대를 착용하지 않았다. (안전대 미착용으로 추락사고 발생)
3) 낙하물방지망을 설치하지 않았다. (낙하물방지망 미설치로 낙하사고 발생)

10
13/2 ㉮

동영상은 비계의 설치 작업장면을 보여주고 있다. 비계에 설치하는 재해방지설비 3가지를 쓰시오.

해답
1) 작업발판
2) 안전방망
3) 안전난간

11 터널굴착작업시 콘크리트 라이닝(concrete lining)을 시공하는 목적을 2가지 쓰시오.

해답
1) 지하수 등의 누수방지(용수의 차단)
2) 터널구조물의 내구성 증진에 의한 터널의 붕괴방지
3) 사용 중 터널의 점검·보수 등의 작업성을 높이기 위함

 콘크리트 라이닝 공법 선정 시 검토사항
1) 지질, 암질상태
2) 단면형상
3) 라이닝 작업능률
4) 굴착공법

12 13/2 ㉮ 16/4 ㉮

동영상의 작업상황(펌프카가 호스에 압력을 가하여 터널굴착 부위에 모르타르를 뿜칠하고 있다)에 대한 다음 물음에 답하시오.

(1) 작업공정의 명칭을 기술하시오.
(2) 터널굴착 작업시 숏크리트(shot crete) 리바운딩(rebounding)을 감소하기 위한 방법을 3가지 쓰시오.

해답 (1) 작업공정 : 숏크리트 뿜칠 공정(모르타르를 뿜칠 하는 공정)
(2) 숏크리트 리바운딩 감소방법
① 습식공법의 채용
② 단위 수량의 증가
③ 잔골재율의 증가

 콘크리트 상태에 따른 공법의 종류
1) 건식공법
2) 습식공법

13

18/1 ㉠ 14/1 ㉠

동영상은 터널공사 현장에서 록볼트(rock bolt) 설치 작업장면을 보여주고 있다. 록볼트의 역할 3가지를 쓰시오.

해 답
1) 아치형성 작용
2) 내압작용
3) 봉합작용
4) 보형성 작용
5) 지반개량 작용

록볼트(rock bolt)

1) 정의 : 터널굴착면의 암반천공 후 록볼트를 삽입정착하여 이완된 암반을 원지반에 고정시키는 공법이다.
2) 종류
   ① 선단 정착형
   ② 전면접착형
   ③ 병용형
   ④ 마찰형

14 13/2 ㉮

동영상은 개구부 주변에서 정리 작업을 하는 장면을 보여주고 있다. 다음 물음에 답하시오.
(1) 개구부에서 발생될 수 있는 재해의 유형을 쓰시오
(2) 개구부에서의 재해발생 원인을 3가지만 쓰시오.

해 답
(1) 재해유형 : 추락
(2) 재해발생원인
   ① 안전난간, 울타리, 수직형 추락방망 또는 덮개 등 미설치
   ② 안전방망 미설치
   ③ 안전대 미착용

15

동영상은 작업자가 잠함·우물통·수직갱 등의 산소결핍장소에서 작업하는 장면을 보여주고 있다. 다음 물음에 답하시오.
(1) 산소결핍의 최소한계농도는 얼마인가?
(2) 산소결핍 장소인 밀폐 공간 내 작업시의 위험방지 조치사항을 3가지 쓰시오.

해 답 (1) 산소결핍 : 공기 중의 산소농도가 18% 미만인 상태를 말한다.
(2) 밀폐 공간 내 작업 시 위험방지 조치사항
① 환기 실시
② 송기마스크 착용
③ 입장·퇴장 시 인원점검
④ 출입의 금지
⑤ 외부와 연락할 수 있는 설비 설치
⑥ 대피용 기구의 비치

주 밀폐 공간 내 작업시의 조치 등 : 안전보건규칙 제619조~제626조

16   13/2 기 14/1 산 14/2 기 15/4 기 17/1 기 17/2 기

사진 속의 교량을 보고 다음 물음에 답하시오.

(1) 교량형식(명칭)을 쓰시오.
(2) 교량의 시공순서(설치순서)를 쓰시오.

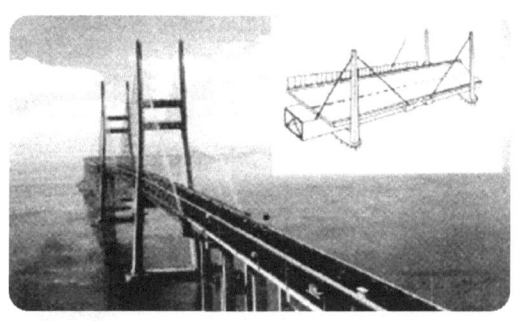

해답 (1) 교량형식 : 사장교
 (2) 교량시공순서 : 우물통 기초 지정 → 철탑(주각) 설치 → 케이블(와이어) 설치
   → 아스팔트 포장

 사장교의 특징
① 타 공법과 병행하여 시공이 가능하다.
② 케이블의 배치형태에 따라 방사형, 하프형, 팬형 등으로 구분할 수 있다.
③ 타 교량형식에 비해 경제적이다.
④ 대표적인 교량으로 서해대교가 있다.

17 13/2 기 15/4 산

동영상은 작업자가 말비계의 좁은 발판 위에서 페인트칠을 하며 옆걸음을 치다가 말비계 위에서 떨어지는 모습과 현장 주변에 자재 등이 너저분하게 흩어져 있는 장면을 보여주고 있다. 이 작업 상황에서의 위험요인(불안전요소)을 3가지만 쓰시오.

해답
1) 작업발판의 폭이 좁아 작업자가 떨어질 위험이 크다. (작업발판의 설치불량)
2) 양손에 페인트통 등 재료와 기구를 동시에 들고 작업을 하는 등 작업방법이 불량하다.
3) 관리감독자 미배치로 관리감독이 소홀하다.
4) 현장 주변의 정리정돈이 불량하다.
5) 안전모, 안전화 등 보호구 착용상태가 불량하다.

 말비계 조립시 준수사항(안전보건규칙 제67조)
1) 지주부재의 하단에는 미끄럼방지장치를 하고, 양측 끝부분에 올라서서 작업하지 아니하도록 할 것
2) 지주부재와 수평면과의 기울기를 75° 이하로 하고, 지주부재와 지주부재 사이를 고정시키는 보조부재를 설치할 것
3) 말비계의 높이가 2m를 초과할 경우에는 작업발판의 폭을 40cm 이상으로 할 것

18

13/4 ㉠

동영상은 아파트 공사현장을 보여주고 있다. 동영상에서와 같이 고소작업을 할 경우 추락재해를 방지하기 위한 안전조치사항 4가지를 쓰시오. (단, 동영상 화면에서 제시된 안전방망, 방호선반, 안전난간 등의 설치는 제외)

해 답
1) 작업발판을 설치한다.
2) 안전대를 착용한다.
3) 울타리를 설치한다.
4) 수직형 추락방망을 설치한다.

19

13/4 ㉠

비탈면의 붕괴를 방지하기 위한 비탈면의 보호공법 중 구조물에 의한 보호공법을 3가지 쓰시오.

해 답
1) 콘크리트 블록과 돌쌓기 공법
2) 콘크리트 틀에 의한 공법
3) 시멘트 모르타르 뿜어 붙이기 공법
4) 소일시멘트(soil cement)공법
5) 돌망태 공법

20 14/1 ㉮

동영상은 작업자가 지하실 벽 방수공사를 하다가 페인트 통을 들고 다른 곳으로 가서 페인트를 다른 통에 옮겨 담는 장면과 작업자가 자주 손목시계를 보며 방수 작업을 하다가 갑자기 쓰러지는 장면을 보여준다. 재해방지를 위한 안전대책 3가지를 쓰시오.

해 답
1) 작업지휘자를 배치하여 작업지휘자의 지휘에 따라 작업하도록 한다.
2) 충분히 환기를 시킨다.
3) 안전모, 보안경, 송기마스크 등의 보호구를 착용한다.

길잡이
상기 동영상이 방수작업 시 안전미비점(위험요인)
1) 작업지휘자 미배치(관리감독 소홀)
2) 환기불충분(산소 부족)
3) 보호구(안전모, 보안경, 송기마스크 등) 미착용

21

동영상은 강관 비계 해체 작업중에 강관비계가 떨어져 밑에서 작업하던 작업자가 맞는 장면을 보여주고 있다. 사고방지를 위한 안전대책 3가지를 쓰시오.

해답
1) 관리감독자 또는 작업지휘자의 지휘 하에 작업하도록 할 것
2) 안전모등 보호구를 착용하도록 할 것
3) 비계해체 작업 시 상하 동시 작업을 금하도록 할 것
4) 재료 등을 올리거나 내릴 때에는 달줄 또는 달포대 등을 사용하도록 할 것
5) 작업구역 내에는 해당 근로자외의 자의 출입을 금지시킬 것

길잡이

달비계 또는 높이 5m 이상의 비계를 조립·해체하거나 변경하는 작업을 하는 경우 준수사항
(안전보건규칙 제57조)
1) 관리감독자의 지휘 하에 작업하도록 할 것
2) 조립·해체 또는 변경의 시기·범위 및 절차를 그 작업에 종사하는 근로자에게 교육 할 것
3) 조립·해체 또는 변경작업구역 내는 해당 작업에 종사하는 근로자 외의 자의 출입을 금지시키고 그 내용을 쉬운 장소에 게시할 것
4) 비·눈, 그 밖의 기상상태의 불안정으로 인하여 날씨가 몹시 나쁠 때에는 그 작업을 중지시킬 것
5) 비계재료의 연결·해체작업을 하는 때에는 폭 20cm 이상의 발판을 설치하고 근로자로 하여금 안전대를 사용하도록 하는 등 근로자의 추락 방지를 위한 조치를 할 것
6) 재료·기구 또는 공구들을 올리거나 내리는 때에는 근로자로 하여금 달줄 또는 달포대 등을 사용하도록 할 것

22

사진에 나타난 우리나라의 대표적인 두 장대교량의 모습과 다음에 설명된 특징을 보고 교량형식을 기술하시오.

(1) 특징
① 타 공법과 병행하여 시공이 가능하다.
② 케이블의 배치형태에 따라 방치형, 하프형, 팬형 등으로 구분할 수 있다.
③ 타 교량형식에 비해 경제적이며, 대표적인 교량으로 서해대교가 있다.

(2) 특징
① 케이블, 보강거더, 주탑 등의 상부구조와 앵커블록, 교각, 교대 등의 하부구조로 구성되어 있다.
② 일반적으로 주탑의 크기가 크다.
③ 대표적인 교량으로 광안대교가 있다.

(1) 서해대교　　　　　　　　　　(2) 광안대교

해답
(1) 사장교(cable stayed)
(2) 현수교(suspension)

23 14/1 ㉮ 14/2 ㉮

동영상은 차량에서 콘크리트를 기계로 비빈 후에 거푸집 속으로 콘크리트를 타설하는 작업장면을 보여주고 있다. 다음 물음에 답하시오.

(1) 동영상 화면도 속의 기계 명칭을 쓰시오
(2) 콘크리트 타설시 외기온도에 대한 제한시간을 ( )에 기입하시오.
  ① 외기온도가 25℃ 이상일 때 : (   )시간
  ② 외기온도가 25℃ 미만일 때 : (   )시간

해 답 (1) 기계 명칭 : 콘크리트 믹서트럭
         (2) ① 1.5   ② 2

 콘크리트 믹서트럭
(1) 트럭믹서(truck mixer)와 믹싱 드럼의 형상 및 탑재 방법에 따라 경동형(傾胴形), 수직형 및 수평형의 3종류로 대별할 수 있다.
(2) 경동형은 가장 일반적이며 술병 모양의 드럼 안쪽에 스파이럴상의 연속된 블레이드를 장착하고 드럼 자체를 회전시켜 호퍼에서 투입된 콘크리트 재료를 혼합하고, 혼합된 콘크리트를 드럼을 역전시켜 뒤쪽으로 보내 배출한다.

24

동영상은 타워크레인을 이용하여 비계 재료인 강관을 1줄 걸이로 하여 인양해서 올리는 중에 밑에서 작업하던 작업자(안전모 턱끈을 매지 않음)가 강관이 떨어지는 것을 보지 못해 강관에 맞아 쓰러지는 사고장면을 보여주고 있다. 동영상의 사고사례에서 (1) 재해발생원인 1가지와 (2) 안전대책 1가지를 쓰시오.

해 답 (1) 재해발생원인
  ① 강관 인양 시 1줄 걸이(강관 가운데 한 곳만 묶은 것)로 하여 인양하고 있다.
  ② 크레인 작업 반경 내에 사람이 접근하고 있다.
  ③ 신호수를 배치하지 않았다.
  ④ 위험표지판 또는 안전표지판(출입금지표지 등)을 설치하지 않았다.
  ⑤ 안전모 턱끈을 매지 않는 등 보호구를 제대로 착용하지 않았다.
(2) 안전대책
  ① 강관 인양 시 2줄 걸이(양끝 2군데 묶음)로 하여 인양할 것
  ② 크레인 작업 반경에 출입금지 조치를 하고 표지판을 설치할 것
  ③ 신호수를 배치할 것
  ④ 안전모의 턱끈 등 보호구를 확실하게 체결할 것

25 14/4 기 15/2 기

타워크레인에 의해 비계재료인 강관을 위로 끌어올리고 있다. 사진에 나타난 작업상황을 보고 사고를 일으킬 수 있는 위험요인을 3가지만 쓰시오.

해답 (1) 위험요인
① 강관인양 시 강관을 한가닥의 와이어로프만 묶어서 운반하고 있다.
② 신호수를 배치하지 않았다.
③ 크레인의 작업 반경 내에 작업자가 접근하고 있다.
④ 위험표지판 또는 안전표지판을 설치하지 않았다.
⑤ 작업자의 안전모의 턱끈을 매지 않았다.

상기 동영상의 작업상황에 대한 안전대책
1) 강관 인양 시 강관의 두 군데를 와이어로프로 묶어서 운반할 것.
2) 신호수를 배치할 것.
3) 크레인의 작업 반경 내에 출입금지 조치를 할 것.
4) 위험표지판 또는 안전표지판을 설치할 것.
5) 안전모의 턱끈 등 보호구를 확실하게 착용할 것.

26

동영상은 타워크레인을 이용하여 비계재료인 강관을 1줄걸이로 하여 위로 끌어올리던 중에 밑에 있던 작업자(안전모 턱끈을 매지 않음)가 인양작업을 보지 못하고 지나가고 있는 중에 강관이 작업자 머리위로 떨어지는 사고장면을 보여주고 있다. 재해발생원인 2가지를 쓰시오.

해 답
1) 강관인양 시 강관을 한가닥의 와이어로프만 묶어서 운반하고 있다.
2) 유도자(신호수)를 배치하지 않았다.
3) 크레인의 작업반경 내에 작업자가 접근하고 있다.
4) 위험표지판 또는 안전표지판을 설치하지 않았다.
5) 작업자의 안전모 턱끈이 풀려 있다.

27

동영상에서와 같이 고압선에 접근하는 장소에서 이동식 크레인을 사용하여 작업을 할 때의 감전방지대책을 4가지 쓰시오.

해답
1) 해당 충전전로를 이설할 것
2) 감전의 위험을 방지하기 위한 방책을 설치할 것
3) 해당 충전전로에 절연용 방호구를 설치할 것.
4) 크레인의 붐대를 고압선에서 300cm이상 (50kV를 초과할 때는 10kV 증가할 때마다 10cm씩 증가) 이격시킬 것

28

14/1 ㉮

동영상은 아파트공사 현장에서 거푸집을 조립하는 장면을 보여주고 있다. 동영상에서 보이는 1) 외부 벽체거푸집의 명칭과 2) 장점 3가지를 쓰시오.

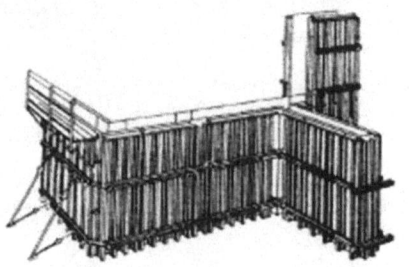

해답 1) 거푸집의 명칭 : 갱폼(gang form)
2) 장점
① 설치와 탈형만 하므로 인력이 절감된다. (조립, 해체가 생략)
② 콘크리트 이음부위(joint) 감소로 마감단순화 및 비용이 절감된다.
③ 공기가 단축된다.
④ 1개 현장사용 후 합판교체하여 재사용이 가능하다.

 갱폼(gang form)
1) 갱폼 : 사용할 때마다 작은 부재의 조립, 분해를 반복하지 않고 단순화하여 한 번에 설치하고 해체하는 거푸집 시스템을 말하는 것으로 넓은 의미에서는 대형화된 모든 거푸집을 의미하지만 시스템화 거푸집을 분류할 때는 벽체용 거푸집만을 의미한다.
2) 거푸집의 구성(3부분)
① 거푸집판과 보강재가 일체로 된 기본패널
② 작업발판대
③ 수직도 조정과 횡력을 지지하는 빗버팀대(brace)

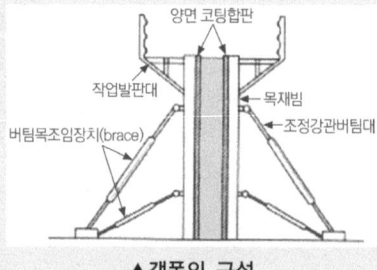
▲갱폼의 구성

(3) 갱폼의 단점
① 초기투자비 과다 ② 설치장비 필요
③ 거푸집 설치시간 필요 ④ 기능공의 교육 및 숙달시간 필요

29　　　　　　　　　　　　　　　　　　　　　　　　　　　14/1 ㉎

동영상은 교각을 시공하기 위해 거푸집을 설치하는 장면을 보여주고 있다.
1) 거푸집의 명칭과
2) 장점 2가지를 쓰시오.

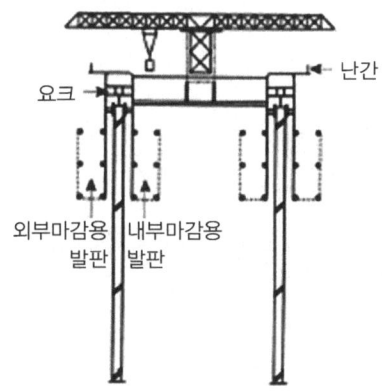

해 답　1) 거푸집의 명칭 : 슬라이딩폼(sliding form)
　　　　2) 장점
　　　　　　① 공사기간 단축(시공속도 빠름)
　　　　　　② 내부·외부비계 불필요
　　　　　　③ 콘크리트의 일체성 확보(시공이음 없이 균일한 형상 시공가능)

1) **슬라이딩폼**(슬립폼, slip form) : 수평적 또는 수직적으로 반복된 구조물을 시공이음 없이 균일한 형상으로
　　시공하기 위하여 거푸집을 연속적으로 이동시키면서 콘크리트를 타설하여 구조물을 시공하는 거푸집
2) **슬라이딩폼의 용도**
　　① 수직적으로 연속된 구조물 : 사일로(silo), 곡물창고, 굴뚝, 교각 등
　　② 수평적으로 연속된 구조물 : 수로, 하천 라이닝(lining), 지중 샤프트(shaft), 고속도로 포장 등
　　③ 시공이음 없이 시공되어야 할 구조물 : 원자력발전소의 원자로 격납용기 등

30

동영상의 화면은 건물 외벽에 설치된 비계와 주변의 전경을 전체적으로 보여준다. 동영상의 상황에서 사고의 원인이 될 수 있는 행동 및 설비의 미비점 2가지를 쓰시오.

해답
1) 작업발판의 미설치
2) 안전난간 및 추락방지망 미설치
3) 안전모·안전대 등 보호구 미착용

31 14/2 기 17/2 산

콘크리트 펌프카를 사용하여 콘크리트 타설작업시 호스 및 펌프카의 붐에 의해서 발생할 수 있는 재해유형 2가지를 기술하고 그 방지대책을 각각 쓰시오.

해답
① • 재해유형 : 호스의 요동·선회로 인하여 작업자 추락
   • 방지대책 : 안전난간 설치
② • 재해유형 : 펌프카의 붐 조정시 주변전선 등에 의한 감전사고
   • 방재대책 : 신호수(유도자) 배치 및 이격거리 유지

콘크리트 타설작업을 위한 콘크리트 펌프 또는 펌프카 사용시 준수사항(안전보건규칙 제335조)
1) 작업을 시작하기 전에 콘크리트 펌프용 비계를 점검하고 이상을 발견한 때에는 즉시 보수할 것
2) 건축물의 난간 등에서 작업하는 근로자가 호스의 요동·선회로 인하여 추락하는 위험을 방지하기 위하여 안전난간의 설치 등 필요한 조치를 할 것
3) 콘크리트 펌프카의 붐을 조정할 때에는 주변 전선 등에 위험을 예방하기 위한 적절한 조치를 할 것
4) 작업 중에 지반의 침하, 아웃트리거의 손상 등으로 인하여 콘크리트 펌프카가 넘어 질 우려가 있는 때에는 이를 방지하기 위한 적절한 조치를 할 것

32 14/4

동영상은 콘크리트 펌프카를 이용하여 콘크리트를 타설하는 작업장면을 보여주고 있다. 콘크리트 펌프카에 의해 콘크리트 타설작업시 발생할 수 있는 불안전한 요소 2가지를 쓰시오.

해답
1) 건축물의 난간 등에서 작업 시 호스의 요동·선회로 인하여 추락할 수 있다.
2) 콘크리트 펌프카 붐 조정 시 주변 전선 등에 접촉하여 감전을 당할 수 있다.

주 콘크리트 펌프 등 사용 시 준수사항 : 안전보건규칙 제335조

33   14/2 ㉮

동영상은 교량공사 시공장면을 보여주고 있다. 다음 [보기]를 보고 오토클라이밍 폼의 작업과정에 대한 작업순서를 번호로 쓰시오.

[보기]
① 교각 시공
② 상부 시공(타설) 시작
③ 측경간 시공
④ 상부 시공(타설) 진행
⑤ 중앙부 박스(연결직전) 타설
⑥ 키 세그먼트(key segment)

해 답 ① → ② → ④ → ③ → ⑤ → ⑥

34

14/2 ②

동영상은 충전전로에 근접한 장소에서 작업자가 작업을 하는 장면이다. 감전의 위험요소 2가지를 쓰시오.

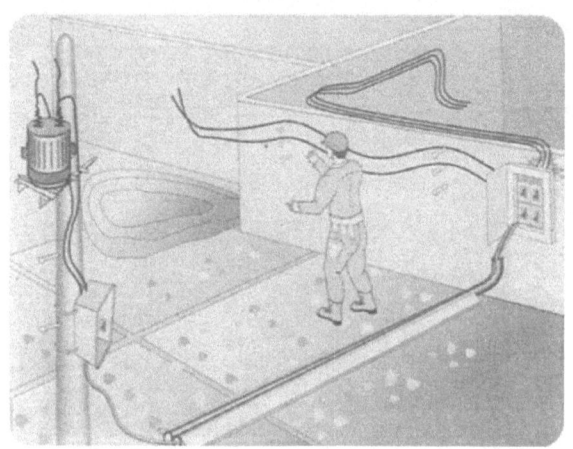

해 답
1) 통전전류의 크기
2) 전원의 종류(직류, 교류)
3) 통전경로
4) 통전시간

 2차적 감전위험요소
1) 인체의 조건(인체의 전기저항)
2) 전압
3) 주파수
4) 계절

35 14/2 ㉮ 18/4 ㉮

동영상은 타워크레인이 화물을 1줄걸이로 하여 인양작업을 하고 있으며 하부에 근로자가 안전모 턱 끈을 매지 않은 채 화물의 인양작업을 보지 못하고 지나가다가 화물이 떨어져 사고가 발생되는 장면을 보여주고 있다. 다음 물음에 답하시오.

1) 재해 종류
2) 재해 발생원인 1가지
3) 안전대책 1가지

해 답

1) 재해 종류 : 낙하

2) 재해 발생원인(위험요인)
   ① 강관 인양시 한가닥의 와이어로프만 묶어서 운반하고 있다.
   ② 신호수를 배치하지 않았다.
   ③ 크레인의 작업반경 내에 사람이 접근하고 있다.
   ④ 위험표지판 또는 안전표지판을 설치하지 않았다.
   ⑤ 작업자가 안전모의 턱끈을 매지 않았다.

3) 안전대책
   ① 강관 인양시 강관의 두 군데를 와이어로프로 묶어서 운반할 것.
   ② 신호수를 배치할 것.
   ③ 크레인의 작업반경 내에 출입금지 조치를 할 것.
   ④ 위험표지판 또는 안전표지판을 설치할 것.
   ⑤ 안전모의 턱끈 등 보호구를 확실하게 착용할 것.

36

14/2 ㉠

동영상은 흙막이 지보공이 설치되어 있는 현장을 보여주고 있다. 다음 물음에 답하시오.

(1) 사진속의 흙막이 공법의 명칭을 쓰시오.
(2) 사진속의 흙막이 공법에 필요한 구성요소(재료) 2가지를 쓰시오.

해답 (1) 공법의 명칭 : 수평 버팀대식 공법
(2) 구성요소(재료)
① 엄지말뚝·포스트말뚝 등 H빔
② 토류판(목재)
③ 철재 복공판

37

14/4 ㉮

영상 화면의 사진에서 보여주는 교량건설 공법의 명칭을 쓰시오.

해답 FCM 공법(free cantilever method : 외팔보 공법)

 교량의 시공방법 : 교량 상부를 부설하는 방법에 따라 ILM 공법, FCM 공법, MSS 공법 등이 있다.
1) **ILM 공법(압출공법)** : 교량의 상부구조를 한쪽 교대의 후방에 설치된 제작장(casting yard)에서 지간의 1/2 또는 1/3 길이의 세그먼트(segment : 분절상판)를 포스트텐셔닝 방식을 적용하여 생산하고 교축방향으로 밀어 점차적으로 교량을 가설하는 공법이다.
2) **FMC 공법(캔틸레버 공법)** : 교량의 상부구조를 포스트텐셔닝 방식에 의해 교각(주두부)으로부터 양쪽으로 3~5m 씩 현장타설 세그먼트(segment)를 점진적으로 시공해 나가는 공법으로 거푸집 이동과 콘크리트 타설을 위해 폼트래벨러(formtraveller)를 사용한다.
3) **MSS공법** : 메인거더(main girder)와 거푸집이 상하좌우로 조정이 가능하고 유압잭을 이용하여 전체적으로 전·후진 구동이 가능하도록 고안되어, 교각과 교각사이를 이동 지보하면서 교량 상부 콘크리트를 타설하는 공법이다. (포스트텐셔닝 방식 적용)

38

다음 물음에 답하시오.
(1) 사진의 터널공사 공법을 기술하시오.
(2) 터널굴착작업 시 작업계획의 작성내용을 2가지만 쓰시오.

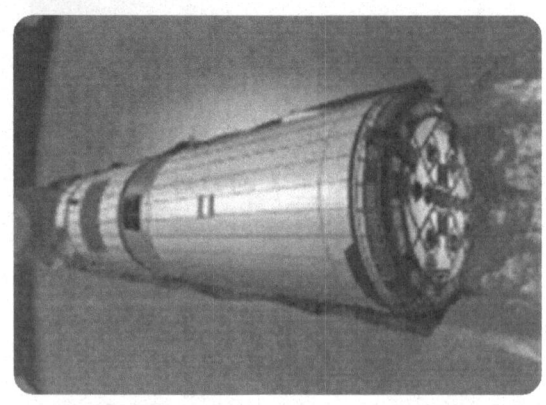

해 답 (1) TBM(터널 보링 머신, Tunnel Boring Machine) 공법
(2) 작업계획의 작성내용
　① 굴착의 방법
　② 터널지보공 및 복공의 시공방법과 용수의 처리방법
　③ 환기 및 조명시설을 설치할 때에는 그 방법

 터널굴착작업 시 지형 등의 조사(안전보건규칙 별표 4)
　터널굴착작업을 할 때는 낙반·출수 및 가스폭발 등에 의한 위험을 방지하기 위하여 미리 지형·지질 및 지층상태를 보링 등 적절한 방법으로 조사하여야 한다.

39   13/4 산 15/1 산 15/4 산 16/2 산

동영상 화면은 TBM 공법에 의해 터널을 굴착하는 장면을 보여주고 있다. TBM 공법의 적용이 곤란한 지반조건을 3가지 쓰시오.

해 답
1) 굳은 암석 또는 연약지반이 돌출하는 경우(암반층 또는 암반과 토사의 경계부)
2) 다량의 용수가 분출하는 경우(다량의 지하수를 함유한 모래 자갈층 지반)
3) 지반의 굴착단면이 급작스럽게 변화하는 경우
4) 가연성 및 유해가스 발생 가능 지역

TBM 공법(Tunnel Boring Machine Method)
1) TBM 공법 : 화약 발파 없이 유압 기계장치에 의해서 기계적으로 터널을 굴착하는 공법이다.
2) TBM 공법의 특징
  ① 완전 자동화된 기계력에 의한 굴착
  ② 진동영향의 극소화
  ③ 선형의 정확한 유지
  ④ 여굴 미발생
  ⑤ 갱내 작업환경 양호 및 안정성 확보
  ⑥ 초기 시설투자(장비비)가 크며, 본바닥의 변화에 적응곤란

40

동영상은 백호우 2대가 작업을 하고 있고 주변에 전선이 보이며 작업자 2명이 버킷 밑에서 작업을 하고 있는 장면을 보여주고 있다. 동영상의 작업 상황에서 사고발생의 원인이 될 수 있는 위험요소 2가지를 쓰시오.

백호(드래그셔블)

해답
1) 버킷의 불시 하강에 의해 협착의 위험이 있다.
2) 백호우의 붐대 및 버킷이 전선에 접촉되어 감전이 위험이 있다.

41

동영상은 근로자가 외부비계를 타고 올라가다가 추락하는 사고 장면을 보여주고 있다. 안전대책 3가지를 쓰시오.

해답
1) 외부비계에 작업발판을 설치할 것.
2) 안전방망을 설치할 것
3) 안전대를 착용할 것

42

15/1 ㉮ 18/1 ㉮

동영상에 나타난 흙막이 지보공의 설치장면을 보고 다음 물음에 답하시오.

(1) 공법의 명칭을 쓰시오
(2) 동영상에서 보여준 계측기의 종류와 용도 3가지를 쓰시오.

해답 (1) 명칭 : 어스앵커 공법(earth anchor method)
(2) 계측기의 종류와 용도
  ① 수위계 : 지하수위의 변화 측정
  ② 지중경사계 : 흙막이 벽의 수평변위(변형) 측정
  ③ 변형계 및 응력계(strain gauge) : 흙막이 벽의 변형과 응력 측정
  ④ 하중 및 침하계 : 하중 및 지반의 침하 측정
  ⑤ 피에조미터(piezo meter : 간극수압계) : 지하수의 수압 측정

1) 어스앵커(earth-anchor) : 구조물과 지반을 결합시키기 위하여 설치되는 어스앵커는 다음과 같이 기본적인 세 가지 구성요소로 나누어진다.
  ① 앵커 : 표면으로부터 인장력을 지반에 전달시키기 위하여 설치되는 저항부분
  ② 인장부 : 인장력을 지반 내 앵커체에 전달하는 부분
  ③ 앵커두부 : 구조체로부터 인장부에 무리 없이 인장력을 전달하기 위한 부분
2) 어스앵커공법 설치순서 : 천공 → 강선 삽입 → 강선인장 → 장착
3) 어스앵커가 지반에 힘을 전달하는 지지방식
  ① 널말뚝에 의한 방식
  ② 강재에 의한 방식
  ③ 강선에 의한 방식
4) 어스앵커(earth anchor) 공법의 안전대책
  ① 앵커의 저항은 어스앵커 공법의 안전상 가장 유의할 사항이므로 지반의 상태에 따라 앵커의 길이를 결정해야 한다.
  ② 흙막이벽 설치된 지반의 전체적인 침하나 붕괴범위를 검토하여 그 영향이 미치지 않는 지반에 앵커를 설치해야 한다.

③ 앵커는 현장에서 직접 시험을 행하여 정착력을 확인해야 한다.
④ 앵커 강재는 강도를 충분히 검토하여야 하며, 자이간 사용시는 부식에 주의해야 한다.

 (1) 흙막이공법의 종류

구분	공법내용
흙막이 지지방식에 의한 분류	① 자립공법 ② 버팀대 공법 ③ 어스앵커공법 ④ 타이로드 공법
흙막이 구조방식에 의한 분류	① H-Pile(H말뚝, 흙막이 토류판 공법) ② 버팀대 공법(강널말뚝공법, 강관널말뚝 공업) ③ Slurry Wall(지하연속벽공법, 다이어프램월) 　 (주열시기 지하연속벽, 벽식 지하연속벽) ④ 톱다운공법(역타공법)

(2) 어스앵커공법
　1) 어스앵커(earth anchor) : 흙막이벽 배면에 보링공 내에 고강도 강재를 삽입하고 모르타르로 시공한 것
　2) 어스앵커 공법의 시공순서 : 천공 → 주입(강선 삽입) → 정착(grouting)

43   15/1 ㉠

동영상의 사진에서 보여주고 있는 안전대의 ① 명칭과 ② 정의를 쓰시오.

해 답　① 명칭 : 추락방지대
　　　　② 정의 : 벨트 또는 안전그네를 신체에 착용하기 위해 그 끝에 부착한 금속장치

44

13/1

동영상화면은 흙막이공사를 하는 장면을 보여주고 있다. 다음 물음에 답하시오.

(1) 흙막이공법의 종류를 쓰시오.
(2) 흙막이 구조의 안전을 예측하기 위해 설치하는 ① 계측기의 종류를 1가지 쓰고 ② 사용목적을 기술하시오.

해답 (1) 흙막이공법의 종류 : 어스앵커(earth anchor)공법
(2) 1) 계측의 종류 : 하중계 및 응력계
   2) 계측기 사용 목적 : 하중 및 응력 측정

 어스앵커(earth anchor) 공법
1) 어스앵커 : 소정의 각도로서 소정의 깊이까지 원통형으로 굴착한 후 PC강선을 넣고 모르타르를 정착장까지 그라우팅한다.
2) 설치순서 : 천공 → 강선 삽입 → 강선 인장 → 장착

45

동영상화면은 흙막이 공사장면(버팀대 대신에 흙막이 벽 배면을 PC강선으로 지지하는 형식의 공법)과 흙막이에 연결되어 있던 선로에 노란색의 사각형기계를 보여주고 있다. 동영상화면에서의 (1) 공법의 명칭과 (2) 노란색 사각형의 기계명칭과 (3) 용도를 쓰시오.

해답 (1) 공법의 명칭 : 어스앵커공법
(2) 계측기기의 명칭 : 하중계(load cell)
(3) 계측기기의 용도 : 버팀대 또는 어스앵커에 설치하여 축하중 변화상태를 측정하여 부재의 안정상태 파악 및 원인규명에 사용한다.

46

동영상은 백호우 굴삭기를 이용하여 굴착한 흙을 덤프트럭에 적재한 후 덤프트럭으로 운반하는 작업 장면을 보여주고 있다. 동영상의 작업 상황에서 발생할 수 있는 사고원인 2가지를 쓰시오.

해답 1) 유도자(신호수)를 배치하지 않았다.
2) 백호우 작업 반경 내에 출입금지 조치를 하지 않았다.
3) 흙을 적재한 후 덤프트럭에 덮개를 씌우지 않고 운행하였다.
4) 굴삭기 및 덤프트럭의 전도·전락 등의 조치를 하지 않았다.

47

동영상은 백호우를 이용하여 도로작업을 위해 언덕 위에서 굴착한 흙을 덤프트럭에 퍼 담는 작업장면을 보여주고 있다. 다음 물음에 답하시오.

(1) 풍화암의 구배기준을 쓰시오
(2) 근로자가 굴착기 근처로 접근시 위험방지대책 2가지를 쓰시오.

해답 (1) 풍화암의 구배기준 - 1 : 1.0
(2) 위험방지대책
　　1) 작업반경 내 근로자 출입금지
　　2) 작업지휘자 또는 유도자 배치

 굴착면의 기울기 기준

구분	지반의 종류	구배(기울기)
보통흙	습지	1 : 1 ~ 1 : 1.5
	건지	1 : 0.5 ~ 1 : 1
암반	풍화암	1 : 1.0
	연암	1 : 1.0
	경암	1 : 0.5

48

동영상은 비계위에 작업하던 근로자가 파이프를 놓쳐 하부에서 작업하고 있던 근로자 위로 파이프가 떨어지는 장면을 보여주고 있다. 위험요인 2가지를 쓰시오.

해답
1) 상부, 하부에서 동시작업을 하여 상부에 떨어지는 파이프에 하부에 작업하던 근로자가 맞을 수 있다.
2) 근로자에게 안전모, 안전화 등 보호구를 착용하지 않았다.
3) 관리감독자(또는 작업지휘자)를 배치하지 않았다.

49

동영상 사진을 보고 (1) 교량건설공법의 명칭을 쓰고, (2) 공법의 내용을 간략히 설명하시오.

해답
(1) 교량건설공법의 명칭 : FCM 공법(free cantilever method)
(2) FCM 공법(캔틸레버 공법) : 교량의 상부구조를 포스트텐셔닝 방식에 의해 교각(주두부)으로부터 양쪽으로 3~5cm씩 현장타설 세그먼트(segment)를 점진적으로 시공해 나가는 공법으로 거푸집 이동과 콘크리트 타설을 위해 폼트래벨러(formtraveller)를 사용한다.

50　　　　　　　　　　　　　　　　　　　　　　　　　　15/4 ㉮

흙막이 공법에 대한 다음 물음에 답하시오.

(1) 사진 속의 흙막이 공법의 명칭을 쓰시오.
(2) 이 공법의 설치방법에 따른 공법의 종류를 2가지 쓰시오.
(3) 사진 속의 흙막이 공법에 필요한 구성요소(재료)를 2가지만 쓰시오.

해 답　(1) 흙막이 공법의 명칭 : 버팀대식 흙막이 공법
　　　　(2) 버팀대의 설치방법에 따른 공법의 종류
　　　　　　　1) 빗버팀대식 흙막이 공법
　　　　　　　2) 수평버팀대식 흙막이 공법
　　　　(3) 버팀대식 공법의 구성요소
　　　　　　　1) 엄지말뚝, 포스트말뚝 등 H빔
　　　　　　　2) 철재 복공판
　　　　　　　3) 목재토류판

 버팀대식 공법

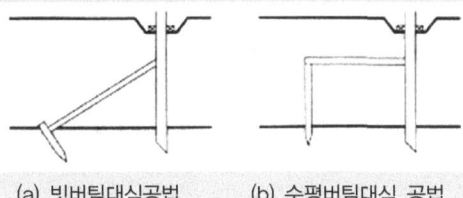

(a) 빗버팀대식공법　　(b) 수평버팀대식 공법

51

14/1 산 15/4 기 17/2 기

동영상 화면도는 작업자 2명이 긴 철근을 어깨에 메고 운반작업을 하고 있다. 작업시 발생할 수 있는 재해형태를 3가지만 쓰시오.

해 답

1) 전도
2) 요통
3) 충돌(부딪힘)

길잡이

인력에 의한 철근운반 시 유의사항

1) 긴 철근은 2인이 1조가 되어 어깨메기로 하여 운반하는 등 안전성을 도모한다.
2) 긴 철근을 부득이 한 사람이 운반할 때는 한쪽을 어깨에 메고 한쪽 끝을 땅에 끌면서 운반한다.
3) 운반 시에는 항상 양끝을 묶어 운반한다.
4) 1회 운반 시 1인당 무게는 25kg 정도가 적절하며, 무리한 운반은 삼간다.
5) 공동작업 시는 신호에 따라 작업을 행한다.

52

16/1 ㉮

동영상은 작업자가 충전부에 접촉하여 감전사고가 발생하는 장면을 보여주고 있다. 간접접촉에 의한 감전방지대책 3가지를 쓰시오.

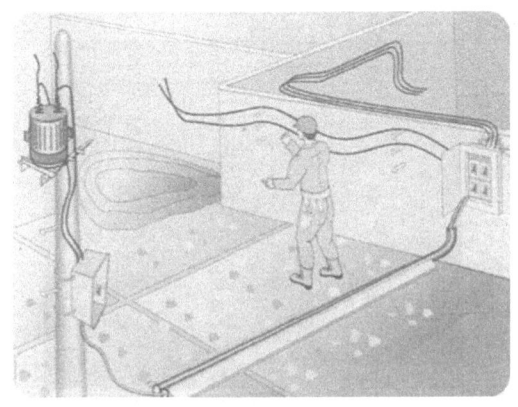

해답
1) 계통 또는 기기접지를 실시할 것
2) 누전차단기를 설치할 것360
3) 비접지방식의 전로를 채용할 것

53

16/1 ㉮ 17/2 ㉮

동영상은 교각공사의 주철근 모습을 사진으로 보여주고 있다. 장래 이음 등을 고려한 노출된 철근의 보호방법 3가지를 쓰시오.

해답
1) 철근의 변형 및 변위를 방지하기 위해 철사 등으로 묶어 놓는다.
2) 철근 부식방지를 위해 방청도료를 도포한다.

3) 철근에 비닐 등을 덮어 빗물이나 습기를 차단한다.

54

동영상의 화면은 2m가 넘는 비계 작업발판 위에서 작업자(안전모, 안전대 등 보호구 미착용)가 핸드 그라인더로 석재를 다듬는 작업을 하고 있는 장면을 보여주고 있다. 석재공사 작업 중 위험요인 2가지를 쓰시오.

해 답
1) 핸드그라인더에 덮개를 부착하지 않아 석재작업시 눈에 손상을 줄 수 있다.
2) 안전모, 안전대 등 보호구를 착용하지 않았다.
3) 추락방호망 등 안전시설을 설치하지 않았다.

55 13/4   14/2   16/1

동영상은 건물외벽 돌마감공사 현장(비계위에 설치된 작업발판 위에서 작업자 1명이 벽에 돌을 붙이는 작업을 하고 있으며, 그 밑에서 다른 작업자 1명이 작업을 하고 있는 장면)을 보여주고 있다. 동영상의 작업상황에서 추락재해를 유발하는 불안전한 요소 3가지를 쓰시오.

해답
1) 작업발판 고정상태 불량으로 추락위험이 있다.
2) 작업발판 끝에 안전난간을 설치하지 않아 추락할 수 있다.
3) 안전방망 등 방호설비가 설치되어 있지 않다.
4) 작업자가 안전모, 안전대등 보호구를 착용하지 않았다. (또는 보호구 착용상태가 불량하였다.)
5) 작업자 2명이 동시에 상·하부에 작업을 하고 있기 때문에 상부에서 자재 등이 떨어져 하부 작업자가 사고를 당할 수 있다.

56

14/4

동영상 화면은 건물외벽의 석재붙이기 공사를 위해 작업자 2명 중 1명은 2m가 넘는 비계 작업발판(안전난간 없음) 위에서 작업을 하고 있고 나머지 1명은 작업발판 밑에서 석재를 들어 올리는 작업을 하다가 허리를 다치는 사고장면을 보여주고 있다. 이 공사 현장에서 발생할 수 있는 불안전한 요소 3가지를 쓰시오.

해답
1) 안전난간·울타리·수직형 추락방망을 설치하지 않았다.
2) 안전모, 안전대 등 보호구를 착용하지 않았다.
3) 자재 및 공구 등 정리정돈 상태가 불량하다.

57

16/1 산 16/2 기

동영상은 낙하물방지망을 보수하는 장면을 보여주고 있다. 다음 각 물음에 답하시오

(1) 보수작업 중 발생할 수 있는 재해형태를 쓰시오
(2) (1)의 재해방지를 위해 필요한 조치사항 1가지를 쓰시오
(3) 낙하물 방지망의 설치는 (①)m 이내마다 설치하고, 내민 길이는 벽면으로부터 (②)m 이상으로 하고, 수평면과의 각도는 (③)도를 유지한다. ( )안에 알맞은 내용을 쓰시오.

해답
(1) 재해형태 : 추락
(2) 조치사항
  ① 작업발판 설치
  ② 추락방호망을 치거나 안전대 착용
(3) ① 10
  ② 2
  ③ 20~30

58

동영상에 나타난 가스용기 취급시의 부주의 사항을 2가지 쓰시오.

해답 1) 운반시 가스용기 밸브에 캡을 씌우지 않았다.
2) 가스용기에 충격이 가해졌다.

 가스용기 취급시 준수해야 할 사항(안전보건규칙 제234조)
1) 다음에 해당하는 장소에서 사용하거나 당해 장소에 설치·저장 또는 방치하지 아니하도록 할 것.
  ① 통풍 또는 환기가 불충분한 장소
  ② 화기를 사용하는 장소 및 그 부근
  ③ 위험물·화약류 또는 가연성 물질(합성섬유·면·양모·천조각·톱밥·짚·종이류 등)을 취급하는 장소 및 그 부근
2) 용기의 온도를 40℃ 이하로 유지할 것.
3) 전도의 위험이 없도록 할 것.
4) 충격을 가하지 않도록 할 것.
5) 운반할 때에는 캡을 씌울 것.
6) 사용할 때에는 용기의 마개에 부착되어 있는 유류 및 먼지를 제거할 것.
7) 밸브의 개폐는 서서히 할 것.
8) 사용 전 또는 사용 중인 용기와 그 외의 용기를 명확히 구별하여 보관할 것.
9) 용해 아세틸렌의 용기는 세워 둘 것.
10) 용기의 부식·마모 또는 변형상태를 점검한 후 사용할 것.

59

17/2 ㉮

동영상은 작업자 3명이 흡연 후 맨홀을 열고 들어가 밀폐공간에서 작업하던 중 질식사고가 발생하는 장면을 보여주고 있다. 동영상에서와 같이 산소결핍이 우려되는 밀폐공간에서 작업시 문제점 3가지를 쓰시오.

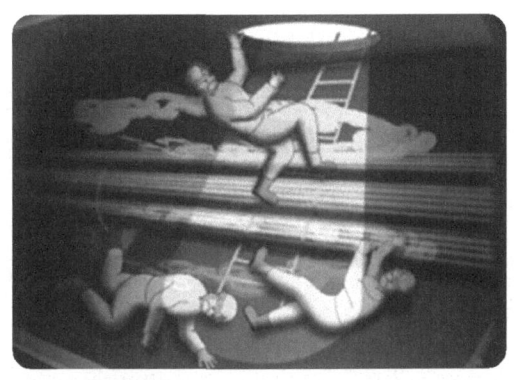

해답
1) 송기마스크, 공기호흡기 등 보호구 미착용
2) 작업시작 전 및 작업 중에 당해 작업장을 적정한 공기상태가 유지되도록 환기조치를 하지 않음
3) 밀폐공간 내의 당해 작업장과 외부의 감시인 사이에 상시 연락을 취할 수 있는 설비가 설치되어 있지 않음
4) 작업지휘자(또는 감시인) 미배치로 밀폐공간 내의 작업상황을 감시하지 않음
5) 비상시 작업자를 피난시키거나 구출하기 위한 대피용 기구(송기마스크·사다리 및 섬유로프 등)가 비치되어 있지 않음

60 17/4 ㉑

동영상의 화면은 가스용기를 운반하는 장면과 그 옆에서 용접작업을 하는 장면을 보여주고 있다. 다음 물음에 답하시오.
(1) 가스용기 운반시 문제점(위험요인)을 2가지 쓰시오.
(2) 용접작업시의 문제점(위험요인)을 2가지 쓰시오.

해답 (1) 가스용기 운반시 문제점
① 운반시 캡을 씌우지 않았다.
② 운반시 전도의 위험이 있다.
(2) 용접작업시 문제점
① 차광보안면, 안전장갑 등 보호구 착용상태 불량 및 미착용
② 소화설비 미설치

61

17/4 기

불도저 작업시 안전조치사항을 3가지만 쓰시오.

해답 1) 경사면을 오르고 내릴 때는 배토판을 가능한 낮게 한다.
2) 신호자 또는 유도자를 배치한다.
3) 작업장 내에 관계자외 출입을 금지시킨다.
4) 장비의 전도·전락 등에 의한 위험방지조치를 한다.
5) 작업장소의 지형 및 지반상태 등에 적합한 장비의 제한속도를 지킨다.

 불도저(bull dozer)
1) **불도저** : 배토판(blade : 토공판)을 트랙터의 앞부분에 90°로 설치하여 흙의 표면을 밀면서 깎고 정지작업도 하는 기계로 운반거리 60m 이하의 배토작업에 쓰인다.(배토판은 상하로만 움직일 수 있음.)
2) **불도저의 작업용도**
  ① 흙의 정지작업
  ② 흙 고르기
  ③ 돌의 운반

62

13/1 산 14/2 산 15/4 산 17/4 기

동영상에서 보여주고 있는 사고의 발생요인 중 차량계 하역운반기계에 화물을 적재할 때에 준수사항을 지키지 않음으로써 발생한 사고의 요인을 2가지만 쓰시오.

해 답
1) 화물을 한쪽에 치우쳐 적재하여 편하중이 발생함
2) 화물의 붕괴·낙하 방지를 위해 화물에 로프를 거는 등의 필요한 조치를 하지 않음
3) 운전자의 시야를 가리도록 화물을 높이 적재하였음

화물 적재시의 조치사항(안전보건규칙) : 차량계 하역운반기계에 화물 적재시 준수사항
1) 하중이 한쪽으로 치우치지 않도록 적재할 것.
2) 구내운반차 또는 화물자동차에 있어서 화물의 붕괴 또는 낙하로 인한 근로자의 위험방지를 위하여 화물에 로프를 거는 등 필요한 조치를 할 것.
3) 운전자의 시야를 가리지 않도록 화물을 적재할 것.

63

18/1 ㉮

동영상은 작업자가 교류 아크 용접기로 용접작업을 하는 장면을 보여주고 있다. 다음 물음에 답하시오.

(1) 용접작업 시 착용하여야 하는 보호구 2가지만 쓰시오.
(2) 교류 아크 용접기의 방호장치 명칭을 쓰시오.

해 답
(1) 착용보호구
    1) 용접용 보안면
    2) 가죽제 용접용 안전장갑
    3) 용접용 앞치마
(2) **방호장치** : 자동전격방지장치

64

18/1

동영상은 작업자가 교류아크용접기로 용접작업을 하는 장면을 보여주고 있다. 교류아크용접기에 의해 용접작업을 할 경우에 감전방지용 안전장치인 자동전격방지장치의 장착이 필요한 작업의 종류 3가지를 쓰시오.

해 답
1) 선박의 이중저 또는 피크탱크(peak tank)의 내부에서 작업
2) 보일러 동체나 그 내부에서 작업
3) 도전체에 둘러쌓인 협소한 장소에서 작업
4) 추락의 우려가 있는 높이 2개 이상인 장소에서 작업
5) 철골 등 도전성이 높은 접지물에 접촉우려가 있는 곳에서 작업

65 18/1 ㉮

동영상 화면은 작업자가 말비계의 좁은 발판 위에서 페인트 칠을 하며 옆걸음을 치다가 말비계 위에서 떨어지는 모습과 현장 주변에 자재 등이 너저분하게 흩어져 있는 장면을 보여주고 있다. 다음 물음에 답하시오.

1) 동영상의 작업상황에서의 위험요인(불안전요소) 3가지를 쓰시오.
2) 말비계를 조립하여 사용시 준수사항 3가지를 쓰시오.

해답

1) 위험요인
   ① 작업발판의 설치 불량 (폭이 40cm 이상 되어야 함)
   ② 작업방법의 불량 (양손에 페인트 통 등 재료 및 기구를 동시에 들고 작업을 함)
   ③ 관리감독자 미배치 (관리감독 소홀)

2) 말비계를 조립하여 사용 시 준수사항 (안전보건규칙 제67조)
   ① 지주부재(支柱部材)의 하단에는 미끄럼방지장치를 하고, 근로자가 양측 끝부분에 올라서서 작업하지 않도록 할 것
   ② 지주부재와 수평면의 기울기를 75° 이하로 하고, 지주부재와 지주부재 사이를 고정시키는 보조부재를 설치할 것
   ③ 말비계의 높이가 2m를 초과하는 경우에는 작업발판의 폭을 40cm 이상으로 할 것

   ⦿ 말비계 : 안전보건규칙 제67조

66

근로자가 화물을 싣고 리프트를 운행하고 있다. 재해의 직접적인 원인이 되는 불안전한 행동 및 불안전한 상태를 4가지만 기술하시오.

해 답
1) 리프트 운행 중 보호구(안전모 등)미착용
2) 화물의 적재 불량 및 적재하중 초과
3) 개구부가 개방된 채로 운행하는 등 화물운행(운반)방법 불량
4) 탑승자의 탑승위치(출입문 쪽) 부적합
5) 각 층의 운행통로에 안전시설 미설치로 인해 대기중인 작업자가 안전난간 밖으로 머리를 내밀음
6) 리프트의 불안전한 속도조작

> **Guide**
> 1) 불안전한 행동은 사고의 인적 원인이며, 불안전한 상태는 사고의 물적 원인(기계적·물리적인 위험요소)을 말 합니다.
> 2) 동영상에 나타난 사고의 원인(위험요인)이 될 수 있는 사항을 정확히 파악하여 그에 적합한 정답을 기술하여야 합니다.

67   13/1

동영상 화면은 거푸집 동바리를 조립하는 장면을 보여주고 있다. 거푸집 조립순서를 쓰시오.

해답 거푸집 조립순서

① 기둥 → ② 보받이 내력벽(내력) → ③ 큰 보 → ④ 작은보 → ⑤ 바닥(슬래브) → ⑥ 외벽

길잡이

거푸집 동바리 등의 조립시 준수사항

1) 깔목의 사용, 콘크리트 타설, 말뚝박기 등 동바리의 침하를 방지하기 위한 조치를 할 것
2) 개구부 상부에 동바리를 설치하는 때에는 상부하중을 견딜 수 있는 견고한 받침대를 설치할 것
3) 동바리의 상하 고정 및 미끄러짐 방지조치를 하고, 하중의 지지상태를 유지할 것
4) 동바리의 이음은 맞댐이음 또는 장부이음으로 하고 같은 품질의 재료를 사용할 것
5) 강재와 강재와의 접속부 및 교차부는 볼트·클램프 등 전용철물을 허용하여 단단히 연결할 것
6) 거푸집이 곡면인 때에는 버팀대의 부착 등 그 거푸집의 부상(浮上)을 방지하기 위한 조치를 할 것

68

동영상 화면은 하수관을 묻기 위해 백호우 굴삭기로 하수관을 인양하는 장면을 보여주고 있다. 동영상의 작업 상황에서 위험요인(재해발생원인)을 2가지만 찾아서 기입하시오.

해 답
1) 하수관 인양 시 2줄 걸기를 하지 않고 하수관을 가운데 1개소만 묶어서 인양하고 있다.
2) 신호수를 배치하지 않았다.
3) 인양작업 중에 위험구역 내에 출입금지 조치를 하지 않았다. (출입금지 표지판 미설치로 통행인 위험)

69

13/1

동영상의 사진은 와이어로프로 철근을 체결하는 장면을 보여주고 있다. 다음 물음에 답하시오.
(1) 동영상의 사진 ① 과 ② 중에서 와이어로프의 체결방법으로 양호한 것의 번호를 쓰시오.
(2) 와이어로프 직경에 따른 체결 클립수를 쓰시오.

와이어로프 직경(mm)	체결 클립 수
9~16mm	4개
18mm	5개
22mm	(①)
35mm	(②)

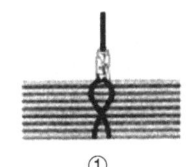
①

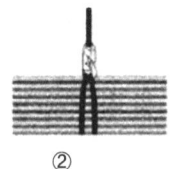
②

해 답
(1) ②
(2) ① 5개　② 6개

길잡이

(1) 동영상의 사진
1) [사진 ①] 체결방식(불량) : 묶은 와이어가 겹치면 아래쪽 와이어가 조여지지 않는다.
2) [사진 ②] 체결방식(양호) : 묶은 와이어는 항상 2줄이 겹친다. (부득이 세로달기를 할 경우 반드시 포대나 상자를 붙여서 철근이 빠져 나가지 않도록 한다)

(2) 와이어로프 직경과 클립수

와이어로프 직경 (mm)	9~10	11.2~14	16	18	20~22.4	25	28~31.5	33.5~37.5
클립수(개)	4	4	4	5	5	6	6	6

70

동영상 화면은 교량가설공법(① 교량공사 현장전경 ② PC 슬래브 제작장 ③ 추진잭 ④ 추진코 ⑤ 반대력 ⑥ 슬래브 타락방지시설 등)에 대한 교량공사 장면을 보여주고 있다. 동영상 화면속의 교량공사 공법의 명칭을 쓰시오.

해답 ILM 공법(압출공법)

(1) ILM 공법 : 교량의 상부구조를 한쪽 교대의 후방에 설치된 제작장에서 지간의 1/2 또는 1/3 길이의 세그먼트(segement, 분절상판)를 포스트텐셔닝 방식을 적용하여 생산하고, 교축방향으로 밀어 점차적으로 교량을 가설하는 공법이다. (교대 후방에 설치되어있는 제작장에서 일정한 길이의 세그먼트를 제작한 후 압축잭과 추진코를 이용하여 교각방향으로 밀어서 전진시켜 연속된 교량을 가설하는 공법)

(2) PC(pre-cast)공법
  1) PSM(precast segment method)공법
    ① 세그먼트(segment, 분절상판)를 크로스 빔(cross beam, 가로보, 도리)에 의해 지지되는 런칭 거더(launching girder, 수연식 거더)위에 거치, 이동 및 배열한 후 종방향 인장작업으로 하나의 스팬(span)이 완성되며, 이와 같은 작업을 반복수행하여 전체교량을 완성하는 공법이다.
    ② 이 방식에 의한 교량 상부공사는 현장에서의 동바리 및 거푸집 철근작업을 최소화하므로 주위 환경을 해치는 범위를 축소하고 공기를 단축 시키는 이점이 있다.
  2) PGM(precast girder method)고법 : 상부구조를 제작장에서 제작·운반하여 교량공사를 하는 공법으로 소규모 교량공사에 사용된다.

71

동영상의 화면은 철골에 매달아 사용하는 비계(상하 이동이 불가능)의 모습을 모여 주고 있다. 다음 물음에 답하시오.

(1) 비계의 명칭 :
(2) 안전계수 :
(3) 철선사용 시 철선의 규격 :
(4) 철근사용 시 철근의 직경 :

 해 답
(1) 달대비계
(2) 8이상
(3) #8
(4) 19mm 이상

길잡이
1) 달대비계 : 철골공사의 리벳치기, 볼트작업을 할 때에 주로 이용되는 것으로 주체인 철골에 매달아서 작업발판을 만드는 비계로서 상하이동이 불가능하다.
2) 달대비계를 조립하여 사용 시 준수사항(고용노동부 고시)
① 달대비계를 매다는 철근은 #8 소선철선을 사용하여 4가닥 정도로 꼬아서 하중에 대한 안전계수가 8이상 확보되어야 한다.
② 철근을 사용할 때에는 19mm 이상을 쓰며, 근로자는 반드시 안전모와 안전대를 착용하여야 한다.

72   13/2 산 18/2 산

동영상 화면은 PC(pre-cast) 콘크리트 제작공정을 6단계로 나누어 다음 내용과 같이 각 공정별로 번호를 표시한 장면을 보여주고 있다.

① 탈형작업 ② 형틀에 박리제 도포작업
③ 철근 조립(용접)작업 ④ 철근 장착(형틀에 철근 거치작업)
⑤ 콘크리트 타설작업 ⑥ 수중양생

다음 물음에 답하시오.
(1) 동영상을 보고 PC 콘크리트 제작공정을 순서대로 나열하시오.
(2) PC 콘크리트의 장점을 2가지만 쓰시오.

해 답 (1) PC 콘크리트 제작공정 순서
② 형틀에 박리제 도포 → ④ 철근 장착 →
③ 철근조립 → ⑤ 콘크리트 타설 →
⑥ 수중양생 → ① 탈형
(2) PC 콘크리트의 장점
① 기계화 작업으로 공사기간 단축
② 자재를 규격화하여 표준화 및 대량생산 가능
③ 제품 품질의 균일화 및 고품질화
④ 노무비 절약(현장노무인원 감소)

1) PC(precast) 콘크리트
   고정시설을 갖춘 공장에서 기둥·보·바닥판 등의 부재를 기성제품화한 콘크리트를 말한다.(prefab 콘크리트라고도 함.)
2) PC 콘크리트 제작공정 순서
   ① 형틀에 박리제 도포 → ② 철근 장착(형틀에 철근 거치작업) → ③ 철근조립 → ④ 콘크리트 타설 → ⑤ 수중양생 → ⑥ 탈형

73

동영상 화면은 교량공사를 하는 장면을 보여주고 있다. 교량공사시 추락위험방지를 위해 필요한 안전시설의 종류를 2가지만 쓰시오.

해답
1) 작업발판 설치
2) 안전난간(또는 울타리 및 수직형 추락방망) 설치
3) 안전방망 설치
4) 안전대 착용을 위한 안전대 부착설비 설치

74

동영상은 둥근톱기계를 이용하여 목재를 절단하는 작업장면을 보여주고 있다. 다음 물음에 답하시오.

(1) 동영상의 작업 상황에서 사고발생시 위험요인(사고발생원인)을 2가지만 쓰시오.
(2) 둥근톱기계 등 전동기계기구를 사용하여 작업을 할 때 누전에 의한 감전위험을 방지 하기 위하여 누전차단기를 설치하여야 할 경우 1가지를 쓰시오.

해 답
(1) 위험요인(사고발생원인)
  ① 톱날접촉예방장치(보호덮개) 미설치
  ② 분할날 등 반발예방장치 미설치
(2) 누전차단기의 설치
  ① 대지전압이 150V를 초과하는 이동형 또는 휴대형 전기기기·기구
  ② 물 등 도전성이 높은 액체가 있는 습윤 장소에서 사용하는 저압용 전기기계·기구
  ③ 철판·철골 위 등 도전성이 높은 장소에서 사용하는 이동형 또는 휴대형 전기기계·기구
  ④ 임시배선의 전로가 설치되는 장소에서 사용하는 이동형 또는 휴대형 전기기계·기구

주 누전차단기에 의한 감전방지 : 안전보건규칙 제304조

75   13/2

동영상은 아파트, 오피스텔 등의 고층건축물 시공을 위해 스틸(steel)을 적용, 판넬(panel)과 각각의 부재를 하나로 연결하여 대형화한 스틸거푸집을 설치하는 작업 장면을 보여주고 있다. 다음 물음에 답하시오.

(1) 거푸집의 명칭을 기술하시오.
(2) 콘크리트 타설시 측압에 영향을 주는 요인을 2가지만 쓰시오.

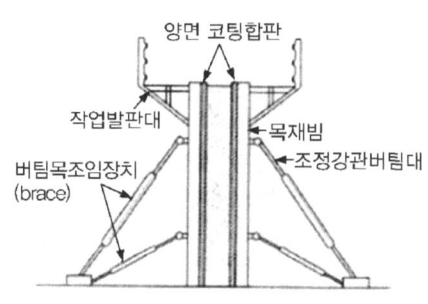 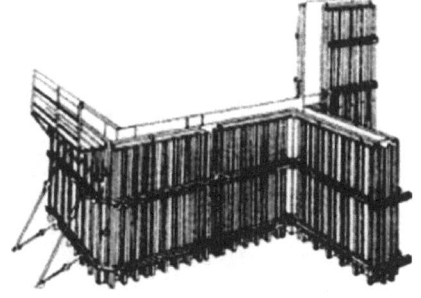

(1) 갱폼의 거푸집의 구성   (2) 갱폼의 거푸집의 입면

[갱폼 거푸집의 설치]

해답 (1) 거푸집의 명칭 : 갱폼(gang form)
(2) 콘크리트 타설시 측압에 영향을 주는 요인
① 온도 및 대기중의 습도
② 치어붓기 속도(타설속도)
③ 콘크리트의 다짐정도(다짐크기)
④ 콘크리트의 비중
⑤ 철근량

길잡이

갱폼(gang form) : 거푸집널과 강제지보공으로 이루어져 옹벽 또는 피어 등에 사용되는 특수 거푸집이다.
1) 재료 : 철재로 넓게 제작
2) 사용위치 : 외벽 중 면이 넓은 곳, 아파트 외벽
3) 전용횟수 : 20회 정도

76

동영상 화면은 아파트 공사현장에서 타워크레인의 설치작업 장면을 보여주고 있다. 아파트 등의 구조물 위에 크레인을 설치할 경우 구조적인 안전성을 확보하기 위하여 사전에 검토할 사항 3가지를 쓰시오.

해답
1) 지지력에 대한 안전성 확보
2) 전도에 대한 안전성 확보
3) 활동에 대한 안전성 확보

77 13/4

동영상 화면(① 교량공사 현장전경, ② PC 슬래브 제작장, ③ 추진코, ④ 추진책, ⑤ 반대력, ⑥ 슬래브 탈락방지시설 등)은 장경간의 교량공사에서 경간마다 거푸집 동바리를 매번 설치하지 않아도 되는 장점이 있는 교량가설공법을 보여주고 있다. 다음 물음에 답하시오.

(1) 이 교량의 가설공법의 명칭을 쓰시오.
(2) 사진 ③번 부분의 명칭을 쓰시오.
(3) 사진 ④ 번의 용도를 쓰시오.

해 답
(1) ILM공법(압출공법)
(2) 추진코
(3) 인장력을 주기 위해 사용

길잡이

ILM 압출공법

1) **ILM 공법(압출공법)** : 교량의 상부구조를 한쪽 교대의 후방에 설치된 제작장(casting yard)에서 지간의 1/2 또는 1/3 길이의 분절상판(segment)을 포스트텐셔닝 방식을 적용하여 생산하고 교축방향으로 밀어 점차적으로 교량을 가설하는 공법이다.
2) **ILM 공법 특징(장점)**
   ① 작업공간 확보용이(외부비계 및 작업발판 불필요)
   ② 공기단축 가능
   ③ 장대교량(지간이 긴 공간)건설가능

78 13/4

동영상은 이동식 비계 상부에 올라 가다가 추락하는 사고장면(작업자가 승강용 사다리가 없어서 비계를 타고 올라가다가 떨어지는 사고장면)을 보여주고 있다. 추락 사고발생원인 2가지를 쓰시오.

해 답
1) 승강용 사다리를 설치하지 않았다.
2) 이동식 비계 최상부에 안전난간을 설치하지 않았다.
3) 비계 바퀴에 갑작스러운 이동을 방지하기 위한 브레이크, 쐐기 등의 바퀴고정조치를 하지 않았다.

길잡이 이동식 비계를 조립하여 작업 시 준수사항
1) 이동식 비계의 바퀴에는 뜻밖의 갑작스러운 이동을 방지하기 위하여 브레이크, 쐐기 등으로 바퀴는 고정시킨 다음 비계의 일부를 견고한 시설물에 잡아매는 등의 조치를 할 것
2) 승강용 사다리는 견고하게 설치할 것
3) 비계의 최상부에서 작업을 할 때에는 안전난간을 설치할 것

79

동영상 화면은 콘크리트말뚝의 항타작업 장면의 모습을 보여주고 있다. 동영상에서와 같이 말뚝을 항타하는 종류를 3가지만 쓰시오.

해답
1) 타격관입공법
2) 수사식 공법
3) 프리보링 공법

길잡이

말뚝박기 공법(말뚝항타공법)
1) **타격관입공법** : 케이싱 파이프(casing pipe)를 지중에 박아넣어 콘크리트 말뚝을 형성하는 공법이다.
2) **수사식 공법** : 말뚝 선단에서 물을 수사(waterjet)하면서 지반을 무르게 하여 말뚝을 박는 공법이다.
3) **프리보링 공법** : 미리 구멍을 뚫고 기성말뚝을 설치하는 무소음·무진동공법이다.
4) **진동공법** : 상하로 작동하는 진동기를 이용하여 박는 공법
5) **중굴공법** : 말뚝의 중공부에 오거를 삽입하여 매설하는 공법

80

14/1

동영상 화면은 굴삭기(백호우)로 흙을 굴착함여 덤프트럭에 싣는 작업장면(작업자가 굴삭기 주변에 있고 안전모 등 보호구 미착용)을 보여주고 있다. 당해 작업의 위험요인과 안전대책을 3가지 쓰시오.

해 답

1) 위험요인
   ① 유도자를 배치하지 않아 덤프트럭 후진시 작업자가 덤프트럭에 접촉되어 다칠 수 있다.
   ② 작업자가 굴삭기의 회전반경 내에 출입하여 굴삭기의 붐대에 접촉되어 다칠 수 있다.
   ③ 작업자가 보호구(안전모 등)를 착용하지 않아서 사고발생시 중상을 입을 수 있다.

2) 안전대책
   ① 유도자를 배치한다.
   ② 굴삭기의 회전반경 내에는 안전구역 설정 및 출입금지표지판 설치 등에 의해 근로자의 출입을 금지시킨다.
   ③ 안전모, 안전화 등 반드시 보호구를 착용한다.

81   14/1 산 14/2 산 16/4 산

동영상 화면은 백호우(굴삭기)가 하수관을 1줄걸기로 인양하고 있으며, 작업자 2명이 그 밑에서 하수관의 이음작업을 하는 장면을 보여주고 있다. 다음 물음에 답하시오.

(1) 재해의 종류를 쓰시오
(2) 재해방지대책을 쓰시오
(3) 하수관 인양작업 시 백호우 등 차량계 건설기계의 전도방지대책을 2가지 쓰시오.

해답
(1) 재해의 종류 : 협착
(2) 재해방지대책
  1) 신호수를 배치할 것
  2) 하수관 인양시 2줄걸기를 할 것
(3) 차량계 건설기계의 전도 등의 방지대책
  1) 유도하는 자의 배치
  2) 지반의 부동침하 방지
  3) 갓길의 붕괴 방지
  4) 도로의 폭의 유지

주 차량계 건설기계의 전도 등의 방지 : 안전보건규칙 제199조

82　　14/1

동영상의 화면은 기초의 지지력을 증대시키기 위해 기성콘크리트말뚝인 원심력식 철근콘크리트말뚝을 항타하는 장면을 보여주고 있다. 원심력식 철근콘크리트의 장점을 2가지만 쓰시오.

해 답
1) 재질이 균일하고 충분한 강도를 가지고 있다.
2) 소요길이 및 크기를 자유로이 할 수 있고 말뚝재료의 인수가 용이하다.
3) 수축 크리프(creep)가 매우 적다.

1) 원심력식 철근콘크리트말뚝
   ① 원심력을 이용하여 만든 중공원주형(中空圓柱形)의 말뚝이다.
   ② 대규모의 중량건물 또는 굳은 지층이 깊어서 말뚝을 깊이 막아야 할 경우에 쓰인다.
   ③ 말뚝의 외경은 25~50cm, 길이는 지름의 45배 이하로 하나 운반관계로 최대 12m까지를 주로 많이 사용한다.
   ④ 굳은 지층의 깊을 때에는 2개 또는 3개까지 이어 쓸 수 있고 최대 35m 정도까지 이어 박을 수 있다.
2) 말뚝지정의 항타공법
   ① 타격관입공법　② 프리보링 공법
   ③ 압입식 공법　　④ 진동공법
   ⑤ 수사식 공법　　⑥ 중공굴착공법(중굴공법)

83　14/1

동영상은 터널공사현장에서 작업자가 복장 및 보호구 착용을 하지 않은 채, 불안전한 작업자세로 일을 하고 있으며, 작업통로에는 물건들이 무질서하게 놓여 있는 상태로 작업하고 있는 장면을 보여주고 있다. 동영상에 나타난 터널공사현장에서의 1) 불안전한 행동 및 2) 불안전한 상태를 찾아서 기술하시오.

해답

1) 불안전한 행동
   ① 복장 및 보호구 착용 불량
   ② 불안전한 작업자세와 동작
   ③ 불량한 작업통로 상태 방치

2) 불안전한 상태
   ① 조명불량
   ② 분진발생
   ③ 작업통로 상태 불량
   ④ 바닥에 지하용수 고임

84　14/1

동영상은 작업자가 달대비계 위에서 위층으로 파이프를 올려서 한곳에만 집중적으로 적재하는 장면(작업자는 안전모는 착용하고 있으나 안전대는 미착용)을 보여주고 있다. 위험요인 2가지를 쓰시오.

해답
1) 적재물의 상부가 한쪽으로 치우쳐 적재되어 있어 낙하 위험이 있다.
2) 작업자가 안전대를 착용하지 않아 추락의 위험이 있다.

길잡이

달대비계
1) 철골리벳 또는 볼트 작업시와 같이 주체인 철골에서 달아매어 작업발판을 만드는 비계(달비계의 일종)
2) 상하 이동을 할 수 없다.

85

15/2 산 16/4 기

트럭크레인을 사용하여 강관비계의 인양작업을 할 경우 준수해야 할 사항을 4가지만 기술하시오.

해 답
1) 인양작업은 신호수의 지시에 따라 실시한다.
2) 크레인의 작업반경 내에는 출입금지 조치를 취한다.
3) 작업시작 전에 와이어로프의 결함유무를 확인하고 이상 발견시에는 교체토록 한다.
4) 화물은 2군데를 묶어서 2줄걸기로 인양한다.

86

14/4 산

동영상 화면에 보이는 와이어로프 클립 체결방법 1) 가장 올바른 것의 번호와 2) 그 이유를 쓰시오.

①

②

③

해 답
1) ②
2) 클립의 새들(saddle)은 와이어로프의 힘이 걸리는 방향에 있어야 한다.

87

동영상화면도(사진)는 교량건설공법을 보여주고 있다. 교량건설공법 중 동바리 설치 없이 교량상부를 부설하는 방법에 따른 공법의 종류를 3가지 쓰시오.

해답
1) ILM 공법(압출공법)
2) FCM 공법(외팔보공법)
3) MSS공법(이동지보공법)

88

동영상은 프리캐스트(precast concrete)제작과정을 보여주고 있다. 다음 [보기]를 보고 제작과정의 순서의 번호를 쓰시오.

[보기]
① 거푸집 제작(박리제 도포)
② 철근배근 및 조립
③ 수중양생
④ 콘크리트 타설
⑤ 선부착품(인서트, 전기부품 등) 설치 및 철근 거치
⑥ 탈형

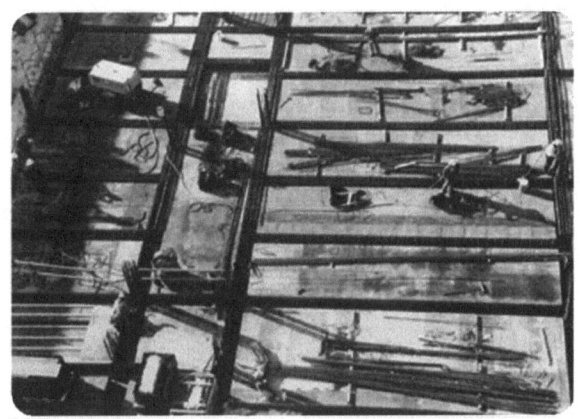

해답 ① → ⑤ → ② → ④ → ③ → ⑥

길잡이
프리캐스트 콘크리트(precast concrete)
고정시설을 갖춘 공장에서 기둥, 보, 바닥판 등의 부재를 철재거푸집에 의하여 제작하고 고온 다습한 증기 보양실에서 단기 보양하여 기성제품화한 콘크리트를 말한다.

89

14/4

동영상의 사진은 추락 방지용 안전 보호구를 보여주고 있다. 다음 물음에 답하시오.

(1) ①번(안전그네)이 안전벨트에 비해 장점인 이유를 간략히 설명하시오.
(2) ②번의 안전대 명칭을 쓰시오.

①
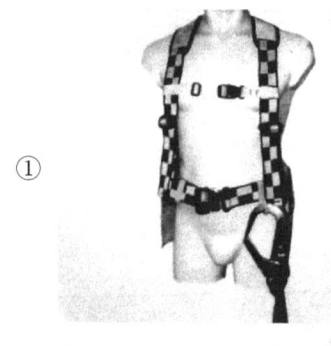

②

해 답 (1) 추락할 때 받는 충격하중을 안전그네(①)는 신체 곳곳에 분산시켜 충격을 최소화 한다.
(2) 안전블록

길잡이 용어의 정의

1) 벨트 : 신체지지를 목적으로 허리에 착용하는 띠 모양의 부품
2) 안전그네 : 신체지지를 목적으로 전신에 착용하는 띠 모양의 부품
3) 추락방지대 : 벨트 또는 안전그네를 신체에 착용하기 위해 그 끝에 부착한 금속장치

90 15/1

동영상은 낙하물 방지망을 보수하던 작업자가 밑으로 추락하는 사고장면을 보여주고 있다. 위험요인 2가지를 쓰시오.

해답
1) 작업발판을 설치하지 않았다.
2) 안전대를 착용하지 않았다.
3) 추락 방호망을 설치하지 않았다.

91

동영상은 항타기를 이용하여 콘크리트 말뚝을 지층에 박는 장면을 보여주고 있다. 말뚝의 항타공법 종류 4가지를 쓰시오.

해답
1) 타격공법
2) 진동공법
3) 압입식 공법
4) 수사식 공법
5) 프리보링(pre-boring) 공법
6) 중굴공법

길잡이 말뚝박기 공법

소음 진동	타격공법	드롭해머, 디젤해머, 스팀해머를 이용한 타격공법
	진동공법	상하로 작동하는 진동기를 이용하여 박는 공법
무소음 무진동	압입(壓入)식 공법	Jack으로 말뚝머리에 큰 하중을 가하여 박는 공법
	수사식공법	말뚝선단에서 고압의 물을 분사하여 타입하는 공법
	프리보링(pro-boring)공법	미리 구멍을 뚫고 굴착한 후에 말뚝을 타입하는 공법
	중굴(中掘) 공법	말뚝의 중공부(中空部)에 오거를 삽입하여 매설하는 공법

92

동영상은 근로자가 손수레에 모래를 가득 싣고 운반하던 중에 사고가 발생하는 장면을 보여주고 있다. 다음 물음에 답하시오.

(1) 사고의 종류를 쓰시오.
(2) 사고발생원인 2가지를 쓰시오.
(3) 안전대책 2가지를 쓰시오.

해답
(1) 사고의 종류 : 추락
(2) 사고발생원인
   1) 손수레에 적재정량을 초과하여 적재하였다.
   2) 작업지휘자·관리감독자를 배치하지 않았다.
   3) 공동작업자가 없이 1인이 운반하고 있다.
(3) 안전대책
   1) 적재적정량을 초과하지 않을 것
   2) 작업지휘자 등을 배치할 것
   3) 2인1조로 운반작업을 할 것

93

동영상은 엘리베이터 피트 내 거푸집을 조립하는 장면을 보여주고 있다. 다음 물음에 답하시오.

(1) 발생될 수 있는 사고형태를 쓰시오.
(2) 사고발생원인 1가지를 쓰시오.

해 답
(1) 사고형태 : 추락
(2) 사고발생원인 : 추락방호망을 설치하지 않았다.

94

동영상은 화면은 셔블 기계(드래그셔블, 백호우)로 하수관을 인양하는 장면을 보여주고 있다. 동영상의 작업상황에서 위험요인(재해발생원인)을 3가지만 찾아서 기입하시오.

해 답
1) 하수관 인양시 2줄 걸기를 하지 않음(하수관이 1개소만 묶여 있어 낙하 위험)
2) 신호수 미배치(충돌 위험)
3) 인양작업 중 출입금지 조치를 하지 않음(출입금지표지판 미설치로 통행인 위험)

95

15/4

동영상은 콘크리트 믹서트럭 사진을 보여주고 있다. 다음 ( )안에 알맞은 내용을 쓰시오.

콘크리트 재료 : 시멘트 + 물 + ( )

해 답 자갈 · 모래

96

14/1 16/4

동영상은 철근 조립작업 장면을 보여주고 있다. 철근조립작업시 철근이음방법을 3가지 쓰시오.

해 답
1) 겹침이음
2) 용접이음
3) 가스압점
4) 기계적이음

97 15/4

근로자가 외부 비계를 타고 올라가다가 추락하는 사고가 발생하였다.
(1) 사고발생 원인을 2가지 쓰시오.
(2) 안전대책을 2가지 쓰시오.

해 답 (1) 사고발생원인
　　　　　1) 외부 비계에 작업발판을 설치하지 않음
　　　　　2) 추락 및 낙하물방지망 미설치
　　　(2) 안전대책
　　　　　1) 작업발판을 설치할 것
　　　　　2) 추락 및 낙하물방지망을 설치할 것.

98 17/4

동영상은 철근 운반작업 장면을 보여주고 있다. 인력에 의한 철근운반시 주의사항을 3가지만 쓰시오.

해답
1) 긴 철근은 2인이 1조가 되어 어깨메기로 하여 운반하는 등 안전성을 도모한다.
2) 긴 철근을 부득이 한 사람이 운반할 때는 한 곳을 드는 것보다 한쪽(앞쪽)을 어깨에 메고 한쪽 끝을 땅에 끌면서 운반한다.
3) 운반시에는 항상 양끝을 묶어 운반한다.
4) 1회 운반시 1인당 무게는 25kg 정도가 적절하며, 무리한 운반은 삼간다.
5) 공동작업시는 신호에 따라 작업을 행한다.

99 16/4

동영상은 원심력 철근콘크리트 말뚝을 박는 장면을 박는 장면을 보여주고 있다.

(1) 말뚝의 항타공법 종류 3가지와
(2) 콘크리트 말뚝의 장점·단점을 각각 2가지씩 쓰시오.

해 답 (1) 말뚝의 항타공법(타입공법)
　　　　1) 타격관입공법
　　　　2) 진동공법
　　　　3) 프리보링공법
　　　　4) 압입공법
　　(2) 콘크리트 말뚝의 장점 및 단점
　　　1) 장점
　　　　① 내구성이 크고, 입수하기가 비교적 쉽다.
　　　　② 재질이 균일하여 신뢰성이 있다.
　　　　③ 길이 15m 이하인 경우에는 경제적이다.
　　　　④ 강도가 커서 지지말뚝으로 적합하다.
　　　2) 단점
　　　　① 말뚝이음에 대한 신뢰성이 낮다.
　　　　② 말뚝시공시 항타로 인해 말뚝 본체에 균열이 생기기 쉽다.

100 16/4

동영상의 사진과 같은 낙하물방지망에 대한 다음 물음에 답하시오.

(1) 최초사용개시후의 정기시험기간 :
(2) 정기시험기간 :
(3) 시험의 종류 :

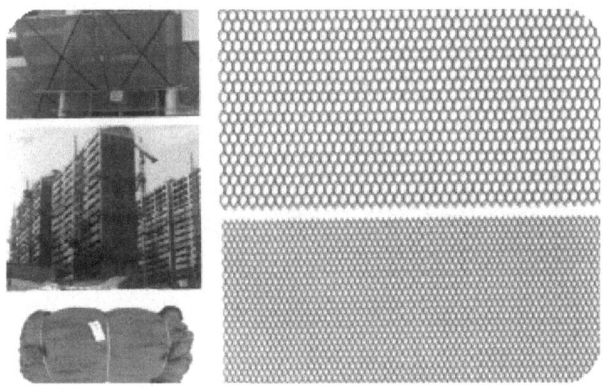

해 답 (1) 1년
(2) 6개월
(3) 인장시험

101

동영상 장면의 타워크레인의 작업 중에 발생할 수 있는 재해발생요인(위험요인 : 불안전요소)을 3가지만 쓰시오.

해 답 위험요인(불안전한 요소)
1) 신호수를 배치하지 않았다.
2) 화물을 와이어로프 한 가닥만 묶어서 인양하고 있다.
3) 작업반경 내에 근로자가 접근하고 있다.
4) 안전표지판(위험표지판)을 설치하지 않았다.
5) 작업자의 안전모 턱끈이 풀려져 있다.

 재해방지대책
1) 지상에 신호수를 배치할 것.
2) 와이어로프로 화물을 2줄걸기로 하여 인양할 것.
3) 크레인의 작업반경 내에는 출입금지 조치를 할 것.
4) 안전표지판(위험표지판)을 설치할 것.
5) 작업자의 안전모 턱끈을 확실하게 체결할 것.

102

17/1 18/4

동영상은 작업자가 비계 위에서 작업하는 장면(비계상에 작업발판이 없고, 작업자 한 명은 비계 위에서 강관을 아래로 던지고 있으며, 안전대를 착용하지 않고, 아래에 있는 작업자는 안전모 턱끈이 풀려져 있는 장면)을 보여주고 있다. 동영상의 작업상황에서 위험요인을 2가지만 찾아서 쓰시오.

해답
1) 비계 위에 작업발판을 설치하지 않고 작업자가 안전대를 착용하지 않아서 추락할 위험이 있다.
2) 하부작업자가 안전모 턱끈을 제대로 체결하지 않아 낙하물에 다칠 위험이 있다.
3) 작업반경내에 출입금지 조치를 하지 않아 강관 등의 낙하물에 다칠 위험이 있다.

길잡이 동영상의 작업상황에서의 안전대책
1) 비계상에 작업발판을 설치하고 작업자는 안전대를 착용할 것.
2) 안전모 턱끈을 확실하게 체결하도록 할 것.
3) 작업반경내에는 출입금지 조치를 할 것.

> Guide 동영상에서 위험요인을 찾는 것은 어려운 것이 아닙니다. 동영상의 작업상황을 집중하여 관찰하면 잘못된 것이 보입니다.

103

작업자가 화물을 싣고 리프트를 운행하고 있다. 리프트의 운행 중 발생할 수 있는 위험요인(불안전한 행동 및 불안전한 상태)을 3가지만 쓰시오.

해답
1) 화물 인양작업 중 안전모 등 보호구 미착용
2) 개구부가 개방된 채 운행(화물의 낙하 위험)
3) 각 층에서 탑승 대기중인 작업자가 리프트 위치를 확인하기 위해 난간이나 문짝 밖으로 머리를 내밀고 있음
4) 리프트에 적재하중을 초과하는 화물을 적재하였음

 리프트 조립 등의 작업 (안전보건규칙 제 156조)
1) 작업을 지휘하는 자를 선임하여 그 자의 지휘하에 작업을 실시할 것
2) 작업을 할 구역에 관계근로자 외의 자의 출입을 금지하고 그 취지를 보기 쉬운 장소에 표시할 것
3) 비·눈 그 밖의 기상상태의 불안정으로 인하여 날씨가 몹시 나쁠 때에는 그 작업을 중지시킬 것

104   17/2

굴삭기를 사용하여 굴착한 흙을 덤프트럭에 실어서 운반하는 작업을 하고 있다. 굴착 및 상차·운반작업에 따라 발생할 수 있는 위험요인과 그 대책을 기술하시오.

해답

1) 위험요인
   ① 연약지반 위에 받침판 등을 사용치 않고 운전하여 굴삭기가 전도했다.
   ② 급선회·고속운전 등 운전결함으로 굴삭기가 도괴 또는 전도했다.
   ③ 굴삭기의 작업구역 내에 출입금지 조치를 하지 않았다.
   ④ 덤프트럭에 규정 이상의 흙을 싣고 덮개를 씌우지 않았다.
   ⑤ 차량유도자 또는 감독자가 없어서 차량충돌 사고가 발생하였다.

2) 대책
   ① 연약지반 위에 받침판 설치
   ② 운전수칙 준수
   ③ 굴삭기의 작업반경 내에 출입금지 조치
   ④ 적재정량 상차 및 운반 전에 덮개를 덮을 것
   ⑤ 차량유도자 또는 감독자 배치

105   17/4

동영상 화면은 하수도관의 매설작업을 위해 백호가 하수도관을 1줄걸이로 인양하던 중에 터파기 자리 밑에서 신호와 작업을 동시에 하던 작업자의 다리가 하수도관에 깔리는 사고 장면을 보여주고 있다.

(1) 기인물
(2) 재해유형
(3) 안전대책을 각각 쓰시오.

해답
(1) 기인물 : 백호
(2) 재해유형 : 협착
(3) 안전대책
   1) 신호수(또는 유도자)를 배치할 것.
   2) 하수도관 인양시 로프로 2줄걸이를 하여 인양하도록 할 것.

106   17/4

동영상은 비계 조립·해체작업을 하는 근로자의 모습(안전모의 턱끈이 풀린 자, 안전대를 착용하지 않은 자, 파이프를 밑으로 던지는 자 등) 등을 보여주고 있다. 재해발생원인(위험요인)을 2가지만 쓰시오.

해답
1) 안전대 미착용으로 추락의 위험이 있다.
2) 안전모의 턱끈을 제대로 체결하지 않았다.
3) 비계재료인 파이프 등을 달줄 또는 달포대 등을 사용하지 않고 밑으로 던져 아래에서 작업하던 근로자가 맞아 다칠 수 있다.
4) 작업발판의 미설치 또는 설치불량으로 근로자가 추락할 수 있다.
5) 작업구역 내에 당해 작업에 종사하는 근로자 외의 근로자의 출입금지 조치를 하지 않았다.

107 18/4

동영상은 밀폐공간 내에서 작업장면을 보여주고 있다. 밀폐공간 내에서 작업 시 위험방지 조치사항 2가지를 쓰시오.

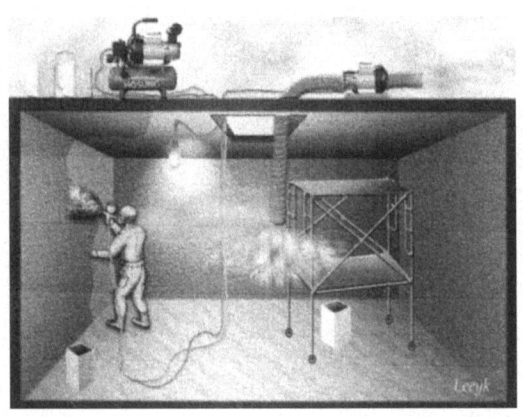

해답
1) 작업시작 전 및 작업 중에 해당 작업장을 적정한 공기상태가 유지되도록 환기시킬 것
2) (환기 곤란 시)송기마스크를 착용하도록 할 것

길잡이
1) 산소결핍 : 공기 중의 산소농도가 18% 미만인 상태
2) 적정공기
   ① 산소(O_2)농도의 범위 : 18% 이상 23.5% 미만
   ② 탄산가스(CO_2)농도 : 1.5% 미만
   ③ 일산화탄소(CO)농도 : 30ppm 미만
   ④ 황화수소(H_2S)농도 : 10ppm 미만
3) 산소결핍 작업 시 조치사항
   ① 산소결핍의 우려가 있을 경우 조치사항 : 산소농도를 측정하는 자를 지정하여 산소 농도를 측정하도록 할 것.
   ② 산소결핍의 우려가 발생한 경우 조치사항
      ㉠ 송기를 위한 설비를 설치하고 필요한 양의 공기를 송급하도록 할 것
      ㉡ 송기마스크를 착용할 것

3. 안전기준

01 13/1 기

사다리식 통로를 설치할 때에 준수사항을 3가지 쓰시오.

해답
1) 견고한 구조로 할 것
2) 심한 손상·부식 등이 없는 재료로 사용할 것
3) 발판의 간격은 일정하게 할 것
4) 발판과 벽과의 사이는 15cm 이상의 간격을 유지할 것
5) 폭은 30cm 이상으로 할 것
6) 사다리가 넘어지거나 미끄러지는 것을 방지하기 위한 조치를 할 것
7) 사다리의 상단은 걸쳐놓은 지점으로부터 60cm 이상 올라가도록 할 것
8) 사다리식 통로의 길이가 10m 이상인 경우에는 5m 이내마다 계단참을 설치할 것
9) 사다리식 통로의 기울기는 75° 이하로 할 것. 다만, 고정식 사다리식 통로의 기울기는 90° 이하로 하고, 그 높이가 7m 이상인 경우에는 바닥으로부터 높이가 2.5m 되는 지점부터 등받이 울을 설치할 것
10) 접이식 사다리 기둥은 사용시 접혀지거나 펼쳐지지 않도록 철물 등을 사용하여 견고하게 조치할 것

▶ **사다리식 통로 등의 구조** : 안전보건규칙 제24조

> **Guide** 상기 문제는 10개 중에 문제가 요구하는 3가지 사항만 답을 작성하면 됩니다. 따라서, 10개 항목 중 암기하기 쉬운 내용으로 4가지 정도를 암기하고, 또한 (   )안에 숫자를 기술하는 문제가 출제되므로 숫자는 별도로 암기하기 바랍니다.

02

다음은 가설통로의 구조에 관한 사항이다. ( )안에 알맞은 용어 및 숫자를 기입하시오.

(가) 견고한 구조로 할 것.
(나) 경사는 (①)°이하로 할 것.
(다) 경사가 (②)°를 초과하는 때에는 미끄러지지 아니하는 구조로 할 것.
(라) 추락의 위험이 있는 장소에는 (③)을 설치할 것.
(마) 수직갱에 가설된 통로의 길이가 (④)m 이상인 때에는 (⑤)m 이내마다 계단참을 설치할 것.
(바) 건설공사에 사용하는 높이 (⑥)m 이상인 비계다리에는 (⑦)m 마다 계단참을 설치 할 것.

해답
① 30
② 15
③ 안전난간
④ 15
⑤ 10
⑥ 8
⑦ 7

※ 가설통로의 구조 : 안전보건규칙 제 23조

> **Guide** 가설통로의 구조 6가지, 사다리식 통로의 구조 10가지를 완전히 숙지하여 ( )안에 숫자쓰기와 3가지 또는 4가지 항목쓰기에 대비하여야 합니다.

03 13/2 기 15/4 기 16/4 기

동영상은 아파트공사현장에 설치되어 있는 안전방망을 보여주고 있다. 안전방망에 표시하여야 할 사항 2가지를 쓰시오.

해답
1) 제조자명
2) 제조연월
3) 재봉치수
4) 그물코
5) 신품인 때의 방망의 강도

주 **방망의 표시사항** : 표준안전작업지침(고용노동부 고시)

04

13/4 기 14/2 기 15/4 기 18/4 기

거푸집 동바리 조립시 준수하여야 할 사항을 4가지만 쓰시오.

해 답
1) 깔목의 사용, 콘크리트 타설, 말뚝박기 등 동바리의 침하를 방지하기 위한 조치를 할 것
2) 개구부 상부에 동바리를 설치하는 때에는 상부하중을 견딜 수 있는 견고한 받침대를 설치할 것
3) 동바리의 상하 고정 및 미끄러짐 방지조치를 하고, 하중의 지지상태를 유지할 것
4) 동바리의 이음은 맞댐이음 또는 장부이음으로 하고 같은 품질의 재료를 사용할 것
5) 강재와 강재와의 접속부 및 교차부는 볼트·클램프 등 전용철물을 허용하여 단단히 연결할 것
6) 거푸집이 곡면인 때에는 버팀대의 부착 등 그 거푸집의 부상(浮上)을 방지하기 위한 조치를 할 것
7) 거푸집을 조립하는 때에는 거푸집이 넘어지지 아니하도록 버팀대를 설치하는 등 필요한 조치를 할 것

☞ 거푸집 동바리 등의 안전조치(안전보건규칙) : 거푸집 동바리 조립시 준수사항

 길잡이
거푸집 동바리 등의 조립 또는 해체작업 시 준수사항 (안전보건규칙 제336조)
1) 해당 작업을 하는 구역에는 관계근로자 외의 자의 출입을 금지시킬 것
2) 비·눈 그 밖의 기상상태의 불안정으로 인하여 날씨가 몹시 나쁠 때에는 그 작업을 중지시킬 것.
3) 재료·기구 또는 공구 등을 올리거나 내릴 때에는 근로자로 하여금 달줄·달포대 등을 사용하도록 할 것.
4) 낙하·충격에 의한 돌발적 재해를 방지하기 위하여 버팀목을 설치하고 거푸집 동바리 등을 인양장비에 매단 후에 작업을 하도록 하는 등 필요한 조치를 할 것

05

17/1 기

다음은 거푸집 동바리 등을 조립할 때에 준수하여야 할 사항에 관한 내용이다. (   )안에 알맞은 용어 또는 숫자를 쓰시오.

(가) 깔목의 사용, (①), 말뚝박기 등 동바리의 침하를 방지하기 위한 조치를 할 것.
(나) 동바리의 이음은 (②) 또는 장부이음으로 하고 같은 품질의 재료를 사용할 것.
(다) 강재와 강재의 접속부 및 교차부는 (③)등 전용 철물을 사용하여 단단히 연결할 것.
(라) 동바리로 사용하는 파이프 서포트의 높이가 (④)를 초과할 때에는 높이 (⑤)이내마다 수평연결재를 2개 방향으로 만들고 수평연결재의 변위를 방지할 것.

해 답
① 콘크리트 타설
② 맞댄이음
③ 볼트 · 클램프
④ 3.5m
⑤ 2m

※ 거푸집 동바리 등의 안전조치 : 안전보건규칙 제 332조

Guide 산업안전보건법에 규정된 거푸집 동바리 등의 안전조치 항목은 14개 항목이 있습니다. 주로 빈칸채우기 [(   )안에 수치 또는 용어쓰기]가 많이 출제되므로 각 항목마다 중요도 정도를 파악하여야 하며 중요한 용어와 수치는 확실하게 암기하여야 합니

06

동영상은 파이프 서포트를 사용한 거푸집 동바리 사진을 보여주고 있다. 동영상에서와 같이 파이프 서포트를 동바리로 사용할 경우 준수하여야 할 사항 중 다음 (   )안에 알맞은 내용을 쓰시오.

[보기]
(가) 동바리의 이음은 (①)이나 (②)으로 하고 같은 품질의 재료를 사용할 것
(나) 강재와 강재의 접속부 및 교차부는 (③)등 전용철물을 사용하여 단단히 연결할 것
(다) 동바리로 사용하는 파이프 서포트는 높이가 (④)m를 초과하는 경우에는 높이 (⑤)m 이내마다 수평연결재를 2개 방향으로 만들고 수평연결재의 변위를 방지할 것

해답
① 맞댄이음
② 장부이음
③ 볼트·클램프
④ 3.5
⑤ 2

주 거푸집 동바리 등의 안전조치 : 안전보건규칙 제332조

07   13/4 ㉮ 15/1 ㉮

거푸집 동바리 등을 조립할 때 동바리로 사용하는 파이프 서포트를 이어서 사용하였으나 설치상태 불량으로 콘크리트 타설 중에 거푸집 동바리가 붕괴되는 사고가 발생하였다. 거푸집 동바리로 사용하는 파이프 서포트에 대한 안전사용기준을 3가지 쓰시오.

해 답
1) 파이프 서포트를 3개 이상 이어서 사용하지 않도록 할 것
2) 파이프 서포트를 이어서 사용할 때에는 4개 이상의 볼트 또는 전용철물을 사용하여 이을 것
3) 높이가 3.5m를 초과할 때에는 높이 2m 이내마다 수평 연결재를 2개 방향으로 만들고 수평연결재의 변위를 방지할 것

주) 거푸집 동바리 등의 안전조치 : 안전보건규칙 제332조

08

14/1 17/2

다음은 거푸집 동바리 등을 조립하는 때에 준수하여야 할 사항이다. (   )안에 알맞은 숫자 또는 용어를 기입하시오.

(가) 파이프 서포트를 (①)개 이상 이어서 사용하지 아니하도록 할 것
(나) 파이프 서포트를 이어서 사용할 때에는 (②)개 이상의 (③) 또는 전용철물을 사용하여 이을 것
(다) 높이가 (④)m를 초과할 때에는 높이 (⑤)m 이내마다 수평 연결재를 (⑥)개 방향으로 만들고 수평연결재의 변위를 방지할 것

해 답
① 3　　② 4
③ 볼트　④ 3.5
⑤ 2　　⑥ 2

 거푸집 동바리 등의 안전조치 : 안전보건규칙 제 332조

길잡이 거푸집 동바리의 고정ㆍ조립 또는 해체작업시 관리감독자의 직무수행내용 (안전보건규칙 별표 2)
1) 안전한 작업방법을 결정하고 작업을 지휘하는 일
2) 재료, 기구의 결함 유무를 점검하고 불량품을 제거하는 일
3) 작업중 안전대 및 안전모 등 보호구 착용상황을 감시하는 일

> **Guide** (길잡이)의 관리감독자 직무수행내용은 다음 작업에도 똑같이 적용됩니다.
> 1) 지반의 굴착작업
> 2) 흙막이 지보공의 고정ㆍ조립 또는 해체작업
> 3) 터널의 굴착작업
> 4) 건물 등의 해체작업

09 13/4 기

동영상은 지반의 굴착작업 장면을 보여주고 있다. 지반의 굴착작업시 지반의 붕괴 또는 매설물 등의 손괴 등에 의하여 근로자에게 위험을 미칠 우려가 있을 경우에 사전에 작업장소 및 그 주변의 지반에 대하여 조사해야 할 사항 4가지를 쓰시오.

해답
1) 형상·지질 및 지층의 상태
2) 균열·함수·용수 및 동결의 유무 또는 상태
3) 매설물 등의 유무 또는 상태
4) 지반의 지하수위 상태

주 사전조사 및 작업계획서 내용 : 안전보건규칙 별표4

10   14/1 ㉮

동영상은 흙막이 지보공을 설치하는 장면이다. 흙막이 지보공 설치시 재해예방을 위한 안전대책 2가지를 쓰시오.

해답 1) 흙막이 지보공의 재료로 변형·부식되거나 심하게 손상된 것을 사용해서는 아니된다.
2) 흙막이 지보공을 조립하는 경우 미리 조립도를 작성하여 그 조립도에 따라 조립하도록 하여야 한다.
3) 흙막이 지보공을 설치하였을 때에는 정기적으로 점검하고 이상을 발견하면 즉시 보수하여야 한다.
4) 흙막이 지보공을 설치하였을 때에는 설계도서에 따른 계측을 하고 계측분석결과 토압의 증가 등 이상한 점을 발견한 경우에는 즉시 보강조치를 하여야 한다.

> 흙막이 지보공 재료·조립도·붕괴 등의 위험방지 : 안전보건규칙 제345조, 제346조, 제347조

1) 흙막이 지보공 조립도에 명시해야 할 사항(안전보건규칙 제346조 제2항)
  ① 흙막이판·말뚝·버팀대 및 띠장 등 부재의 배치·치수·재질
  ② 설치방법과 순서
2) 흙막이 지보공 설치시 정기적 점검사항(안전보건규칙 제347조 제1항)
  ① 부재의 손상·변형·부식·변위 및 탈락의 유무와 상태
  ② 버팀대의 긴압의 정도
  ③ 부재의 접속부·부착부 및 교차부의 상태
  ④ 침하의 정도

11

동영상은 지반 굴착 작업장면을 보여주고 있다. 굴착작업을 하는 경우 지반의 붕괴 또는 토석의 낙하에 의한 위험을 방지하기 위해 관리감독자가 작업시작 전에 점검할 사항 2가지를 쓰시오.

해답
1) 작업장소 및 그 주변의 부석·균열의 유무
2) 함수·용수 및 동결상태의 변화

주 토석붕괴 위험방지 : 안전보건규칙 제339조

길잡이
굴착작업 시 사전조사 내용(안전보건규칙 별표4)
1) 형상·지질 및 지층의 상태
2) 균열·함수(含水)·용수 및 동결의 유무 또는 상태
3) 매설물 등의 유무 또는 상태
4) 지반의 지하수위 상태

12

흙막이 지보공 설치시 붕괴 등의 위험방지를 위해 정기적으로 점검해야 할 사항을 4가지 쓰시오.

해 답
1) 부재의 손상·변형·부식·변위 및 탈락의 유무와 상태
2) 버팀대의 긴압의 정도
3) 부재의 접속부·부착부 및 교차부의 상태
4) 침하의 정도

➤ 붕괴 등의 위험방지(흙막이 지보공 설치시 정기점검사항) : 안전보건규칙

1) 흙막이 지보공의 조립도에 명시할 내용(안전보건규칙)
   ① 흙막이판·말뚝·버팀대 및 띠장 등 부재의 배치
   ② 부재의 치수
   ③ 부재의 재질 및 설치방법과 순서
2) 흙막이 지보공의 고정·조립 또는 해체작업시 관리감독자의 직무내용(안전보건규칙 별표2)
   ① 안전한 작업방법을 결정하고 작업을 지휘하는 일
   ② 재료·기구의 결함 유무를 점검하고 불량품을 제거하는 일
   ③ 작업 중 안전대 및 안전모 등 보호구 착용상황을 감시하는 일

13

14/1 기

다음은 강관을 사용하여 비계를 구성할 때 준수해야 할 사항이다. ( )안에 알맞은 수치를 기입하시오.

(가) 비계기둥의 간격은 띠장방향에서는 (①)m 이하, 장선방향에서는 (②)m 이하로 할 것
(나) 띠장간격은 (③)m 이하로 설치할 것
(다) 비계기둥의 최고부로부터 (④)m 되는 지점 밑부분의 비계기둥은 (⑤)개의 강관으로 묶어 둘 것(브래킷 등으로 보강하여 그 이상의 강도가 유지되는 경우에는 그러하지 아니하다)
(라) 비계기둥 간의 적재하중은 (⑥) kg을 초과하지 아니하도록 할 것

해답 (가) ① 1.85   ② 1.5
(나) ③ 2
(다) ④ 31   ⑤ 2
(라) ⑥ 400

주 강관비계의 구조 : 안전보건규칙 제60조

14

13/1 산 14/1 기 17/4 산

아파트공사 현장에서 물체가 떨어지거나 날아올 위험(낙하 및 비래 위험)이 있을 때에 위험방지 조치사항을 3가지 쓰시오.

해 답

1) 낙하물 방지망, 수직보호망 또는 방호선반의 설치
2) 출입금지구역의 설정
3) 보호구의 착용

주 낙하 등에 의한 위험 방지 : 안전보건규칙 제14조

길잡이

낙하물방지망 또는 방호선반 설치 시 준수사항(안전보건규칙)
1) 설치높이는 10m 이내마다 설치하고, 내민 길이는 벽면으로부터 2m 이상으로 할 것
2) 수평면과의 각도는 20° 내지 30°를 유지할 것

15   14/2 16/1

동영상화면은 아파트 공사현장을 보여주고 있다. 낙하·비래에 의한 재해방지대책 3가지를 쓰시오.

해 답
1) 낙하물 방지망 설치
2) 수직보호망 설치
3) 방호선반 설치
4) 출입금지 구역 설정
5) 보호구 착용

※ 낙하물에 의한 위험의 방지 : 안전보건규칙 제14조

길잡이
낙하물방지망 또는 방호선반의 설치기준
① **설치위치** : 지상(최하단)에서 10m 이내에 첫 번째 방망을 설치하고, 매 10m 마다 설치한다.
② **설치각도** : 수평각 20° 이상 30° 이하
③ **돌출길이** : 벽면으로부터 수평으로 2m 이상
④ **방망의 지지점 강도** : 600kg의 외력에 견딜 수 있어야 한다..

16

동영상은 비계설치중에 강관비계가 떨어져 밑에서 작업하던 근로자가 맞는 장면을 보여주고 있다. 재해예방을 위한 안전대책 3가지를 쓰시오.

해답
1) 낙하물 방지망 등을 설치한다.
2) 출입금지구역을 설정하여 근로자의 출입을 금지한다.
3) 안전모 등 개인보호구를 착용시킨다.

17 14/1 기 14/4 기 18/4 기

콘크리트 타설작업을 하기 위하여 콘크리트 펌프 또는 콘크리트 펌프카를 사용할 때 준수사항 3가지를 쓰시오.

해답
1) 작업을 시작하기 전에 콘크리트 펌프용 비계를 점검하고 이상을 발견한 때에는 즉시 보수할 것.
2) 건축물의 난간 등에서 작업하는 근로자가 호스의 요동·선회로 인하여 추락하는 위험을 방지하기 위하여 안전난간을 설치 등 필요한 조치를 할 것.
3) 콘크리트 펌프카의 붐을 조정할 때에는 주변 전선 등에 의한 위험을 예방하기 위한 적절한 조치를 할 것.
4) 작업 중에 지반의 침하, 아웃트리거의 손상 등으로 인하여 콘크리트 펌프카가 넘어질 우려가 있는 때에는 이를 방지하기 위한 적절한 조치를 할 것.

주 **콘크리트 펌프 등 사용 시 준수사항** : 안전보건규칙 제335조

콘크리트 타설작업을 하는 경우 준수사항(안전보건규칙 제334조)
1) 당일의 작업을 시작하기 전에 해당 작업에 관한 거푸집 동바리 등의 변형·변위 및 지반의 침하유무 등을 점검하고 이상이 있으면 보수할 것
2) 작업 중에는 거푸집 동바리 등의 변형·변위 및 침하유무 등을 감시할 수 있는 감시자를 배치하여 이상이 있으면 작업을 중지하고 근로자를 대피시킬 것
3) 콘크리트 타설작업 시 거푸집 붕괴의 위험이 발생할 우려가 있으면 충분한 보강조치를 할 것
4) 작업 중에 지반의 침하, 아웃트리거의 손상 등에 의하여 콘크리트 펌프카가 넘어질 우려가 있는 경우에는 이를 방지하기 위한 적절한 조치를 할 것

18

14/1 ㉮ 15/1 ㉮ 16/1 ㉮ 18/2 ㉮

동영상에서와 같이 굴착작업에 있어 지반의 붕괴 또는 토석의 낙하에 의한 근로자의 위험방지 조치사항 3가지를 쓰시오.

해 답
1) 흙막이 지보공의 설치
2) 방호망의 설치
3) 근로자의 출입금지 조치
4) (비가 올 경우 대비) 측구 설치 및 굴착사면에 비닐을 덮음

㈜ 지반의 붕괴 등에 의한 위험방지 : 안전보건규칙 제340조

 흙막이공법의 종류

구분	공법내용
흙막이 지지방식에 의한 분류	1) 자립공법 2) 버팀대 공법 3) 어스앵커공법 4) 타이로드 공법
흙막이 구조방식에 의한 분류	1) H-Pile공법(H말뚝, 흙막이 토류판 공법) 2) 버팀대 공법(강널말뚝공법, 강관널말뚝공업) 3) Slurry Wall(지하연속벽공법, 다이어프램 월) 　(주열시기 지하연속벽, 벽식 지하연속법) 4) 톱다운공법(역타공법)

19

14/1

동영상에서 보여지는 화물자동차의 전도·전락방지대책 2가지를 쓰시오.

해답
1) 유도하는 사람 배치
2) 지반의 부동침하 방지
3) 갓길의 붕괴방지

  주 차량계 하역운반기계등 사용 작업시 전도 등의 방지 : 안전보건규칙 제171조

 차량계 하역운반기계의 종류
  1) 지게차   2) 화물자동차   3) 구내운반차

20

16/1

동영상은 차량계 건설기계를 이용하여 사면의 굴착공사장면을 보여주고 있다. 차량계 건설기계의 전도·전락을 방지하기 위하여 필요한 사항 3가지를 쓰시오.

해답
1) 유도하는 사람의 배치   2) 지반의 부동침하 방지
3) 갓길의 붕괴방지   4) 도로폭의 유지

  주 차량계건설기계 전도 등의 방지 : 안전보건규칙 제199조

21

14/1 ㉮ 17/1 ㉮ 17/2 ㉮

차량계 건설기계를 사용하여 작업을 할 때에는 당해 작업장소의 지형 및 지반상태 등을 사전에 조사하고, 그 조사 결과를 고려하여 작업계획을 작성하고 그 작업계획에 따라 작업을 실시하여야 한다. 차량계 건설기계의 작업계획에 포함되는 사항을 3가지 쓰시오.

해 답
1) 사용하는 차량계 건설기계의 종류 및 성능
2) 차량계 건설기계의 운행경로
3) 차량계 건설기계에 의한 작업방법

※ 차량계 건설기계의 작업계획의 작성 : 안전보건규칙[별표3]

 차량계 하역운반기계(지게차, 구내운반차, 화물자동차 등)의 작업계획서의 작성 내용 (안전보건규칙 별표 3)
1) 작업에 따른 추락·낙하·전도·협착 및 붕괴 위험 예방대책
2) 차량계 하역운반기계 등의 운행경로 및 작업방법

> **Guide** 작업계획서 내용은 법 규정이며 출제율이 매우 높습니다. 따라서 반드시 암기하여야 합니다.

22

14/1 ㉮ 18/4 ㉮

동영상은 어두운 터널 안으로 차량(콘크리트 펌프카)이 들어가고 터널 천장의 울퉁불퉁한 모습을 보여주며 작업자가 차량의 기능을 점검한 후 터널 외벽에 모르타르를 뿜칠하고 있다. 다음 물음에 답하시오.

(1) 작업공정이 무엇인지 기술하시오.
(2) 차량을 사용하는 작업 시 작업계획서에 포함사항 3가지를 쓰시오.

해답 (1) 작업공정 : 숏크리트 뿜칠공정
(2) 작업계획서 내용
  1) 사용하는 차량계 건설기계의 종류 및 성능
  2) 차량계 건설기계의 운행경로
  3) 차량계 건설기계에 의한 작업방법

※ 사전조사 및 작업계획서 내용 : 안전보건규칙 별표4

 숏크리트(shot crete)
(1) **숏크리트** : 콘크리트 또는 모르타르를 압축공기로 시공면에 뿜어붙이는 특수한 시공방법
(2) **공법의 종류** : 습식 공법, 건식 공법
(3) **숏크리트 타설작업시 작업계획서에 포함사항**
  1) 압송거리
  2) 분진방지대책
  3) 리바운드(rebound) 방지대책
  4) 작업의 안전수칙
(4) **숏크리트 타설작업시 유의사항**
  1) 낙석을 제거하고 작업을 할 것
  2) 방수 우의 및 보안면을 착용할 것
  3) 건식콘크리트 작업시 고압호스(분무용)는 매일 확인할 것
  4) 건식콘크리트 작업시 분무작업은 필히 3인 이상이 작업할 것

23

변압기 등 전기기계·기구(변압기·전동기·접속기·개폐기·분전반·배전반 등)의 충전부분에 접촉·접근함으로써 감전의 위험이 있을 때의 방호조치 사항을 3가지만 쓰시오.

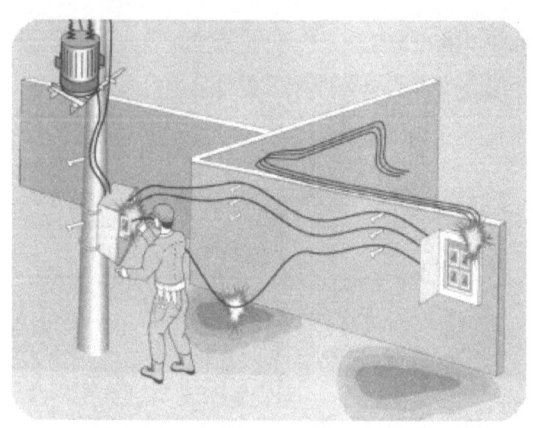

해답
1) 충전부가 노출되지 아니하도록 폐쇄형 외함이 있는 구조로 할 것
2) 충전부에 충분히 절연효과가 있는 방호망 또는 절연덮개를 설치할 것
3) 충전부는 내구성이 있는 절연물로 완전히 덮어 감쌀 것
4) 발전소·변전소 및 개폐소 등 구획되어 있는 장소로서 관계근로자 외의 자의 출입이 금지되는 장소에 충전부를 설치하고, 위험표시 등의 방법으로 방호를 강화할 것
5) 전주 위 및 철탑 위 등 격리되어 있는 장소로서 관계근로자 외의 자가 접근할 우려가 없는 장소에 충전부를 설치할 것

주 전기기계·기구 등의 충전부 방호 : 안전보건규칙 제301조

24　　　　　　　　　　　　　　　　　　　14/2 기 16/2 기

동영상은 작업자(안전모 턱끈을 매지 않음)가 어두운 통로를 걸어가다가 개구부로 추락하는 장면을 보여주고 있다. 동영상의 사고에 대한 방지대책 3가지를 쓰시오.

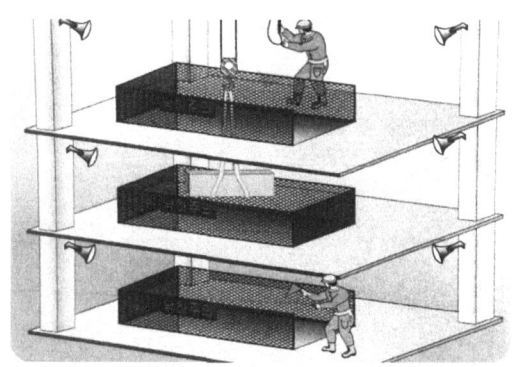

해답
1) 안전난간·울타리·수직형 추락방지망 설치
2) 덮개 설치
3) 추락방호망 설치
4) 안전모의 턱끈을 체결할 것

주 개구부 등의 방호조치 : 안전보건규칙 제43조

25   15/2 기 15/4 산

동영상화면은 아파트 공사현장의 비계 위에서 작업하던 작업자가 추락하는 장면을 보여주고 있다. 동영상에서와 같이 고층아파트 건설작업 시 추락방지를 위한 안전대책을 3가지 쓰시오. (단, 작업발판 끝·개구부 등에서의 추락방지대책은 제외)

해답
1) (비계를 조립하는 등의 방법에 의해) 작업발판을 설치할 것
2) 추락방호망을 설치할 것
3) 안전대를 착용하도록 할 것

주 추락의 방지 : 안전보건규칙 제42조

(1) 안전방망 설치기준

구분	낙하물방지망 또는 방호선반	추락방호망
1. 설치위치	· 높이 10m 이내마다 설치	· 가능하면 작업면으로부터 가까운 지점에 설치하여야 하며, 작업면으로부터 망의 설치지점까지의 수직거리는 10m를 초과하지 않을 것
2. 수평면과의 각도	· 20° 이상 30° 이하	· 수평으로 설치하고, 망의 처짐은 짧은변 길이의 12%이상이 되도록 할 것
3. 내민길이	· 벽면으로부터 2m 이상으로 할 것	· 벽면으로부터 3m 이상 되도록 할 것. 다만 그물코가 20mm 이하인 망을 사용할 경우에는 낙하물방지망을 설치한 것으로 본다.

2) **개구부 등의 방호조치**(안전보건규칙 제43조) : 작업발판 및 통로의 끝이나 개구부 등에서의 추락위험방지 조치사항
 ① 안전난간, 울타리, 수직형 추락방망 설치
 ② 덮개설치
 ③ 추락방호망 설치
 ④ 안전대 착용
3) **지붕 위에서의 추락위험방지 조치사항**(안전보건규칙 제45조)
 ① 폭 30cm 이상의 발판설치
 ② 추락방호망 설치

26 18/1 기 18/4 기

동영상은 작업자가 콘크리트 바닥을 청소하면서 옆으로 이동하다가 개구부로 추락하는 장면을 보여주고 있다. 작업발판 및 통로의 끝이나 개구부로서 추락할 위험이 있는 장소에 대한 방호조치 사항 3가지를 쓰시오.

해 답
1) 안전난간, 울타리, 수직형 추락방망 설치
2) 덮개설치 및 개구부 표시
3) 추락방호망 설치
4) 안전대 착용

 작업용 대형 slab 개구부(1m² 이상)의 방호조치
1) 안전난간 설치(난간기둥 간격 2m 이하)
2) 안전난간에 수직방망 설치(바닥에 충분히 접하도록)
3) 높이 10m 이내마다 수평 추락방지망 설치(일시적 해체 가능 구조)
4) 낙하물 방지용 폭목 설치 및 안전표지판 설치
5) 지하층 개구부 주변은 충분한 조도 확보

27 14/4 기 16/1 기 17/2 기 18/2 기

동영상은 트렌치 컷 굴착방식으로 작업하는 장면을 보여주고 있다. 지반의 붕괴 또는 토석의 낙하에 의한 근로자의 위험을 방지하기 위해 관리감독자가 작업시작 전에 점검하여야 할 사항 2가지를 쓰시오.

해 답
1) 작업장소 및 그 주변의 부석·균열의 유무
2) 함수·용수 및 동결상태의 변화

주 토석붕괴 위험방지 : 안전보건규칙 제339조

28   14/2 17/4

동영상의 화면은 백호(back hoe : 드래그셔블)에 의한 지반의 굴착작업장면을 보여주고 있다. 백호 등 차량계 기계를 사용하는 작업을 할 때에 전도 및 전락 방지대책을 2가지만 쓰시오.

해 답
1) 유도자의 배치
2) 지반의 부동침하 방지
3) 갓길의 붕괴 방지
4) 도로폭의 유지

 차량계 건설기계의 전도등의 방지 : 안전보건규칙 제 199조

길잡이 차량계 하역운반기계 등의 전도·전락 방지대책 (안전보건규칙 제 171조)
1) 유도자의 배치
2) 지반의 부동침하 방지
3) 갓길의 붕괴 방지

29

동영상 화면은 타워크레인(tower crane)의 모습을 보여주고 있다. 크레인의 설치·조립·수리·점검 또는 해체작업을 하는 때에 조치할 사항을 3가지만 쓰시오.

해답
1) 작업 순서를 정하고 그 순서에 의하여 작업을 실시할 것
2) 작업을 할 구역에 근로자 외의 자의 출입을 금지시키고 그 취지를 보기 쉬운 곳에 표시할 것
3) 비·눈, 그 밖의 기상상태의 불안정으로 인하여 날씨가 몹시 나쁠 때에는 그 작업을 중지시킬 것
4) 작업 장소는 안전한 작업이 이루어질 수 있도록 충분한 공간을 확보하고 장애물이 없도록 할 것
5) 들어 올리거나 내리는 기자재는 균형을 유지하면서 작업을 실시하도록 할 것
6) 크레인의 성능, 사용조건 등에 따라 충분한 응력을 갖는 구조로 기초를 설치하고 침하 등이 일어나지 아니하도록 할 것
7) 규격품인 조립용 볼트를 사용하고 대칭되는 곳을 순차적으로 결합하고 분해할 것

주 크레인의 설치·조립·수리·점검 또는 해체작업시 조치사항 : 안전보건규칙 제141조

30
14/2 기 14/4 기 18/4 산

동영상의 터널굴착작업에 대한 다음 물음에 답하시오.

1) 터널굴착작업을 하는 때에는 작업계획을 작성하고 그 시공계획에 의하여 작업하여야 한다. 작업계획에 포함되는 사항을 2가지만 쓰시오.
2) 터널 등의 건설작업시 낙반 등에 의한 위험방지 조치사항을 2가지만 쓰시오.

해 답
1) 터널굴착작업 시 작업계획의 작성내용
   ① 굴착의 방법
   ② 터널지보공 및 복공의 시공방법과 용수의 처리방법
   ③ 환기 또는 조명시설을 설치할 때에는 그 방법
2) 낙반 등에 의한 위험방지 조치사항
   ① 터널지보공 및 록 볼트의 설치
   ② 부석의 제거

 ㈜ (1) 작업계획의 작성 : 안전보건규칙[별표 4]
    (2) 낙반 등에 의한 위험의 방지 : 안전보건규칙 제351조

1) 출입구 부근 등의 지반 붕괴에 의한 위험의 방지(안전보건규칙 제352조) : 터널 등의 건설작업 터널 등의 출입구 부근의 지반의 붕괴 또는 토석의 낙하에 의한 위험방지 조치사항
   ① 흙막이 지보공 설치
   ② 방호망 설치
2) 터널 건설작업시 시계의 유지를 위한 조치사항(안전보건규칙 제353조)
   ① 환기를 시킬 것
   ② 물을 뿌릴 것

31

다음 물음에 답하시오.
1) 사진의 터널공사 공법을 기술하시오.
2) 터널굴착작업시 시공계획의 작성내용을 2가지만 쓰시오.

해 답
1) TBM(터널 보링 머신 : Tunnel Boring Machine) 공법
2) 시공계획의 작성내용
   ① 굴착의 방법
   ② 터널지보공 및 복공의 시공방법과 용수의 처리방법
   ③ 환기 또는 조명시설을 설치할 때에는 그 방법

   사전조사 및 작업계획서 내용 : 안전보건규칙 [별표 4]

TBM 공법(Tunnel Boring Machine Method)
1) TBM 공법 : 화약 발파 없이 유압 기계장치에 의해서 기계적으로 터널을 굴착하는 공법이다.
2) TBM 공법의 특징
   ① 완전 자동화된 기계력에 의한 굴착
   ② 진동영향의 극소화
   ③ 선형의 정확한 유지
   ④ 여굴 미발생
   ⑤ 갱내 작업환경 양호 및 안정성 확보
   ⑥ 초기 시설투자(장비비)가 크며, 본바닥의 변화에 적응곤란
3) TBM 공법의 적용이 곤란한 지반조건
   ① 굳은 암석 또는 연약지반이 돌출하는 경우
   ② 다량의 용수가 분출하는 경우
   ③ 지반의 굴착단면이 급작스럽게 변화하는 경우

32 14/2 가

동영상의 화면은 작업자가 가스용접을 하는 장면을 보여주고 있다. 금속의 용접·용단에 사용되는 1) 가스 등의 용기를 취급할 때 준수사항 4가지를 쓰고 2) 작업자의 불안전한 행동을 1가지만 쓰시오.

해답 1) 가스 등의 용기 취급 시 준수사항
① 용기의 온도를 섭씨 40℃ 이하로 유지할 것.
② 전도의 위험이 없도록 할 것.
③ 충격을 가하지 아니하도록 할 것.
④ 운반할 때에는 캡을 씌울 것.
⑤ 사용할 때에는 용기의 마개에 부착되어 있는 유류 및 먼지를 제거할 것.
⑥ 밸브의 개폐는 서서히 할 것.
⑦ 사용 전 또는 사용중인 용기와 그 외의 용기를 명확히 구별하고 보관할 것.
⑧ 용해 아세틸렌의 용기는 세워 둘 것.
⑨ 용기의 부식·마모 또는 변형 상태를 점검한 후 사용할 것.
2) 작업자의 불안전한 행동 : 보호구(안전장갑, 보안면, 보안경 등) 미착용

33 14/2 ㉠ 15/4 ㉠

동영상은 화물자동차 사진을 보여주고 있다. 차량계 하역운반기계 등을 이송하기 위하여 자주(自走) 또는 견인에 의하여 화물자동차에 싣거나 내리는 작업을 할 때 발판 또는 성토 등을 사용하는 경우 해당 차량계 하역운반기계 등의 전도 또는 전락에 의한 위험을 방지하기 위한 준수사항 2가지를 쓰시오.

해답
1) 싣거나 내리는 작업은 평탄하고 견고한 장소에서 할 것.
2) 발판을 사용하는 때에는 충분한 길이·폭 및 강도를 가진 것을 사용하고 적당한 경사를 유지하기 위하여 견고하게 설치할 것.
3) 가설대 등을 사용하는 경우에는 충분한 폭 및 강도와 적당한 경사를 확보할 것

주 차량계 하역운반기계 등의 이송 : 안전보건규칙 제174조

34

14/4 기

동영상은 항타기·항발기를 설치하는 장면을 보여주고 있다. 항타기·항발기의 도괴방지 조치사항에 대한 다음 물음에 답하시오.

1) 각부나 가대가 미끄러질 우려가 있는 경우 조치사항을 쓰시오.
2) 버팀대만으로 상단부분을 안정시키는 경우 조치사항을 쓰시오.
3) 연약한 지반에 설치하는 경우 조치사항을 쓰시오.

해답
1) 각부나 가대가 미끄러질 우려가 있는 경우에는 말뚝 또는 쐐기 등을 사용하여 각부나 가대를 고정시킬 것
2) 버팀대만으로 상단부분을 안정시키는 경우에는 버팀대는 3개 이상으로 하고 그 하단 부분은 견고한 버팀·말뚝 또는 철골 등으로 고정시킬 것
3) 연약한 지반에 설치하는 경우에는 각부나 가대의 침하를 방지하기 위하여 깔판·깔목 등을 사용할 것

35

동영상은 화면은 셔블(shovel) 건설기계에 압쇄기를 설치한 해체작업용 기계에 의해 아파트를 해체하는 장면을 보여주고 있다. 다음 물음에 답하시오.
1) 화면에서의 해체공법의 이름을 쓰시오.
2) 해체작업시 작업계획에 포함사항을 3가지만 쓰시오.

해 답
1) 해체공법 : 압쇄공법
2) 해체작업시 : 작업계획서 내용
　① 해체의 방법 및 해체 순서도면
　② 가설설비 · 방호설비 · 환기설비 및 살수 · 방화설비 등의 방법
　③ 사업장 내 연락방법
　④ 해체물의 처분계획
　⑤ 해체작업용 기계 · 기구 등의 작업계획서
　⑥ 해체작업용 화약류 등의 사용계획서
　⑦ 그 밖에 안전 · 보건에 관련된 사항
　　주 사전조사 및 작업계획서 내용 : 안전보건규칙 [별표 4]

 해체작업 시 조치해야 할 사항
① 작업구역 내에는 관계근로자 외의 자의 출입을 금지시킬 것
② 비 · 눈, 그 밖의 기상상태의 불안정으로 인하여 날씨가 몹시 나쁠 때에는 그 작업을 중지시킬 것

36

15/1 기

동영상은 흙막이(어스앵커공법)시공 현장을 보여주고 있다. 흙막이 구조의 안전을 예측하기 위하여 설치하는 계측기의 종류 2가지를 쓰시오.

해답
1) 수위계
2) 경사계
3) 하중 및 침하계
4) 응력계

주 흙막이 구조 안전예측을 위한 계측기 종류 : 고용노동부고시(표준안전작업지침)

37

14/1, 15/2, 15/4, 17/1, 18/1

사진은 가설계단을 나타낸 것이다. 가설계단에 대한 다음 (　)안에 알맞은 숫자를 쓰시오.

(1) 계단의 강도 : 계단 및 계단참을 설치할 때는 매 m²당(①)kg 이상의 하중에 견딜수 있는 강도를 가진 구조로 설치하여야 하며, 안전율(파괴응력/허용응력)은 (②)이상으로 한다.
(2) 계단의 폭 : 계단을 설치할 때는 그 폭을 (③)m 이상으로 하여야 한다. (단, 급유용·보수용·비상용 계단 및 나선형 계단은 제외)
(3) 계단참의 높이 : 높이가 3m를 초과하는 계단에는 높이 (④)m 이내마다 너비 (⑤)m 이상의 계단참을 설치하여야 한다.
(4) 천장의 높이 : 계단을 설치할 때는 바닥면으로부터 높이 (⑥)m 이내의 공간에 장애물이 없도록 하여야 한다.

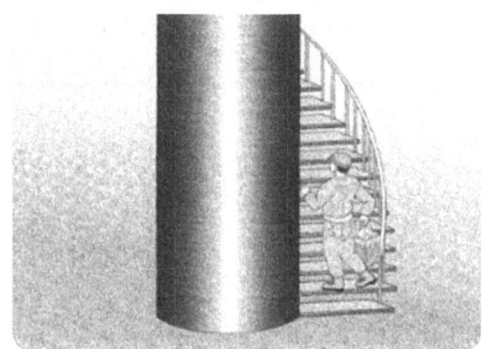

해답
① 500　② 4
③ 1　④ 3
⑤ 1.2　⑥ 2

주　계단의 안전기준 : 계단의 강도(안전보건규칙 제26조), 계단의 폭(안전보건규칙 제27조), 계단참의 높이(안전보건규칙 제28조), 천장의 높이(안전보건규칙 제29조)

 가설계단 등 설치기준(안전보건규칙 제26조~제30조)

1) **계단의 강도** : 계단 및 계단참 설치시는 500kg/m²(매 m²당 500kg) 이상의 하중에 견딜 수 있는 강도를 가진 구조로 설치할 것(안전율 : 4 이상)
2) **계단의 폭** : 계단 설치시는 그 폭을 1m 이상으로 할 것(다만, 급유용·보수용·비상용 계단 및 나선형 계단은 제외)
3) **계단참의 높이** : 높이가 3m를 초과하는 계단에는 높이 3m 이내마다 너비 1.2m 이상 계단참을 설치할 것
4) **천정의 높이** : 계단 설치시는 바닥면으로부터 높이 2m 이내의 공간에 장애물이 없도록 할 것(다만, 급유용·보수용·비상용 계단 및 나선형 계단은 제외)
5) **계단의 난간** : 높이가 1m 이상인 계단의 개방된 측면에는 안전난간을 설치할 것.

Guide　계단에 관한 작업형 문제는 대부분이 (　)안에 수치를 기입하는 것입니다. (출제율 매우 높음)

38

가설통로에 대한 다음 (   )안에 알맞은 내용을 쓰시오.

(1) 근로자가 안전하게 통행할 수 있는 통로에는 (①)이상의 채광 또는 조명시설을 할 것
(2) 경사는 (②)이하로 할 것
(3) 건설공사에 사용하는 높이 8m 이상의 비계다리에는 (③)이내마다 계단참을 설치할 것

해답
① 75럭스(lux)
② 30°
③ 7m

1) **통로의 조명**(안전보건규칙 제21조) : 사업주는 근로자가 안전하게 통행할 수 있도록 통로에 75lux 이상의 채광 또는 조명시설을 하여야 한다. (다만, 갱도 또는 상시통행을 하지 않는 지하실 등을 통행하는 근로자에게 휴대용 조명기구를 사용하도록 한 경우에는 제외)

2) **가설통로의 구조**(안전보건규칙 제23조) : 가설통로 설치시 준수사항
① 견고한 구조로 할 것
② 경사는 30°이하로 할 것
③ 경사가 15°를 초과하는 때에는 미끄러지지 아니하는 구조로 할 것
④ 추락의 위험이 있는 장소에는 안전난간을 설치할 것
⑤ 수직갱에 가설된 통로의 길이가 15m 이상인 때에는 10m 이내마다 계단참을 설치할 것
⑥ 건설공사에서 사용하는 높이 8m 이상인 비계다리에는 7m 이내마다 계단을 설치할 것

39

가설통로 및 가설계단에 대한 다음 물음에 답하시오.

(1) 가설통로의 경사각은?
(2) 계단의 폭은?
(3) 높이가 3m를 초과하는 계단에 설치하는 계단참의 너비는?
(4) 안전난간을 설치해야하는 계단의 높이는?

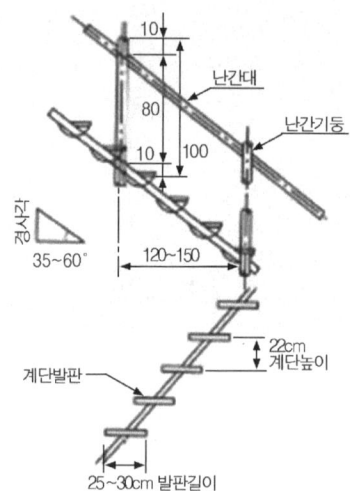

해답 (1) 30° 이하   (2) 1m 이상
(3) 1.2m 이상   (4) 1m 이상

주 (1) 가설통로의 구조 : 안전보건규칙 제 23조
(2) 계단의 폭 : 안전보건규칙 제 27조
(3) 계단참의 높이 : 안전보건규칙 제 28조
(4) 계단의 난간 : 안전보건규칙 제 30조

40   15/2 기 16/2 기 18/4 산

동영상은 토사붕괴 현장의 모습을 보여주고 있다. 토공현장에서 토사붕괴의 외적원인과 내적원인을 각각 3가지씩 쓰시오.

해 답

1) 외적원인
   ① 사면, 법면의 경사 및 기울기의 증가
   ② 절토 및 성토 높이의 증가
   ③ 공사에 의한 진동 및 반복하중의 증가
   ④ 지표수 및 지하수의 침투에 의한 토사중량의 증가
   ⑤ 지진, 차량, 구조물의 하중
   ⑥ 토사 및 암석의 혼합층 두께

2) 내적 원인
   ① 절토사면의 토질, 암면
   ② 성토사면의 토질구성 및 분포
   ③ 토석의 강도저하

※ 토석 붕괴의 원인 : 굴착공사 표준안전작업지침(고용노동부 고시)

41

추락방지용으로 사용되는 매듭있는 방망을 신품으로 설치하는 경우 그물코의 종류에 따른 방망사의 인장강도를 쓰시오.

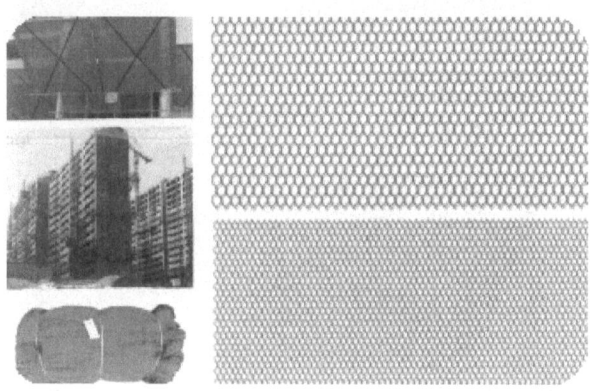

해답
① 5cm : 110kg
② 10cm : 200kg

방망사의 인장강도(고용노동부고시)

(1) 방망사의 신품에 대한 인장강도

그물코의 크기 (단위 : cm)	방망의 종류(단위 : kg)	
	매듭 없는 방망	매듭방망
10	240	200
5		110

2) 방망사의 폐기시 인장강도

그물코의 크기 (단위 : cm)	방망의 종류(단위 : kg)	
	매듭 없는 방망	매듭방망
10	150	135
5		60

42

14/1 기 16/4 기

동영상은 밀폐공간에서 굴착작업을 하는 장면을 보여주고 있다. 잠함, 우물통, 수직갱, 그 밖에 이와 유사한 건설물 또는 설비의 내부에서 굴착작업을 하는 경우 1) 산소결핍의 우려가 있는 경우 조치사항과 2) 산소결핍이 인정되는 경우 조치사항을 각각 쓰시오.

해답
1) 산소결핍 우려가 있는 경우 : 산소의 농도를 측정하는 사람을 지명하여 측정하도록 할 것
2) 산소결핍이 인정되는 경우 : 송기를 위한 설비를 설치하여 필요한 양의 공기를 공급하도록 할 것

주 잠함 등 내부에서의 작업 : 안전보건규칙 제377조

43

14/2 기 16/2 산 17/1 기 18/2 산

잠함·우물통·수직갱 등 산소결핍의 우려가 있는 장소에서 굴착작업을 할 경우 준수사항 2가지만 쓰시오.

해답
1) 산소결핍 우려가 있는 경우에는 산소농도 측정자를 지명하여 산소농도를 측정하도록 할 것
2) 근로자가 안전하게 오르내리기 위한 설비를 설치할 것
3) 굴착 깊이가 20m를 초과하는 경우에는 해당 작업장소와 외부와의 연락을 위한 통신설비 등 설치할 것
4) 산소농도 측정결과 산소결핍이 인정되거나 굴착 깊이가 20m를 초과하는 경우 송기(送氣)를 위한 설비를 설치하여 필요한 양의 공기를 공급할 것

　주 잠함 등 내부에서 작업 : 안전보건규칙 제377조

 길잡이
1) 잠함 등 내부에서의 작업시 준수사항(안전보건규칙 제377조)
   ① 산소의 농도를 측정하는 자를 지명하여 산소농도 측정
   ② 승강설비 설치
   ③ 통신설비 설치
   ④ 산소농도 측정 결과 산소의 결핍이 인정되거나 굴착깊이가 20m를 초과하는 때에는 송기설비를 설치하여 필요한 양의 공기를 송급할 것.
2) 잠함 등 내부에서의 작업의 금지(안전보건규칙 제378조)
   ① 승강설비, 통신설비, 송기설비 등에 고장이 있을 때
   ② 잠함 등의 내부에 다량의 물 등이 침투할 우려가 있을 때
3) 잠함 등 내부에서 굴착작업시 잠함·우물통의 급격한 침하에 의한 위험방지를 위해 준수할 사항 (안전보건규칙 제 376조)
   ① 침하관계도에 따라 굴착방법 및 재하량 등을 정할 것.
   ② 바닥으로부터 천장 또는 보까지의 높이는 1.8m 이상으로 할 것.

44

16/4 기 17/1 산 17/4 기 18/2 기 18/4 산

동영상에서와 같이 이동식 비계를 조립하여 작업을 할 경우 준수사항 3가지를 쓰시오.

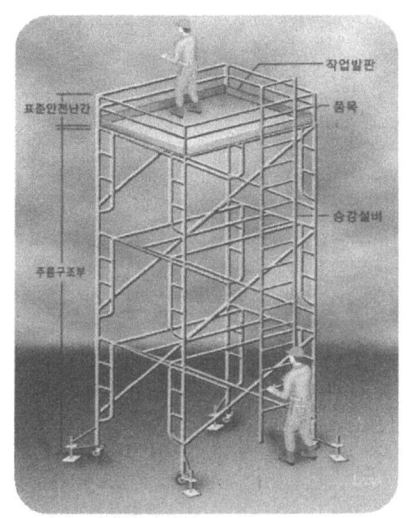

해답
1) 이동식비계의 바퀴에는 뜻밖의 갑작스러운 이동 또는 전도를 방지하기 위하여 브레이크·쐐기 등으로 바퀴를 고정시킨 다음 비계의 일부를 견고한 시설물에 고정하거나 아웃트리거(outrigger)를 설치하는 등 필요한 조치를 할 것
2) 승강용 사다리는 견고하게 설치할 것
3) 비계의 최상부에서 작업을 하는 경우에는 안전난간을 설치할 것
4) 작업발판은 항상 수평을 유지하고 작업발판 위에서 안전난간을 딛고 작업을 하거나 받침대 또는 사다리를 사용하여 작업하지 않도록 할 것
5) 작업발판의 최대적재하중은 250kg을 초과하지 않도록 할 것

주) 이동식비계 : 안전보건규칙 제68조

1) 이동식 비계의 구조

구분	내용
1. 높이제한(설치높이)	밑변 최소폭의 4배 이하
2. 제동장치	브레이크, 쐐기 등 바퀴고정장치 설치
3. 승강로	승강용 사다리 설치
4. 난간대	최상부에 안전난간 설치
5. 작업발판	발판재마다 2개소 이상 비계와 고정조치
6. 가새	2단 이상 조립시 교차가새 설치

2) 이동식 비계를 조립하여 사용시 준수사항 (고용노동부고시)
① 관리감독자의 지휘 하에 작업을 행할 것.
② 비계의 최대높이는 밑면 최소 폭의 4배 이하일 것.
③ 불의의 이동을 방지하기 위한 제동장치를 반드시 갖출 것.

④ 비계의 일부를 건물에 체결하여 이동, 전도 등을 방지할 것.
⑤ 승강용 사다리는 견고하게 부착할 것.
⑥ 최대적재하중을 표시할 것.
⑦ 부재의 접속부, 교차부는 확실하게 연결할 것.
⑧ 작업대의 발판은 전면에 걸쳐 빈틈없이 깔도록 할 것.
⑨ 작업대에는 안전난간을 설치하여야 하며 낙하물 방지조치를 할 것.
⑩ 안전모를 착용하여야 하며 지지로프를 설치할 것.

45

달비계 또는 높이 5m 이상의 비계를 조립·해체 또는 변경작업시 관리감독자의 직무내용을 3가지만 쓰시오.

해 답
1) 재료의 결함 유무를 점검하고 불량품을 제거하는 일
2) 기구·공구·안전대 및 안전모 등의 기능을 점검하고 불량품을 제거하는 일
3) 작업방법 및 근로자의 배치를 결정하고 작업진행상태를 감시하는 일
4) 안전대 및 안전모 등의 착용상황을 감시하는 일

주 관리감독자의 유해·위험방지(직무수행내용) : 안전보건규칙[별표 2]

46　　　　　　　　　　　　　　　　　　　　17/1 기　18/1 산

동영상의 화면은 굴삭기가 덤프트럭에 흙을 싣는 장면을 보여주고 있다. 다음 물음에 답하시오.
(1) 작업 중에 건설기계의 전도·전락 방지대책을 3가지만 쓰시오.
(2) 굴착작업 시 지반의 붕괴 또는 토석의 낙하 방지대책을 3가지 쓰시오.

해답 (1) 전도 등의 방지대책
　　　　1) 유도자 배치
　　　　2) 지반의 부동침하 방지
　　　　3) 갓길의 붕괴 방지
　　　　4) 도로 폭의 유지
　　(2) 지반의 붕괴 또는 토석의 낙하 방지대책
　　　　1) 흙막이 지보공의 설치
　　　　2) 방호망의 설치
　　　　3) 근로자의 출입금지

　　 (1) 차량계건설기계 등 전도 등의 방지 : 안전보건규칙 제199조
　　　　(2) 지반의 붕괴 등에 의한 위험방지 : 안전보건규칙 제340조

길잡이
굴삭기에 의해 덤프트럭에 흙을 적재할 경우 사고예방대책
1) 차량유도자를 배치할 것
2) 굴삭기의 작업반경내 및 차량운행통로에 출입금지 조치를 할 것
3) 덤프트럭에 흙을 과적하지 않고 덮개를 씌울 것
4) 안전모 등 보호구를 착용할 것

47 17/1 ㉮ 18/1 ㉰

동영상의 화면은 콘크리트의 타설작업 장면을 보여주고 있다. 콘크리트의 타설작업시 준수할 사항에 대한 다음 물음에 답하시오.
(1) 작업시작 전 점검사항을 쓰시오.
(2) 작업 중 조치사항을 쓰시오.

해 답 (1) 작업시작 전 점검사항
　　　　1) 거푸집 동바리 등의 변형·변위
　　　　2) 지반의 침하 유무
　　(2) **작업중 조치사항** : 거푸집 동바리 등의 변형·변위 및 침하 유무 등을 감시할 수 있는 감시자 배치

콘크리트 타설작업시 준수할 사항(안전보건규칙 제334조)
1) 당일의 작업을 시작하기 전에 당해 작업에 관한 거푸집동바리 등의 변형·변위 및 지반의 침하 유무를 점검하고 이상을 발견한 때에는 이를 보수할 것.
2) 작업 중에는 거푸집동바리 등의 변형·변위 및 침하 유무 등을 감시할 수 있는 감시자를 배치하여 이상을 발견한 때에는 작업을 중지시키고 근로자를 대피시킬 것.
3) 콘크리트의 타설작업시 거푸집 붕괴의 위험이 발생할 우려가 있는 때에는 충분한 보강조치를 할 것.
4) 설계도서상의 콘크리트 양생기간을 준수하여 거푸집 동바리 등을 해체할 것.
5) 콘크리트를 타설하는 경우에는 편심이 발생하지 않도록 골고루 분산하여 타설할 것.

> Guide　콘크리트 타설작업시 준수사항 3가지 쓰기 등 문제가 출제됩니다.
> 　　　　출제율이 매우 높으므로 무조건 암기하여야 합니다.

48

17/2

동영상은 거푸집 동바리 등을 조립하는 장면을 보여주고 있다. 거푸집 동바리 조립시 준수하여야 할 사항을 4가지만 쓰시오.

해 답

1) 깔목을 사용, 콘크리트 타설, 말뚝박기 등 동바리의 침하를 방지하기 위한 조치를 할 것.
2) 개구부 상부에 동바리를 설치하는 때에는 상부하중을 견딜 수 있는 견고한 받침대를 설치할 것.
3) 동바리의 상하 고정 및 미끄러짐 방지조치를 하고, 하중의 지지상태를 유지할 것.
4) 동바리의 이음은 맞댄이음 또는 장부이음으로 하고 같은 품질의 재료를 사용할 것.
5) 강재와 강재와의 접속부 및 교차부는 볼트·클램프 등 전용철물을 사용하여 단단히 연결할 것.
6) 거푸집이 곡면인 때에는 버팀대의 부착 등 그 거푸집의 부상(浮上)을 방지하기 위한 조치를 할 것.
7) 거푸집을 조립하는 때에는 거푸집이 넘어지지 아니하도록 버팀대를 설치하는 등 필요한 조치를 할 것.

※ 거푸집 동바리 등의 안전조치(거푸집 동바리 조립시 준수사항 : 안전보건규칙 제 332조

> **Guide** 빈칸( )채우기, 2가지에서 4가지 쓰기 등으로 출제되며, 출제율이 높은 편입니다.

49

추락방호망 설치기준에 대한 다음 (   )안에 알맞은 내용을 쓰시오.

(가) 추락방호망의 설치위치는 가능하면 작업면으로부터 가까운 지점에 설치하여야 하며, 작업면으로부터 망의 설치지점까지의 수직거리는 (①)m를 초과하지 아니할 것
(나) 추락방호망은 (②)으로 설치하고, 망의 처짐은 짧은 변 길이의 12% 이상이 되도록 할 것
(다) 건축물 등의 바깥쪽으로 설치하는 경우 추락방호망의 내민 길이는 벽면으로부터 (③)m이상 되도록 할 것. 다만 그물코가 20mm 이하인 추락방호망을 사용한 경우에는 낙하물방지망을 설치한 것으로 본다.

해답
① 10
② 수평
③ 3

주 추락방호망 설치기준 : 안전보건규칙 제42조

50 18/2

터널 굴착작업시 작업계획서에 포함시켜야 할 사항 3가지를 쓰시오.

해답
1) 굴착의 방법
2) 터널지보공 및 복공의 시공방법과 용수처리 방법
3) 환기 또는 조명시설을 하는 때에는 그 방법

※ 작업계획서 내용 : 안전보건규칙 별표4

길잡이
1) 터널 등의 건설작업 시 낙반 등에 의한 위험방지 조치사항(안전보건규칙 제351조)
   ① 터널지보공 및 록볼트의 설치
   ② 부석의 제거
2) 터널 건설작업 시 터널내부의 시계의 유지를 위한 조치사항(안전보건규칙 제353조)
   ① 환기를 시킬 것
   ② 물을 뿌릴 것

51   18/2 기 18/4 기

산업안전보건법에 따라 근로자가 상시 작업하는 장소의 작업면은 조도기준에 맞도록 하여야 한다. 작업에 따른 조도기준을 쓰시오.

(가) 초정밀작업 (①) Lux 이상
(나) 정밀작업 (②) Lux 이상
(다) 보통작업 (③) Lux 이상
(라) 그 밖의 작업 (④) Lux 이상

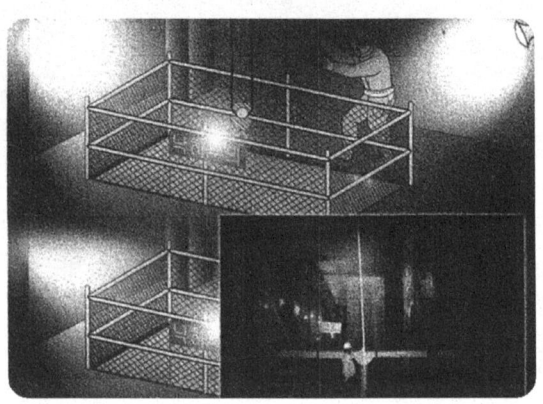

해 답
① 750
② 300
③ 150
④ 75

주 작업면 조도기준 : 안전보건규칙 제8조

길잡이
통로의 조명(안전보건규칙 제21조)
75Lux 이상의 채광 또는 조명시설을 할 것

52

동영상은 작업장 내에 통로를 설치하는 작업장면을 보여주고 있다. 통로설치에 관한 다음 (   )안에 알맞은 내용을 쓰시오.

1) 통로의 주요부분에는 (①)를 하고 근로자가 안전하게 통행할 수 있도록 할 것
2) 통로면으로부터 높이 (②)m 이내에는 장애물이 없도록 할 것

해 답   ① 통로표시   ② 2

1) 통로의 조명 : 75Lux 이상
2) 가설통로의 구조(가설통로 설치시 준수사항) (안전보건규칙 제23조)
   ① 견고한 구조로 할 것
   ② 경사는 30° 이하로 할 것(계단을 설치하거나 높이 2m 미만의 가설통로로서 튼튼한 손잡이를 설치한 때에는 그러하지 아니하다.)
   ③ 경사가 15°를 초과하는 때에는 미끄러지지 아니하는 구조로 할 것
   ④ 추락의 위험이 있는 장소에는 안전난간을 설치할 것(작업상 부득이한 때에는 필요한 부분에 한하여, 임시로 이를 해체할 수 있음)
   ⑤ 수직갱에 가설된 통로의 길이가 15m 이상인 경우에는 10m 이내마다 계단참을 설치할 것
   ⑥ 건설공사에 사용하는 높이 8m 이상인 비계다리에는 7m 이내마다 계단참을 설치할 것

53

동영상은 불도저의 작업장면을 보여주고 있다. 불도저 등 차량계 건설기계를 사용하여 작업을 하는 때에 작업계획서에 포함되어야 할 사항 3가지를 쓰시오.

해답
1) 사용하는 차량계 건설기계의 종류 및 성능
2) 차량계건설기계의 운행경로
3) 차량계건설기계에 의한 작업방법

※ 사전조사 및 작업계획서 내용 : 안전보건규칙 별표4

길잡이
차량계하역운반기계 등의 사용 시 작업계획서 내용(안전보건규칙 별표4)
1) 해당 작업에 따른 추락·낙하·전도·협착 및 붕괴 등의 위험 예방대책
2) 차량계하역운반기계 등의 운행경로 및 작업방법

54

동영상은 강관비계 위에 설치된 작업발판을 보여주고 있다. 다음 질문에 답하시오.
1) 작업발판의 최소폭
2) 작업발판 재료간의 틈
3) 강관 비계기둥간의 최대적대하중

해 답
1) 40cm 이상
2) 3cm 이하
3) 400kg

주 1) 작업발판의 구조 : 안전보건규칙 제56조
　 2) 강관비계의 구조 : 안전보건규칙 제60조

55

동영상 화면을 보고 다음 물음에 답하시오.
(1) 추락사고 발생의 방지대책을 쓰시오.
(2) 낙하물방지망 설치시 준수사항을 쓰시오.

해 답 (1) 추락사고 발생 방지대책
1) 작업발판 설치
2) 추락방호망 설치
3) 안전대 착용
(2) 낙하물방지망 설치시 준수사항
1) 설치높이는 10m 이내마다 설치하고, 내면길이는 벽면으로부터 2m 이상으로 할 것.
2) 수평면과의 각도는 20도 내지 30도를 유지할 것.

주 (1) 추락의 방지 : 안전보건규칙 제 42조
(2) 낙하물방지망 등 설치시 준수사항 : 안전보건규칙 제 14조

56

동영상은 비계를 조립하는 작업장면을 보여주고 있다. 높이 5m 이상의 비계를 조립·해체 및 변경작업 시 준수사항 3가지를 쓰시오.

해답
1) 근로자는 관리감독자의 지휘하에 작업하도록 할 것
2) 조립·해체 또는 변경의 시기·범위 및 절차를 그 작업에 종사하는 근로자에게 주지시킬 것
3) 조립·해체 또는 변경작업 구역 내에는 해당 작업에 종사하는 근로자가 아닌 사람의 출입을 금지시키고 그 내용을 보기 쉬운 장소에 게시할 것
4) 비·눈 그 밖의 기상상태의 불안정으로 인하여 날씨가 몹시 나쁜 경우에는 그 작업을 중지시킬 것
5) 비계재료의 연결·해체작업을 하는 경우에는 폭 20cm 이상의 발판을 설치하고, 근로자로 하여금 안전대를 사용하도록 하는 등 추락방지를 위한 조치를 할 것
6) 재료·기구 또는 공구 등을 올리거나 내리는 때에는 근로자로 하여금 달줄 또는 달포대 등을 사용하도록 할 것

주 비계 등의 조립·해체 및 변경 : 안전보건규칙 제57조

57

다음은 비계의 높이가 2m 이상인 작업장소에 설치하는 작업발판의 구조에 대한 설명이다. ( )안에 알맞은 숫자 및 용어를 써 넣으시오.

(1) 작업발판의 폭은 (①) 이상(외줄비계의 경우에는 고용노동부장관이 별도로 정하는 기준에 따른다)으로 하고 발판 재료간의 틈은 (②) 이하로 할 것.
(2) 추락의 위험이 있는 장소에는 (③)을 설치할 것

해답 ① 40cm ② 3cm
③ 안전난간

 작업발판의 구조(안전보건규칙 제56조)
1) 발판재료는 작업시의 하중에 견딜 수 있도록 견고한 것으로 할 것
2) 작업발판의 폭은 40cm 이상으로 하고, 발판재료간의 틈은 3cm 이하로 할 것
3) 추락의 위험성이 있는 장소에는 안전난간을 설치할 것(작업의 성질상 안전난간을 설치하는 것이 곤란할 때 및 작업의 필요상 임시로 안전난간을 해체함에 있어서 안전방망을 치거나 근로자로 하여금 안전대를 사용하도록 하는 추락에 의한 위험방지 조치를 할 때에는 제외)
4) 작업발판의 지지물은 하중에 의하여 파괴될 우려가 없는 것을 사용할 것
5) 작업발판의 재료는 뒤집히거나 떨어지지 아니하도록 2 이상의 지지물에 연결하거나 고정시킬 것
6) 작업발판을 작업에 따라 이동시킬 때에는 위험방지에 필요한 조치를 할 것

58

낙하물방지망의 방망사 강도는 시험용사로부터 채취한 시험편의 양단을 인장시험기로 시험하거나 또는 이와 유사한 방법으로 등속인장시험을 하여 규정에 정한 값 이상이어야 한다. 다음 표는 방망사의 폐기시 인장강도이다. (   )안에 알맞은 수치를 쓰시오.

그물코의 크기 (단위 : cm)	방망의 종류(단위 : kg)	
	매듭 없는 방망	매듭방망
10	(①)	135
5		(②)

해답
① 150
② 60

주 방망사의 강도 : 표준안전작업지침(고용노동부시)

길잡이 방망사의 신품에 대한 인장강도

그물코의 크기 (단위 : cm)	방망의 종류(단위 : kg)	
	매듭 없는 방망	매듭방망
10	240	200
5		110

Guide 방망사의 신품에 대한 인장강도가 출제율이 더 높습니다.

59

13/1

동영상은 터널굴착작업 장면을 보여주고 있다. 터널굴착작업 시 작업계획에 포함되는 사항을 3가지 쓰시오.

해답
1) 굴착의 방법
2) 터널지보공 및 시공방법과 용수의 처리방법
3) 환기 또는 조명시설을 설치할 때에는 그 방법

㊟ 터널굴착작업 시 작업계획서의 내용 : 안전보건규칙 별표4 제7호

길잡이 터널굴착작업 시 사전조사 내용(안전보건규칙 별표 제7호)
1) 보링(boring) 등 적절한 방법으로 낙반·출수(出水) 및 가스폭발 등으로 인한 근로자의 위험을 방지하기 위하여
2) 미리(사전에) 지형·지질 및 지층상태를 조사할 것

60　　　　　　　　　　　　　　　　　　　　　　　　　13/1 ㈥

크레인의 방호장치 4가지를 쓰시오.

 해답
1) 과부하 방지장치
2) 권과방지장치
3) 비상정지장치
4) 제동장치

> **방호장치의 조정(안전보건규칙 제134조)**
> (1) **양중기의 방호장치** : 다음 각 호의 양중기에는 ① 과부하방지장치 ② 권과방지장치 ③ 비상정지장치 ④ 제동장치 그 밖의 방호장치(승강기에는 ① 파이널 리미트 스위치(final limit swich), ② 조속기, ③ 출입문 인터록 등)가 정상적으로 작동될 수 있도록 미리 조정해 두어야 한다.
>   1) 크레인
>   2) 이동식 크레인
>   3) 리프트
>   4) 곤돌라
>   5) 승강기
> (2) **크레인 및 이동식 크레인의 권과방지장치** : 훅·버킷 등 달기구의 위면(달기구에 권상용 도르래가 설치된 경우에는 권상용 도르래의 윗면)이 드럼, 상부도르래, 트롤리프레임 등 권상 장치의 아랫면과 접촉할 우려가 있는 경우에 그 간격이 0.25m(직동식 권과방지장치는 0.05m 이상)가 되도록 조정하여야 한다.

61 18/4

동영상은 리프트에 화물을 싣고 운행하는 장면을 보여주고 있다. 리프트의 운반구 이탈 등의 위험을 방지하기 위하여 설치하는 방호장치의 종류 3가지를 쓰시오.

해 답
1) 권과방지장치
2) 과부하방지장치
3) 비상정지장치

※ 리프트의 방호장치 등 : 안전보건규칙 제151조

길잡이

리프트 운행 중 사고발생원인(불안전한 행동 및 불안전한 상태)
1) 리프트 운행 중 보호구(안전모 등) 미착용
2) 화물의 적재 불량 및 적재하중 초과
3) 개구부가 개방된 채로 운행하는 등 화물운행(운반) 방법 불량
4) 탑승자의 탑승위치(출입문 쪽) 부적합
5) 각 측의 운행통로에 안전시설 미설치로 인해 대기중인 작업자가 안전난간 밖으로 머리를 내밀음
6) 리프트의 불안전한 속도조작

62

13/1

양중기의 와이어로프 등의 사용금지사항을 3가지만 쓰시오.

해답
1) 이음매가 있는 것
2) 와이어로프의 한 꼬임(Strand)에서 끊어진 소선[필러(pillar)선은 제외]의 수가 10%이상 (비전자 로프의 경우에는 끊어진 소선의 수가 와이어로프 호칭지름의 6배 길이 이내에서 4개 이상이거나 호칭지름 30배 길이 이내에서 8개 이상)인 것
3) 지름의 감소가 공칭지름의 7%를 초과하는 것
4) 꼬인 것
5) 심하게 변형되거나 또는 부식된 것
6) 열과 전기충격에 의해 손상된 것

> **Guide** 상기 「와이어로프 등의 사용금지사항」은 ① 양중기의 와이어로프 ② 달비계의 와이어로프 및 ③ 항타기·항발기의 권상용 와이어로프에도 똑같이 적용되며, 시험출제 비율이 매우 높으므로 반드시 암기하여야 합니다.

63

항타기 또는 항발기에 사용되는 권상용 와이어로프의 사용금지사항을 5가지 쓰시오.

해답
1) 이음매가 있는 것
2) 와이어로프의 한 꼬임에서 끊어진 소선(필러선을 제외한다)의 수가 10% 이상인 것
3) 지름의 감소가 공칭지름의 7%를 초과하는 것
4) 꼬인 것
5) 심하게 변형 또는 부식된 것
6) 열과 전기충격에 의해 손상된 것

주 이음매가 있는 권상용 와이어로프 등의 사용 금지 : 안전보건규칙 제210조

64

동영상은 고층건물 사진을 보여주고 있다.
(1) 추락 방지대책과 (2) 낙하물 방지대책을 각각 1가지씩 쓰시오.

해답

(1) 추락 방지대책
  1) 안전난간·울타리 및 수직형 추락방망 설치
  2) 추락방호망 설치
  3) 안전대 착용

(2) 낙하물 방지대책
  1) 낙하물 방지망·수직보호망 또는 방호선반의 설치
  2) 출입금지구역의 설정
  3) 안전모, 안전화 등 보호구 착용

주 (1) 개구부 등의 추락방지 대책 : 안전보건규칙 제42조
   (2) 낙하물에 의한 위험의 방지 : 안전보건규칙 제14조

65 13/2

동영상의 화면은 터널굴착작업 장면을 보여주고 있다. 터널공사 등의 건설작업을 하는 때에 가연성 가스가 존재하여 폭발 또는 화재가 발생할 위험이 있을 때에는 필요한 장소에 가연성 가스 농도의 이상상승을 조기에 파악하기 위하여 자동경보 장치를 설치하고 당일의 작업시작 전에 점검하여야 한다. 자동경보장치에 대하여 작업시작 전 점검사항을 3가지 쓰시오.

해답
1) 계기의 이상 유무
2) 검지부의 이상 유무
3) 경보장치의 작동상태

주 인화성가스의 농도측정 및 자동경보장치 점검사항 : 안전보건규칙 제350조

66

토사 굴착작업을 하고 있다. 다음 물음에 답하시오.

(1) 굴착작업 시 지반의 붕괴 또는 토석의 낙하에 의하여 근로자에게 위험을 미칠 우려가 있을 때 조치사항을 2가지만 쓰시오.
(2) 보통흙의 습지일 때 굴착면의 기울기 기준을 쓰시오

해답 (1) 지반의 붕괴 등에 의한 위험방지 조치사항
   1) 흙막이 지보공의 설치
   2) 방호망의 설치
   3) 근로자의 출입금지
   4) 비가 올 경우 대비 측구 설치 및 굴착사면에 비닐을 덮는 등의 조치
(2) 1 : 1 ~ 1 : 1.5

주 1) 지반의 붕괴 등에 의한 위험방지 조치사항 : 안전보건규칙 제340조
   2) 굴착면의 기울기 기준 : 안전보건규칙 별표 11

67

14/2 ㈜ 15/1 ㈜ 15/4 ㈜ 16/2 ㈜

동력을 사용하는 항타기 또는 항발기 설치시 도괴를 방지하기 위하여 준수할 사항을 4가지만 쓰시오.

해답
1) 연약한 지반에 설치할 때에는 각부 또는 가대의 침하를 방지하기 위하여 깔판·깔목 등을 사용할 것
2) 시설 또는 가설물 등에 설치하는 때에는 그 내력을 확인하고, 내력이 부족한 때에는 그 내력을 보강할 것
3) 각부 또는 가대가 미끄러질 우려가 있는 때에는 말뚝 또는 쐐기 등을 사용하여 각부 또는 가대를 고정시킬 것
4) 궤도 또는 차로 이동하는 항타기 또는 항발기에 대하여는 불시에 이동하는 것을 방지하기 위하여 레일클램프 및 쐐기 등으로 고정시킬 것
5) 버팀대만으로 상단부분을 안정시키는 때에는 버팀대는 3개 이상으로 하고 그 하단 부분은 견고한 버팀·말뚝 또는 철골 등으로 고정시킬 것
6) 버팀줄만으로 상단부분을 안정시키는 때에는 버팀줄을 3개 이상으로 하고 같은 간격으로 배치할 것
7) 평형추를 사용하여 안정시키는 때에는 평형추의 이동을 방지하기 위하여 가대에 견고하게 부착시킬 것

주 항타기·항발기의 도괴의 방지 : 안전보건규칙 제209조

68   13/1 산   14/2 산   15/1 산   16/4 산   18/1 산

동영상에서와 같은 건설현장에서 철골작업시 작업을 중지하여야 하는 기상조건 3가지를 쓰시오.

해 답
1) 풍속이 초당 10m 이상인 경우
2) 강우량이 시간당 1mm 이상인 경우
3) 강설량이 시간당 1cm 이상인 경우

주 철골작업의 제한 : 안전보건규칙 제383조

길잡이
철골작업을 중지해야 하는 악천후(고용노동부 고시)
1) 풍속 : 10분간의 평균풍속이 1초당 10m 이상
2) 강우량 : 1시간당 1mm 이상

69

동영상은 터널 굴착 작업 장면을 보여주고 있다. 터널 공사 중 강아치 지보공 조립 시 준수사항 3가지를 쓰시오.

해답
1) 조립간격은 조립도에 따를 것
2) 주재가 아치작용을 충분히 할 수 있도록 쐐기를 박는 등 필요한 조치를 할 것
3) 연결볼트 및 띠장 등을 사용하여 주재 상호간을 튼튼하게 연결할 것
4) 터널 등의 출입구 부분에는 받침대를 설치할 것
5) 낙하물이 근로자에게 위험을 미칠 우려가 있는 경우에는 널판 등을 설치할 것

주 터널지보공 조립 또는 변경 시 조치사항 : 안전보건규칙 제364조

70

15/1

동영상은 말비계 위에서 작업자가 작업하는 장면을 보여주고 있다. 말비계를 조립하여 사용하는 경우 준수사항 3가지를 쓰시오.

해답
1) 지주부재의 하단에는 미끄럼방지장치를 하고, 양측 끝부분에 올라서서 작업하지 아니하도록 할 것
2) 지주부재와 수평면과의 기울기를 75°이하로 하고, 지주부재와 지주부재 사이를 고정시키는 보조부재를 설치할 것
3) 말비계의 높이가 2m를 초과할 경우에는 작업발판의 폭을 40cm 이상으로 할 것

주 말비계를 조립하여 사용시 준수사항 : 안전보건규칙 제67조

71 15/4

동영상에서 보여주고 있는 사고의 발생요인 중 차량계 하역운반기계에 화물을 적재할 때에 준수사항을 지키지 않음으로써 발생한 사고의 요인을 2가지만 쓰시오.

1) 화물을 한쪽에 치우쳐 적재하여 편하중이 발생함
2) 화물의 붕괴·낙하 방지를 위해 화물에 로프를 거는 등의 필요한 조치를 하지 않음
3) 운전자의 시야를 가리도록 화물을 높이 적재하였음

화물 적재시의 조치사항(안전보건규칙) : 차량계 하역운반기계에 화물 적재시 준수사항
1) 하중이 한쪽으로 치우치지 않도록 적재할 것.
2) 구내운반차 또는 화물자동차에 있어서 화물의 붕괴 또는 낙하로 인한 근로자의 위험방지를 위하여 화물에 로프를 거는 등 필요한 조치를 할 것.
3) 운전자의 시야를 가리지 않도록 화물을 적재할 것.

72

14/1 16/1 16/2

동영상화면은 흙막이지보공 설치 작업장면을 보여주고 있다. 흙막이지보공 설치시 정기점검사항 2가지를 쓰시오.

해답
1) 부재의 손상·변형·부식·변위 및 탈락의 유무와 상태
2) 버팀대의 긴압의 정도
3) 부재의 접속부·부착부 및 교차부의 상태
4) 침하의 정도

주 붕괴 등의 위험방지 : 안전보건규칙 제347조

73

16/4

동영상화면은 콘크리트 타설장면을 보여주고 있다. 콘크리트타설 작업시 준수사항 3가지를 쓰시오.

해답
1) 당일의 작업을 시작하기 전에 해당 작업에 관한 거푸집 동바리 등의 변형·변위 및 지반의 침하유무 등을 점검하고 이상이 있으면 보수할 것
2) 작업 중에는 거푸집 동바리 등의 변형·변위 및 침하유무 등을 감시할 수 있는 감시자를 배치하여 이상이 있으면 작업을 중지하고 근로자를 대피시킬 것
3) 콘크리트 타설작업 시 거푸집 붕괴의 위험이 발생할 우려가 있으면 충분한 보강조치를 할 것
4) 설계도서상의 콘크리트 양생기간을 준수하여 거푸집 동바리 등을 해체할 것
5) 콘크리트를 타설하는 경우에는 편심이 발생하지 않도록 골고루 분산하여 타설할 것

★ **콘크리트 타설작업** : 안전보건규칙 제334조

74   16/4

동영상은 지반 굴착작업 장면을 보여주고 있다. 다음 물음에 답하시오.
(1) 보통 흙의 습지일 때 굴착면의 기울기 기준을 쓰시오.
(2) 굴착작업 시 지반의 붕괴 또는 토석의 낙하에 의한 위험방지 조치사항 3가지를 쓰시오.

해답 (1) 습지 굴착면 기울기 기준 - 1 : 1~1 : 1.5
(2) 지반의 붕괴 등에 의한 위험방지 조치사항
① 흙막이 지보공의 설치
② 방호망의 설치
③ 근로자의 출입금지

(1) 굴착면의 기울기 기준 (안전보건규칙 별표11)

구분	지반의 종류	구배(기울기)
보통흙	습지	1 : 1 ~ 1 : 15
	건지	1 : 0.5 ~ 1 : 1
암반	풍화암	1 : 1.0
	연암	1 : 1.0
	경암	1 : 0.5

(2) 지반의 붕괴 등에 의한 위험방지 (안전보건규칙 제340조)
1) 굴착작업 시 지반의 붕괴 또는 토석의 낙하에 의한 위험방지 조치사항
① 흙막이지보공 설치
② 방호망 설치
③ 근로자의 출입금지
2) 비가 올 경우 빗물 등의 침투에 의한 붕괴재해방지 조치사항
① 측구 설치
② 굴착사면에 비닐을 덮음

75

다음 표는 지반 등을 굴착할 때 굴착면의 기울기 기준에 관한 표이다. ( )안을 채우시오.

구분	지반의 종류	구배(기울기)
보통흙	습지	(①)
	건지	(②)
암반	풍화암	(③)
	연암	(④)
	경암	(⑤)

해답
① 1 : 1 ~ 1 : 1.5
② 1 : 0.5 ~ 1 : 1
③ 1 : 1.0
④ 1 : 1.0
⑤ 1 : 0.5

주 굴착면의 기울기 기준 : 안전보건규칙 [별표 11]

76

17/2

잠함·우물통·수직갱 등의 내부에서 굴착작업을 할 경우 다음 물음에 답하시오.
1) 산소결핍의 우려가 있을 때 조치사항을 쓰시오.
2) 산소결핍시 조치사항을 쓰시오.

해 답
1) 산소의 농도를 측정하는 자를 지명하여 산소농도를 측정하도록 할 것
2) 송기설비를 설치하여 필요한 양의 공기를 송급할 것

 잠함 등 내부에서의 작업시 준수사항 (안전보건규칙 제 377조)
1) 산소결핍의 우려가 있는 경우에는 산소의 농도를 측정하는 사람을 지명하여 측정하도록 할 것
2) 근로자가 안전하게 오르내리기 위한 설비를 설치할 것
3) 굴착 깊이가 20m를 초과하는 경우에는 해당 작업장소와 외부와의 연락을 위한 통신설비 등을 설치할 것
4) 산소농도 측정결과 산소결핍이 인정되거나 굴착깊이가 20m를 초과하는 경우에는 송기설비를 설치하여 필요한 양의 공기를 공급할 것

77

동영상은 타워크레인의 해체작업 장면을 보여주고 있다. 타워크레인의 해체작업시 안전대책을 3가지 쓰시오.

해답
1) 작업순서를 정하고 그 순서에 의하여 작업을 실시할 것.
2) 작업을 할 구역에 관계근로자가 아닌 사람의 출입을 금지하고 그 취지를 보기 쉬운 곳에 표시할 것.
3) 비·눈 그 밖의 기상상태의 불안정으로 인하여 날씨가 몹시 나쁠 때에는 그 작업을 중지시킬 것.
4) 작업장소는 안전한 작업이 이루어질 수 있도록 충분한 공간을 확보하고 장애물이 없도록 할 것.
5) 들어올리거나 내리는 기자재는 균형을 유지하면서 작업을 실시하도록 할 것.
6) 크레인의 성능, 사용조건 등에 따라 충분한 응력을 갖는 구조로 기초를 설치하고 침하 등이 일어나지 아니하도록 할 것.
7) 규격품인 조립용 볼트를 사용하고 대칭되는 곳을 순차적으로 결합하고 분해할 것.

☞ 크레인 조립 등 작업시 조치사항 : 안전보건규칙 제 141조

78 18/1

동영상화면은 아파트공사현장의 비계 위에서 작업자가 작업 중 추락하는 장면을 보여주고 있다. 동영상화면에서와 같이 작업발판 및 통로의 끝이나 개구부에서 작업 시 추락방지대책을 3가지 쓰시오.

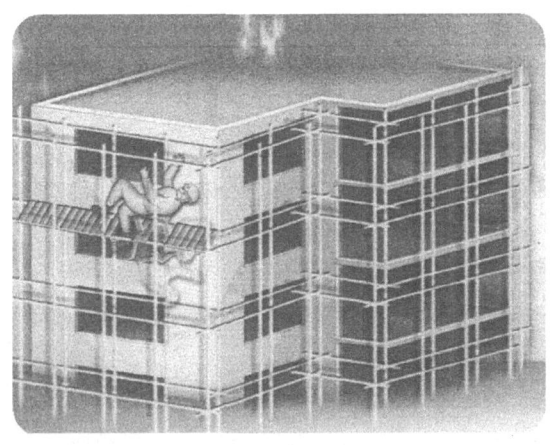

해 답
1) 안전난간 · 울타리 · 수직형 추락방망 설치
2) 추락방호망 설치
3) 안전대 착용

　주 개구부 등의 방호조치 : 안전보건규칙 제143조

추락하거나 넘어질 위험이 있는 장소(작업발판끝 · 개구부 등은 제외) 또는 기계 · 설비 · 선박블록 등에서 작업 시 추락위험방지 조치사항
1) (비계를 조립하여) 작업발판 설치
2) 추락방호망 설치

79

동영상은 지반의 굴착작업 장면이다. 다음 보기의 굴착면 기울기 기준을 쓰시오.
1) 풍화암 :
2) 연암 :
3) 경암 :

해답
1) 1 : 1.0
2) 1 : 1.0
3) 1 : 0.5

 지반 등의 굴착 시 굴착면의 기울기 기준(안전보건규칙 별표11)

구분	지반의 종류	구배(기울기)
보통흙	습지	1 : 1 ~ 1 : 15
	건지	1 : 0.5 ~ 1 : 1
암반	풍화암	1 : 1.0
	연암	1 : 1.0
	경암	1 : 0.5

80 18/2

동영상은 타워크레인에 의해 비계재료인 강관을 인양하는 작업장면을 보여주고 있다. 타워크레인에 사용하는 와이어로프의 사용금지 사항 3가지를 쓰시오.

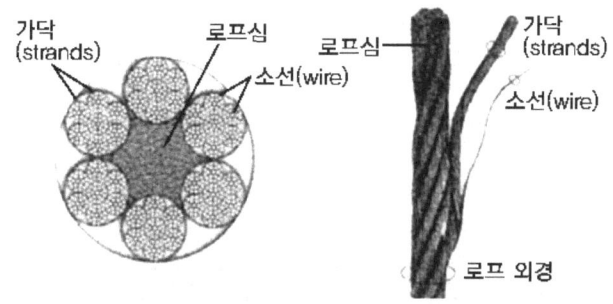

해답 양중기에 사용하는 와이어로프의 사용금지 사항
1) 이음새가 있는 것
2) 와이어로프의 한 꼬임[스트랜드(strand)를 말함]에서 끊어진 소선(素線)[필러(pillar)선은 제외]의 수가 10% 이상(비자전로프의 경우에는 끊어진 소선의 수가 와이어로프 호칭지름의 6배 길이 이내에서 4개 이상이거나 호칭지름 30배 길이 이내에서 8개 이상)인 것
3) 지름의 감소가 공칭지름의 7%를 초과하는 것
4) 꼬인 것
5) 심하게 변형되거나 부식된 것
6) 열과 전기충격에 의해 손상된 것

🔖 양중기 와이어로프 등의 사용금지 : 안전보건규칙 제166조

1) 양중기에 사용하는 달기체인의 사용금지사항(안전보건규칙 제167조)
   ① 달기체인의 길이가 달기체인이 제조된 때의 길이의 5%를 초과한 것
   ② 링의 단면지름이 달기체인이 제조된 때의 해당 링의 지름의 10%를 초과하여 감소한 것
   ③ 균열이 있거나 심하게 변형된 것
2) 양중기에 사용하는 섬유로프 또는 섬유벨트의 사용금지사항(안전보건규칙 제169조)
   ① 꼬임이 끊어진 것
   ② 심하게 손상되거나 부식된 것

81

밀폐공간 내에서 작업에 대한 다음 빈칸을 채우시오.

(1) 밀폐공간 내의 (O_2) 농도는 (①) 이상, (②) 미만 되어야 한다.
(2) 산소결핍장소에서의 착용보호구는 (③), (④) 등이 있다.

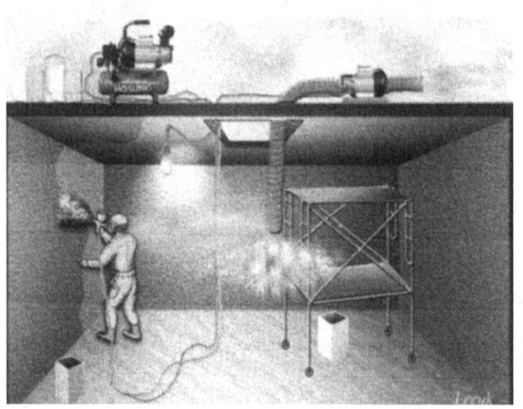

해 답
① 18%
② 23.5%
③ 공기호흡기
④ 송기마스크

1) **적정한 공기**(안전보건규칙 제618조)
   ① 공기 중의 산소(O_2)농도 범위 : 18% 이상 23.5% 미만
   ② 탄산가스(CO_2)농도 : 1.5% 미만
   ③ 일산화탄소(CO)농도 : 30ppm 미만
   ④ 황화수소(H_2S)농도 : 10ppm 미만
2) **산소결핍**(공기 중 산소농도 : 18%미만) **장소**(밀폐공간)**에서의 착용보호구**(안전보건규칙 제620조)
   ① 공기호흡기
   ② 송기마스크(호스마스크, 에어라인마스크)

82 18/4

차량계하역운반기계인 지게차에 화물을 적재할 때에 준수사항 3가지를 쓰시오.

해답
1) 하중이 한쪽으로 치우치지 않도록 적재할 것
2) 구내운반차 또는 화물자동차에 있어서 화물의 붕괴 또는 낙하로 인한 근로자의 위험을 방지하기 위하여 화물을 로프에 거는 등 필요한 조치를 할 것.
3) 운전자의 시야를 가리지 아니하도록 화물을 적재할 것

※ 화물 적재시의 조치 : 안전보건규칙 제173조

길잡이
1) 차량계 하역운반기계의 전도·전락에 의한 위험방지 조치사항(안전보건규칙 제171조)
   ① 유도자 배치
   ② 지반의 부동침하 방지
   ③ 갓길(노견)의 붕괴방지
2) 차량계 하역운반기계 등의 접촉에 의한 위험방지 조치사항(안전보건규칙 제172조)
   ① 위험장소에 출입금지
   ② 작업지휘자 또는 유도자 배치

PART 03

건설안전산업기사 실기
최근 과년도문제

3-1. 최근 과년도문제 필답형
3-2. 최근 과년도문제 작업형

3-1. 최근 과년도문제
필답형

2019~2024년 시행

건설안전산업기사

건설안전산업기사 2019년 1회

01
발파작업시 발파공의 충진재료로 사용할 수 있는 재료를 2가지 쓰시오.

해답
1) 점토
2) 모래

발파의 작업기준(안전보건규칙 제348조)
1) 얼어붙은 다이나마이트는 화기에 접근시키거나 그 밖의 고열물에 직접 접촉시키는 등 위험한 방법으로 융해되지 않도록 할 것
2) 화약이나 폭약을 장전하는 경우에는 그 부근에서 화기를 사용하거나 흡연을 하지 않도록 할 것
3) 장전구(裝塡具)는 마찰, 충격, 정전기 등 폭발의 위험이 없는 안전한 것을 사용할 것
4) 발파공의 충진재료는 점토, 모래 등 발화성 또는 인화성의 위험이 없는 재료를 사용할 것
5) 점화 후 장전된 화약류가 폭발하지 아니한 경우 또는 장전된 화약류의 폭발 여부를 확인하기 곤란한 경우에는 다음 각 목의 사항을 따를 것
   ① 전기뇌관에 의한 경우에는 발파모선을 점화기에서 떼어 그 끝을 단락시켜 놓는 등 재점화되지 않도록 조치하고 그 때부터 5분 이상 경과한 후가 아니면 화약류의 장전장소에 접근시키지 않도록 할 것
   ② 전기뇌관 외의 것에 의한 경우에는 점화한 때부터 15분 이상 경과한 후가 아니면 화약류의 장전장소에 접근시키지 않도록 할 것
6) 전기뇌관에 의한 발파의 경우 점화하기 전에 화약류를 장전한 장소로부터 30미터 이상 떨어진 안전한 장소에서 전선에 대하여 저항측정 및 도통(導通)시험을 할 것

02

다음 [보기]는 강관비계에 설치기준에 관한 내용이다. ( )안에 알맞은 수치를 쓰시오.

(1) 띠장간격은 (①)m 이하로 할 것
(2) 비계기둥의 간격은 띠장 방향에서는 1.85m 이하, 장선방향에서는 (②)m 이하로 할 것
(3) 비계기둥의 제일 윗부분으로부터 31m 되는 지점 밑부분의 비계기둥은 (③)개의 강관으로 묶어세울 것
(4) 비계기둥 간의 적재하중은 (④)kg을 초과하지 않도록 할 것

해답
① 2   ② 1.5
③ 2   ④ 400

주) 강관비계의 구조 : 안전보건규칙 제60조

03

위험예지훈련의 4라운드(Round)의 진행순서를 쓰시오.

해답
1) 1라운드 : 형상파악
2) 2라운드 : 본질추구
3) 3라운드 : 대책수립
4) 4라운드 : 목표설정

04

상시근로자 500명이 근무하는 A회사에 연간 15건의 산업재해가 발생하였고, 18명이 재해를 입어 근로손실 120일과 휴업일수 43일이 발생하였다. ① 연천인율 ② 도수율 ③ 강도율을 구하시오(단. 연간 근무일수는 280일 근로시간은 1일 8시간 근무한다).

해답

① 연천인율 $= \dfrac{\text{사상자수}}{\text{연평균근로자수}} \times 1000 = \dfrac{18}{500} \times 1000 = 36$

② 도수율 $= \dfrac{\text{재해건수}}{\text{연근로시간수}} \times 10^6 = \dfrac{15}{500 \times 280 \times 8} \times 10^6 = 13.39$

③ 강도율 $= \dfrac{\text{근로손실일수}}{\text{연근로시간수}} \times 1000 = \dfrac{120 + \left(43 \times \dfrac{280}{365}\right)}{500 \times 280 \times 8} \times 1000 = 0.14$

05

터널 굴착작업 시 지형, 지질 및 지층 상태를 파악하기 위한 작업계획서에 포함되는 사항을 3가지 쓰시오.

해답
1) 굴착의 방법
2) 터널지보공 및 복공의 시공방법과 용수의 처리방법
3) 환기 또는 조명시설을 설치할 때에는 그 방법

06

흙막이지보공을 설치한 후에 안정성을 위해 계측기로 계측하여야 한다. 계측지점 5가지를 쓰시오.

해답
1) 토류벽 배면(침하계)
2) 토류벽 배면지반(수위계)
3) 토류벽 심재(응력계)
4) 흙막이지보공의 버팀대(하중계)
5) 인접구조물의 골조 또는 벽체(경사계)

07

하인리히 및 버드의 재해구성 비율에 대해서 설명하시오.

1) **하인리히의 재해구성 비율** : 330회의 사고 중에 중상 또는 사망 1회, 경상 29회, 무상해사고 300회의 비율로 발생한다는 것을 나타낸다.
   중상 또는 사망 : 경상 : 무상해사고 = 1 : 29 : 300
2) **버드의 재해구성 비율** : 641회의 사고 중에 중상 또는 폐질 1회, 경상 10회, 무상해사고 30회, 무상해무사고 고장 600회의 비율로 사고가 발생한다는 이론이다.
   중상 또는 폐질 : 경상 : 무상해사고 : 무상해무사고 : 1 : 10 : 30 : 600

길잡이
1) **상기문제의 학습요령** : 숫자(1 : 29 : 300 하인리히, 1 : 10 : 30 : 600 버드)를 먼저 암기한 후에 내용을 순서대로 생각하여야 합니다.
2) 실기시험은 내용을 기술해야 하므로 내용을 암기해야 하며, 암기방법은 요령(암기기술)과 반복학습에 의해서 이루어집니다.
3) 합격과 불합격은 점수 1점에 의해서 좌우되므로 중요도 높은 내용은 반드시 기억할 수 있도록 노력해야 합니다.

08

달비계의 최대적재하중을 정하고자 한다. 다음 (   )안에 안전계수를 쓰시오.

(1) 근로자가 탑승하는 운반구를 지지하는 달기와이어로프 및 달기체인의 안전계수 : (①)
(2) 화물의 하중을 직접 지지하는 달기와이어로프 또는 달기체인의 경우 : (②)
(3) 훅, 샤클, 클램프 : (③)

① 10
② 5
③ 3

길잡이 **양중기의 와이어로프 등 달기구의 안전계수**
1) 근로자가 탑승하는 운반구를 지지하는 달기와이어로프 또는 달기체인의 경우 : 10장 이상
2) 화물의 하중을 직접 지지하는 달기와이어로프 또는 달기체인의 경우 : 5 이상
3) 훅, 샤클, 클램프, 리프팅 빔의 경우 : 3 이상
4) 그 밖의 경우 : 4 이상

09

양중기의 와이어로프 사용금지 사항 4가지를 쓰시오.

해 답
1) 꼬인 것
2) 이음매가 있는 것
3) 심하게 변형 부식된 것
4) 열과 전기충격에 의해 손상된 것
5) 지름의 감소가 공칭지름의 7%를 초과하는 것
6) 와이어로프한 꼬임에서 끊어진 소선의 수가 10% 이상(비전자로프는 끊어진 소선의 수가 와이어로프 "호칭지름의 6배 길이" 이내에서 4개 이상이거나 "호칭지름 30배 길이" 이내에서 8개 이상)인 것

주) 이음매가 있는 와이어로프 등의 사용금지 : 안전보건규칙 제63조 제1항, 제166조 제 210조

10

다음 내용에서 설명하는 현상에 대한 용어의 정의를 쓰시오.
1) 연약한 점토질 지반에서 굴착시 흙막이 벽 외측 흙의 중량 및 지표면의 재하 중량에 의해 굴착 저면의 흙의 붕괴되어 흙막이 바깥 흙이 내부로 밀려 불룩하게 솟아오르는 현상은?
2) 사질토 지반을 굴착시 굴착부와 주변부의 지하수위차가 있는 경우에 수두차에 의하여 침투압이 생겨 흙막이 근입 부분이 침식하는 동시에 모래가 액상화되어 솟아오르며 흙막이 벽의 근입부 지지력을 상실하여 흙막이 지보공의 붕괴를 초래하는 현상은?

해 답
1) 히빙 현상
2) 보일링 현상

11

차량계 건설기계 중 1) 도저형 건설기계와 2) 천공용 건설기계의 종류를 각각 2가지씩 쓰시오.

해답 1) 도저형 건설기계
① 불도저 건설기계
② 스트레이트도저
③ 틸트도저
④ 앵글도저
⑤ 버킷도저
2) 천공용 건설기계
① 어스드릴
② 어스오거
③ 크롤러드릴
④ 점보드릴

※ 차량계 건설기계의 분류 : 안전보건규칙 별표6

12

다음의 산업안전표지의 색채종류에 대한 사용 예이다. ( )안에 알맞은 색채를 쓰시오.

(1) ( ) : 화학물질 취급장소에서의 유해·위험물질 경우
(2) ( ) : 특정행위의 지시 및 사실의 고지
(3) ( ) : 파란색 또는 녹색에 대한 보조색

해답 1) 빨간색
2) 파란색
3) 흰색

13

풍화암의 굴착면 안전기울기 기준을 쓰시오.

해답 1 : 1.0

 지반 등의 굴착시 굴착면의 기울기 기준

구분	지반의 종류	구배
보통흙	습지	1 : 1 ~ 1 : 1.5
	건지	1 : 0.5 ~ 1 : 1
암반	풍화암	1 : 1.0
	연암	1 : 1.0
	경암	1 : 0.5

건설안전산업기사 2019년 2회 (실기 필답형)

01
채석작업을 하는 경우 작업계획서에 포함되는 사항 3가지를 쓰시오.

해답
1) 발파방법
2) 암석의 분할방법
3) 암석의 가공장소
4) 굴착면의 높이와 기울기
5) 굴착면 소단(小段)의 위치와 넓이
6) 갱내에서의 낙반 및 붕괴방지 방법
7) 노천굴착과 갱내굴착의 구별 및 채석방법
8) 표토 또는 용수의 처리방법
9) 토석 또는 암석의 적재 및 운반방법과 운반경로
10) 사용하는 굴착기계(굴착기계, 분할기계, 적재기계 또는 운반기계) 등의 종류 및 성능

주) 사전조사 및 작업계획서 내용 : 안전보건규칙 별표4

02
연평균 300명이 근무하는 A사업장에서 중대재해가 1건 발생하여 사망 1건, 50일의 휴업일수 2명, 30일의 휴업일수 1명이 발생되었다. 강도율을 구하시오(단, 근로자의 1일 근로시간은 8시간, 연간 근무일수는 305일이다).

해답 강도율 $= \dfrac{근로손실일수}{총근로시간수} \times 1000$

$= \dfrac{7500 + (50 \times 2 + 30) \times \dfrac{305}{365}}{300 \times 8 \times 305} \times 1000 = 10.39$

03

히빙파괴를 간략히 설명하고 방지대책을 3가지만 쓰시오.

해 답 1) 히빙파괴 : 연약한 점토지반의 굴착시 굴착이 진행됨에 따라 흙막이벽 뒤쪽 흙의 중량이 굴착부 바닥의 지지력 이상이 되면 흙막이벽 근입부분의 지반이동이 발생하여 굴착부 저면이 솟아오르면서 흙막이벽의 근입부분의 파괴되는 현상
2) 방지대책
 ① 굴착부변의 상재하중을 제거한다.
 ② 시트파일 등의 근입심도를 깊게 한다.
 ③ 흙막이 판은 강성이 높은 것을 사용한다.
 ④ 굴착방식을 개선한다.

04

잠함, 우물통, 수직갱 기타 유사한 건설물 또는 설비의 내부에서 굴착작업을 할 때에 사업주가 준수해야 할 사항 3가지를 쓰시오.

해 답 1) 산소결핍 우려가 있는 경우에는 산소의 농도를 측정하는 사람을 지명하여 측정하도록 할 것
2) 근로자가 안전하게 오르내리기 위한 설비를 설치할 것
3) 굴착 깊이가 20m를 초과하는 경우에는 해당 작업장소와 외부와의 연락을 위한 통신설비 등을 설치할 것

★ 잠함 등 내부에서의 작업 : 안전보건규칙 제377조

잠함 등의 내부에서 굴착작업을 중지해야 하는 경우(안전보건규칙 제378조)
1) 근로자가 안전하게 오르내리기 위한 설비에 고장이 있는 경우
2) 굴착 깊이가 20m를 초과하는 경우에 설치하는 해당 작업장소와 외부와의 연락을 위한 통신설비 등에 고장이 있는 경우
3) 잠함 등의 내부에 많은 양의 물 등이 스며들 우려가 있는 경우
4) 산소결핍이 인정되거나 굴착 깊이가 20m를 초과하는 경우에 설치하는 공기를 공급하는 송기설비 등에 고장이 있는 경우

05

양중기의 와이어로프 안전계수를 ( )안에 써넣으시오.

(가) 근로자가 탑승하는 운반구를 지지하는 달기와이어로프 또는 달기체인의 경우 : (①) 이상
(나) 화물의 하중을 직접 지지하는 달기와이어로프 또는 달기체인의 경우 : (②) 이상
(다) 훅, 샤클, 클램프, 리프팅 빔의 경우 : (③) 이상
(라) 그 밖의 경우 : (④) 이상

해 답
① 10   ② 5
③ 3   ④ 4

06

작업발판의 끝이나 개구부로부터 추락위험이 있는 경우 조치사항을 3가지만 쓰시오.

해 답
1) 안전난간, 울타리, 수직형 추락방망 설치
2) 덮개설치
3) 추락보호망 설치
4) 안전대 착용

1) **추락위험이 있는 장소(작업발판끝, 개구부 등) 또는 기계, 설비, 선박블록 등에서 작업시 위험방지 조치사항**
   (안전보건규칙 제42조)
   ① (비계를 조립하여)작업발판 설치
   ② 추락방호망 설치
   ③ 안전대 착용
2) **추락방호망 설치기준**
   ① 설치위치 : 가능하면 작업면으로부터 가까운 지점에 설치하여야 하며, 작업면으로부터 망의 설치지점까지의 수직거리는 10m를 초과하지 아니할 것
   ② 추락방호망은 수직으로 설치할 것
   ③ 추락방호망의 처짐 : 짧은 변의 길이의 12% 이상의 되도록 할 것
   ④ 추락방호망의 내민 길이 : 벽면으로부터 3m 이상, 다만 그물코가 20mm 이하인 망을 사용한 경우에는 낙하방지망을 설치한 것으로 봄

07

산업안전보건법령상 노동고용부 장관의 명예산업안전 감독관을 해촉 할 수 있는 경우 2가지만 쓰시오.

해답
1) 명예감독관의 업무와 관련하여 부정한 행위를 한 경우
2) 질병이나 부상 등의 사유로 명예감독관의 업무수행이 곤란하게 된 경우
3) 근로자 대표가 사업주의 의견을 들어 위촉된 명예감독관의 해촉을 요청한 경우
4) 위촉된 명예감독관이 해당 단체 또는 그 산하조직으로부터 퇴직하거나 해임된 경우

주 명예감독관의 해촉 : 시행령 제45조의 3

08

다음은 사다리식 통로 등을 설치시 준수사항이다. 빈칸을 채우시오.

(1) 사다리의 상단은 걸쳐놓은 지점으로부터 (①)cm 이상 올라가도록 할 것
(2) 사다리식 통로의 길이가 10m 이상인 때에는 (②)m이내마다 계단참을 설치할 것

해답 ① 60   ② 5

사다리식 통로의 구조(사다리식 통로 설치시 준수사항) : 안전보건규칙 제24조
1) 견고한 구조로 할 것
2) 심한 손상, 부식 등이 없는 재료를 사용할 것
3) 발판의 간격은 동일할 것
4) 발판과 벽과의 사이는 15cm 이상의 간격을 유지할 것
5) 폭은 30cm 이상으로 할 것
6) 사다리가 넘어지거나 미끄러지는 것을 방지하기 위한 조치를 할 것
7) 사다리의 상단은 걸쳐놓은 지점으로부터 60cm 이상 올라가도록 할 것
8) 사다리식 통로의 길이가 10m 이상인 때에는 5m이내마다 계단참을 설치할 것
9) 이동식 사다리식 통로의 기울기는 75°이하로 할 것(다만, 고정식 사다리식 통로의 기울기는 90°이하로 하고 높이 7m 이상인 경우 바닥으로부터 2.5m 되는 지점부터 등받이 울을 설치할 것)
10) 접이식 사다리기둥은 사용시 접혀지거나 펼쳐지지 않도록 철물 등을 사용하여 견고하게 조치할 것

09

크레인 방호장치 4가지를 쓰시오.

해답
1) 과부하방지장치
2) 권과방지장치
3) 비상정지장치
4) 제동장치

 주 **방호장치의 조정** : 안전보건규칙 제134조

10

거푸집동바리를 조립하고자 할 때는 동바리로 사용하는 파이프 서포트에 대한 설치기준을 3가지 쓰시오.

해답
1) 파이프 서포트를 3개 이상 이어서 사용하지 아니하도록 할 것
2) 파이프 서포트를 이어서 사용할 때에는 4개 이상의 볼트 또는 전용철물을 사용하여 이을 것
3) 높이가 3.5m를 초과할 때에는 높이 2m이내마다 수평 연결재를 2개 방향으로 만들고 수평연결재의 변위를 방지할 것

 주 **거푸집 동바리 등의 안전조치** : 안전보건규칙 제332조

11

산업안전보건법상 특별안전교육 중 거푸집 동바리의 조립 또는 해체작업 시 교육내용 4가지를 쓰시오(단, 그 밖의 안전보건관리에 필요한 사항은 제외한다).

해답
1) 동바리의 조립방법 및 작업절차에 관한 사항
2) 조립재료의 취급방법 및 설치기준에 관한 사항
3) 조립 해체 시의 사고예방에 관한 사항
4) 보호구 착용 및 점검에 관한 사항

 주 **특별안전보건교육 대상작업별 교육내용** : 시행규칙[별표8의2]

12

유해, 위험방지계획서의 심사결과 판정기준 3가지와 이유를 설명하시오.

해답 1) **적정** : 근로자의 안전과 보건을 위하여 필요한 조치가 구체적으로 확보되었다고 인정되는 경우
2) **조건부 적정** : 근로자의 안전과 보건을 확보하기 위하여 일부 개선이 필요하다고 인정되는 경우
3) **부적정** : 기계, 설비 또는 건설물의 심사기준에 위반되어 공사 착공시 중대한 위험발생의 우려가 있거나 계획에 근본적 결함이 있다고 인정되는 경우

13

다음 [보기]에서 설명하는 문제해결기법이 무엇인지 쓰시오.

[보기]
5~7명 정도의 인원이 직장, 현장 공구상자 등의 근처에서 작업시작 전 5~15분, 작업종료시 3~5분 정도의 짧은 시간동안에 행하는 미팅을 말한다.

해답 TBM(tool bok meeting)

단시간미팅 즉시적응훈련 진행요령(TBM 5단계)
1) 제1단계-도입(정렬, 인사, 건강 확인, 직장체조, 목표제창, 안전연설)
2) 제2단계-점검장비(복장, 보호구, 공구, 사용기기, 재료 등의 점검정비)
3) 제3단계-작업지시(전달연락 사항, 금일의 작업지시 5W1H+ 위험예지, 지적확인)
   [중점 실시 사항 2point] 복창
4) 제4단계-위험예지(설정해 놓은 도해로 one point 위험예지 훈련실시)
5) 제5단계-확인(one point 지적 확인 연습, touch & call 끝맺음)

건설안전산업기사 2019년 4회

01
이동식 크레인을 사용하여 작업을 하는 때에 작업시작 전 점검사항을 3가지만 쓰시오.

해답
1) 권과방지장치 그 밖의 경보장치의 기능
2) 브레이크, 클러치 및 조정장치의 기능
3) 와이어로프가 통하고 있는 곳 및 작업장소의 지반상태

※ 작업시작 전 점검사항 : 안전보건규칙 별표3

02
산업안전보건법상의 양중기의 종류 4가지를 쓰시오.

해답
1) 크레인(호이스트 포함)
2) 이동식크레인
3) 곤돌라
4) 승강기
5) 리프트(이삿짐 운반용 리프트의 경우에는 적재하중이 0.1톤 이상인 것)

※ 양중기 : 안전보건규칙 제132조

03

근로자가 가설계단 위에서 전기용접작업을 하다가 바닥으로 떨어져 머리를 다쳤다. 다음의 재해원인 분석에 대한 물음에 답하시오.
(1) 재해형태 :
(2) 기인물 :
(3) 가해물 :

해답
1) 재해형태 : 추락
2) 기인물 : 가설계단
3) 가해물 : 바닥

04

A회사의 도수율이 4이고 강도율이 1.5일 때 이 회사의 근무하는 근로자의 (1) 평균강도율과 (2) 입사부터 정년퇴직까지 근로손실 일수를 구하시오.

해답
(1) 평균강도율 $= \dfrac{강도율}{도수율} \times 1000 = \dfrac{1.5}{4} \times 1000 = 375$

(2) 환산강도율 $= 강도율 \times 100 = 1.5 \times 100 = 150$일

05

지게차를 사용하여 작업을 하는 경우 작업시작 전 점검사항 3가지를 쓰시오.

해답
1) 제동장치 및 조종장치 기능의 이상 유무
2) 하역장치 및 유압장치 기능의 이상 유무
3) 바퀴의 이상 유무
4) 전조등, 후미등, 방향지시기 및 경보장치 기능의 이상 유무

※ 작업지시 전 점검사항 : 안전보건규칙 [별표 3]

06

다음은 사다리식 통로를 설치할 때 준수할 사항이다. (   ) 안에 알맞은 내용을 쓰시오.

(가) 발판과 벽과의 사이는 (①) 이상의 간격을 유지할 것
(나) 사다리식의 상단은 걸쳐놓은 지점으로부터 (②) 이상 올라가도록 할 것
(다) 사다리식 통로의 길이가 (③) 이상인 때에는 (④)이내마다 계단참을 설치할 것

해답
① 15cm
② 60cm
③ 10m
④ 5m

 사다리식 통로 설치시 준수사항 : 안전보건규칙 제24조
1) 견고한 구조로 할 것
2) 심한 손상, 부식 등이 없는 재료를 사용할 것
3) 발판의 간격은 동일할 것
4) 발판과 벽과의 사이는 15cm 이상의 간격을 유지할 것
5) 폭은 30cm 이상으로 할 것
6) 사다리가 넘어지거나 미끄러지는 것을 방지하기 위한 조치를 할 것
7) 사다리의 상단은 걸쳐놓은 지점으로부터 60cm 이상 올라가도록 할 것
8) 사다리식 통로의 길이가 10m 이상인 때에는 5m이내마다 계단참을 설치할 것
9) 이동식 사다리식 통로의 기울기는 75°이하로 할 것(다만, 고정식 사다리식 통로의 기울기는 90°이하로 하고 높이가 7m 이상인 경우 바닥으로부터 2.5m 되는 지점부터 등받이 울을 설치할 것)
10) 접이식 사다리기둥은 사용시 접혀지거나 펼쳐지지 않도록 철물 등을 사용하여 견고하게 조치할 것

07

OJT와 off JT에 대해서 설명하시오.

해답
1) OJT(On the job training, 현장 중심교육) : 직속상사가 현장에서 업무상의 개별교육이나 지도훈련을 하는 교육형태
2) off JT(off the job training, 현장 외 중심교육 : 계층별 또는 직능별 등과 같이 공통된 교육대상자를 현장 외의 한 장소에 모아 집체 교육훈련을 실시하는 집단교육 형태

08

다음은 산업안전보건법상 건설업 중 유해, 위험방지계획서 제출대상 사업이다. 빈칸을 채우시오.

(1) 지상 높이가 (①)m인 건출물 또는 인공구조물, 연면적 3만㎡ 이상인 건축물 또는 연면적 5천㎡ 이상의 문화 및 집회시설(전시장인 동물원, 식물원은 제외), 판매시설, 운수시설(고속철도의 역사 및 집배송시설은 제외), 종교시설, 의료시설 중 종합병원, 숙박시설 중 관광숙박시설 또는 지하도 상가 또는 냉동, 냉장창고 시설의 건설, 개조 또는 해체(이하"건설 등"이라 함)
(2) 연면적 (②)㎡ 이상의 냉동, 냉장창고 시설의 설비공사 및 단열공사
(3) 최대 지간길이가 (③)m 이상인 교량건설 등
(4) 터널건설 등의 공사
(5) 다목적댐, 발전용댐 및 저수용량 2천만 톤 이상의 용수전용댐, 지방상수도 전용댐건설 등의 공사
(6) 깊이 (④)m 이상인 굴착공사

해답
① 31
② 5000
③ 50
④ 10

주 유해, 위험방지계획서 제출대상 사업장의 종류 등 : 시행규칙 제120조

09

작업발판의 끝이나 개구부로부터 추락 위험이 있는 경우 조치사항을 3가지만 쓰시오.

해답
1) 안전난간, 울타리, 수직형 추락방망 설치
2) 덮개설치
3) 추락방호망 설치
4) 안전대 착용

주 개구부 등의 방호조치 : 안전보건규칙 제43조

10

연약한 점토지반을 굴착할 때 흙막이 벽체 배면에 있는 흙의 중량이 굴착 바닥면의 흙의 중량보다 큰 경우 중량차이로 인해 흙막이 벽체 배면의 흙이 안으로 밀려들어와 바닥면이 부풀어 오르는 현상을 쓰시오.

해답 히빙현상

 히빙현상 방지대책
① 굴착주변의 상재하중을 제거한다.
② 시트파일 등의 근입심도를 깊게 한다.
③ 흙막이 판은 강성이 높은 것을 사용한다.
④ 굴착방식을 개선(Island cut 공법 등) 한다.

11

잠함 등의 내부에서 굴착작업을 중지해야 하는 경우를 2가지 쓰시오.

해답
1) 근로자가 안전하게 오르내리기 위한 설비에 고장이 있는 경우
2) 굴착 깊이가 2m를 초과하는 경우는 설치하는 해당 작업장소와 외부와의 연락을 위한 통신설비 등에 고장이 있는 경우
3) 잠함 등의 내부에 많은 양의 물 등이 스며들 우려가 있는 경우
4) 산소결핍이 인정되거나 굴착 깊이가 20m를 초과하는 경우에 설치하는 공기를 공급하는 송기설비 등에 고장이 있는 경우

※ 작업의 금지 : 안전보건규칙 제378조

 잠함, 우물통, 수직갱 등의 내부에서 굴착작업 시 준수사항(안전보건규칙 제377조)
1) 산소 결핍우려가 있는 경우에는 산소농도 측정자를 지명하여 산소농도를 측정하도록 할 것
2) 근로자가 안전하게 오르내리기 위한 설비를 설치할 것
3) 굴착 깊이가 20m를 초과하는 경우에는 해당 작업장소와 외부와의 연락을 위한 통신설비 등을 설치할 것
4) 산소농도 측정결과 산소결핍이 인정되거나 굴착 깊이가 20m를 초과하는 경우에는 송기(送氣)를 위한 설비를 설치하여 필요한 양의 공기를 공급할 것

12

산업안전보건법상의 위험물질의 종류 3가지를 쓰시오.

해 답
1) 폭발성물질 및 유기과산화물
2) 물반응성물질 및 인화성고체
3) 산화성액체 및 산화성고체
4) 인화성액체
5) 인화성고체
6) 부식성물질
7) 급성독성물질

 위험물질의 종류 : 안전보건규칙 별표1

길잡이
화재, 폭발과 관련된 위험물의 종류
1) 폭발성물질 및 유기과산화물
2) 물반응성물질 및 인화성고체
3) 산화성액체 및 산화성고체
4) 인화성액체
5) 인화성고체

13

토사붕괴의 발생을 예방하기 위한 조치사항 3가지를 쓰시오.

해 답
1) 적절한 경사면의 기울기를 계획하여야 한다.
2) 경사면의 기울기가 당초 계획과 차이가 발생되면 즉시 재검토하여 계획을 변경시켜야 한다.
3) 활동할 가능성이 있는 토석을 제거하여야 한다.
4) 경사면의 하단부에 압성토 등 보강공법으로 활동에 대한 저항 대책을 강구하여야 한다.
5) 말뚝(강판, H형강, 철근, 콘크리트)을 타입하여 지반을 강화시킨다.

건설안전산업기사 2020년 1회 실기 필답형

01

다음 표는 안전보건표지의 색채, 색도기준 및 용도에 관한 내용이다. ( )안에 알맞은 내용을 쓰시오.

색채	색도 기준	용도	사용 예
빨간색	7.5R 4/14	금지	정지신호, 소화설비 및 그 장소, 유해행위의 금지
		경고	화학물질 취급장소에서의 유해, 위험물질 경고
(①)	5Y 8.5/12	경고	화학물질 취급장소에서의 유해, 위험 경고 이외의 위험경고, 주의표지 또는 기계 방호물
(②)	2.5PB 4/10	지시	특정행위의 지시 및 사실의 고지
녹색	2.5G 4/10	안내	비상구 및 피난소, 사람 또는 차량의 통행표지
(③)	N 9.5		파란색 또는 녹색에 대한 보조색
(④)	N 0.5		문자 및 빨간색 또는 노란색에 대한 보조색

해답
① 노란색　② 파란색
③ 흰색　④ 검은색

주 안전보건표지의 색채, 색도기준 및 용도 : 시행규칙 별표3
안전표지의 색채기준(별표 3)은 출제율이 매우 높고 문제가 출제될 때마다 변형되어 출제되므로 완벽하게 암기해야 한다.

02

밀폐공간에 근로자를 종사하도록 하는 때에는 작업시작 전 및 작업중에 해당 작업장을 적정한 공기상태로 유지되도록 환기하여야 한다. 적정 공기의 산소농도 범위, 탄산가스 농도, 황화수소 농도, 일산화탄소 농도 기준을 각각 쓰시오.

해답
1) 산소농도의 범위 : 18% 이상 23.5% 미만
2) 탄산가스의 농도 : 1.5% 미만
3) 황화수소의 농도 : 10ppm 미만
4) 일산화탄소의 농도 : 30ppm 미만
  주 적정공기 : 안전보건규칙 제618조

03

재해예방 4원칙을 쓰시오.

해답
1) 손실우연의 원칙
2) 원인계기의 원칙
3) 예방가능의 원칙
4) 대책선정의 원칙

04

굴착작업 시 지반의 붕괴 또는 토석의 낙하에 의한 위험방지 조치사항을 3가지 쓰시오.

해답
1) 흙막이지보공의 설치
2) 방호망의 설치
3) 근로자의 출입금지
  주 지반의 붕괴 등에 의한 위험방지 : 안전보건규칙

비가 올 경우 빗물 등의 침투에 의한 붕괴재해 예방을 위한 조치사항
① 측구설치
② 굴착경사면에 비닐을 덮음

05

차량계 건설기계를 사용하는 작업을 할 때에 그 기계가 넘어지거나 굴러 떨어짐으로써 근로자에게 위험을 미칠 우려가 있을 때의 조치사항 3가지를 쓰시오.

해 답
1) 유도자 배치
2) 지반의 부동침하방지
3) 갓길의 붕괴방지
4) 도로폭의 유지

 주 전도등의 방지 : 안전보건규칙 제199조

차량계 하역운반기계 등의 전도, 전락 등의 위험방지 조치사항(안전보건규칙 제171조)
1) 유도자배치
2) 지반의 부동침하 방지
3) 갓길의 붕괴방지

06

건설업의 유해, 위험방지 계획서의 제출시기와 심사결과에 따른 구분, 판정기준 3가지를 쓰시오.

해 답
1) 제출시기 : 해당공사의 착공전날까지
2) 심사결과의 구분, 판정기준
   ① 적정
   ② 조건부 적정
   ③ 부적정

제조업 등의 유해, 위험방지 계획서 제출시기 : 작업시작 15일 전까지

07

차량계 건설기계의 작업계획서에 포함되는 내용 3가지를 쓰시오.

해답
1) 사용하는 차량계 건설기계의 종류 및 성능
2) 차량계 건설기계의 운행경로
3) 차량계 건설기계에 의한 작업방법

※ 작업계획서의 내용 : 안전보건규칙 별표4

08

작업으로 인하여 물체가 떨어지거나 날아올 위험이 있는 경우 위험방지 조치사항 3가지를 쓰시오.

해답
1) 낙하물 방지망, 수직보호망 또는 방호선반의 설치
2) 출입금지구역의 설정
3) 보호구(안전모, 안전화 등)의 착용

※ 낙하물에 의한 위험방지 : 안전보건규칙 제14조

09

산업안전보건법상 안전관리자를 정수 이상으로 증원하게 하거나 교체하여 임명할 것을 명할 수 있는 경우 3가지를 쓰시오.

해답
1) 해당 사업장의 연간재해율이 같은 업종 평균재해율의 2배 이상인 경우
2) 중대재해가 연간 2건 이상 발생한 경우
3) 관리자가 질병 그 밖의 사유로 3개월 이상 직무를 수행할 수 없게 된 경우
4) 화학적 인자로 인한 직업성질병자가 연간 3명 이상 발생한 경우

※ 안전관리자 등의 증원, 교체임명 명령 : 시행규칙 제15조

10

건설공사 중 발생하는 보일링 현상에 대해서 설명하시오.

 보일링 현상은 사질토지반에서 굴착면과 흙막이 배면과의 수위차로 인하여 굴착면이 액상화(흙+물)되어 솟아오르는 현상이다.

보일링 현상 방지대책
1) 흙막이벽의 근입심도를 깊게 한다(흙막이 널말뚝을 깊게 박을 것)
2) 지하수위를 낮춘다.
3) 버팀대, 흙막이판 등을 점검한다.
4) 굴착방식을 개선한다.

11

다음은 강관비계에 관한 내용이다. (   )에 알맞은 말이나 숫자를 쓰시오.

> 비계기둥의 제일 윗부분으로부터 (①)m 되는 지점 밑부분의 비계기둥은 (②)개의 강관으로 묶어 세울 것

 ① 31   ② 2

강관비계의 구조
1) 비계기둥의 간격은 띠장 방향에서는 1.85m 이하 장선(長線)방향에서는 1.5m 이하로 할 것
2) 띠장 간격은 2.0m 이하로 할 것
3) 비계기둥의 제일 윗부분으로부터 31m 되는 지점 밑부분의 비계기둥은 2개의 강관으로 묶어 세울 것. 다만, 브래킷(bracket) 등으로 보강하여 2개의 강관으로 묶을 경우 이상의 강도가 유지되는 경우에는 제외
4) 비계기둥 간의 적재하중은 400kg을 초과하지 않도록 할 것

12

다음은 작업발판의 구조에 대한 내용이다. ( )안에 알맞은 내용을 쓰시오.

(가) 작업발판의 폭은 (①)cm 이상으로 하고 발판재료 간의 틈은 (②)cm 이하로 할 것
(나) 작업발판의 재료는 뒤집히거나 떨어지지 아니하도록 (③) 이상의 지지물에 연결하거나 고정시킬 것

해답
① 40
② 3
③ 2

주 작업발판의 구조 : 안전보건규칙 제56조

13

환산재해율에서 상시근로자수 산출식을 쓰시오.

해답

$$\text{상시근로자수} = \frac{\text{연간국내공사실적액} \times \text{노무비율}}{\text{건설업월평균임금} \times 12}$$

사고사망만인율 산정식

$$\text{사고사망만인율} = \frac{\text{사고사망자수}}{\text{상시근로자수}} \times 10000$$

건설안전산업기사 2020년 2회 (실기 필답형)

01

다음의 안전관리조직 형태에 대한 장점, 단점을 각각 1가지씩 쓰시오.
(1) 라인형 조직
(2) 라인, 스탭 혼합형 조직

해답

(1) 라인형
  1) 장점
    ① 안전에 대한 지시 및 전달이 신속, 용이하다.
    ② 명령계통이 간단, 명료하다.
  2) 단점
    ① 안전에 관한 전문지식이 부족하고 기술의 축적이 미흡하다.
    ② 안전정보 및 신기술 개발이 어렵다.

(2) 라인, 스탭 혼합형
  1) 장점
    ① 안전지식 및 기술축적이 가능하다.
    ② 스탭에 의해 기획된 대책이 라인을 통해 신속하게 적용된다.
  2) 단점
    ① 명령계통과 조언, 지도 및 권고적 참여가 혼동되기 쉽다.
    ② 스태프의 힘이 커지면 라인이 무력해진다.

02

근로자가 400명 근무하는 A회사에 연간 재해건수가 30건이 발생하였고, 재해지수는 32명이 발생하였다. 도수율과 연천인율을 구하시오(단, 근로시간은 1일 8시간 연간 280일을 근무한다).

해 답

① 연천인율 = $\dfrac{\text{사상자수}}{\text{연평균근로자수}} \times 1000 = \dfrac{32}{400} \times 1000 = 80$

② 도수율 = $\dfrac{\text{재해건수}}{\text{연근로시간수}} \times 10^6 = \dfrac{30}{400 \times 8 \times 280} \times 10^6 = 33.48$

03

산업안전보건법상 도급사업시 사업주는 그가 사용하는 근로자, 그의 수급인 및 그의 수급인이 사용하는 근로자와 함께 정기적으로 또는 수시로 작업장에 대한 안전보건점검을 하여야 한다. 정기안전, 보건점검의 실시 횟수에 대한 다음 ( )안에 알맞은 수치를 쓰시오.
(가) 건설업 : (①)
(나) 토사석 광업 : (②)

해 답
① 2개월에 1회 이상
② 분기별 1회 이상

정기안전, 보건점검의 실시횟수(시행규칙 제82조 제2항)
1) 2개월에 1회 이상
   ① 건설업
   ② 선박 및 보트 건조업
2) 분기별 1회 이상
   ① 토사석 광업
   ② 제조업(선박 및 보트 건조업은 제외)
   ③ 서적, 잡지 및 기타 인쇄물 출판업
   ④ 음악 및 기타 오디오물 출판업
   ⑤ 금속 및 비금속 원료재생업

04

다음 내용은 파이프 서포트에 대한 설치기준이다. ( )안에 알맞은 내용을 쓰시오.

(가) 파이프 서포트를 (①)개 이상 이어서 사용하지 아니하도록 할 것
(나) 파이프 서포트를 이어서 사용할 때에는 (②)개 이상의 볼트 또는 전용철물을 사용하여 이용할 것
(다) 높이가 (③)m를 초과할 때에는 높이 2m이내마다 수평연결재를 (④)개 방향으로 만들고 수평연결재의 변위를 방지할 것

해답
① 3   ② 4
③ 3.5   ④ 2

주 거푸집 동바리 등의 안전조치 : 안전보건규칙 제332조

05

작업으로 인하여 물체가 떨어지거나 날아올 위험이 있는 경우 위험방지 조치사항 3가지를 쓰시오.

해답
1) 낙하물 방지망, 수직보호망 또는 방호선반의 설치
2) 출입금지구역의 설정
3) 보호구(안전모, 안전화 등)의 착용

주 낙하물에 의한 위험방지 : 안전보건규칙 제14조

06

산업안전보건법상 안전관리자를 정수 이상으로 증원하게 하거나 교체하여 임명할 것을 명할 수 있는 경우 3가지를 쓰시오.

해답
1) 해당 사업장의 연간재해율이 같은 업종 평균재해율의 2배 이상인 경우
2) 중대재해가 연간 2건 이상 발생한 경우
3) 관리자가 질병 그 밖의 사유로 3개월 이상 직무를 수행할 수 없게 된 경우
4) 화학적 인자로 인한 직업성질병자가 연간 3명 이상 발생한 경우

주 안전관리자 등의 증원, 교체임명 명령 : 시행규칙 제12조

07

연약한 점토지반의 굴착시 굴착이 진행됨에 따라 흙막이벽 뒤쪽 흙의 중량이 굴착부 바닥의 지지력 이상이 되면 흙막이벽 근입부분의 지반이동이 발생하여 굴착부 저면이 솟아오르면서 흙막이벽의 근입부분이 파괴되는 현상을 무엇이라고 하는가?

해 답 히빙현상

히빙현상 방지대책
1) 굴착주변의 상재하중을 제거한다.
2) 시트파일 등의 근입심도를 깊게 한다.(널말뚝을 깊게 박는다)
3) 흙막이 판은 강성이 높은 것을 사용한다.
4) 굴착방식을 개선한다.

08

산업안전보건법상 안전관리자가 수행하여야 할 업무내용 5가지를 쓰시오.

해 답
1) 산업안전보건위원회 또는 노사협의체에서 심의, 의결한 직무와 안전보건관리규정 및 취업규칙에서 정한 업무
2) 안전인증대상 기계, 기구 등과 자율안전 확인대상 기계, 기구 등 구입시 적격품의 선정에 관한 보좌 및 지도, 조언
3) 위험성 평가에 관한 보좌 및 지도, 조언
4) 해당 사업장 안전교육계획의 수립 및 안전교육 실시에 관한 보좌 및 지도, 조언
5) 사업장 순회점검, 지도 및 조치의 건의
6) 산업재해 발생의 원인조사 및 재발방지를 위한 기술적 보좌 및 지도, 조언
7) 산업재해에 관한 통계의 유지, 관리, 분석을 위한 보좌 및 지도, 조언
8) 법 또는 법에 따른 명령으로 정한 안전에 관한 사항의 이행에 관한 보좌 및 지도, 조언

주 안전관리자의 업무 등 : 시행령 제13조

09

흙막이지보공을 설치할 때 정기점검사항 3가지를 쓰시오.

해답
1) 부재의 손상, 변형, 부식, 변위 및 탈락의 유무와 상태
2) 버팀대의 긴압의 정도
3) 부재의 접속부, 부착부 및 교차부의 상태
4) 침하의 정도

※ 붕괴 등의 위험방지 : 안전보건규칙 제347조

10

다음 내용은 타워크레인의 강풍 시 작업중지에 관한 내용이다. ( )안에 알맞은 수치를 쓰시오.

(가) 순간 풍속이 (①)m/s를 초과하는 경우 타워크레인의 설치, 수리, 점검 또는 해체작업을 중지할 것
(나) 순간 풍속이 (②)m/s를 초과하는 경우에는 타워크레인의 운전작업을 중지할 것

해답
① 10
② 15

※ 타워크레인의 강풍 시 작업중지 : 안전보건규칙 제37조

 폭풍 등에 의한 안전조치사항

양중기 종류	순간풍속	조치사항
크레인	30m/s 초과	이탈방지조치
	30m/s 초과 중진 이상 진도의 지진	(기계 각부위) 이상유무 점검
건설작업용 리프트	35m/s 초과	붕괴방지조치(받침수 증가)
승강기 (옥외용)	35m/s 초과	도괴방지조치(받침수 증가)

11

안전인증대상 보호구 5가지를 쓰시오.

해답
1) 안전화
2) 안전대
3) 보호복
4) 안전장갑
5) 방진마스크
6) 방독마스크
7) 송기마스크
8) 전동식 호흡보호구
9) 차광 및 비산물 위험방지용 보안경
10) 용접용 보안면
11) 방음용 귀마개 또는 귀덮개
12) 추락 및 감전위험 방지용 안전모

주 안전인증대상 기계 등 : 시행령 제74조

12

산업재해가 발생하였을 때에 기록, 보존해야 할 사항 3가지를 쓰시오(단 재해재발방지계획은 제외한다).

해답
1) 사업장개요 및 근로자인적사항
2) 재해발생일시 및 장소
3) 재해발생원인 및 과정

주 산업재해 기록 등 : 시행규칙 제72조

13

NATM공법과 Shield공법에 대해서 간략히 설명하시오.

해답 1) NATM(New Austrian Tunnelling Method)공법
터널주변 지반을 터널의 주지보를 이용하여 굴착한 후 록 볼트(Rock bolt)를 체결하고 1차 라이닝(lining)-방수시트(sheet)-2차 라이닝(lining)하여 터널을 형성시키면서 굴진하는 공법

2) Shield공법
원통형의 철제 실스를 수직구 안에 투입시켜 커터헤드를 회전시키면서 터널을 굴착하고 실드 뒤쪽에서 세그먼트를 반복해 설치하면서 터널을 완성하는 공법

☞ 산업재해 기록 등 : 시행규칙 제72조

건설안전산업기사

2020년 3회

01

다음 표는 산업안전보건관련 교육과정별 교육시간을 나타낸 것이다. ( )안에 알맞은 수치를 쓰시오.

교육과정	교육대상	교육시간
정기교육	관리감독자의 지위에 있는 사람	(①)
작업내용 변경시 교육	일용근로자	(②)
건설업기초안전 보건교육	건설일용근로자	(③)

해답
① 연간 16시간 이상
② 1시간 이상
③ 4시간 이상

주 안전보건교육 교육과정별 교육시간 : 규칙 별표4

02

중대재해 3가지를 쓰시오.

해답
1) 사망자가 1명 이상 발생한 재해
2) 3개월 이상의 요양이 필요한 부상자가 동시에 2명 이상 발생한 재해
3) 부상자 또는 직업성 질병자가 동시에 10명 이상 발생한 재해

주 중대재해의 범위 : 시행규칙 제3조

03

다음 [보기]는 강관비계의 설치기준에 관한 내용이다. (   )안에 알맞은 수치를 쓰시오.

[보기]
(1) 비계기둥의 간격은 띠장방향에서는 1.85m 이하, 장선방향에서는 (①)m 이하로 할 것
(2) 띠장간격은 (②)m 이하로 할 것
(3) 비계기둥의 제일 윗부분으로부터 31m 되는 지점 밑부분의 비계기둥은 2개의 강관으로 묶어세울 것
(4) 비계기둥간의 적재하중은 400kg을 초과하지 않도록 할 것

해답 ① 1.5   ② 2

주) 강관비계의 구조 : 안전보건규칙 제60조

04

달비계에 달기체인을 사용해서 안 되는 사용금지 사항을 3가지 쓰시오.

해답
1) 달기체인의 길이가 달기체인이 제조된 때의 길이의 5%를 초과한 것
2) 링의 단면지름이 달기체인이 제조된 때의 해당 링의 지름의 10%를 초과하여 감소한 것
3) 균열이 있거나 심하게 변형된 것

주) 달비계의 구조 : 안전보건규칙 제63조 제2호

05

근로자가 작업발판 위에서 전기용접 작업을 하다가 바닥으로 떨어져 머리를 다쳤다. 다음의 재해원인 분석에 대한 물음에 답하시오.
(1) 재해형태 :
(2) 기인물 :
(3) 가해물 :

해답 (1) 재해형태 : 추락
(2) 기인물 : 작업발판
(3) 가해물 : 바닥

06

절토법면 토사붕괴의 발생을 예방하기 위한 점검사항 3가지를 쓰시오.

해답 1) 전 지표의 답사
2) 경사면의 지층변화부 상황확인
3) 부석의 상황변화의 확인
4) 결빙과 해빙에 대한 상황의 확인
5) 용수의 발생 유, 무 또는 용수량의 변화확인
6) 각종 경사면 보호구의 변위, 탈락 유무
7) 점검시기
   ① 작업 전·중·후
   ② 비온 후
   ③ 안전작업구역에서 발파한 경우

🔸 **주** 절토면법 토사붕괴의 발생을 예방하기 위한 점검사항 : 굴착공사 표준안전작업지침 제32조

07

차량계 건설기계를 사용하여 작업을 할 때 기계가 넘어지거나 굴러떨어짐으로써 근로자에게 위험을 미칠 우려가 있을 때에 취할 수 있는 조치사항 3가지를 쓰시오.

해답
1) 유도자 배치
2) 지반의 부동침하 방지
3) 갓길의 붕괴방지
4) 도로폭의 유지

주 전도 등의 방지 : 안전보건규칙 제171조

08

작업발판의 끝이나 개구부로부터 추락위험이 있는 경우 조치사항을 3가지 쓰시오.

해답
1) 안전난간, 울타리, 수직형 추락방망 설치
2) 덮개설치
3) 추락보호망 설치
4) 안전대 착용

주 개구부 등의 방호조치 : 안전보건규칙 제43조

09

다음 [표]는 안전보건표지의 색채에 관한 내용이다. ( )안에 알맞은 내용을 쓰시오.

색채	용도	사용 예
(①)	경고	화학물질 취급장소에서의 유해, 위험물질 경고
(②)	안내	비상구 및 피난소, 사람 또는 차량의 통행표지
(③)		파란색 또는 녹색에 대한 보조색
(④)		문자 및 빨간색 또는 노란색에 대한 보조색

해답
① 빨간색   ② 녹색
③ 흰색   ④ 검은색

주 안전보건표지의 색도기준 및 용도 : 시행규칙 별표3

10

인력으로 중량물 취급작업시 발생할 수 있는 재해형태 4가지를 쓰시오.

해 답 1) 추락
2) 낙하
3) 전도
4) 협착
5) 붕괴

 중량물 취급작업시 작업계획서 내용(안전보건규칙 별표4)
1) 추락위험을 예방할 수 있는 안전대책
2) 낙하위험을 예방할 수 있는 안전대책
3) 전도위험을 예방할 수 있는 안전대책
4) 협착위험을 예방할 수 있는 안전대책
5) 붕괴위험을 예방할 수 있는 안전대책

11

다음 [보기]와 같이 와이어로프에 대한 조건이 주어졌을 경우 와이어로프의 사용가능 여부를 판정하시오.

[보기]
(1) 와이어로프의 소선가닥 : 10가닥
(2) 와이어로프의 걸려있는 무게 : 10가닥
(3) 와이어로프의 파단하중 : 1000kg

해 답 ① 안전계수 $= \dfrac{\text{로프가닥수} \times \text{파단하중}}{\text{안전하중}}$

$= \dfrac{10 \times 1000}{(1000+100)} = 9.09$

② 달기와이어로프의 안전계수는 10 이상이며, 문제에서 구한 와이어로프의 안전계수는 9.09로 10 이상을 초과하지 않아 사용이 불가능하다.

12

다음은 안전모의 부품에 대한 설명이다. ( )안에 알맞은 용어를 쓰시오.

(1) 착용자의 머리부위를 덮는 주된 물체로서 단단하고 매끄럽게 마감된 재료 : (①)
(2) 머리받침 끈, 머리고정대 및 머리받침고리로 구성되어 추락 및 감전위험방지용 안전모(이하 안전모라 함) 머리 부위에 고정시켜주며, 안전모에 충격이 가해졌을 때 착용자의 머리부위에 전해지는 충격을 완화시키는 기능을 갖는 부품 : (②)

해답 ① 모체
② 착장체

13

흙막이지보공 설치를 하지 않고 굴착이 가능한 깊이 기준을 쓰시오.

해답 1.5m 이하

건설안전산업기사 2020년 4회

01
흙의 동상방지 대책 3가지를 쓰시오.

해답
1) 지표의 흙을 화약약품으로 처리한다.
2) 지하수위를 저하시킨다.
3) 단열 재료를 삽입한다.
4) 보온시공을 한다.
5) 동결깊이 상부의 흙을 동결이 잘되지 않는 재료로 치환한다.
6) 모관수 상승을 방지하는 층을 두어 동상을 방지한다.
7) 동결심도 아래에 배수층을 설치한다.

02
중대재해 발생 후 관할 지방고용노동관서의 장에게 보고해야 할 사항 2가지와 보고시점을 쓰시오.

해답
1) 보고사항
  ① 발생개요 및 피해사항
  ② 조치 및 전망
2) 보고시점 : 지체 없이 보고

주 중대재해 발생보고 : 시행규칙 제4조 제2항

산업재해 발생보고(시행규칙 제4조 제1항)
1) 산업재해로 사망자, 3일 이상의 휴업이 필요한 부상 및 질병자가 발생한 경우
2) 산업재해가 발생한 날부터 1개월 이내에 산업재해조사표를 작성하여 관할 지방고용노동관서의 장에게 제출할 것

03

다음 [보기]는 강관비계의 설치기준에 관한 내용이다. ( )안에 알맞은 수치를 쓰시오.

[보기]
(1) 띠장간격은 (①)m 이하로 할 것
(2) 비계기둥의 간격은 띠장방향에서는 (②)m 이하, 장선방향에서는 (③)m 이하로 할 것
(3) 비계기둥의 제일 윗부분으로부터 31m 되는 지점 밑부분의 비계기둥은 (④)개의 강관으로 묶어세울 것
(4) 비계기둥간의 적재하중은 (⑤)kg을 초과하지 않도록 할 것

해 답
① 2 ② 1.85
③ 1.5 ④ 2
⑤ 400

주 강관비계의 구조 : 안전보건규칙 제60조

04

작업발판의 끝이나 개구부로부터 추락위험이 있는 경우 조치사항을 3가지만 쓰시오.

해 답
1) 안전난간, 울타리, 수직형 추락방망 설치
2) 덮개설치
3) 추락보호망 설치
4) 안전대 착용

주 개구부 등의 방호조치 : 안전보건규칙 제43조

05

흙막이지보공을 조립하는 경우 미리 조립도를 작성하여 그 조립도에 따라 조립하도록 하여야 한다. 조립도의 작성내용 중 부재와 관련된 사항 3가지를 쓰시오.

해답
1) 부재의 배치
2) 부재의 치수
3) 부재의 재질

흙막이지보공 조립시 조립도의 작성내용(안전보건규칙 제436조)
1) 흙막이판, 말뚝, 버팀대 및 띠장 등 부재의 배치, 치수, 재질
2) 설치방법과 순서

06

유해·위험방지계획서의 (1) 제출시기와 (2) 판정, 심사기준 3가지를 쓰시오.

해답
1) 제출시기 : 해당공사의 착공 전날까지
2) 판정, 심사기준
   ① 적정
   ② 조건부 적정
   ③ 부적정

주 1) 유해·위험방지계획서 대상사업장의 종류 등 : 시행규칙 제120조
2) 심사결과의 구분 : 시행규칙 제123조

07

안전보건관리책임자의 (1) 신규교육과 (2) 보수교육시간을 쓰시오.

해답 (1) 신규교육 : 6시간 이상
(2) 보수교육시간 : 6시간 이상

길잡이 안전보건관리 책임자 등에 대한 교육시간(시행규칙 별표4 제2호)

교육대상	교육시간	
	신규교육	보수교육
(가) 안전보건관리책임자	6시간 이상	6시간 이상
(나) 안전관리자, 안전관리전문기관의 종사자	34시간 이상	24시간 이상
(다) 보건관리자, 보건관리전문기관의 종사자	34시간 이상	24시간 이상
(라) 건설 재해예방전문지도기관의 종사자	34시간 이상	24시간 이상
(마) 석면조사기관의 종사자	34시간 이상	24시간 이상
(바) 안전보건관리담당자	–	8시간 이상
(사) 안전검사기관, 자율안전검사기관의 종사자	34시간 이상	24시간 이상

08

다음은 산소결핍과 적정공기에 대한 정의를 설명한 것이다. (　)안에 알맞은 내용을 쓰시오.

(가) 산소결핍이란 공기 중의 산소농도가 (①) 미만인 상태를 말한다.
(나) 적정공기란 산소농도의 범위가 (②) 이상 (③) 미만, 탄산가스의 농도가 (④) 미만, 일산화탄소 농도가 (⑤) 미만, 황화수소의 농도가 (⑥) 미만 수준의 공기를 말한다.

해답
① 18%
② 18%
③ 23.5%
④ 1.5%
⑤ 30ppm
⑥ 10ppm

주 밀폐 공간 작업 시 용어의 정의 : 안전보건규칙 제618조

09

토공사시 비탈면 보호공법 4가지를 쓰시오.

해답
1) 식생공법(씨앗뿌리기 공법, 초식공법)
2) 콘크리트블록과 돌쌓기공법
3) 시멘트 모르타르 뿜어붙이기공법
4) 소일시멘트공법
5) 돌망태공법

10

차량계하역운반기계 등에 단위화물의 무게가 100kg 이상인 화물을 싣는 작업 또는 내리는 작업을 하는 경우에 해당 작업의 지휘자가 준수할 사항 3가지를 쓰시오.

해답
1) 작업순서 및 그 순서마다의 작업방법을 정하고 작업을 지휘할 것
2) 기구와 공구를 점검하고 불량품을 제거할 것
3) 해당 작업을 하는 장소에 관계근로자가 아닌 사람이 출입하는 것을 금지할 것
4) 로프풀기 작업 또는 덮개 벗기기 작업은 적재함의 화물이 떨어질 위험이 없음을 확인한 후에 하도록 할 것

주 차량계 하역운반기계 등에 화물을 싣거나 내리는 작업시 작업지휘자 준수사항 : 안전보건규칙 제177조

11

자율안전확인 대상 안전모의 시험 성능기준에 따른 시험항목 3가지를 쓰시오.

해답
1) 내관통성시험   2) 충격흡수성시험
3) 난연성시험   4) 턱끈풀림시험

주 자율안전확인대상 안전모의 시험성능기준 : 보호구 자율안전확인 고시 별표1

길잡이
안전인증대상 안전모의 시험성능 기준에 따른 시험항목(보호구 안전인증 고시 별표1)
1) 내관통성시험   2) 충격흡수성시험
3) 내전압성시험   4) 내수성시험
5) 난연성시험   6) 턱끈풀림시험

12

다음은 통로의 설치에 관한 내용이다. ( )안에 알맞은 내용을 쓰시오.

통로면으로부터 높이 ( )m 이내에는 장애물이 없도록 하여야 한다.

해답 2

※ 통로의 설치 : 안전보건규칙 제22조

길잡이
통로의 조명(안전보건규칙 제21조)
근로자가 안전하게 통행할 수 있도록 통로에 75Lux(럭스) 이상의 채광 또는 조명시설을 하여야 한다.

13

크레인을 이용하여 10kN의 화물을 두줄걸이 로프로 다음 각도로 인양할 경우에 와이어로프에 걸리는 장력(kN)을 각각 구하시오.
(1) 상부각도가 30°인 경우
(2) 상부각도가 90°인 경우

해답 (1) 상부각도가 30°인 경우

$$장력 = \frac{짐의\ 무게}{로프의\ 수} \div \cos\left(\frac{로프의\ 각도}{2}\right)$$
$$= \frac{10}{2} \div \cos\left(\frac{30}{2}\right) = 5.18\text{kN}$$

(2) 상부각도가 90°인 경우
$$장력 = \frac{10}{2} \div \cos\left(\frac{90}{2}\right) = 7.07\text{kN}$$

건설안전산업기사 2021년 1회

01

하인리히는 330회의 사고 중에 사망 또는 중상 1회, 경상 29회, 무상해사고 300회의 비율로 사고가 발생한다는 것을 나타낸다. 사망 또는 중상 6건 발생시 경상과 무상해사고가 몇 건 발생하는지 구하시오.

해답
1) 경상 = $6 \times \frac{29}{1} = 174$건
2) 무상해사고 = $6 \times \frac{300}{1} = 1800$건

02

근로자 500명이 근무하는 A회사에 연간 재해건수가 15건이 발생하였다. 도수율을 구하시오 (단, 근로시간은 1일 8시간, 연간 300일을 근무한다).

해답
도수율 = $\frac{재해건수}{연근로시간수} \times 10^6$
= $\frac{15}{500 \times 8 \times 300} \times 10^6 = 12.5$

03

다음은 발파작업에 종사하는 근로자에 대한 준수사항이다. ( ) 안에 알맞은 수치를 쓰시오.

(1) 전기뇌관에 의한 경우에는 발파모선을 점화기에서 떼어 그 끝을 단락시켜 놓는 등 재점화되지 않도록 조치하고 그때부터 (①)분 이상 경과한 후가 아니면 화약류의 장전장소에 접근시키지 않도록 할 것
(2) 전기뇌관 외의 것에 의한 경우에는 점화한 때부터 (②)분 이상 경과한 후가 아니면 화약류의 장전장소에 접근시키지 않도록 할 것
(3) 전기뇌관에 의한 발파의 경우 점화하기 전에 화약류를 장전한 장소로부터 (③)m 이상 떨어진 안전한 장소에서 전선에 대하여 저항측정 및 도통시험을 할 것

해답
① 5
② 15
③ 30

04

거푸집의 설치 · 해체, 철근 조립, 콘크리트 타설, 콘크리트 면처리 작업 등을 위하여 거푸집을 작업발판과 일체로 제작하여 사용하는 「작업발판 일체형 거푸집」의 종류 4가지를 쓰시오.

해답
1) 갱폼
2) 슬립폼
3) 클라이닝폼
4) 터널라이닝폼

주 작업발판 일체형 거푸집의 안전조치 : 안전보건규칙 제337조

05

다음 [표]는 지반굴착시 굴착면의 기울기 기준이다. ( ) 안에 알맞은 용어 및 수치를 쓰시오.

구분	지반의 종류	기울기
보통흙	습지	(①)
	건지	(②)
암반	(③)	1 : 1.0
	연암	(④)
	경암	(⑤)

해답
① 1 : 1 ~ 1 : 1.5
② 1 : 0.5 ~ 1 : 1
③ 풍화암
④ 1 : 1.0
⑤ 1 : 0.5

주 굴착면의 기울기 기준 : 안전보건규칙 별표11

06

산업안전보건법상의 중대재해의 종류 3가지를 쓰시오.

해답
1) 사망자가 1명 이상 발생한 경우
2) 3개월 이상의 요양이 필요한 부상자가 동시에 2명 이상 발생한 경우
3) 부상자 또는 작업성 질병자가 동시에 10명 이상 발생한 경우

주 중대재해 : 시행규칙 제2조 제1항

길잡이
중대재해 발생시 보고시간 및 보고내용(시행규칙 제4조 제2항)
1) **보고시간** : 지체없이 보고
2) **보고내용**
① 발생개요 및 피해상황
② 조치 및 전망
③ 기타 중요한 사항

07

콘크리트 펌프카 작업시 감전의 위험이 있는 경우 조치사항 2가지를 쓰시오.

해답
1) 콘크리트 펌프카 붐대 등을 충전재료의 충전부로부터 300cm 이상 이격시켜 유지시킬 것(50kV를 넘는 경우 10kV 증가시마다 이격거리를 10cm씩 증가시킬 것)
2) 충전전로의 전압에 적합한 절연용 방호구를 설치할 것

08

다음의 작업조건에 대한 적합한 보호구를 동시에 작업하는 근로자의 수 이상으로 지급하고 이를 착용하도록 해야 한다. 다음 작업조건에 대한 ( ) 안에 적합한 보호구를 쓰시오.

작업에 따른 위험성	착용 보호구
(1) 물체가 떨어지거나 날아올 위험 또는 근로자가 감전되거나 추락할 위험이 있는 작업	(①)
(2) 높이 또는 깊이 2m 이상의 추락할 위험이 있는 장소에서의 작업	(②)
(3) 물체의 낙하, 충격, 물체에 끼임, 감전 또는 정전기의 대전에 의한 위험이 있는 작업	(③)
(4) 물체가 날아 흩어질 위험이 있는 작업	(④)
(5) 용접시 불꽃 또는 물체가 흩어질 위험이 있는 작업	(⑤)
(6) 감전의 위험이 있는 작업	(⑥)
(7) 고열에 의한 화상 등의 위험이 있는 작업	(⑦)

해답
① 안전모 ② 안전대
③ 안전화 ④ 보안경
⑤ 보안면 ⑥ 안전장갑
⑦ 방열복

주 보호구의 지급 등 : 안전보건규칙 제32조

09

다음 [보기]는 강관비계에 설치기준에 관한 내용이다. ( ) 안에 알맞은 수치를 쓰시오.

[보기]
(1) 띠장 간격은 (①)m 이하로 설치할 것
(2) 비계기둥의 간격은 띠장 방향에서는 1.85m 이하, 장선방향에서는 (②)m 이하로 할 것
(3) 비계기둥의 제일 윗부분으로부터 31m 되는 지점 밑부분의 비계기둥은 (③)개의 강관으로 묶어세울 것
(4) 비계기둥 간의 적재하중은 (④)kg을 초과하지 않도록 할 것

해답
① 2   ② 1.5
③ 2   ④ 400

주) 강관비계의 구조 : 안전보건규칙 제60조

10

다음 차량계 건설기계의 종류를 각각 2가지씩 쓰시오.

(1) 천공용 건설기계 :
(2) 도로포장용 건설기계 :

해답
1) 천공용 건설기계
   ① 어스드릴   ② 어스오거
   ③ 크롤러드릴   ④ 점보드릴
2) 도로포장용 건설기계
   ① 아스팔트 살포기   ② 콘크리트 살포기
   ③ 아스팔트 피니셔   ④ 콘크리트 피니셔

주) 차량계 건설기계 종류 : 안전보건규칙 별표6

11

암석채굴 등 채석작업시 작업계획서에 포함되는 내용 4가지를 쓰시오.

해답
1) 발파방법
2) 암석의 분할방법
3) 암석의 가공장소
4) 굴착면의 높이와 기울기
5) 굴착면 소단의 위치와 넓이
6) 갱내에서의 낙반 및 붕괴방지방법
7) 노천굴착과 갱내굴착의 구별 및 채석방법
8) 표토 또는 용수의 처리방법
9) 사용하는 굴착기계 · 분할기계 · 적재기계 또는 운반기계(이하 "굴착기계등"이라 함)의 종류 및 성능
10) 토석 또는 암석의 적재 및 운반방법과 운반경로

12

건설용 타워크레인을 설치할 때 타워크레인을 와이어로프로 지지하는 경우 준수사항 3가지를 쓰시오(단, 자격을 갖춘 사람이 설치할 것 등은 제외한다).

해답
1) 와이어로프를 고정하기 위한 전용 지지프레임을 사용할 것
2) 와이어로프 설치각도는 수평면에서 60도 이내로 하되, 지지점은 4개소 이상으로 하고, 같은 각도로 설치할 것
3) 와이어로프와 그 고정부위는 충분한 강도와 장력을 갖도록 설치하고, 와이어로프를 클립 · 샤클(shackle) 등의 고정기구를 사용하여 견고하게 고정시켜 풀리지 아니하도록 하며, 사용 중에는 충분한 강도와 장력을 유지하도록 할 것
4) 와이어로프가 가공전선(架空電線)에 근접하지 않도록 할 것

주 타워크레인의 지지 : 안전보건규칙 제142조

13

알더퍼(Alderfer)의 ERG이론 3가지를 쓰시오.

해 답
1) 생존욕구
2) 관계욕구
3) 성장욕구

길잡이

알더퍼(Alderfer)의 ERG이론
1) 생존(Existence)욕구 : 신체적 차원에서 유기체 생존과 유지에 관련된 욕구
2) 관계(Relatedness)욕구 : 타인과의 상호작용을 통해 만족되는 대인욕구
3) 성장(Growth)욕구 : 개인적인 발전과 증진에 관한 욕구

건설안전산업기사 2021년 2회 (실기 필답형)

01

다음 [보기] 내용은 산업안전보건법령상 안전교육시간을 나타낸 것이다. ( ) 안에 알맞은 내용을 쓰시오.

[보기]
(1) 밀폐된 장소에서 하는 용접작업 – 일용근로자 : (①)시간 이상
(2) 정기교육 – 관리감독자의 지위에 있는 사람 : 연간 (②)시간 이상
(3) 채용시의 교육 – 일용근로자 : (③) 시간 이상
(4) 작업내용 변경시의 교육 – 일용근로자 : (④)시간 이상

해답
① 2   ② 16
③ 1   ④ 1

주) 안전보건교육 교육과정별 교육시간 : 시행규칙 별표4

02

비·눈, 그밖에 기상상태의 불안정으로 인하여 날씨가 몹시 나빠서 작업을 중지시킨 후 그 비계에서 작업을 재개할 때의 작업시간 전 점검사항을 4가지만 쓰시오.

해답
1) 발판재료의 손상여부 및 부착 또는 걸림 상태
2) 해당비계의 연결부 또는 접속부의 풀림 상태
3) 연결재료 및 연결철물의 손상 또는 부식 상태
4) 손잡이의 탈락 여부
5) 기둥의 침하·변형·변위 또는 흔들림 상태
6) 로프의 부착상태 및 매단 장치의 흔들림 상태

주) 비계의 점검보수 : 안전보건규칙 제58조

03

다음 표는 강관비계 조립시 벽이음 또는 버팀을 설치하는 간격을 표시한 것이다. ( ) 안에 알맞은 내용을 쓰시오.

강관비계의 종류	조립간격 (단위 : m)	
	수직 방향	수평 방향
단관비계	(①)	(②)
틀비계(높이가 5m미만인 것은 제외한다)	(③)	(④)

해답
① 5
② 5
③ 6
④ 8

주 강관비계의 조립간격 : 안전보건규칙 별표5

04

차량계 건설기계를 사용하여 작업을 할 때에는 작업계획을 작성하고 그 작업계획에 따라 작업을 실시하도록 하여야 한다. 이 작업계획에 포함되어야 할 사항을 2가지 쓰시오.

해답
1) 사용하는 차량계 건설기계의 종류 및 성능
2) 차량계 건설기계의 운행경로
3) 차량계 건설기계에 의한 작업방법

주 사전조사 및 작업계획서의 내용 : 안전보건규칙 별표4

05

거푸집 동바리 조립작업시 거푸집의 침하방지를 위한 조치사항 3가지를 쓰시오.

해답
1) 깔목의 사용
2) 콘크리트 타설
3) 말뚝박기

주 거푸집 동바리 등의 안전조치 : 안전보건규칙 제332조

06

지반의 이상 현상인 보일링 현상 방지대책 3가지를 쓰시오.

해답
1) 주변 수위를 저하시킨다.
2) 흙막이벽의 근입심도를 깊게 한다.
3) 굴착토를 즉시 원상 매립한다.
4) 작업을 중지시킨다.

07

곤돌라에서 권상용 와이어로프가 일정 이상 감기는 것을 방지하기 위한 방호장치의 명칭을 쓰시오.

해답 권과방지장치

곤돌라의 정의(안전보건규칙 제132조)
달기발판 또는 운반구, 승강장치 그밖에 장치 및 이들에 부속된 기계부품에 의하여 구성되고, 와이어로프 또는 달기강선에 의하여 달기발판 또는 운반구가 전용승강장치에 의하여 오르내리는 설비를 말한다.

08

다음 [보기] 내용은 산업안전보건법상 양중기에 관한 사항이다. ( ) 안에 해당 장치의 명칭을 쓰시오.

[보기]
(1) 동력을 사용하여 중량물을 매달아 상하 및 좌우로 운반하는 것을 목적으로 하는 기계 : (①)
(2) 동력을 사용하여 사람이나 화물을 운반하는 것을 목적으로 하는 기계 : (②)
(3) 건축물이나 고정된 시설물에 설치되어 일정한 경로에 따라 사람이나 화물을 승강장으로 옮기는 데에 사용되는 설비 : (③)

해답
① 크레인
② 리프트
③ 승강기

주 양중기 : 안전보건규칙 제132조

09

산업재해발생률 산정기준에 의한 상시근로자를 구하는 공식을 쓰시오.

해답 상시근로자 수 $= \dfrac{\text{연내국내공사 실적액} \times \text{노무비율}}{\text{건설업월평균임금} \times 12}$

10

양중기에 사용하는 와이어로프의 사용금지사항 5가지를 쓰시오.

해답
1) 이음매가 있는 것
2) 꼬인 것
3) 심하게 변형 부식된 것
4) 와이어로프의 한 꼬임에서 끊어진 소선의 수가 10% 이상인 것
5) 지름의 감소가 공칭지름의 7%를 초과하는 것

주 이음매가 있는 와이어로프 등 사용금지 : 안전보건규칙 제166조

11

산업안전보건법령상 안전보건표지에 관련된 다음 (   ) 안에 알맞은 내용을 쓰시오.

(1) 안전보건표지의 표시를 명확히 하기 위하여 필요한 경우에는 그 안전보건표지의 주위에 표시사항을 글자로 덧붙여 적을 수 있다. 이 경우 글자는 (①)바탕에 (②) 한글 (③)로 표기해야 한다.
(2) 안전보건표지 속의 그림 또는 부호의 크기는 안전보건표지의 크기와 비례해야 하며, 안전보건표지 전체 규격의 (④)% 이상이 되어야 한다.

해답
① 흰색
② 검은색
③ 고딕체
④ 30

주 1) 안전보건표지의 종류·형태·색채 및 용도 : 시행규칙 제38조
   2) 안전보건표지의 제작 : 시행규칙 제40조

12

사업주는 잠함 또는 우물통의 내부에서 근로자가 굴착작업을 하는 경우에 잠함 또는 우물통의 급격한 침하에 의한 위험을 방지하기 위하여 준수하여야 할 사항 2가지를 쓰시오.

해답
1) 침하관계도에 따라 굴착방법 및 재하량 등을 정할 것
2) 바닥으로부터 천장 또는 보까지의 높이는 1.8m 이상으로 할 것

주 급격한 침하로 인한 위험방지 : 안전보건규칙 제376조

13

건설업에서 다음 [보기]에 해당하는 경우 (   )안에 알맞은 안전관리자의 수를 쓰시오.

[보기]
1) 다만, 전체 공사기간을 100으로 할 때 공사 시작에서 15에 해당하는 기관과 공사 종료 전의 15에 해당하는 기간(이하 전체 공사기간 중 전·후 15에 해당하는 기간)은 제외라고 할 경우 안전관리자 수
   (가) 공사금액 800억원 이상 1,500억원 미만 : (①)
   (나) 공사금액 1,500억원 이상 2,200억원 미만 : (②)
   (다) 공사금액 2,200억원 이상 3,000억원 미만 : (③)
2) 다만, 전체 공사기간을 100으로 할 때 공사 시작에서 15에 해당하는 기간과 공사 종료 전의 15에 해당하는 기간이라고 할 경우 안전관리자 수
   (가) 공사금액 800억원 이상 1,500억원 미만 : (④)
   (나) 공사금액 1,500억원 이상 2,200억원 미만 : (⑤)
   (다) 공사금액 2,200억원 이상 3,000억원 미만 : (⑥)

해 답
1) ① 2명 이상 ② 3명 이상 ③ 4명 이상
2) ④ 1명 이상 ⑤ 2명 이상 ⑥ 2명 이상

건설업의 안전관리자 수 [시행령 별표3]

공사규모	안전관리자의 수	
	다만, 전체공사기간 중 전·후 15에 해당하는 기간은 제외라고 할 경우	다만, 전체공사기간 중 전·후 15에 해당하는 기간인 경우
1. 공사금액 50억원 이상(관계수급인은 100억원이상) 120억원 미만(토목공사업은 150억원미만)	1명 이상	
2. 공사금액 120억원 이상(토목공사업은 150억원이상) 800억원 미만		
3. 공사금액 800억원 이상, 2200억원 미만	2명 이상	1명 이상
4. 공사금액 1500억원 이상, 2200억원 미만	3명 이상	2명 이상
5. 공사금액 2200억원 이상, 3000억원 미만	4명 이상	2명 이상

[비고]
안전관리자의 수가 3명 이상인 경우 산업안전지도사 등(건설안전기술사 : 건설안전기사 산업안전기사 자격취득 후 7년 이상 건설안전업무를 수행한 자나 건설안전산업기사 또는 산업안전산업기사 자격취득 후 10년 이상 건설안전업무를 수행한 자) 자격취득자 1명 이상 포함되어야 함

건설안전산업기사 2021년 4회

01

철골구조물의 건립 중 강풍에 의한 풍압 등 외압에 대한 내력이 설계에서 고려되었는지를 확인해야 할 구조안전에 위험이 큰 철골구조물의 종류 4가지를 쓰시오.

해답
1) 높이 20m 이상의 구조물
2) 이음부가 현장용접인 구조물
3) 구조물의 폭과 높이의 차이가 1 : 4 이상인 구조물
4) 단면구조에 현저한 차이가 있는 구조물
5) 연면적당 철골량이 50kg/m² 이하인 구조물
6) 기둥이 타이 플레이트(tie plate)형인 구조물

주 철골검사 전 검토사항 중 설계도 및 공작도 확인사항 : 고용노동부 고시

02

차량계 하역운반기계 등 차량계 건설기계의 운전자가 운전위치를 이탈하고자 할 때 운전자가 준수하여야 할 사항을 3가지 쓰시오.

해답
1) 포크, 버킷, 디퍼 등의 장치를 가장 낮은 위치 또는 지면에 내려둘 것
2) 원동기를 정지시키고 브레이크를 확실히 거는 등 갑작스러운 주행이나 이탈을 방지하기 위한 조치를 할 것
3) 운전석을 이탈하는 경우에는 시동키를 운전대에서 분리시킬 것(다만, 운전석에서 잠금장치를 하는 등 운전자가 아닌 사람이 운전하지 못하도록 조치한 경우에는 제외)

주 운전위치 이탈시의 조치사항 : 안전보건규칙 제99조

03

근로자가 50명이 있는 작업현장에서 1일 9시간, 1년에 250일 근로할 때 재해발생건수 5건, 사망자 1명이 발생되고 근로손실일수가 40일 일 때 강도율을 구하시오.

해답 강도율 = $\dfrac{근로손실일수}{연\ 근로시간수} \times 1{,}000$

$= \dfrac{7{,}500 + 40}{50 \times 9 \times 250} \times 1{,}000 = 67.02$

04

다음 내용에서 설명하는 현상에 대한 용어의 정의를 쓰시오.

(1) 연약한 점토질 지반에서 굴착시 흙막이벽 외측 흙의 중량 및 지표면의 재하 중량에 의해 굴착 저면의 흙이 붕괴되어 흙막이 바깥 흙이 내부로 밀려 불룩하게 솟아오르는 현상은?
(2) 사질토 지반을 굴착시 굴착부와 주변부의 지하수위차가 있는 경우에 수두차에 의하여 침투압이 생겨 흙막이 근입 부분이 침식하는 동시에 모래가 액상화되어 솟아오르며 흙막이 벽의 근입부 지지력을 상실하여 흙막이 지보공의 붕괴를 초래하는 현상은?

해답
1) 히빙 현상
2) 보일링 현상

> Guide 본 문제는 히빙 현상 및 보일링 현상에 대해서 설명하는 문제가 출제될 수 있으므로 최대한 간략히 설명할 수 있도록 준비하여야 합니다.

05

산업안전보건법령상, 항타기 또는 항발기의 권상용 와이어로프로 사용해서는 안되는 경우 4가지를 쓰시오.

해 답
1) 이음매가 있는 것
2) 와이어로프의 한 꼬임[스트랜드(strand)를 말함]에서 소선(素線)[필러(pillar)선은 제외]의 수가 10% 이상(비자전로프의 경우에는 끊어진 소선의 수가 와이어로프 호칭지름의 6배 길이이내에서 4개 이상이거나 호칭지름 30배 길이이내에서 8개 이상)인 것
3) 지름의 감소가 공칭지름의 7%를 초과하는 것
4) 꼬인 것
5) 심하게 변형되거나 부식된 것
6) 열과 전기충격에 의해 손상된 것

주 이음매가 있는 권상용 와이어로프의 사용금지 : 안전보건규칙 제210조

Guide 상기 와이어로프 사용 금지사항은 「양중기」 및 「달비계」의 사용금지 사항과 동일합니다.

06

다음 [표]는 안전모의 종류에 대한 설명이다. ( ) 안에 알맞은 안전모의 종류를 쓰시오.

종류(기호)	사용구분	내전압성
(①)	물체의 낙하 또는 비래 및 추락에 의한 위험방지 또는 경감시키기 위한 것	비내전압성
(②)	물체의 낙하 및 비래에 의한 위험을 방지 또는 경감하고 머리부위 감전에 의한 위험을 방지하기 위한 것	내전압성
(③)	물체의 낙하 또는 비래 및 추락에 의한 위험을 방지 또는 경감하고 머리부위 감전에 의한 위험을 방지하기 위한 것	내전압성

해 답
① AB
② AE
③ ABE

07

산업안전보건법상 거푸집 동바리의 이음방법 2가지를 쓰시오.

해답 1) 맞댄이음
2) 장부이음

🛡 거푸집 동바리 등의 안전조치 : 안전보건규칙 제332조

08

다음 [보기]에서 설명하는 부재의 명칭을 쓰시오.

[보기]
흙막이 벽에 작용하는 토압에 의한 휨모멘트와 전단력에 저항하도록 설치하는 부재로써 흙막이벽에 가해지는 토압을 버팀대 등에 전달하기 위하여 흙막이 벽에 수평으로 설치하는 부재이다.

해답 띠장

🛡 띠장의 정의 : 흙막이 공사(엄지말뚝공법) 안전보건작업지침(3. 용어의 정의)

09

산업안전보건법상 차량계 하역운반기계 등에 화물을 적재하는 경우 준수사항 3가지를 쓰시오.

해답 1) 하중이 한쪽으로 치우치지 않도록 적재할 것
2) 구내운반차 또는 화물자동차의 경우 화물의 붕괴 또는 낙하에 의한 위험을 방지하기 위하여 화물에 로프를 거는 등 필요한 조치를 할 것
3) 운전자의 시야를 가리지 않도록 화물을 적재할 것

🛡 화물 적재시의 조치 : 안전보건규칙 제173조

10

위험예지 훈련 4단계를 쓰시오.

해답
1) 제1단계 : 현상파악
2) 제2단계 : 본질추구
3) 제3단계 : 대책수립
4) 제4단계 : 목표설정

무재해운동 관련 중요사항
1) **무재해운동 이념의 3원칙**
   ① 무의원칙
   ② 참가의 원칙
   ③ 선취해결의 원칙
2) **무재해운동 추진 3기둥(무재해운동 3요소)**
   ① 최고경영자의 엄격한 안전경영자세
   ② 관리감독자에 의한 안전보건의 추진(라인화의 철저)
   ③ 직장 소집단 자주활동의 활발화
3) **브레인스토밍(BS, Brain storming)의 4원칙**
   ① 비평금지 : 좋다, 나쁘다를 비판하지 않는다.
   ② 자유분방 : 마음대로 편안히 발언하게 한다.
   ③ 대량발언 : 무엇이든지 좋으니 많이 발언하게 한다.
   ④ 수정발언 : 타인의 아이디어에 수정하거나 덧붙여 말하게 한다.

11

작업장 내 공구상자 등 주변에서 작업시작 전에 5~9명의 작업자가 5~15분 정도 안전미팅을 하는 훈련을 무엇이라고 하는지 쓰시오.

해답 TBM(Tool Box Meeting)

TBM 실시 5단계
1) 1단계 : 도입
2) 2단계 : 점검정비
3) 3단계 : 작업지시
4) 4단계 : 위험예지
5) 5단계 : 확인

12

산업안전보건법상 터널지보공 설치시 수시점검 사항 3가지를 쓰시오.

해답
1) 부재의 손상·변형·부식·변위 탈락의 유무 및 상태
2) 부재의 긴압 정도
3) 부재의 접속부 및 교차부의 상태
4) 기둥침하의 유무 및 상태
 주) 터널지보공 붕괴 등의 방지 : 안전보건규칙 제366조

13

산업안전보건법상 근로자가 소음작업, 강렬한 소음작업 또는 충격소음작업에 종사하는 경우에 사업주가 근로자에게 알려야 할 사항 3가지를 쓰시오.

해답
1) 해당 작업장소의 소음 수준
2) 인체에 미치는 영향과 증상
3) 보호구의 선정과 착용방법
4) 그밖에 소음으로 인한 건강장해 방지에 필요한 사항
 주) 소음수준의 주지 등 : 안전보건규칙 제514조

건설안전산업기사

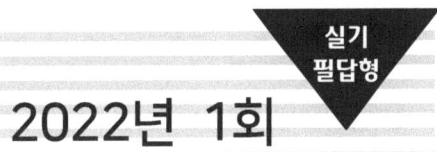

2022년 1회

01
목재가공용 둥근톱 기계의 방호장치 2가지를 쓰시오.

해답
1) 톱날접촉예방장치
2) 반발예방장치

02
산업안전보건법령상 크레인을 사용하는 작업을 할 때의 유해, 위험을 방지하기 위한 관리감독자의 업무내용을 3가지 쓰시오.

해답
1) 작업방법과 근로자 배치를 결정하고 그 작업을 지휘하는 일
2) 재료의 결함 유무 또는 기구 및 공구의 기능을 점검하고 불량품을 제거하는 일
3) 작업 중 안전대 또는 안전모의 착용상황을 감시하는 일

주 관리감독자의 유해, 위험방지 : 안전보건규칙 [별표2]

03
거푸집동바리의 조립 또는 해체작업을 하는 경우 실시하는 특별교육 내용 3가지를 쓰시오.

해답
1) 동바리의 조립방법 및 작업 절차에 관한 사항
2) 조립재료의 취급방법 및 설치기준에 관한 사항
3) 조립 해체 시의 사고 예방에 관한 사항
4) 보호구 착용 및 점검에 관한 사항
5) 그 밖에 안전, 보건관리에 필요한 사항

주 안전보건교육 교육대상별 교육내용 : 시행규칙 [별표5]

04

산업안전보건법령상 공사용 가설도로를 설치하는 경우 사업주의 준수사항 3가지를 쓰시오.

해답
1) 도로는 장비 및 차량이 안전하게 운행할 수 있도록 견고하게 설치할 것
2) 도로와 작업장이 접하여 있을 경우에는 울타리 등을 설치할 것
3) 도로는 배수를 위하여 경사지게 설치하거나 배수시설을 설치할 것
4) 차량의 속도제한 표지를 부착할 것

> 가설도로 : 안전보건규칙 제399조

05

산업안전보건법상 철골작업을 중지해야 하는 기상조건 3가지를 쓰시오.

해답
1) **풍속** : 초당 10m 이상인 경우
2) **강우량** : 시간당 1mm 이상인 경우
3) **강설량** : 시간당 1cm 이상인 경우

> 철골작업의 제한 : 안전보건규칙 제383조

06

산업안전보건법상 작업발판 및 통로의 끝이나 개구부로서 근로자가 추락할 위험이 있는 장소에서 작업시 추락방지대책 3가지를 쓰시오.

해답
1) 안전난간, 울타리, 수직형 추락방망설치
2) 덮개 설치 및 개구부 표시
3) 추락보호망 설치
4) 안전대 착용

> 개구부 등의 방호조치 : 안전보건규칙 제43조, 제44조

추락하거나 넘어질 위험이 있는 장소(작업발판 끝, 개구부 등 제외)에서 작업시 추락방지대책(안전보건규칙 제42조)
1) 작업발판설치
2) 추락방호망설치
3) 안전대착용

07

산업안전보건법상 흙막이지보공 설치 시 정기적 점검사항 3가지를 쓰시오.

해답
1) 부재의 손상, 변형, 부식, 변위 및 탈락의 유무와 상태
2) 버팀대의 긴압의 정도
3) 부재의 접속부, 부착부 및 교차부의 상태
4) 침하의 정도

※ 붕괴 등의 위험방지(흙막이지보공 설치시 정기적점검사항) : 안전보건규칙 제347조

08

다음 [보기] 내용은 산업재해 발생보고 등에 관한 사항이다. (   ) 안에 알맞은 내용을 쓰시오.

[보기]
(1) 사업주는 산업재해로 사망자가 발생하거나 (①)일 이상의 휴업이 필요한 부상을 입거나 질병에 걸린 사람이 발생한 경우에는 해당 산업재해가 발생한 날부터 (②)개월 이내에 산업재해조사표를 작성하여 관할지방고용노동관서의 장에게 제출해야 한다.
(2) 사업주는 제1항에 따른 산업재해조사표에 (③)의 확인을 받아야 하며, 그 기재 내용에 대하여 (③)의 이견이 있는 경우에는 그 내용을 첨부해야 한다. 다만, (③)가 없는 경우에는 재해자 본인의 확인을 받아 산업재해조사표를 제출할 수 있다.

해답
① 3
② 1
③ 근로자대표

※ 산업재해발생 보고 등 : 시행규칙 제73조

09

산업안전보건법령상 차량계 하역운반기계 등을 사용하는 작업을 할 때에 그 기계가 넘어지거나 굴러떨어짐으로써 근로자에게 위험을 미칠 우려가 있는 경우 조치사항 3가지를 쓰시오.

해답
1) 유도자 배치
2) 지반의 부동침하 방지
3) 갓길의 붕괴 방지

※ 전도 등의 방지 : 안전보건규칙 제171조

10

산업안전보건법령상 갱내에서 채석작업을 하는 경우로서 암석, 토사의 낙하 또는 측벽의 붕괴로 인하여 근로자에게 위험이 발생할 우려가 있는 경우에 그 위험을 방지하기 위한 조치 사항 2가지를 쓰시오.

해답
1) 동바리 설치   2) 버팀대 설치

※ 낙반 등에 의한 위험방지 : 안전보건규칙 제373조

11

다음 [보기] 내용은 단관비계 조립식 벽이음을 설치하는 조립간격을 나타낸 것이다. ( ) 안에 알맞은 숫자를 쓰시오.

(1) 수직방향 : (①)m
(2) 수평방향 : (②)m

해답 ① 5   ② 5

강관비계 등 조립간격 (안전보건규칙[별표5])

강관비계의 종류	조립간격(단위:m)	
	수직방향	수평방향
1. 단관비계	5	5
2. 틀비계 (높이 5m미만은 제외)	6	8
3. 통나무비계	5.5	7.5

12

하인리히의 재해코스트 방식에 대한 다음 물음에 답하시오.
(1) 직접비 : 간접비 = (   ) : (   )
(2) 직접비에 해당하는 항목 4가지를 쓰시오.

해답 1) 직접비 : 간접비 = 1 : 4
2) 직접비 항목
   ① 휴업급여
   ② 장해급여 및 장해특별급여
   ③ 유족급여 및 유족특별급여
   ④ 장의비
   ⑤ 요양급여
   ⑥ 치료비

13

산업안전보건법령상 인반건설공사(갑)에서 재료비와 직접노무비의 합이 4,500,000,000원일 때 산업안전보건관리비를 계산하시오.
단, 일반건설공사(갑)의 계상율은 1.86%이고, 기초액은 5,349,000원이다.

해답 안전관리비 = 대상액(재료비 + 직접노무비) × $\frac{요율}{100}$ + 기초액(C)

= $4,500,000,000 \times \frac{1.86}{100} + 5,349,000$

= 89,049,000원

건설안전산업기사

2022년 2회

01
거푸집의 설치·해체, 철근조립, 콘크리트 타설, 콘크리트 면처리 작업 등을 위하여 거푸집을 작업발판과 일체로 제작하여 사용하는 「작업발판 일체형 거푸집」의 종류 4가지를 쓰시오.

해답
1) 갱 폼
2) 슬립 폼
3) 클라이닝 폼
4) 터널라이닝 폼

주) 작업발판 일체형 거푸집의 안전조치 : 안전보건규칙 제337조

02
산업안전보건법상의 양중기 종류 4가지를 쓰시오.

해답
1) 크레인(호이스트 포함)
2) 이동식 크레인
3) 곤돌라
4) 승강기
5) 리프트(이삿짐 운반용 리프트의 경우에는 적재하중이 0.1톤 이상인 것)

주) 양중기 : 안전보건규칙 제132조

03

터널굴착 작업시 작업계획서에 포함해야 할 사항 3가지를 쓰시오.

해답
1) 굴착의 방법
2) 터널지보공 및 복공의 시공방법과 용수의 처리방법
3) 환기 또는 조명시설을 설치할 때에는 그 방법

※ 사전조사 및 작업계획서 내용 : 안전보건규칙 별표4

04

하인리히의 사고방지 원리(사고예방대책) 5단계를 쓰시오.

해답 사고방지원리 5단계
1) 1단계 : 안전관리 조직
2) 2단계 : 사실의 발견
3) 3단계 : 분석
4) 4단계 : 시정방법의 선정
5) 5단계 : 시정책의 적용

05

양중기의 와이어로프 등 달기구의 안전계수를 ( ) 안에 쓰시오.

(1) 근로자가 탑승하는 운반구를 지지하는 달기와이어로프 또는 달기체인의 경우 : (①) 이상
(2) 화물의 하중을 지지하는 달기와이어로프 또는 달기체인의 경우 : (②) 이상
(3) 훅, 샤클, 클램프, 리프팅 빔의 경우 : (③) 이상
(4) 그밖에 경우 : (④) 이상

해답 ① 10 ② 5 ③ 3 ④ 4

※ 와이어로프 등 달기구의 안전계수 : 안전보건규칙 제163조

06

A회사의 도수율이 4.0이고 강도율이 1.5일 때, 이 회사에 근무하는 근로자의 (1) 평균 강도율과 (2) 입사부터 정년퇴직까지 근로손실일수를 갖게 되는지 구하시오.

해답
1) 평균강도율 = $\dfrac{강도율}{도수율} \times 1000$
   = $\dfrac{1.5}{4} \times 1000 = 375$

2) 환산강도율 = 강도율 × 100 = 1.5 × 100 = 150일

07

청각장치와 시각장치 중 시각장치를 사용하는 것이 효과적인 경우 4가지를 쓰시오.

해답
1) 전언이 복잡하다.
2) 전언이 길다.
3) 전언이 후에 재참조된다.
4) 전언이 즉각적인 행동을 요구하지 않는다.

08

히빙 현상이 주는 영향 2가지를 쓰시오.

해답
1) 굴착부 저면이 솟아오름
2) 배면토사 붕괴
3) 지보공 파괴

 히빙 현상 : 연약한 점토지반을 굴착할 때 흙막이 벽체 배면에 있는 흙의 중량이 굴착 바닥면의 흙의 중량보다 큰 경우 중량 차이로 인해 흙막이 벽체 배면의 흙이 안으로 밀려들어와 바닥이 부풀어 오르는 현상

09

다음 [표]는 지반굴착시 굴착면의 기울기 기준이다. ( ) 안에 알맞은 용어 및 수치를 쓰시오.

구분	지반의 종류	기울기
보통흙	습지	(①)
	건지	(②)
암반	(③)	1 : 1.0
	연암	(④)
	경암	(⑤)

해 답
1) 1 : 1 ~ 1 : 1.5
2) 1 : 0.5 ~ 1 : 1
3) 풍화암
4) 1 : 1.0
5) 1 : 0.5

 굴착면의 기울기 기준 : 안전보건규칙 별표11

10

기계가 위치해 있는 지반보다 높은 곳을 굴착할 때 사용하는 기계의 명칭을 쓰시오.

해 답 파워쇼벨

길잡이
쇼벨계 굴착기계
1) **파워셔블**(power shovel) : 중기가 위치한 지면보다 높은 장소 굴착시 적합
2) **백호우**(drag shovel, 드래그 셔블) : 중기가 위치한 지면보다 낮은 장소 굴착시 적합(앞쪽으로 끌어당기면서 작업)
3) **드래그 라인**(drag line) : 지반보다 낮은 연질지반의 넓은 굴착에 적합(힘이 약함)
4) **클램셸**(clamshell) : 붐의 선단에서 버킷을 와이어로프로 매달아 바로 아래로 떨어뜨려 흙을 떠올리는 중기
5) **굴착기의 전부장치** : 붐(boom), 암(arm), 버킷(bucket) 등으로 구성

11

산업안전보건법상 건설업 중 유해·위험방지계획서의 제출사업 4가지를 쓰시오.

해 답
1) 지상 높이가 31m 이상인 건축물 또는 인공구조물, 연면적 3만m² 이상인 건축물 또는 연면적 5천m² 이상의 문화 및 집회시설(전시장인 동물원, 식물원은 제외), 판매시설, 운수시설(고속철도의 역사 및 집배송시설은 제외), 종교시설, 의료시설 중 종합병원, 숙박시설 중 관광숙박시설 또는 지하도 상가 또는 냉동·냉장창고시설의 건설·개조 또는 해체(이하 "건설 등"이라 함)
2) 연면적 5천m² 이상의 냉동·냉장창고시설의 설비공사 및 단열공사
3) 최대지간길이가 50m 이상인 교량건설 등
4) 터널건설 등의 공사
5) 다목적댐, 발전용댐 및 저수용량 2천만톤 이상의 용수전용댐, 지방상수도 전용 댐건설 등의 공사
6) 깊이 10m 이상인 굴착공사

> Guide 6개 항목 중 간단한 것부터 시작하여 4가지만 쓰면 됩니다.

12

off JT에 대해서 설명하시오.

해 답 off JT(off the job traning, 현장 외 중심교육) : 계층별 또는 직능별 등과 같이 공통된 교육대상자를 현장 외의 한 장소에 모아 집체 교육훈련을 실시하는 집단교육 형태

OJT(On the job traning, 현장 중심교육) : 직속상사가 현장에서 업무상의 개별교육이나 지도훈련을 하는 교육형태

13

다음은 산업안전보건법상 작업면의 조도기준이다. (   ) 안에 알맞은 수치를 쓰시오.

1) 초정밀 작업 : (①)lux 이상
2) 정밀작업 : (②)lux 이상
3) 보통작업 : (③)lux 이상
4) 그밖에 작업 : 75lux 이상

해 답
① 750
② 300
③ 150

주 작업면 조도기준 : 안전보건규칙 제8조

건설안전산업기사

2022년 4회

01
A사업장의 도수율이 2.2이고, 강도율이 7.5일 경우 종합재해지수를 구하시오.

해답
종합재해지수 = $\sqrt{도수율 \times 강도율}$
= $\sqrt{2.2 \times 7.5}$ = 4.06

02
산업안전보건법상 항타기 또는 항발기의 권상용 와이어로프의 사용금지사항 3가지를 쓰시오.

해답
1) 이음매가 있는 것
2) 꼬인 것
3) 심하게 변형 부식된 것
4) 와이어로프의 한 꼬임에서 끊어진 소선의 수가 10% 이상인 것
5) 지름의 감소가 공칭지름의 7%를 초과하는 것
6) 열과 전기충격에 의해 손상된 것

※ 이음매가 있는 권상용 와이어로프의 사용금지 : 안전보건규칙 제210조

> **Guide** 항타기 또는 항발기의 권상용 와이어로프 금지사항은 달비계와 양중기의 와이어로프 사용금지 사항과 똑같이 적용됩니다.

03

산업안전보건법상 중대재해의 종류 3가지를 쓰시오.

해답
1) 사망자가 1명 이상 발생한 재해
2) 3개월 이상의 요양이 필요한 부상자가 동시에 2명 이상 발생한 재해
3) 부상자 또는 직업성 질병자가 동시에 10명 이상 발생한 재해

※ 중대재해의 범위 : 시행규칙 제3조

04

산업안전보건법상 리프트의 설치·조립·수리·점검 또는 해체작업시 작업지휘자의 이행사항 3가지를 쓰시오.

해답
1) 작업방법과 근로자의 배치를 결정하고 해당 작업을 지휘하는 일
2) 재료의 결함 유무 또는 기구 및 공구의 기능을 점검하고 불량품을 제거하는 일
3) 작업 중 안전대 등 보호구의 착용 상황을 감시하는 일

※ 리프트의 조립 등의 작업시 작업지휘자 이행사항 : 안전보건규칙 제156조 2항

길잡이

리프트의 설치·조립·수리·점검 또는 해체작업시 조치사항(안전보건규칙 제156조 1항)
1) 작업을 지휘하는 사람을 선임하여 그 사람의 지휘 하에 작업을 실시할 것
2) 작업을 할 구역에 관계근로자가 아닌 사람의 출입을 금지하고 그 취지를 보기 쉬운 장소에 표시할 것
3) 비·눈 그밖에 기상상태의 불안정으로 날씨가 몹시 나쁜 경우에는 그 작업을 중지시킬 것

05

산업안전보건법상의 양중기의 종류 4가지를 쓰시오.

해답
1) 크레인[호이스트(hoist)를 포함]
2) 이동식 크레인
3) 리프트(이삿짐운반용 리프트의 경우에는 적재하중이 0.1톤 이상인 것으로 한정)
4) 곤돌라
5) 승강기

※ 양중기 : 안전보건규칙 제132조

06

산업안전보건법상 관계수급인 근로자가 도급인의 사업장에서 작업을 하는 경우 도급에 따른 산업재해 예방조치를 위해 도급인의 이행사항 3가지를 쓰시오.

해답
1) 도급인과 수급인을 구성원으로 하는 안전 및 보건에 관한 협의체의 구성 및 운영
2) 작업장 순회점검
3) 관계수급인이 근로자에게 하는 안전보건교육을 위한 장소 및 자료의 제공 등 지원
4) 관계수급인이 근로자에게 하는 안전보건교육의 실시 확인
5) 다음 각 목의 어느 하나의 경우에 대비한 경보체계 운영과 대비방법 등 훈련
   ① 작업장소에서 발파작업을 하는 경우
   ② 작업장소에서 화재·폭발·토사·구축물 등의 붕괴 또는 지진 등이 발생한 경우
6) 위생시설 등 고용노동부령으로 정하는 시설의 설치 등을 위하여 필요한 장소의 제공 또는 도급인이 설치한 위생시설 이용의 협조

주 도급에 따른 산업재해 예방조치 : 법 제64조(개정, 2021.5.18.)

07

다음 산업안전표지의 종류를 쓰시오.

①	②	③	④
(보안경)	(비상구)	(사용금지)	(고압전기)

해답
1) 보안경 착용
2) 비상구
3) 사용금지
4) 고압전기 경고

08

작업자가 앞이 보이지 않도록 부피가 큰 짐을 운반하던 중 덮개가 없는 개구부에서 바닥으로 떨어지는 사고를 당하였다. 다음 재해원인 분석을 위한 물음에 답하시오.
1) 재해형태 :
2) 기인물 :
3) 가해물 :
4) 불안전한 상태 :
5) 불안전한 행동 :

해답
1) 재해형태 : 추락
2) 기인물 : 큰 짐
3) 가해물 : 바닥
4) 불안전한 상태 : 개구부 덮개가 없음
5) 불안전한 행동 : 앞이 보이지 않도록 부피가 큰 짐을 운반하고 있음

09

다음은 터널 내 환기에 관한 내용이다. ( ) 안에 알맞은 내용을 쓰시오.

(1) 발파 후 유해가스, 분진 및 내연기관의 배기가스 등은 신속히 환기시켜야 하며 발파 후 (①)분 이내 배기, 송기가 완료되도록 하여야 한다.
(2) 환기가스 처리장치가 없는 (②)기관은 터널 내의 투입을 금하여야 한다.
(3) 터널 내의 기온은 (③)℃ 이하가 되도록 신선한 공기로 환기시켜야 하며 근로자의 작업조건에 유해하지 아니한 상태를 유지하여야 한다.

해답
① 30
② 디젤
③ 37

주 터널공사 표준안전작업지침 : 제39조(환기)

10

다음 내용은 산업안전보건법상 사다리식 통로를 설치하는 경우 준수사항이다. ( ) 안에 알맞은 내용을 쓰시오.

> 사다리식 통로의 길이가 (①)m 이상일 때는 (②)m 이내마다 계단참을 설치할 것

해답
① 10
② 5

사다리식 통로 등의 구조 (사다리식 통로 등의 설치시 준수사항)[안전보건규칙 제124조]
1) 견고한 구조로 할 것
2) 심한 손상·부식 등이 없는 재료를 사용할 것
3) 발판의 간격은 일정하게 할 것
4) 발판과 벽과의 거리는 15m 이상의 간격을 유지할 것
5) 폭은 30cm 이상으로 할 것
6) 사다리가 넘어지거나 미끄러지는 것을 방지하기 위한 조치를 할 것
7) 사다리의 상단은 걸쳐놓은 지점으로부터 60cm 이상 올라가도록 할 것
8) 사다리식 통로의 길이가 10m 이상인 경우에는 5m 이내마다 계단참을 설치할 것
9) 사다리식 통로의 기울기는 75° 이하로 할 것(다만, 고정식 사다리식 통로의 기울기는 90° 이하로 하고, 그 높이가 7m 이상인 경우에는 바닥으로부터 높이가 2.5m 되는 지점부터 등받이울을 설치할 것
10) 접이식 사다리 기둥은 사용시 접혀지거나 펼쳐지지 않도록 철물 등을 사용하여 견고하게 조치할 것

11

잠함 또는 우물통의 내부에서 근로자가 굴착작업을 하는 때에 잠함 또는 우물통의 급격한 침하에 의한 위험을 방지하기 위한 조치사항 2가지 쓰시오.

해답
1) 침하관계도에 따라 굴착방법 및 재하량을 정할 것
2) 바닥으로부터 천장 또는 보까지의 높이는 1.8m 이상으로 할 것

주 급격한 침하로 인한 위험방지 : 안전보건규칙 제376조

12

비계 등 가설구조물이 갖추어야 할 3가지 요소를 쓰시오.

해답
1) 안정성
2) 작업성
3) 경제성

13

강열한 소음작업이나 충격소음작업 장소에 대한 소음감소 조치사항을 4가지 쓰시오(단, 방음보호구의 사용은 제외한다).

해답
1) 기계·기구 등의 대체
2) 시설의 밀폐
3) 시설의 흡음
4) 시설의 격리

> 소음감소조치 : 안전보건규칙 제513조

강열한 소음작업 및 충격소음작업 (안전보건규칙 제512조)

1) 강열한 소음작업

db수준	강열한 소음작업
1. 90db 이상 소음	1일 8시간 이상 발생하는 작업
2. 95db 이상 소음	1일 4시간 이상 발생하는 작업
3. 100db 이상 소음	1일 2시간 이상 발생하는 작업
4. 105db 이상 소음	1일 1시간 이상 발생하는 작업
5. 110db 이상 소음	1일 30분 이상 발생하는 작업
6. 115db 이상 소음	1일 15분 이상 발생하는 작업

2) 충격소음작업

db수준	충격소음작업
1. 120db 초과하는 소음	1일 1만회 이상 발생하는 작업
2. 130db 초과하는 소음	1일 1천회 이상 발생하는 작업
3. 140db 초과하는 소음	1일 1백회 이상 발생하는 작업

건설안전산업기사 2023년 1회

01
철골공사 작업시 작업을 중지해야 할 기상조건을 2가지 쓰시오. (단, 단위를 명확히 쓰시오.)

해답
1) 풍속 : 초당 10m 이상인 경우
2) 강우량 : 시간당 1mm 이상인 경우
3) 강설량 : 시간당 1cm 이상인 경우

주 철골 작업의 제한 : 안전보건규칙 제383조

02
산업안전보건법상 안전보건관리담당자의 업무 4가지를 쓰시오.

해답
1) 안전보건교육 실시에 관한 보좌 및 지도·조언
2) 위험성평가에 관한 보좌 및 지도·조언
3) 작업환경측정 및 개선에 관한 보좌 및 지도·조언
4) 각종 건강진단에 관한 보좌 및 지도·조언
5) 산업재해 발생의 원인 조사, 산업재해 통계의 기록 및 유지를 위한 보좌 및 지도·조언
6) 산업 안전·보건과 관련된 안전장치 및 보호구 구입 시 적격품 선정에 관한 보좌 및 지도·조언

주 안전보건관리담당자의 업무 : 시행령 제25조

03

다음 [보기] 내용은 산업안전보건법상 건설업에서 선임해야 할 안전관리자의 인원을 나타낸 것이다. ( )안에 알맞은 인원을 쓰시오.

공사 금액	안전관리자의 수
(가) 800억원 이상 1500억원 미만	: (①) 명
(나) 2200억원 이상 3000억원 미만	: 4명
(다) 3000억원 이상 3900억원 미만	: (②) 명
(라) 8500억원 이상 1조원 미만	: (③) 명

 해답
① 2
② 5
③ 10

건설업의 안전관리자 수 [시행령 별표3]

공사규모	안전관리자의 수	
	다만, 전체공사기간 중 전 · 후 15에 해당하는 기간은 제외라고 할 경우	다만, 전체공사기간 중 전 · 후 15에 해당하는 기간인 경우
1. 공사금액 50억원 이상(관계수급인은 100억원이상) 120억원 미만(토목공사업은 150억원미만)	1명 이상	
2. 공사금액 120억원 이상(토목공사업은 150억원이상) 800억원 미만		
3. 공사금액 800억원 이상 2200억원 미만	2명 이상	1명 이상
4. 공사금액 1500억원 이상 2200억원 미만	3명 이상	2명 이상
5. 공사금액 2200억원 이상 3000억원 미만	4명 이상	2명 이상
6. 공사금액 3000억원 이상 3900억원 미만	5명 이상	1명 이상
⋮		
11. 공사금액 8500억원 이상 1조원 미만	10명 이상	3명 이상
12. 1조원 이상	11명 이상[매 2천억원(2조원 이상부터는 매3천억원마다 1명씩 추가)]	안전관리자수의 1/2(소수점 이하는 올림) 이상

[비고]
안전관리자의 수가 3명 이상인 경우 산업안전지도사 등(건설안전기술사 : 건설안전기사 산업안전기사 자격취득 후 7년 이상 건설안전업무를 수행한 자나 건설안전산업기사 또는 산업안전산업기사 자격취득 후 10년 이상 건설안전업무를 수행한 자) 자격취득자 1명 이상 포함되어야 함

04

크레인을 사용하여 작업을 하는 경우 작업시간 전 점검사항을 3가지 쓰시오.(단, 이동식크레인은 제외한다.)

해답
1) 권과방지장치·브레이크·클러치 및 운전 장치의 기능
2) 주행로의 상측 및 트롤리가 횡행하는 레일의 상태
3) 와이어로프가 통하고 있는 곳의 상태

주 크레인의 작업시작 전 점검사항 : 안전보건규칙 별표3 제4호

길잡이 이동식크레인의 작업시작 전 점검사항(안전보건규칙 별표3 제5호)
1) 권과방지장치나 그 밖의 경보장치의 기능
2) 브레이크·클러치 및 조정장치의 기능
3) 와이어로프가 통하고 있는 곳 및 작업장소의 지반상태

05

다음 [보기] 내용은 산업안전보건법상 낙하물 방지망 또는 방호선반의 설치기준이다. ( )안에 알맞은 내용을 쓰시오.

[보기]
(가) 높이 (①)m 이내마다 설치하고, 내민 길이는 벽면으로부터 (②)m이상으로 할 것
(나) 수평면과의 각도는 (③)도 이상 (④)도 이하를 유지할 것

해답
① 10   ② 2
③ 20   ④ 30

주 낙하물방지망 또는 방호선반 설치 기준 : 안전보건규칙 제14조 ③항

06

다음 [보기] 내용은 산업안전보건법상 안전보건개선계획의 제출에 관한 사항이다. ( ) 안에 알맞은 내용을 쓰시오.

[보기]
(가) 안전보건개선계획서를 제출해야 하는 사업주는 안전보건개선계획서 수립·시행 명령을 받은 날부터 (①)일 이내에 관할 지방고용노동관서의 장에게 해당 계획서를 제출(전자문서로 제출하는 것을 포함한다)해야 한다.
(나) 지방고용노동관서의 장이 안전보건개선계획서를 접수한 경우에는 접수일부터 (②)일 이내에 심사하여 사업주에게 그 결과를 알려야 한다.

해답
① 60
② 15

> 주 안전보건개선계획의 제출 및 검토 등 : 시행규칙 제61조, 제62조

07

다음 [보기]의 굴착기계 중에서 셔블계(shovel) 굴착기계 4가지를 골라 번호를 쓰시오.

[보기]
① 파워셔블　　② 모터 그레이더
③ 백 호우　　　④ 항타기
⑤ 천공기　　　⑥ 드래그라인
⑦ 로더　　　　⑧ 크램셸

해답 ① ③ ⑥ ⑧

쇼벨계 굴착기계
1) **파워셔블**(power shovel) : 중기가 위치한 지면보다 높은 장소 굴착 시 적합
2) **백호우**(drag shovel, 드래그 셔블) : 중기가 위치한 지면보다 낮은 장소 굴착 시 적합(앞쪽으로 끌어당기면서 작업)
3) **드래그 라인**(drag line) : 지반보다 낮은 연질지반의 넓은 굴착에 적합(힘이 약함)
4) **클램셸**(clamshell) : 붐의 선단에서 버킷을 와이어로프로 매달아 바로 아래로 떨어뜨려 흙을 떠올리는 중기
5) **굴착기의 전부장치** : 붐(boom), 암(arm), 버킷(bucket) 등으로 구성

08

산업안전보건법상 터널 등의 건설작업을 하는 경우 낙반 등에 의하여 근로자가 위험해질 우려가 있는 경우에 위험방지를 위하여 필요한 조치 사항 2가지를 쓰시오.

해 답
1) 터널 지보공 및 록 볼트의 설치
2) 부석의 제거

> 낙반 등에 의한 위험의 방지 : 안전보건규칙 제351조

09

굴착공사 표준안전작업지침상 토사붕괴의 발생을 예방하기 위한 조치사항 3가지를 쓰시오.

해 답
1) 적절한 경사면의 기울기를 계획하여야 한다.
2) 경사면의 기울기가 당초 계획과 차이가 발생되면 즉시 재검토하여 계획을 변경시켜야 한다.
3) 활동할 가능성이 있는 토석은 제거하여야 한다.
4) 경사면의 하단부에 압성토 등 보강공법으로 활동에 대한 저항대책을 강구하여야 한다.
5) 말뚝(강관, H형강, 철근 콘크리트)을 타입하여 지반을 강화시킨다.

> 굴착공사 표준안전작업 지침 : 고용노동부 고시 제2023-35호

토사붕괴 발생을 예방하기 위한 점검사항 (고용노동부 고시 제2023-35호)
1) 전 지표면의 답사
2) 경사면의 지층 변화부 상황 확인
3) 부석의 상황 변화의 확인
4) 용수의 발생 유·무 또는 용수량의 변화 확인
5) 결빙과 해빙에 대한 상황의 확인
6) 각종 경사면 보호공의 변위, 탈락 유·무
7) 점검 시기는 작업 전·중·후, 비온 후, 인접 작업구역에서 발파한 경우에 실시한다.

10

산업안전보건법상 밀폐공간에서 산소 및 유해가스의 농도를 측정한 결과 적정공기가 유지되고 있지 아니하다고 평가될 경우 작업장을 환기시키거나 근로자에게 보호구를 지급하여 착용하도록 하여야 한다. 근로자의 건강 장해 예방을 위하여 착용하도록 하여야 하는 보호구 2가지를 쓰시오.

해답
1) 공기 호흡기
2) 송기 마스크

주 밀폐공간에서 산소 및 유해가스 농도의 측정 : 안전보건규칙 제619조의 2

11

산업안전보건법상 출입구 외에 안전한 장소로 대피할 수 있는 비상구를 설치할 경우 설치기준 3가지를 쓰시오.

해답
1) 출입구와 같은 방향에 있지 아니하고, 출입구로부터 3m 이상 떨어져 있을 것
2) 작업장의 각 부분으로부터 하나의 비상구 또는 출입구까지의 수평거리가 50m 이하가 되도록 할 것
3) 비상구의 너비는 0.75m이상으로 하고, 높이는 1.5m 이상으로 할 것
4) 비상구의 문은 피난 방향으로 열리도록 하고, 실내에서 항상 열 수 있는 구조로 할 것

주 비상구의 설치 : 안전보건규칙 제17조

12

다음 [보기]에서 설명하는 재해 발생 형태를 쓰시오.

[보기]
(가) 사람이 건축물, 비계, 사다리, 경사면 등에서 떨어진 것 : (①)
(나) 물건이 주체가 되어 맞는 경우 : (②)
(다) 재해자가 전도로 인하여 기계의 동력전달부위 등에 협착되어 절단된 경우 : (③)
(라) 재해 당시 바닥면과 신체가 접해 있는 상태에서 더 낮은 위치로 떨어진 경우 : (④)

해 답
① 떨어짐
② 맞음
③ 끼임
④ 넘어짐

13

다음 [보기]에서 설명하는 터널굴착공법의 명칭을 쓰시오.

[보기]
(가) 굴착단면이 원형인 강재 굴착기의 커터헤드를 회전시키면서 터널을 굴착하고 실드(shield; 강재원통형 굴착기) 위쪽에서 세그먼트(segment)를 반복하여 설치하는 회전파쇄식 기계굴착공법이다 : (①)
(나) 터널을 굴진하면서 기존 암반에 콘크리트를 뿜어 붙이고 굴착면에서 구멍을 뚫어 록 볼트를 박고 와이어메시(wire mesh), 숏크리트(shot crete), 강지보 등으로 보강하면서 굴착하는 공법이다. : (②)

해 답
1) TBM(Tunnel Boring Machine) 공법
2) NATM(New Austrian Tunnelling Method)공법

1) **TBM(Tunnel Boring Machine) 공법** : 화학발파 없이 유압기계장치에 의해서 기계적으로 굴착하는 공법이다.
2) **TBM 공법의 특징**
   ① 완전 자동화된 기계력에 의한 굴착
   ② 진동영향의 극소화
   ③ 선형의 정확한 유지
   ④ 여굴 미발생
   ⑤ 갱내 작업환경 양호 및 안전성 확보
   ⑥ 초기 시설투자(장비비)가 크며, 본바닥의 변화에 적응 곤란

건설안전산업기사

2023년 2회 (실기 필답형)

01

산업안전보건법상 안전보건관리담당자의 업무 4가지를 쓰시오.

해답
1) 안전보건교육 실시에 관한 보좌 및 지도·조언
2) 위험성평가에 관한 보좌 및 지도·조언
3) 작업환경측정 및 개선에 관한 보좌 및 지도·조언
4) 각종 건강진단에 관한 보좌 및 지도·조언
5) 산업재해 발생의 원인 조사, 산업재해 통계의 기록 및 유지를 위한 보좌 및 지도·조언
6) 산업 안전·보건과 관련된 안전장치 및 보호구 구입 시 적격품 선정에 관한 보좌 및 지도·조언

02

산업안전보건법상 위험물질을 제조·취급하는 작업장과 그 작업장이 있는 건축물에 출입구 외에 안전한 장소로 대피할 수 있는 비상구를 설치할 경우 설치 기준 3가지를 쓰시오.

해답
1) 출입구와 같은 방향에 있지 아니하고, 출입구로부터 3m 이상 떨어져 있을 것
2) 작업장의 각 부분으로부터 하나의 비상구 또는 출입구까지의 수평거리가 50m 이하가 되도록 할 것
3) 비상구의 너비는 0.75m 이상으로 하고, 높이는 1.5m 이상으로 할 것
4) 비상구의 문은 피난 방향으로 열리도록 하고, 실내에서 항상 열 수 있는 구조로 할 것

주) 비상구의 설치 : 안전보건규칙 제17조

03

다음 [보기] 내용은 산업안전보건법상 건설업에서 선임해야 할 안전관리자의 인원을 나타낸 것이다. ( )안에 알맞은 인원을 쓰시오.

공사 금액	안전관리자의 수
(가) 800억원 이상 1500억원 미만	: (①) 명 이상
(나) 2200억원 이상 3000억원 미만	: 4명 이상
(다) 3000억원 이상 3900억원 미만	: (②) 명 이상
(라) 8500억원 이상 1조원 미만	: (③) 명 이상

해답
① 2
② 5
③ 10

건설업의 선임해야 할 안전관리자 수[시행령 별표3]

공사금액	안전관리자 수
1. 50억원 이상 (관계수급인은 100억원 이상) 120억원 미만(토목공사업은 150억원 미만)	1명 이상
2. 120억원 이상(토목 공사업은 150억원 이상) 800억원 미만	
3. 800억원 이상 1500억원 미만	2명 이상 (다만, 전체공기간 중 전후 15에 해당하는 기간은 1명 이상)
4. 1500억원 이상 2200억원 미만	3명 이상 (다만, 전체공기간 중 전후 15에 해당하는 기간은 2명 이상)
5. 2200억원 이상 3천억원 미만	4명 이상 (다만, 전체공기간 중 전후 15에 해당하는 기간은 2명 이상)
6. 3천 억원 이상 3900억원 미만	5명 이상
7. 3900억원 이상 4900억원 미만 ⋮	6명 이상
11. 8500억원 이상 1조원 이상	10명 이상
12. 1조원 이상	11명 이상 [매 2천억원(2조원 이상부터는 매3천억원마다 1명씩 추가)] 다만, 전체 공사기간 중 전·후 15에 해당하는 기간은 안전관리자의 수의 2분의 1(소수점 이하는 올림) 이상으로 함

[비고] 안전관리자의 수가 3명 이상인 경우 : 산업안전지도사 등(건설안전기술사 : 건설안전기사 산업안전기사 자격취득 후 7년 이상 건설안전업무를 수행한 자나 건설안전산업기사 또는 산업안전산업기사 자격취득 후 10년 이상 건설안전업무를 수행한 자) 자격취득자 1명 이상 포함되어야 함

04

산업안전보건법상 건설 현장에서 크레인을 사용하여 작업을 하는 때 작업 시간 전, 사업주가 관리감독자로 하여금 점검하도록 해야 할 사항 3가지를 쓰시오.(단, 이동식크레인은 제외)

해 답
1) 권과방지장치·브레이크·클러치 및 운전 장치의 기능
2) 주행로의 상측 및 트롤리가 횡행하는 레일의 상태
3) 와이어로프가 통하고 있는 곳의 상태

▶ 크레인의 작업시작 전 점검사항 : 안전보건규칙 별표3

05

산업안전보건법상 철골공사 작업을 중지해야 하는 기상조건을 (   )안에 쓰시오.

1) 풍속 : 초당 (① m) 이상인 경우
2) 강우량 : 시간당 (② mm) 이상인 경우
3) 강설량 : 시간당 (③ cm) 이상인 경우

해 답
① 10m
② 1mm
③ 1cm

▶ 철골작업의 제한 : 안전보건규칙 제383조

06

다음 [보기] 내용은 낙하물 방지망 또는 방호선반의 설치하는 경우 준수사항이다. (   )안에 알맞은 내용(또는 수치)을 쓰시오.

[보기]
(가) 높이 (①)m 이내마다 설치하고, 내민 길이는 벽면으로부터 (②)m이상으로 할 것
(나) 수평면과의 각도는 (③)도 이상 (④)도 이하를 유지할 것

해 답
① 10
② 2
③ 20
④ 30

▶ 낙하물에 의한 위험의 방지 : 안전보건규칙 제14조

07

산업안전보건법상 터널 등의 건설작업을 하는 경우에 낙반 등에 의하여 근로자가 위험해질 우려가 있는 경우에 위험을 방지하기 위하여 필요한 사업주의 조치 사항 2가지를 쓰시오.

해답
1) 터널 지보공(支保工) 설치
2) 록 볼트(rock bolt) 설치
2) 부석(浮石)의 제거

※ 낙반 등에 의한 위험의 방지 : 안전보건규칙 제351조

08

다음 [보기]의 차량계 건설기계 중에서 셔블계(shovel) 굴착기계 4가지를 골라서 번호를 쓰시오.

[보기]
① 굴착기(백호우) ② 파워셔블
③ 크램셸 ④ 드래그라인
⑤ 모터 그레이더 ⑥ 로더
⑦ 항타기 ⑧ 천공기
⑨ 스크레이퍼

해답 ① ② ③ ④

09

절토법면의 토사붕괴예방을 위한 조치사항을 3가지 쓰시오.

해답
1) 적절한 경사면의 기울기를 계획하여야 한다.
2) 활동할 가능성이 있는 토석은 제거하여야 한다.
3) 말뚝(강관, H형강, 철근 콘크리트)을 타입하여 지반을 강화시킨다.
4) 비탈면 또는 법면의 하단을 다져서 활동이 안 되도록 저항을 만들어야 한다.
5) 경사면의 하단부에 압성토 등 보강공법으로 활동에 대한 저항대책을 강구하여야 한다.

☞ 토사붕괴예방을 위한 조치사항 : 고용노동부 고시 제2023-35호

절도면의 토사붕괴 발생을 예방하기 위한 안전점검사항 (고용노동부 고시 제2023-35호)
1) 전 지표면의 답사
2) 경사면의 상황 변화의 확인
3) 부석의 상황 변화의 확인
4) 용수의 발생 유·무 또는 용수량의 변화 확인
5) 결빙과 해빙에 대한 상황의 확인
6) 각종 경사면 보호공의 변위, 탈락 유·무
7) 점검 시기는 작업 전·중·후, 비온 후, 인접 작업구역에서 발파한 경우에 실시한다.

10

다음 [보기] 내용은 안전보건개선계획의 제출 및 검토 등에 관한 것이다. (   ) 안에 알맞은 내용(또는 수치)을 쓰시오.

[보기]
(가) 안전보건개선계획의 수립·시행명령을 받은 사업주는 고용노동부장관이 정하는 바에 따라 안전보건개선계획서를 작성하여 그 명령을 받은 날부터 (①)일 이내에 관할 지방고용노동관서의 장에게 제출하여야 한다.
(나) 지방고용노동관서의 장이 안전보건개선계획서를 접수한 경우에는 접수일부터 (②)일 이내에 심사하여 사업주에게 그 결과를 알려야 한다.

해답
① 60
② 15

☞ 1) 안전보건개선계획의 제출 등 : 시행규칙 제61조
2) 안전보건개선계획의 검토 등 : 시행규칙 제62조

11

다음 설명에 해당하는 터널 굴착공법의 명칭을 쓰시오.

(가) 암석을 천공하고 화약을 충진하여 발파 굴착한 후 스틸리브(steel rib) 및 와이어 메쉬(wire mesh)를 설치하고 숏 크리트(shot crete)를 타설하여 터널을 시공하는 발파굴착공법
(나) 원통형의 철제 실드를 수직구 안에 투입시켜 커너헤드를 회전시키면서 터널을 굴착하고 실드 뒤쪽에서 세그먼트를 반복해 설치하면서 터널을 완성하는 방법

해답 1) NATM(New Austrian Tunnel Method) 공법
2) 쉴드(shield) 공법

12

산업안전보건법상 적정공기가 유지되지 않는 밀폐공간에서 작업을 하는 경우 환기할 수 없거나 환기하기가 매우 곤란한 경우에 착용하는 보호구 2가지를 쓰시오.

해답 1) 공기 호흡기
2) 송기 마스크

　주 밀폐공간 작업 시 환기 등 : 안전보건규칙 제620조

13

다음 [보기] 내용에 해당하는 재해 발생 형태를 쓰시오.

[보기]
(가) 물건이 주체가 되어 맞는 경우 : (①)
(나) 재해 당시 바닥면과 신체가 접해 있는 상태에서 더 낮은 위치로 떨어진 경우 : (②)
(다) 사람이 건축물, 비계, 사다리, 경사면 등에서 떨어지는 것 : (③)
(라) 재해자가 전도로 인하여 기계의 동력전달부위 등에 협착되어 신체 부위가 절단된 경우 : (④)

해답 ① 맞음   ② 넘어짐
③ 떨어짐   ④ 끼임

건설안전산업기사 2023년 4회

01

비·눈, 그밖에 기상상태의 불안정으로 인하여 날씨가 몹시 나빠서 작업을 중지시킨 후 또는 비계를 조립·해체하거나 변경한 후에 그 비계에서 작업을 재개할 때의 작업시간 전 점검사항을 4가지만 쓰시오.

해답
1) 발판재료의 손상여부 및 부착 또는 걸림 상태
2) 해당비계의 연결부 또는 접속부의 풀림 상태
3) 연결재료 및 연결철물의 손상 또는 부식 상태
4) 손잡이의 탈락 여부
5) 기둥의 침하·변형·변위 또는 흔들림 상태
6) 로프의 부착상태 및 매단 장치의 흔들림 상태

※ 비계의 점검보수 : 안전보건규칙 제58조

02

다음 [보기] 내용은 사다리식 통로 설치할 때 준수사항이다. ( )안에 알맞은 수치를 쓰시오.

[보기]
(가) 발판과 벽과의 사이는 (①)cm 이상의 간격을 유지할 것
(나) 폭은 (②) cm 이상으로 할 것
(다) 사다리식의 상단은 걸쳐 놓은 지점으로부터 (③)cm 이상 올라가도록 할 것
(라) 사다리식 통로의 길이가 10m 이상인 때에는 (④)m 이내마다 계단참을 설치할 것
(마) 이동식 사다리식 통로의 기울기는 (⑤)이하로 할 것. 다만, 고정식 사다리식 통로의 기울기는 90° 이하로 하고 높이 7m이상인 경우 바닥으로부터 높이가 2.5m 되는 지점부터 등받이울을 설치할 것

해답 ① 15 ② 30 ③ 60 ④ 5 ⑤ 75°

※ 사다리식 통로의 구조 : 안전보건규칙 제24조

03

다음은 산업안전보건법상 유해·위험방지를 위하여 방호조치가 필요한 기계·기구 등이다. 기계·기구별로 방호장치를 하나씩 쓰시오.
1) 예초기
2) 원심기
3) 공기압축기
4) 금속절단기
5) 지게차
5) 포장기계(진공포장기, 랩핑기로 한정)

해답
1) 예초기 : 날접촉예방장치
2) 원심기 : 회전체 접촉 예방장치
3) 공기압축기 : 압력방출장치
4) 금속절단기 : 날접촉예방장치
5) 지게차 : 헤드가드, 백레스트, 전조등, 후미등, 안전벨트
6) 포장기계 : 구동부 방호 연동장치

⍟ 유해·위험한 기계·기구 등의 방호조치 : 시행규칙 제98조

04

시각장치보다 청각장치가 우수한 경우 4가지를 쓰시오.

해답
1) 전언이 간단하고 짧은 경우
2) 전언이 후에 재참조되지 않은 경우
3) 전언이 시간적인 사상(event)을 다루는 경우
4) 전언이 즉각적인 행동을 요구하는 경우

 표시장치의 선택

청각장치사용	시각장치사용
① 전언이 간단하고 짧다. ② 전언이 후에 재참조되지 않는다. ③ 전언이 즉각적인 사상(event)을 이룬다. ④ 전언이 즉각적인 행동을 요구한다. ⑤ 수신자가 시각계통이 과부하 상태일 때 ⑥ 수신장소가 너무 밝거나 암조의 유지가 필요할 때 ⑦ 직무상 수신자가 자주 움직이는 경우	① 전언이 복잡하고 길다. ② 전언이 후에 재참조된다. ③ 전언이 공간적인 위치를 다룬다. ④ 전언이 즉각적인 행동을 요구하지 않는다. ⑤ 수신자의 청각계통이 과부하 상태일 때 ⑥ 수신장소가 너무 시끄러울 때 ⑦ 직무상 수신자가 한 곳에 머무르는 경우

05

지게차 헤드가드의 구비조건 2가지를 쓰시오.

해답
1) 강도는 지게차의 최대하중의 2배값(4톤을 넘는 값에 대해서는 4톤으로 함)의 등분포 정하중에 견딜 수 있을 것
2) 상부틀의 각 개구의 폭 또는 길이가 16cm 미만일 것

주) 지게차의 헤드가드 : 안전보건규칙 제180조

06

달비계에 사용하는 작업용 섬유로프 또는 안전대의 섬유벨트 사용금지사항 3가지를 쓰시오.

해답
1) 꼬임이 끊어질 것
2) 심하게 손상되거나 부식된 것
3) 2개 이상의 작업용 섬유로프 또는 섬유벨트를 연결하는 것
4) 작업높이보다 길이가 짧은 것

주) 섬유로프 또는 섬유벨트 사용금지사항 : 안전보건규칙 제63조 제2항 9호

07

도수율과 강도율을 구하는 계산식을 쓰시오.

해답
1) 도수율 = $\dfrac{재해건수}{연근로시간수} \times 10^6$

2) 강도율 = $\dfrac{근로손실일수}{연근로시간수} \times 1000$

08

차량계하역운반기계 등에 단위화물의 무게가 100kg 이상인 화물을 싣는 작업 또는 내리는 작업을 하는 경우에 해당 작업의 지휘자가 준수할 사항 3가지를 쓰시오.

해답
1) 작업순서 및 그 순서마다의 작업방법을 정하고 작업을 지휘할 것
2) 기구와 공구를 점검하고 불량품을 제거할 것
3) 해당 작업을 하는 장소에 관계근로자가 아닌 사람이 출입하는 것을 금지할 것
4) 로프풀기 작업 또는 덮개 벗기기 작업은 적재함의 화물이 떨어질 위험이 없음을 확인한 후에 하도록 할 것

주) 차량계 하역운반기계 등에 화물을 싣거나 내리는 작업시 작업지휘자 준수사항 : 안전보건규칙 제177조

09

안전교육의 3단계를 쓰시오.

해답
1) 제1단계-지식교육 : 강의 시청각 교육을 통한 지식의 전달과 이해
2) 제2단계-지능교육 : 시범, 실습, 현장실습교육, 견학을 통한 이해와 경험 채득
3) 제3단계-태도교육 : 생활지도, 작업동작지도 등을 통한 안전의 습관화

10

다음 [표]는 강관비계의 조립 간격에 관한 내용이다. ( ) 안에 알맞은 수치를 쓰시오.

강관비계의 조립간격

강관비계의 종류	조립간격(단위 : m)	
	수직 방향	수평 방향
단관비계	(①)	(②)
틀비계(높이가 5m미만인 것은 제외한다)	(③)	(④)

해답
① 5
② 5
③ 6
④ 8

주) 강관비계의 조립간격 : 안전보건규칙 별표5

11

안전보건표지에 관한 다음 ( )안에 알맞은 내용을 쓰시오.

안전보건표지의 표시를 명확히 하기 위하여 필요한 경우에는 그 안전보건표지의 주위에 표시사항을 글자로 덧붙여 적을 수 있다. 이 경우 바탕색은 (①), 글자색은 (②), 글자체는 (③)로 표기하여야 한다.

해 답
① 흰색
② 검은색
③ 한글고딕체

주) 안전보건표시 주위에 표시 사항 : 시행규칙 제38조 2항

12

다음 [보기] 내용은 양중기에 관한 사항이다. ( ) 안에 알맞은 용어를 쓰시오.

[보기]
(1) (①)이란 동력을 사용하여 중량물을 매달아 상하 및 좌우(수평 또는 선회(旋回)를 말한다)로 운반하는 것을 목적으로 하는 기계 또는 기계장치를 말한다.
(2) (②)란 동력을 사용하여 사람이나 화물을 운반하는 것을 목적으로 하는 기계설비를 말한다.
(3) (③)란 건축물이나 고정된 시설물에 설치되어 일정한 경로에 따라 사람이나 화물을 승강장으로 옮기는 데에 사용되는 설비를 말한다.

해 답
① 크레인
② 리프트
③ 승강기

주) 양중기 : 안전보건규칙 제132조

13

크레인은 순간 풍속이 ( )m/s를 초과하는 바람이 불어올 우려가 있는 경우 옥외에 설치되어 있는 주행크레인에 대하여 이탈방지를 작동시키는 등 이탈방지를 위한 조치를 하여야 한다. ( )안에 알맞은 수치를 쓰시오.

해답 30

 크레인의 폭풍에 의한 이탈방지 : 안전보건규칙 제140조

길잡이 폭풍 등에 의한 안전조치사항

양중기 종류	순간풍속	조치사항
크레인	30m/s 초과	이탈방지조치
	30m/s 초과, 중진 이상 진도의 지진	(기계 각 부위) 이상 유무 점검
건설작업용 리프트	35m/s 초과	붕괴방지조치(받침수 증가)
승강기 (옥외용)	35m/s 초과	도괴방지조치(받침수 증가)

건설안전산업기사 2024년 1회

01

다음 [보기]에 관계되는 재해 통계 관련 산출식을 쓰시오.
1) 연천인율:
2) 도수율:
3) 강도율:

해답
1) 연천인율 $= \dfrac{\text{사상자수}}{\text{연평균근로자수}} \times 1,000$

2) 도수율 $= \dfrac{\text{재해건수}}{\text{연근로시간수}} \times 1,000,000$

3) 강도율 $= \dfrac{\text{근로손실일수}}{\text{연근로시간수}} \times 1,000$

재해율 관련 공식

1) 도수율 $= \dfrac{\text{연천인율}}{2.4}$

   연천인율 = 도수율 × 2.4

2) 환산도수율 및 환산 강도율

   환산도수율 $= \dfrac{\text{도수율}}{10}$

   환산강도율 = 강도율 × 100

3) 종합재해지수 $= \sqrt{\text{도수율} \times \text{강도율}}$

★★ Zzan So 1) 상기 재해율 관련 공시 6사지는 꼭 암기하여야 하며 계산문제에 적용할 수 있어야 합니다.
          (출제율 매우 높음)
       2) 재해율 공식 관련 의미를 묻는 문제도 출제됩니다.

02

재해 손실비에 관계되는 다음 물음에 답하시오.

1) 재해로 인해 의도치 않게 발생된 손실의 총 비용을 무엇이라고 하는지 쓰시오.
2) 하인리히의 재해 손실 방식은 다음과 같이 나타난다. ( )안에 알맞은 숫자를 쓰시오.
   총재해코스트(cost) = 직접비+간접비
   간접비 : 간접비 = (①) : (②)
3) 하인리히의 재해손실 방식에서 직접비에 해당되는 항목 4가지를 쓰시오.

해 답

1) 총재해 손실 비용
2) ① : 1 ② : 4
3) 직접비
   ① 휴업급여
   ② 장해급여/장해특별급여
   ③ 유족급여/유족특별급여
   ④ 요양급여
   ⑤ 치료비

(1) 하인리히 방식
1) **직접비**: 법령으로 정한 피해자에게 지급되는 산재 보상비
2) **간접비**: 재산 손실, 생산 중단 등으로 기업이 입은 손실
   ① 인적 손실
   ② 물적 손실
   ③ 생산 손실
   ④ 특수 손실
(2) 시몬즈 방식
   총재해 코스트(cost) = 산재보험 코스트(cost) + 비보험 코스트(cost)
   비보험 코스트 = (휴업 상해건수×A) + (통원 상해건수×B) + (응급조치 건수×C) + (무상해 사고건수×D)
   A, B, C, D : 재해 정도별 비보험 코스트의 평균치

★★ Zzan So 1) 재해 코스트를 구하는 하인리히 방식과 시몬즈 방식에 대해서 모두 잘 알아두어야 합니다.
           2) 계산 문제도 출제됩니다.

03
굴착공사표준안전작업지침상 토사붕괴의 발생을 예방하기 위한 조치사항을 3가지 쓰시오.

해 답
1) 적절한 경사면의 기울기를 계획하여야 한다.
2) 경사면의 기울기가 당초 계획과 차이가 발생되면 즉시 재검토하여 계획을 변경시켜야 한다.
3) 활동할 가능성이 있는 토석은 제거하여야 한다.
4) 경사면의 하단부에 압성토 등 보강공법으로 활동에 대한 저항대책을 강구하여야 한다.
5) 말뚝(강관, H형강, 철근 콘크리트)을 타입하여 지반을 강화시킨다.

☞ 토사붕괴 발생을 예방하기 위한 조치 사항 : 굴착공사 표준안전작업지침 제31조

길잡이

토사붕괴 발생을 예방하기 위한 점검사항 및 점검시기 : 굴착공사 표준안전작업지침 제32조
1) 전 지표면의 답사
2) 경사면의 지층 변화부 상황 확인
3) 부석의 상황 변화의 확인
4) 용수의 발생 유·무 또는 용수량의 변화 확인
5) 결빙과 해빙에 대한 상황의 확인
6) 각종 경사면 보호공의 변위, 탈락 유·무
7) 점검시기: 작업 전·중·후, 비온 후, 인접작업구역에서 발파한 경우에 실시

★★ Zzan So
1) 토사붕괴 발생을 예방하기 위한 조치 사항 및 점검 사항(길잡이 내용)은 2가지에서 4가지 정도 쓰는 것이 출제되므로 암기 항목수도 3가지로 하면 될 것입니다.
2) 암기 순서를 정해서 암기 하십시오.

04

콘크리트 옹벽의 종류를 3가지만 쓰시오.

해답
1) 중력식 옹벽
2) 반중력식 옹벽
3) 역 T형 옹벽
4) L형 옹벽
5) 부벽식 옹벽

길잡이 옹벽의 종류

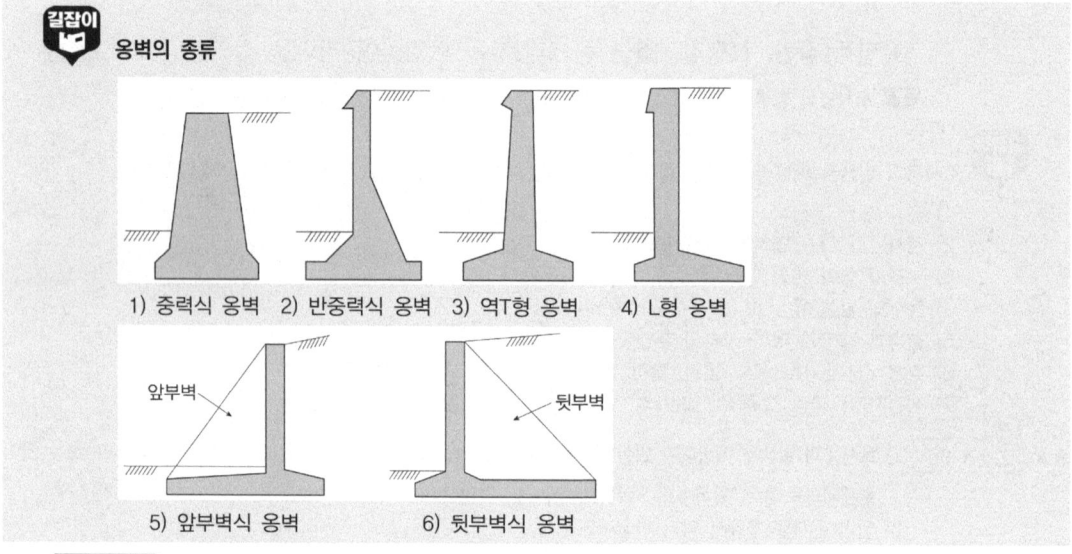

1) 중력식 옹벽 2) 반중력식 옹벽 3) 역T형 옹벽 4) L형 옹벽
5) 앞부벽식 옹벽 6) 뒷부벽식 옹벽

★★ [Zzan So] 그림을 참고하여 콘크리트 옹벽의 종류를 암기하십시오.

05

터널 공사시 굴착지반의 거동, 지보공 부재의 변위, 응력의 변화 등에 대한 정밀측정을 실시하여 시공의 안전성을 사전에 확보하기 위한 계측사항을 3가지만 쓰시오.

해 답
1) 터널내 육안조사
2) 내공변위 측정
3) 천단침하 측정
4) 록 볼트 인발시험
5) 지표면 침하측정
6) 지중변위 측정
7) 지중침하 측정
8) 지중수평변위 측정
9) 지하수위 측정
10) 록 볼트 축력 측정
11) 뿜어붙이기 콘크리트 응력 측정
12) 터널내 탄성과 속도 측정
13) 주변 구조물의 변형상태 조사

주 터널 계측 항목: 터널공사 표준안전지침 제25조

★★ [Zzan So] 1) 문제에서 정답은 13가지 중 3가지만 쓰면 됩니다.
2) 암기는 가지 정도 암기하십시오.

06

산업안전보건법상 잠함, 우물통, 수직갱 그 밖에 이와 유사한 건설물 또는 설비의 내부에서 굴착작업을 하는 때에 사업주가 준수하여야 할 사항 3가지를 쓰시오.

해 답
1) 산소 결핍 우려가 있는 경우에는 산소의 농도를 측정하는 사람을 지명하여 측정하도록 할 것
2) 근로자가 안전하게 오르내리기 위한 설비를 설치할 것
3) 굴착 깊이가 20m를 초과하는 경우에는 해당 작업장소와 외부와의 연락을 위한 통신 설비 등을 설치할 것

주 잠함 등 내부에서의 작업 : 안전보건규칙 제377조

★★ [Zzan So] 출제율이 매우 높은 문제입니다.

07

다음 [보기] 내용은 안전보건표지 등에 관한 내용이다. ( ) 안에 알맞은 내용을 쓰시오.

[보기]
(가) 안전보건표지의 표시를 명확히 하기 위하여 필요한 경우에는 그 안전보건표지의 주위에 표시사항을 글자로 덧붙여 적을 수 있다.
  이 경우 글자는 (①)바탕에 (②) 한글 (③)로 표기해야 한다.
(나) 안전보건표지 속의 그림 또는 부호의 크기는 안전보건표지의 크기와 비례해야 하며, 안전보건표지 전체 규격의 (④)% 이상이 되어야 한다.

해답 ① 흰색　② 검은색　③ 고딕체
④ 30

주 1) 안전보건표지의 종류·형태·색채 및 용도 : 시행규칙 제38조
2) 안전보건표지의 제작 : 시행규칙 제40조

★★ [Zzan So] 1) 안전보건표지에 관한 것은 출제율이 매우 높습니다.
2) 안전보건표지 종류 43개(시행규칙 별표6), 색채(시행규칙 별표7), 색도기준 및 용도(시행규칙 별표8) 등에 대한 것이 출제됩니다.

08

흙막이 지지방식에 의한 흙막이 공법의 종류를 3가지 쓰시오.

해답 1) 자립식 공법
2) 버팀대 공법
3) 어스앵커(earth anchor) 공법
4) 타이로드 공법(tie rod, 당김줄 공법)

구조방식에 의한 흙막이 공법의 종류
1) 널말뚝 공법
2) 지하 연속벽 공법(slurry wall)
3) 역타 공법(top-down 공법)

★★ [Zzan So] 1) 흙막이 공법에는 지지방식과 구조방식(길잡이)에 의한 2가지 공법이 있습니다.
2) 출제율이 보통정도이지만 어려운 내용이 아니므로 암기하기 바랍니다.

09

산업안전보건법상 작업발판 및 통로의 끝이나 개구부로서 근로자가 추락할 위험이 있는 장소에 설치하여야 하는 방호조치 3가지를 쓰시오.

해답
1) 안전난간
2) 울타리
3) 수직형 추락방망
4) 덮개
5) 추락방호망

※ 개구부 등의 방호장치: 안전보건규칙 제43조

길잡이

(1) 추락에 의한 위험방지 조치사항(작업발판의 끝·개구부 등은 제외) [안전보건규칙 제42조]
  1) (비계를 조정하는 방법) 작업발판 설치
  2) 추락방호망 설치
  3) (추락방호망 설치 곤란시) 안전대 착용

(2) 추락방호망 설치기준 [안전보건규칙 제42조 ②항]
  1) 설치위치: 작업면에서 망의 설치지점까지의 수직거리는 10m를 초과하지 않을 것
  2) 설치각도: 수평
  3) 망의 처짐: 짧은 변 길이의 12% 이상
  4) 내민 길이: 3m 이상

★★ [Zzan So] 작업발판 끝이나 개구부에서의 추락방지대책(문제 해답 내용), 작업발판 끝이나 개구부에서의 추락방지대책(길잡이), 추락방호망 설치 기준(길잡이) 모두 출제율이 매우 높습니다.

10

안전관리를 효율적으로 운영하기 위한 안전관리 조직의 형태 3가지를 쓰시오.

해 답
1) 직계식(line, 라인형) 조직
2) 참모식(staff, 스태트형) 조직
3) 직계·참모식(line-staff, 라인 스태프 혼합형) 조직

 안전관리조직의 유형별 특징

	장 점	단 점
1. 직계식 (100명 미만의 소규모 사업장)	1) 안전에 관한 지시가 명령계통이 철저하다. 2) 명령과 보고가 상하관계이므로 간단명료하다. 3) 안전 대책의 실시가 신속하다.	1) 안전에 관한 전문 지식이 부족하다. 2) 안전 정보가 불충분하다. 3) 라인에 과중한 책임을 지우기 쉽다.
2. 참모식 (100~500명의 중규모 사업장)	1) 경영자에게 조언과 자문역할을 한다. 2) 안전정보 수집이 빠르다. 3) 안전전문가가 전문적인 문제 해결 방안을 모색하고 조치한다.	1) 안전지시가 작업자에게 신속하게 하달되지 않는다. 2) 생산부분은 안전에 대한 책임권한이 없다. 3) 권한다툼이나 조정 때문에 시간과 노력이 소모된다.
3. 직계·참모식 복합형 (1000명 이상의 대규모 사업장)	1) 전근로자가 안전활동이 참여할 기회가 부여된다. 2) 안전활동이 생산과 잘 협조가 된다. 3) 생산라인에도 안전업무를 겸임하게 할 수 있다.	1) 명령계통과 조언권고적 참여가 혼동되기 쉽다. 2) 라인이 스탭에 너무 의존하거나 또는 활용치 않는 경우가 있다. 3) 스텝의 월권행위가 있다.

★★ ﹇Zzan So﹈ 안전관리조직의 형태 3가지는 꼭 암기하고 길잡이의 규모 및 특징(장·단점)은 충분히 이해한 후에 내용을 쓸 수 있도록 하십시오.)

11

건설재해예방전문지도기관 법인 설정시 인력기준, 시설기준, 장비기준을 갖추어야 한다. 건설재해예방전문지도기관 설립시 갖추어야 할 장비 4가지를 쓰시오.

해답
1) 가스농도측정기
2) 산소농도측정기
3) 접지저항측정기
4) 절연저항측정기
5) 조도계

주 건설재해예방전문지도기관의 인력·시설 및 장비 기준: 시행령 [별표19]

★★ Zzan So
1) 금번 시험에 처음 출제된 문제입니다.
2) 한번 출제된 문제는 또 출제될 수 있음을 유념하시기 바랍니다.

12

산업안전보건법상 사업주는 중대재해가 발생한 사실을 알게 된 경우에는 지체없이 관할 지방고용노동관서의 장에게 전화·팩스 또는 그 밖의 적절한 방법으로 보고하여야 한다. 다만, 천재지변 등 부득이한 사유가 발생한 경우에는 그 사유가 소멸되면 지체없이 보고하여야 한다. 중대재해 발생시 보고 내용 2가지를 쓰시오. 단, 그 밖의 중요한 사항은 제외한다.

해답
1) 발생 개요 및 피해상황
2) 조치 및 전망

주 중대재해 발생시 사고: 시행규칙 제67조

중대재해의 종류(시행규칙 제3조)
1) 사망자가 1명 이상 발생한 재해
2) 3개월 이상의 요양이 필요한 부상자가 2명 이상 발생한 재해
3) 부상자 또는 직업성 질병자가 동시에 10명 이상 발생한 재해

★★ Zzan So
1) 중대재해의 종류(출제율 매우 높음)와 중대재해 발생시 보고사항 2가지는 꼭 암기하여야 합니다.
2) 암기(장기기억)는 반복입니다.

건설안전산업기사

2024년 2회

01

차량계 건설기계를 사용하여 작업을 할 경우 작업 계획서에 포함해야 할 사항 3가지를 쓰시오.

해답
1) 사용하는 차량계 건설기계의 종류 및 성능
2) 차량계 건설기계의 운행경로
3) 차량계 건설기계에 의한 작업방법

※ 사전조사 및 작업계획서 내용 : 안전보건규칙 [별표 4]

★★ [Zzan So] 출제율이 매우 높은 문제입니다.

02

다음은 말비계를 조립하여 사용할 시 준수사항이다. ( )안에 알맞는 내용을 쓰시오.

(가) 지주부재의 하단에는 (①)를 하고, 근로자가 양측 끝부분에 올라서서 작업하지 않도록 할 것
(나) 지주부재와 수평면의 기울기를 (②)도 이하로 하고, 지주부재와 지주부재 사이를 고정시키는 보조부재를 설치할 것
(다) 말비계의 높이가 (③)m를 초과하는 경우에는 작업발판의 폭을 (④)cm 이상으로 할 것

해답
① 미끄럼방지장치
② 75
③ 2
④ 40

※ 말비계를 조립하여 사용하는 경우 준수사항 : 안전보건규칙 제67조

03

차량계 건설기계 중 1) 천공용 건설기계와 2) 도로포장용 건설기계의 종류를 각각 2가지씩 쓰시오.

해 답 1) 천공용 건설기계
   ① 어스드릴
   ② 어스오거
   ③ 크롤러드릴
   ④ 점보드릴

2) 도로포장용 건설기계
   ① 아스팔트 살포기
   ② 콘크리트 살포기
   ③ 아스팔트 피니셔
   ④ 콘크리트 피니셔

주 차량계 건설기계의 분류 : 안전보건규칙 별표6

차량계 건설기계의 종류 (안전보건규칙 [별표6])

1) 도저형 건설기계(불도저, 스트레이트도저, 틸트도저, 앵글도저, 버킷도저 등)
2) 모터그레이더
3) 로더(포크 등 부착물 종류에 따른 용도변경 형식을 포함)
4) 스크레이퍼
5) 크레인형 굴착기계(크램쉘, 드래그라인 등)
6) 굴삭기(브레이커, 크러셔, 드릴 등 부착물 종류에 따른 용도변경 형식을 포함)
7) 항타기 및 항발기
8) 천공용 건설기계(어스드릴, 어스오거, 크롤러드릴, 점보드릴 등)
9) 지반 압밀침하용 건설기계(샌드드레인머신, 페이퍼드레인머신, 팩드레인머신 등)
10) 지반 다짐용 건설기계(타이어롤러, 매커덤롤러, 텐덤롤러 등)
11) 준설용 건설기계(버킷준설선, 그래브준설선, 펌프준설선 등)
12) 콘크리트 펌프카
13) 덤프트럭
14) 콘크리트 믹서 트럭
15) 도로포장용 건설기계(아스팔트 살포기, 콘크리트 살포기, 아스팔트 피니셔, 콘크리트 피니셔 등)
16) 제1호부터 제15호까지와 유사한 구조 또는 기능을 갖는 건설기계로서 건설작업에 사용하는 것

04

산업안전보건법상 안전모의 사용 구분에 따른 안전모의 종류에 관련된 다음 (   ) 안에 알맞은 내용을 쓰시오.

종류(기호)	사용구분
(①)	물체의 낙하 또는 비래 및 추락에 의한 위험방지 또는 경감시키기 위한 것
(②)	물체의 낙하 및 비래에 의한 위험을 방지 또는 경감하고 머리부위 감전에 의한 위험을 방지하기 위한 것
(③)	물체의 낙하 또는 비래 및 추락에 의한 위험을 방지 또는 경감하고 머리부위 감전에 의한 위험을 방지하기 위한 것

해답
① AB
② AE
③ ABE

주 안전모의 종류: 보호구 안전인증고시 [별표1] 추락 및 감전위험방지용 안전모의 성능 기준

05

상시근로자가 500명인 사업장에 요양재해가 15건이 발생되고 18명이 요양재해를 입었다. 해당 사업장의 도수율을 구하시오. 단, 근로자의 1일 근무시간은 8시간, 년 근무일수는 280일이다.

해답 도수율 $= \dfrac{\text{재해건수}}{\text{연근로시간수}} \times 10^6$

$= \dfrac{15}{500 \times 280 \times 8} \times 10^6 = 13.39$

06

다음 [보기]의 안전대 중에서 안전그네식에만 적용 가능한 안전대를 2가지 찾아 번호를 쓰시오.

[보기]
1) 1개걸이 전용
2) U자걸이 전용
3) 안전블록
4) 추락방지대

해답 3), 4)

> 안전대의 사용구분 : 보호구 안전인증 고시 [별표9]

07

산업안전보건법상 강풍시 타워크레인의 작업중지에 대한 다음 (   )에 알맞은 수치를 쓰시오.

(가) 순간풍속이 (①)m/s를 초과하는 경우 타워크레인의 설치·수리·점검 또는 해체작업을 중지한다.
(나) 순간풍속이 (②)m/s를 초과하는 경우에는 타워크레인의 운전 작업을 중지한다.

해답 ① 10
② 15

> 악천후 및 강풍시 작업 중지 : 안전보건규칙 제37조

08

재해의 재발방지계획서에 필요한 재해통계 작성시 유의사항 3가지를 쓰시오.

해답
1) 재해 통계 활용 목적에 맞게 통계 내용은 정확(사실을 기반으로 작성)하고 충분할 것
2) 구체적으로 표시하고 통계 내용은 이해 및 활용하기 쉽게 작성할 것
3) 도형(그래프)으로 표현할 때는 정확한 정보 전달에 유의하고 알아보기 쉽게 작업할 것.

09
산업안전보건법상 고소작업대를 이동하는 경우 준수사항 3가지를 쓰시오.

해답
1) 작업대를 가장 낮게 내릴 것
2) 작업자를 태우고 이동하지 말 것
3) 이동통로의 요철상태 또는 장애물의 유무 등을 확인할 것

▶ 고소작업대 이동시 준수사항 : 안전보건규칙 제186조 ③항

고소작업대 사용시 준수사항(안전보건규칙 제186조 제④항)
1) 작업자가 안전모·안전대 등의 보호구를 착용하도록 할 것
2) 관계자가 아닌 사람이 작업구역에 들어오는 것을 방지하기 위하여 필요한 조치를 할 것
3) 안전한 작업을 하기 위하여 적정수준의 조도를 유지할 것
4) 전로(錢路)에 근접하여 작업을 하는 경우에는 작업감시자를 배치하는 등 감전사고를 방지하기 위하여 필요한 조치를 할 것
5) 작업대를 정기적으로 점검하고 붐·작업대 등 각 부위의 이상 유무를 확인할 것
6) 전환스위치는 다른 물체를 이용하여 고정하지 말 것
7) 작업대는 정격하중을 초과하여 물건을 싣거나 탑승하지 말 것
8) 작업대의 붐대를 상승시킨 상태에서 탑승자는 작업대를 벗어나지 말 것. 다만, 작업대에 안전대 부착설비를 설치하고 안전대를 연결하였을 때에는 그러하지 아니하다.

10
건설공사를 착공하려는 경우 유해·위험방지 계획서에 첨부서류 4가지를 쓰시오.

해답
1) 공사 개요서
2) 공사현장의 주변 현황 및 주변과의 관계를 나타내는 도면(매설물 현황 포함)
3) 전체 공정표
4) 산업안전보건관리비 사용계획
5) 안전관리 조직표
6) 재해 발생 위험 시 연락 및 대피방법

▶ 유해위험방지계획서 첨부 서류: 시행규칙 [별표10]

11

하인리히의 재해손실비용 중 간접비용에 해당하는 것을 3가지만 쓰시오.

해답
1) 인적손실
2) 물적손실
3) 생산손실

 하인리히의 재산손실비 방식

총재해 cost = 직접비 + 간접비
1) 직접비 : 간접비 = 1 : 4
2) 직접비 : 법령으로 정한 피해자에게 지급되는 산재보상비를 말한다.
   ① 휴업보상비: 평균임금의 100분의 70에 상당하는 금액
   ② 장해보상비: 신체 장해가 남는 경우에 장해등급에 의한 금액
   ③ 요양보상비: 요양비의 전액
   ④ 장의비: 평균 임금의 120일 분에 상당하는 금액
   ⑤ 유족보상비: 평균임금의 1,300일분에 상당하는 금액
   ⑥ 기타 유족특별보상비, 장해특별보상비, 상병보상연금 등
3) 간접비: 재산손실, 생산중단 등으로 기업이 입은 손실로서 정확한 산출이 어려울 때에는 직접비의 4배로 산정하여 계산한다.
   ① 인적 손실: 본인 및 제3자에 관한 것을 포함한 시간손실
   ② 물적 손실: 기계, 공구, 재료, 시설의 복구에 소비된 시간손실 및 재산손실
   ③ 생산 손실: 생산 감소, 생산 중단, 판매 감소 등에 의한 손실
   ④ 기타 손실: 병상위문금, 여비 및 통신비, 입원중의 잡비, 장의비용 등

12

다음 [보기] 내용은 작업발판의 구조에 관한 것이다. ( )안에 알맞은 내용을 쓰시오.

[보기]
(가) 비계의 높이가 2m 이상인 작업장소에 설치하는 작업발판의 폭은 (①) 이상으로 하고 발판 재료간의 틈은 (②) 이하로 할 것.
(나) 작업발판재료는 뒤집히거나 떨어지지 않도록 (③)이상의 지지물에 연결하거나 고정시킬 것

해답
① 40cm
② 3cm
③ 2

주 작업발판의 구조: 안전보건규칙 제56조

13

다음 [표]의 내용은 안전보건교육 교육과정별 교육시간을 나타낸 것이다. ( )안에 알맞은 내용을 쓰시오.

교육과정	교육대상	교육시간
1. 정기교육	1) 사무직·판매직 근로자	매반기 (①) 시간 이상
	2) 사무직·판매직 근로자와의 근로자	매반기 12시간 이상
2. 채용시 교육	1) 일용직 근로자 및 근로계약기간이 1주일 이하인 기간제 근로자	1시간 이상
	2) 근로계약기간이 1주일 초과 1개월 이하인 기간제 근로자	(②)시간 이상
	3) 그 밖에 근로자	8시간 이상
3. 작업 내용 변경시 교육	1) 일용근로자 및 근로계약기간이 1주일 이하인 기간제 근로자	(③)시간 이상
	2) 그 밖에 근로자	2시간 이상
4. 건설업기초 안전보건교육	건설일용 근로자	(④) 이상

① 6   ② 4
③ 1   ④ 4

특별교육 교육대상별 교육시간

교육대상	교육시간
1) 특별교육대상 작업에 종사하는 일용근로자 및 근로계약기간이 1주일 이하인 기간제 근로자	2시간 이상
2) 특별교육대상 작업 중 타워크레인 신호작업에 종사하는 일용 근로자 및 근로계약기간이 1주일 이하인 기간제 근로자	8시간 이상
3) 특별안전보건교육대상 작업에 종사하는 일용근로자 및 근로계약기간이 1주일 이하인 기간제 근로자를 제외한 근로자	· 16시간 이상(최초 작업에 종사하기 전 4시간 실시하고 12시간은 3개월 이내에 분할하여 실시 가능) · 단기간 작업 또는 간헐적 작업인 경우에는 2시간 이상

건설안전산업기사 2024년 3회 (실기 필답형)

01
13/1기, 14/2기, 16/2산, 17/2산, 18/1기

비, 눈, 그 밖의 기상상태의 불안전으로 인하여 날씨가 몹시 나빠서 작업을 중지시킨 후 또는 비계를 조립·해체하거나 변경한 후에 그 비계에서 작업을 재개할 때의 작업 시작 전 점검사항을 4가지만 쓰시오.

해답
1) 발판재료의 손상여부 및 부착 또는 결림 상태
2) 해당비계의 연결부 또는 접속부의 풀림 상태
3) 연결재료 및 연결철물의 손상 또는 부식 상태
4) 손잡이의 탈락 여부
5) 기둥의 침하, 변형, 단위 또는 흔들림 상태
6) 로프의 부착상태 및 매단장치의 흔들림 상태

주) 비계의 점검보수: 안전보건규칙 제58조

★★ Zzan So
1) 출제율이 매우 높습니다.
2) 암기할 때는 순서를 정하여 암기합니다.

02

다음 내용에서 설명하는 현상에 대한 용어의 정의를 쓰시오.

1) 연약한 점토질 지반에서 굴착시 흙막이벽 외측 흙의 중량 및 지표면의 재하 중량에 의해 굴착 저면의 흙이 붕괴되어 흙막이 바깥 흙이 내부로 밀려 불룩하게 솟아오르는 현상은?
2) 사질토 지반을 굴착시 굴착부와 주변부의 지하수위차가 있는 경우에 수두차에 의하여 침투압이 생겨 흙막이 근입 부분이 침식하는 동시에 모래가 액상화되어 솟아오르며 흙막이 벽의 근입부 지지력을 상실하여 흙막이 지보공의 붕괴를 초래하는 현상은?

해답
1) 히빙 현상
2) 보일링 현상

03

13/4기산, 14/1기, 17/2기, 18/1기

흙의 동상방지대책을 4가지 쓰시오.

해 답
1) 단열재료를 삽입한다.
2) 지하수위를 저하시킨다.
3) 동결깊이 상부의 흙을 동결이 잘되지 않는 재료로 치환한다.
4) 보온시공을 한다.
5) 지표의 흙을 화학약품으로 처리한다.
6) 동결심도 아래에 배수층을 설치한다.

04

17/4 기

터널공사를 할 경우 암질변화 구간 및 이상암질의 출현시 암질판별법(암질분류법)4가지를 쓰시오.

해 답
1) RQD(%)
2) RMR(%)
3) 탄성파속도(m/sec)
4) 일축압축강도(kg/cm²)
5) 진동치 속도(cm/sec = kine)

☞ 터널공사시 암질판별법 : 표준안전작업지침(NATM 공법; 고용노동부고시)

05

채석작업을 하는 경우 작업계획서에 포함되는 사항 3가지를 쓰시오.

해답
1) 발파방법
2) 암석의 분할방법
3) 암석의 가공장소
4) 굴착면의 높이와 기울기
5) 굴착면 소단(小段)의 위치와 넓이
6) 갱내에서의 낙반 및 붕괴방지 방법
7) 노천굴착과 갱내굴착의 구별 및 채석방법
8) 표토 또는 용수의 처리방법
9) 토석 또는 암석의 적재 및 운반방법과 운반경로
10) 사용하는 굴착기계(굴착기계, 분할기계, 적재기계 또는 운반기계) 등의 종류 및 성능

주 사전조사 및 작업계획서 내용 : 안전보건규칙 [별표4]

채석작업 시 사전조사내용
지반의 붕괴·굴착기계의 전락 등에 의한 근로자에게 발생할 위험을 방지하기 위한 해당 작업장의 지형·지질 및 지층의 상태

★★ Zzan So
1) 작업계획서의 내용을 기술하는 문제는 법에 정한 내용으로 모두 출제율이 매우 높습니다.
2) 채석 작업시 작업계획서의 내용은 10가지 항목 중 5가지 정도를 선별하여 암기하시기 바랍니다.

06

14/2

흙막이지보공을 설치할 때 정기점검사항 3가지를 쓰시오.

해답 1) 부재의 손상, 변형, 부식, 변위 및 탈락의 유무와 상태
2) 버팀대의 긴압의 정도
3) 부재의 접속부, 부착부 및 교차부의 상태
4) 침하의 정도

주) 붕괴 등의 위험방지 : 안전보건규칙 제347조

 길잡이

터널 지보공 설치시 수시점검 사항(안전보건규칙 제366조)
1) 부재의 손상, 변형, 부식, 변위 및 탈락의 유무와 상태
2) 버팀대의 긴압의 정도
3) 부재의 접속부, 부착부 및 교차부의 상태
4) 침하의 정도

★★ [Zzan So] 흙막이지보공의 정기점검사항과 터널지보공의 수시점검은 같은 내용들이 있으므로 비교하여 숙지하기 바랍니다. 출제율이 높은 편입니다.

07

14/4 18/2

건설공사에 있어서 콘크리트 타설 전에 거푸집 동바리 등에 작용하는 하중을 충분히 검토하지 않으면 붕괴·전도 등의 위험이 유발된다. 거푸집 동바리 설계시 고려해야 할 하중의 종류를 4가지 쓰시오.

해답 1) 연직방향하중   2) 횡방향하중
3) 콘크리트 측압   4) 특수하중
5) 상기 1~4호 하중에 안전율을 고려한 하중

 길잡이

거푸집 및 동바리(지보공)의 하중 : 고용노동부 고시

(1)	연직방향 하중	거푸집, 동바리, 콘크리트, 철근, 타설용 기계·기구, 가설설비 등의 중량 및 충격하중
(2)	횡방향 하중	작업할 때의 진동, 충격, 시공오차 등에 기인되는 횡방향 하중 이외에 필요에 따라 풍압, 유수압, 지진 등
(3)	콘크리트 측압	굳지 않은 콘크리트의 측압
(4)	특수하중	시공 중에 예상되는 특수한 하중
(5)		상기(1) ~ (4)호의 하중에 안전율을 고려한 하중

08

산업안전보건법상 안전모와 관련된 다음 물음에 답하시오.
1) 안전모의 종류 3가지를 기호로 표시하고 사용구분 및 내전압성 여부를 각각 쓰시오.
2) 비전압성이란 몇 V에 견디는 것인지를 쓰시오.

해답

1) 안전모의 종류·사용구분·내전압성

종류 (기호)	사용구분	내전압성
AB	물체의 낙하 또는 비래 및 추락에 의한 위험 방지 또는 경감시키기 위한 것	비내전압성
AE	물체의 낙하 및 비래에 위한 위험을 방지 또는 경감하고 머리부위 감전에 의한 위험을 방지하기 위한 것	내전압성
ABE	물체의 낙하 또는 비래 및 추락에 의한 위험을 방지 또는 경감하고, 머리부위 감전에 의한 위험을 방지하기 위한 것	내전압성

2) 내전압성: 7,000V 이하의 전압에 견디는 것

★★ Zzan So
1) 안전모의 종류 3가지와 용도를 쓰라고 하면 다음과 같이 쓰면 됩니다.
   ① AB: 낙하 및 비래, 추락 방지용
   ② AE: 낙하 및 비래, 감전 방지용
   ① ABE: 낙하 및 비래, 추락, 감전 방지용
2) 문제의 의도를 정확하게 파악하여 답을 써야 합니다.

09

다음은 와이어로프의 클립에 관한 내용이다. (   )안에 알맞는 수치를 쓰시오.

와이어로프 직경(mm)	클립(수)
16	(①)
16초과 28이하	(②)
28초과	(③)

해답
① 4
② 5
③ 6

10

다음 [보기] 내용은 산업안전보건법상 누전차단기를 접속하는 경우 준수하여야 할 사항이다. ( )안에 알맞은 내용을 쓰시오.

[보기]
전기기계·기구에 설치되어 있는 누전차단기는 정격감도 전류가 (①) 이하이고, 작동시간은 (②) 이내일 것. 다만, 정격전부하전류가 50암페어 이상인 전기기계②기구에 접속되는 누전차단기는 오작동을 방지하기 위하여 정격감도는 (③) 이하로, 작동시간은 (④) 이내로 할 수 있다.

해 답
① 30mA   ② 0.03초
③ 200mA ④ 0.1초

 누전차단기 접속 시 준수사항: 안전보건규칙 제304조 제⑤항 제1호

길잡이
감전방지용 누전차단기를 설치해야 할 전기 기계·기구(안전보건규칙 제304조 제①항)
1) 대지전압이 150V를 초과하는 이동형 또는 휴대형 전기기기·기구
2) 물 등 도전성이 높은 액체가 있는 습윤 장소에서 사용하는 저압(1.5천볼트 이하 직류전압이나 1천볼트 이하의 교류전압을 말한다)용 전기기계·기구
3) 철판·철골 위 등 도전성이 높은 장소에서 사용하는 이동형 또는 휴대형 전기기계·기구
4) 임시배선의 전로가 설치되는 장소에서 사용하는 이동형 또는 휴대형 전기기계·기구

11

다음은 안전보건관련 교육과정별 교육시간을 나타낸 것이다. (   )안에 알맞은 수치를 쓰시오.

(가) 관리감독자 정기교육 : (①)시간 이상
(나) 건설업 기초 안전보건교육 : (②)시간 이상
(다) 일용근로자 및 근로계약기간이 1주일 이하인 기간제 근로자의 작업 내용 변경 시 교육: (③)시간 이상

해 답   ① 연간 16   ② 4   ③ 1

(1) 안전보건교육 교육과정별 교육시간(시행규칙 별표4, 2023.11 개정)

교육 과정	교육대상	교육시간
1. 정기 교육	1) 사무직·판매직 근로자	매반기 6시간 이상
	2) 사무직·판매직 근로자외의 근로자	매반기 12시간 이상
2. 채용시 교육	1) 일용직 근로자 및 근로계약기간이 1주일 이하인 기간제 근로자	1시간 이상
	2) 근로계약기간이 1주일 초과 1개월 이하인 기간제 근로자	4시간 이상
	3) 그 밖에 근로자	8시간 이상
3. 작업내용 변경시 교육	1) 일용근로자 및 근로계약기간이 1주일 이하인 기간제 근로자	1시간 이상
	2) 그 밖에 근로자	2시간 이상
4. 특별교육	1) 특별안전보건교육대상 작업에 종사하는 일용근로자를 제외한 근로자	2시간 이상
	2) 특별교육대상 작업 중 타워크레인 신호작업에 종사하는 일용근로자 및 근로계약기간이 1주일 이하인 기간제 근로자	8시간 이상
	3) 특별교육대상 작업에 종사하는 일용근로자 및 근로계약기간이 1주일 이하인 기간제 근로자를 제외한 근로자	·16시간 이상(최초 작업에 종사하기 전 4시간 실시하고 12시간은 3개월 이내에 분할하여 실시 가능) ·단기간 작업 또는 간헐적 작업인 경우에는 2시간 이상
	특별안전보건교육대상 작업에 종사하는 일용근로자	2시간 이상
5. 건설업 기초 안전보건교육	건설일용근로자	4시간 이상

(2) 관리감독자 안전보건교육 교육과정별 교육시간

교육 과정	교육시간
1. 정기 교육	연간 16시간 이상
2. 채용시 교육	8시간 이상
3. 작업내용 변경시 교육	2시간 이상
4. 특별교육	·16시간 이상(최초 작업에 종사하기 전 4시간 실시하고 12시간은 3개월 이내에 분할하여 실시 가능) ·단기간 작업 또는 간헐적 작업인 경우에는 2시간 이상

★★ ⌈Zzan So⌋ 출제율이 매우 높습니다. [표]에 교육시간을 꼭 암기 하십시오.

12

다음 내용은 산업안전보건법상 고소작업대를 설치할 경우 조치할 사항이다. (   )안에 알맞은 내용을 쓰시오.

> (가) 작업대를 와이어로프 또는 체인으로 올리거나 내릴 경우에는 와이어로프 또는 체인이 끊어져 작업대가 떨어지지 아니하는 구조여야 하며, 와이어로프 또는 체인의 안전율이 (①) 이상일 것.
> (나) 작업대에 끼임 충돌 등 재해를 예방하기 위한 가드 또는 (②)를 설치할 것

해답
① 5
② 과상승방지장치

고소작업대 설치기준

1) 작업대를 와이어로프 또는 체인으로 올리거나 내릴 경우에는 와이어로프 또는 체인이 끊어져 작업대가 떨어지지 아니하는 구조여야 하며, 와이어로프 또는 체인의 안전율은 5 이상일 것
2) 작업대를 유압에 의해 올리거나 내릴 경우에는 작업대를 일정한 위치에 유지할 수 있는 장치를 갖추고 압력의 이상저하를 방지할 수 있는 구조일 것
3) 권과방지장치를 갖추거나 압력의 이상상승을 방지할 수 있는 구조일 것
4) 붐의 최대 지면경사각을 초과 운전하여 전도되지 않도록 할 것
5) 작업대에 정격하중(안전율 5 이상)을 표시할 것
6) 작업대에 끼임·충돌 등 재해를 예방하기 위한 가드 또는 과상승방지장치를 설치할 것
7) 조작반의 스위치는 눈으로 확인할 수 있도록 명칭 및 방향표시를 유지할 것

13

다음은 산소결핍과 적정공기에 대한 정의를 설명한 것이다. ( )안에 알맞은 내용을 쓰시오.

(가) "산소결핍"이란 공기 중의 산소농도가 (①) 미만인 상태를 말한다.
(나) "적정공기"란 산소농도의 범위가 (②) 이상 (③) 미만, 탄산가스의 농도가 (④) 미만, 일산화탄소 농도가 (⑤) 미만, 황화수소의 농도가 (⑥) 미만 수준의 공기를 말한다.

해 답
① 18%
② 18%
③ 23.5%
④ 1.5%
⑤ 30ppm
⑥ 10ppm

주 밀폐공간 작업 시 용어의 정의 : 안전보건규칙 제618조

3-2. 최근 과년도문제
작업형

2019~2024년 시행

건설안전산업기사

건설안전산업기사 2019년 1회

01

깊이 10.5m 이상의 굴착의 경우 흙막이 구조의 안전을 예측하기 위하여 설치하는 계측기 3가지를 쓰시오.

해답
1) 수위계
2) 경사계
3) 하중 및 침하계
4) 응력계

흙막이지보공 설치시 정기점검사항 (안전보건규칙 제347조)
1) 부재의 손상, 변형, 부식, 변위 및 탈락의 유무와 상태
2) 버팀대의 긴압의 정도
3) 부재의 접속부, 부착부 및 교차부의 상태
4) 침하의 정도

02

다음은 강관비계의 구조에 대한 설명이다.
( )안에 알맞은 내용을 쓰시오.

(1) 비계기둥의 간격은 띠장 방향에서는 (①)m 이하, 장선방향에서는 (②)m 이하로 할 것
(2) 띠장 간격은 (③)m 이하로 할 것. 다만, 작업의 성질상 이를 준수하기가 곤란하여 쌍기둥을 등에 의하여 해당부분을 보강한 경우에는 제외
(3) 비계기둥의 제일 윗부분으로부터 (④)m 되는 지점 밑부분의 비계기둥은 (⑤)개의 강관으로 묶어세울 것. 다만, 브래킷(bracket) 등으로 보강하여 2개의 강관으로 묶을 경우 이상의 강도가 유지되는 경우에는 제외
(4) 비계기둥간의 적재하중은 (⑥)kg을 초과하지 않도록 할 것

해 답
① 1.85　　② 1.5
③ 2　　　 ④ 31
⑤ 2　　　 ⑥ 400

주 강관비계의 구조 : 안전보건규칙 제60조

03

동영상은 콘크리트 펌프카를 사용하여 교량 상부에 콘크리트를 타설하는 작업장면을 보여주고 있다. 콘크리트 펌프 또는 콘크리트 펌프카를 사용할 때 준수사항 3가지를 쓰시오.

해답
1) 작업을 시작하기 전에 콘크리트 펌프용 비계를 점검하고 이상을 발견한 때에는 즉시 보수할 것
2) 건축물의 난간 등에서 작업하는 근로자가 호스의 요동, 선회로 인하여 추락하는 위험을 방지하기 위하여 안전난간의 설치 등 필요한 조치를 할 것
3) 콘크리트 펌프카의 붐을 조정할 때에는 주변 전선 등에 의한 위험을 예방하기 위한 적절한 조치를 할 것
4) 작업 중에 지반의 침하, 아웃트리거의 손상 등으로 인하여 콘크리트 펌프카가 넘어질 우려가 있는 때에는 이를 방지하기 위한 적절한 조치를 할 것

☞ 콘크리트 펌프 등 사용시 준수사항 : 안전보건규칙 제335조

04

동영상은 말비계 위에서 작업하는 장면을 보여주고 있다. 말비계를 조립하여 사용하는 경우에 준수사항 3가지를 쓰시오.

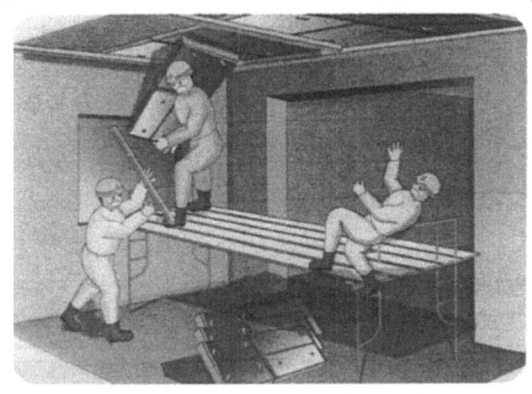

해 답
1) 지주부재의 하단에는 미끄럼방지 장치를 하고, 양쪽 끝부분에 올라서서 작업하지 아니하도록 할 것
2) 지주부재와 수평면과의 기울기를 75° 이하로 하고 지주부재와 지주부재 사이를 고정시키는 보조 부재를 설치할 것
3) 말비계의 높이가 2m를 초과할 경우에는 작업발판의 폭을 40cm 이상으로 할 것

길잡이 말비계 조립, 사용시 준수사항 : 안전보건규칙 제67조

05

동영상은 안전난간을 설치는 장면을 보여주고 있다. 안전난간의 구조 및 설치, 설치요건에 관한 다음 ( )안에 알맞은 용어나 숫자를 쓰시오.

(가) 안전난간은 (①) (②) (③) 및 (④)으로 구성할 것
(나) (①)는 바닥면, 발판 또는 경사로의 표면으로부터 (⑤)cm 이상 지점에 설치할 것
(다) (③)은 바닥면 등으로부터 (⑥)cm 이상의 높이를 유지할 것

해답
① 상부 난간대
② 중간 난간대
③ 발끝막이판
④ 난간기둥
⑤ 90
⑥ 10

주 안전난간의 구조 및 설치요건 : 안전보건규칙 제13조

06

다음은 거푸집 동바리 등을 조립할 때에 준수하여야 할 사항이다. ( )안에 알맞은 숫자 또는 용어를 기입하시오.

(가) 파이프 서포트를 (①)개 이상이어서 사용하지 아니하도록 할 것
(나) 파이프 서포트를 이어서 사용할 때에는 (②)가지 이상의 (③) 또는 전용철물을 사용하여 이을 것
(다) 높이가 (④)m를 초과할 때에는 높이 (⑤)m이내마다 수평연결재를 (⑥)개 방향으로 만들과 수평연결재의 변위를 방지할 것

해답 (가) ① 3
(나) ② 4　　③ 볼트
(다) ④ 3.5　　⑤ 2　　　⑥ 2

주 거푸집 동바리 등의 안전조치 : 안전보건규칙 제332조

07

동영상은 작업자가 화물을 싣고 리프트를 운행하는 장면이다. 리프트 운행 중에 사고를 발생시킬 수 있는 위험요인(불안전한 행동 및 불안전한 상태)을 3가지만 쓰시오.

해답
1) 화물 인양작업 중 안전모 등 보호구 미착용
2) 개구부가 개방된 채 운행(화물의 낙하위험)
3) 각 층에서 탑승대기중인 작업자가 리프트 위치를 확인하기 위해 난간이나 문짝 밖으로 머리를 내밀고 있음
4) 리프트에 적재하중을 초과하는 화물을 적재하였음

길잡이
리프트 설치, 조립, 수리, 점검 또는 해체작업시 조치사항(안전보건규칙 제156조)
1) 작업을 지휘하는 자를 선임하여 그 자의 지휘하에 작업을 실시할 것
2) 작업을 할 구역에 관계근로자 외의 자의 출입을 금지하고, 그 취지를 보기 쉬운 장소에 표시할 것
3) 비, 눈 그 밖의 기상상태의 불안정으로 인하여 날씨가 몹시 나쁠 때에는 그 작업을 중지시킬 것

건설안전산업기사 2019년 2회

01

지반굴착 작업시 흙막이지보공을 설치한 때에 정기적으로 점검할 사항을 3가지 쓰시오.

해답
1) 부재의 손상, 변형, 부식, 변위 및 탈락의 유무와 상태
2) 버팀대의 긴압의 정도
3) 부재의 접속부, 부착부 및 교차부의 상태
4) 침하의 정도

주) 흙막이지보공 설치시 붕괴 등이 위험방지를 위한 정기적 점검사항 : 안전보건규칙 제347조

02

다음은 추락방호망의 설치기준에 관한 내용이다. ( )안에 알맞은 수치 또는 내용을 쓰시오.

(가) 설치위치 : 가능하면 작업면으로부터 가까운 지점에 설치하여야 하며, 작업면으로부터 망의 설치지점까지의 수직거리는 (①)m를 초과하지 아니할 것
(나) 추락방호망은 수평으로 설치할 것
(다) 추락방호망의 처짐 : 짧은 변 길이의 (②)% 이상의 되도록 할 것
(라) 추락방호망의 내민 길이 : 벽면으로부터 (③)m 이상. 다만 그물코가 20mm 이하인 망을 사용한 경우에는 낙하물방지망을 설치한 것으로 봄

해 답
① 10
② 12
③ 3

주 추락방호망 설치기준 : 안전보건규칙 제42조

 길잡이

추락방지대책

1) 추락하거나 넘어질 위험이 있는 장소(작업발끝판, 개구부 등은 제외) 또는 기계, 설비, 선박블록 등에서 작업시 추락위험방지 조치사항(안전보건규칙 제42조)
   ① (비계를 조립하여) 작업발판 설치
   ② 추락방호망 설치
   ③ 안전대 착용
2) 작업발판 및 통로의 끝이나 개구부 등의 추락위험방지 조치사항(안전보건규칙 제43조)
   ① 안전난간, 울타리, 수직형 추락방망 또는 덮개설치(덮개는 뒤집히거나 떨어지지 않도록 설치하고, 어두운 장소에서도 알아볼 수 있도록 개구부임을 표시할 것)
   ② 추락방호망 설치
   ③ 안전대 착용

03

사진은 철골작업 장면을 보여주고 있다. 철골작업을 중지하여야 하는 기준 2가지만 쓰시오.

해답
1) 풍속이 초당 10m 이상인 경우
2) 강우량이 시간당 1mm 이상인 경우
3) 강설량이 시간당 1cm 이상인 경우

※ 철골작업의 제한 : 안전보건규칙 제383조

04

동영상은 말비계 위에서 작업자가 붓을 들고 도장작업을 하는 장면을 보여주고 있다. 말비계를 조립하여 사용하는 경우 준수사항 3가지를 쓰시오.

해답
1) 지주부재(支柱部材)의 하단에는 미끄럼 방지장치를 하고, 근로자가 양측 끝부분에 올라서서 작업하지 않도록 할 것
2) 지주부재와 수평면의 기울기를 75° 이하로 하고, 지주부재와 지주부재 사이를 고정시키는 부조부재를 설치할 것
3) 말비계의 높이가 2m를 초과하는 경우에는 작업발판의 폭을 40cm 이상으로 할 것

※ 말비계를 조립하여 사용하는 경우 준수사항 : 안전보건규칙 제68조

05

동영상 화면은 흙막이공사 작업장면을 보여주고 있다. 다음 물음에 답하시오.

(1) 흙막이 공법의 명칭을 쓰시오.
(2) 계측기의 종류 3가지를 쓰고, 그 역할을 간략히 설명하시오.

해 답 (1) 흙막이 공법의 명칭 : 어스앵커 공법
  (2) 계측기의 종류 및 역할
   1) 수위계 : 지반의 지하수위 변화를 측정
   2) 경사계 : 흙막이벽의 수평변위(변형) 측정
   3) 토압계 : 흙막이벽의 측압을 측정
   4) 간극수압계 : 지하수의 수압을 측정
   5) 변형계 : 흙막이변의 변형과 응력을 측정

(1) 어스앵커(earth anchor) : 흙막이벽 배면에 보링공 내에 고강도 강재를 삽입하고 모르타르로 시공한 것
(2) 어스앵커 공법의 시공순서 : 천공→주입(강선 삽입)→인장→정착(grouting)
(3) 어스앵커가 지반에 힘을 전달하는 지지방식
  1) 널말뚝에 의한 방식
  2) 강대에 의한 방식
  3) 강선에 의한 방식
(4) 어스앵커(earth anchor) 공법의 안전대책
  1) 앵커의 저항은 어스앵커 공법의 안전상 가장 유의할 사항이므로 지반의 상태에 따라 앵커의 길이를 결정해야 한다.
  2) 흙막이벽 뒷면 지반의 전체적인 침하나 붕괴범위를 검토하여 그 영향이 미치지 않는 지반에 앵커를 설치한다.
  3) 앵커는 현장에서 직접 시험을 행하여 정착력을 확인해야 한다.
  4) 앵커 강재는 강도를 충분히 검토하여야 하며, 장기간 사용시는 부식에 주의해야 한다.

06

동영상은 비계 위에서 작업발판을 설치하는 작업장면을 보여주고 있다. 다음 물음에 답하시오.

1) 비계재료의 연결, 해체작업시 설치하는 발판의 폭 :
2) 근로자의 추락방지대책 :

해답
1) 비계재료의 연결, 해체작업시 설치하는 발판의 폭 : 20cm 이상
2) 근로자의 추락방지대책 : 안전대 착용

길잡이 높이 2m 이상의 고소작업시 추락방지를 위한 조치사항
1) 비계를 조립하는 등의 방법에 의하여 작업발판 설치
2) 추락방호망 설치
3) 안전대 착용
4) 안전난간, 울타리 및 손잡이 설치(작업발판 끝이나 개구부에 설치)
5) 덮개설치(개구부에 설치)

07

동영상 화면도는 리프트를 운행하는 장면을 보여주고 있다. 다음 물음에 답하시오.
1) 리프트 작업시 위험요인 2가지만 쓰시오.
2) 리프트를 사용하여 작업시 작업시작 전 점검사항

해답
1) 리프트 작업시 위험요인
   ① 안전모 착용상태 불량(턱끈을 묶지 않음)
   ② 리프트 개구부가 개방되어 있음(안전난간 미설치)
2) 리프트의 작업시작 전 점검사항
   ① 방호장치, 브레이크 및 클러치의 기능
   ② 와이어로프가 통하고 있는 곳의 상태

주 작업시작 전 점검사항 : 안전보건규칙 별표3

08

다음은 시스템비계의 구조에 대한 내용이다. 빈칸을 채우시오.

[보기]
비계 밑단의 수직재와 받침철물은 밀착되도록 설치하고, 수직재와 받침철물의 연결부의 겹침길이는 받침철물 전체 길이의 (   ) 이상이 되도록 한다.

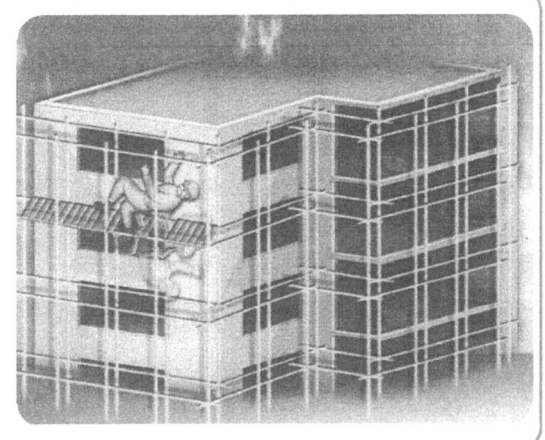

해답 3분의 1

길잡이 시스템비계의 구조 (안전보건규칙 제69조)
1) 수직재, 수평재, 가새재를 견고하게 연결하는 구조가 되도록 할 것
2) 비계밑단의 수직재와 받침철물은 밀착되도록 설치하고, 수직재와 받침철물의 연결부의 겹침 길이는 받침철물 전체길이의 3분의 1 이상이 되도록 할 것
3) 수평재는 수직재와 직각으로 설치하여야 하며, 체결 후 흔들림이 없도록 견고하게 설치할 것
4) 수평재와 수직재의 연결철물은 이탈되지 않도록 견고한 구조로 할 것
5) 벽 연결재의 설치간격은 제조사가 정한 기준에 따라 설치할 것

건설안전산업기사 2019년 4회

01

다음은 낙하물방지망의 설치기준에 대한 사항이다. ( )안에 알맞은 내용 또는 숫자를 쓰시오.

(가) 방망의 설치는 지상에서 (①)m이내 지점에 첫 번째 방망을 설치하고 매 (②)m마다 설치하며, 방망의 돌출 길이(내민 길이)는 벽면으로부터 수평으로 (③)m 이상으로 한다.
(나) 방망의 수평면과 각도는 (④)도 내지 (⑤)도를 유지한다.

해답
① 10　② 10
③ 2　④ 20
⑤ 30

 낙하물방지망 또는 방호선반의 설치기준 : 안전보건규칙 제13조

길잡이
물체의 낙하, 비래에 의한 위험방지 조치사항(안전보건규칙 제14조)
1) 낙하물 방지망, 수직보호망 또는 방호선반의 설치
2) 출입금지구역의 설정
3) 보호구의 착용 등

02

터널굴착 작업시 터널내부의 시계가 배기가스나 분진 등에 의하여 현저히 제한되는 경우 시계를 유지하기 위한 조치사항 2가지를 쓰시오.

해답
1) 환기를 할 것
2) 물을 뿌릴 것

주 시계의 유지 : 안전보건규칙 제353조

03

터널공사 등의 건설작업에 있어서 가스농도 측정결과 가연성 가스가 존재하여 폭발 또는 화재가 발생할 위험이 있는 때에는 필요한 장소에 당해 가연성 가스 농도의 이상상승을 조기에 파악하기 위하여 필요한 자동경보장치를 설치하여야 한다. 자동경보장치의 당일 작업 시작 전 점검사항을 3가지 쓰시오.

해답
1) 계기의 이상 유무
2) 검지부의 이상 유무
3) 경보장치의 작동상태

주 인화성가스의 농도측정 등 : 안전보건규칙 제350조

 터널굴착작업시 작업계획서의 작성내용(안전보건규칙 별표4)
1) 굴착의 방법
2) 터널지보공 및 복공의 시공방법과 용수의 처리방법
3) 환기 또는 조명시설을 하는 때에는 그 방법

04

다음은 밀폐공간에서 작업할 때 필요한 적정 공기의 정의를 설명한 것이다. ( )안에 알맞은 수치를 쓰시오.

'적정공기'란 산소농도의 범위가 (①)% 이상 (②)% 미만, 탄산가스의 농도가 (③)% 미만, 일산화탄소의 농도가 (④)ppm 미만, 황화수소의 농도가 (⑤)ppm 미만인 수준의 공기를 말한다.

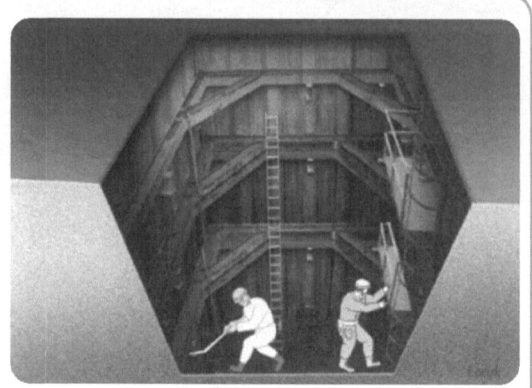

해답
① 18
② 23.5
③ 1.5
④ 30
⑤ 10

주 용어의 정의 : 안전보건규칙 제618조

05

공사용 가설도로를 설치하는 경우 준수사항 3가지 쓰시오.

해답
1) 도로는 장비와 차량이 안전하게 운행할 수 있도록 견고하게 설치할 것
2) 도로와 작업장이 접근하여 있을 경우에는 방책 등을 설치할 것
3) 도로는 배수를 위하여 경사지게 설치하거나 배수시설을 설치할 것
4) 차량의 속도제한 표지를 부착할 것

주 가설도로 설치시 준수사항 : 안전보건규칙 제379조

06

동영상은 타워크레인에 의해 비계재료인 강관을 위로 끌어올리는 작업장면을 보여주고 있다. 동영상의 작업상황에서 발생할 수 있는 위험요인에 대한 안전대책을 3가지 쓰시오.

해답
1) 강관 인양시 강관의 두 군데를 와이어로프로 묶어서 운반할 것
2) 신호수를 배치할 것
3) 크레인의 작업반경 내에 출입금지 조치를 할 것
4) 위험표지판 또는 안전표지판을 설치할 것
5) 안전모의 턱 끈 등 보호구를 확실하게 착용할 것

길잡이

위험요인
1) 강관 인양시 한 가닥의 와이어로프만 묶어서 운반하고 있다.
2) 신호수를 배치하지 않았다.
3) 크레인의 작업반경 내에 사람이 접근하고 있다.
4) 위험표지판 또는 안전표지판을 설치하지 않았다.
5) 작업자가 안전모의 턱 끈을 매지 않았다.

07

거푸집에 작용하는 연직방향하중의 종류 3가지를 쓰시오.

해 답
1) 콘크리트의 자중 등 고정하중
2) 충격하중
3) 작업원, 장비 및 가설설비 등의 중량인 작업하중

1) 거푸집 및 동바리(지보공) 설계시 고려해야 할 하중(표준안전작업지침)
   ① 연직방향 하중 : 거푸집, 지보공(동바리), 콘크리트, 철근, 작업원, 타설용 기계기구, 가설설비 등의 중량 및 충격하중
   ② 횡방향 하중 : 작업할 때의 진동, 충격, 시공오차 등에 기인되는 횡방향 하중 이외에 필요에 따라 풍압, 유수압, 지진 등
   ③ 콘크리트의 측압 : 굳지 않은 콘크리트의 측압
   ④ 특수하중 : 시공 중에 예상되는 특수한 하중
   ⑤ (상기 1~4호의 하중에) 안전을 고려한 하중
2) 거푸집의 연직방향하중(W)
   W = 고정하중 + 충격하중 + 작업하중 = 고정하중 + 활하중(= 충격하중 + 작업하중)
   ① 고정하중 : 콘크리트 자중 (=철근콘크리트비중×슬래브 두께)
   ② 충격하중 : 고정하중×1/2
   ③ 작업하중 : 작업원 중량+장비 및 가설설비 등의 중량=150kg/m²

08

사진은 철골작업 장면을 보여주고 있다. 철골작업을 중지하여야 하는 기준을 2가지만 쓰시오.

해답
1) 풍속이 초당 10m 이상인 경우
2) 강우량이 시간당 1mm 이상인 경우
3) 강설량이 시간당 1cm 이상인 경우

주 철골작업의 제한 : 안전보건규칙 제383조

건설안전산업기사 2020년 1회

01

토사붕괴의 외적요인과 내적요인을 각각 2가지씩 쓰시오.

해답

1) 외적요인
   ① 사면, 법면의 경사 및 기울기의 증가
   ② 절토 및 성토 높이의 증가
   ③ 공사에 의한 진동 및 반복하중의 증가
   ④ 지표수 및 지하수의 침투에 의한 토사중량의 증가
   ⑤ 지진, 차량, 구조물의 하중
   ⑥ 토사 및 암석의 혼합층 두께

2) 내적요인
   ① 절토 사면의 토질, 암면
   ② 성토 사면의 토질구성 및 분포
   ③ 토석의 강도저하

   ▶ 토석붕괴의 원인 : 굴착공사 표준안전작업지침(고용노동부고시)

02

동영상은 타워크레인에 의한 화물을 인양하는 작업장면을 보여주고 있다. 동영상에서와 같은 작업상황에서의 안전대책을 2가지만 쓰시오.

해답
1) 화물 인양시 화물의 두 군데를 와이어로프로 묶어서(2줄 걸기) 인양할 것
2) 신호수를 배치하여 신호수의 신호에 따라 화물을 인양할 것
3) 화물 인양시(들어올리거나 내릴 때)에는 균형을 유지하며 서서히 작업할 것
4) 크레인의 작업반경 내에는 출입금지조치를 할 것
5) 위험표지판 또는 안전표지판을 설치할 것

03

동영상에서와 같이 지게차 등 차량계 하역운반기계에 화물 적재시 준수사항을 3가지 쓰시오.

해답
1) 하중이 한쪽으로 치우치지 않도록 적재할 것
2) 구내운반차 또는 화물자동차에 있어서 화물의 붕괴 또는 낙하로 인한 근로자의 위험방지를 위하여 화물에 로프를 거는 등 필요한 조치를 할 것
3) 운전자의 시야를 가리지 않도록 화물을 적재할 것

주 화물적재시의 조치 : 안전보건규칙 제173조

04

근로자가 상시 작업하는 장소의 작업면은 조도기준에 맞도록 하여야 한다. 다음 작업에 따른 작업면의 조도기준을 쓰시오.
(가) 초정밀작업 : 750럭스(lux) 이상
(나) 정밀작업 : (①)럭스 이상
(다) 보통작업 : (②)럭스 이상
(라) 그 밖의 작업 : 75럭스 이상

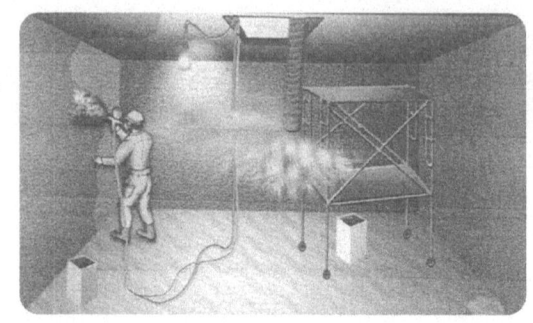

해 답 ① 300   ② 150

주 조도 : 안전보건규칙 제8조

05

동영상은 낙하물방지망을 설치하는 작업장면을 보여주고 있다. 작업으로 인하여 물체가 떨어지거나 날아올 위험이 있는 경우 조치할 사항 3가지를 쓰시오.

해 답
1) 낙하물 방지망, 수직보호망 또는 방호선반의 설치
2) 출입금지구역의 설정
3) 보호구의 착용 등

주 낙하물에 의한 위험의 방지 : 안전보건규칙 제14조

길잡이
1) 낙하물 방지망 또는 방호선반 등의 설치시 준수사항(안전보건규칙 제14조)
   ① 높이 10m이내마다 설치하고 내민 길이는 벽면으로부터 2m 이상으로 할 것
   ② 수평면과의 각도는 20° 이상 30° 이하를 유지할 것
2) 투하설비 설치 등(안전보건규칙 제15조) : 높이가 3m 이상인 장소로부터 물체를 투하하는 경우 위험방지 조치사항
   ① 투하설비를 설치할 것
   ② 감시인을 배치할 것

06

콘크리트 타설 작업시 준수사항 3가지를 쓰시오.

 1) 당일의 작업을 시작하기 전에 해당 작업에 관한 거푸집 동바리 등의 변형, 변위 및 지반의 침하유무 등을 점검하고 이상이 있으면 보수할 것
2) 작업 중에는 거푸집 동바리 등의 변형, 변위 및 침하유무 등을 감시할 수 있는 감시자를 배치하여 이상이 있으면 작업을 중지하고 근로자를 대피시킬 것
3) 콘크리트 타설 작업시 거푸집 붕괴의 위험이 발생할 우려가 있으면 충분한 보강 조치를 할 것
4) 설계도서상의 콘크리트 양생기간을 준수하여 거푸집 동바리 등을 해체할 것
5) 콘크리트를 타설하는 경우에는 편심이 발생하지 않도록 골고루 분산하여 타설 할 것

※ 콘크리트의 타설작업 : 안전보건규칙 제334조

길잡이

콘크리트 펌프 또는 펌프카 등 사용시 준수사항(안전보건규칙 제335조)
1) 작업을 시작하기 전에 콘크리트 펌프용 비계를 점검하고 이상을 발견한 때에는 즉시 보수할 것
2) 건축물의 난간 등에서 작업하는 근로자가 호스의 요동, 선회로 인하여 추락하는 위험을 방지하기 위하여 안전난간의 설치 등 필요한 조치를 할 것
3) 콘크리트 펌프카의 붐을 조정할 때에는 주변전선 등에 의한 위험을 예방하기 위한 적절한 조치를 할 것
4) 작업 중에 지반의 침하, 아우트리거의 손상 등으로 인하여 콘크리트 펌프카가 넘어질 우려가 있는 때에는 이를 방지하기 위한 적절한 조치를 할 것

07

고소작업대를 이동하는 경우 준수사항 3가지를 쓰시오.

해 답
1) 작업대를 가장 낮게 내릴 것
2) 작업대를 올린 상태에서 작업자를 태우고 이동하지 말 것. 다만 이동 중 전도 등의 위험예방을 위하여 유도하는 사람을 배치하고 짧은 구간을 이동하는 경우에는 그러하지 아니하다.
3) 이동통로의 요철상태 또는 장애물의 유무 등을 확인할 것

   주 고소작업대 설치 등의 조립 : 안전보건규칙 제186조

08

동영상은 살수차가 물을 뿌리는 장면을 보여주고 있다. 살수차의 운행목적을 쓰시오.

해 답 분진 및 비산방지

 터널굴착 작업시 시계를 유지하기 위한 조치사항(안전보건규칙 제353조)
① 물을 뿌릴 것   ② 환기를 할 것

건설안전산업기사 — 2020년 2회 (실기 작업형)

01

동영상은 강관을 사용하여 비계를 조립하는 장면을 보여주고 있다. 다음 내용은 강관을 사용하여 비계를 구성하는 경우 준수할 사항이다. ( )안에 알맞은 내용을 쓰시오.

(가) 비계기둥의 간격은 띠장방향에서는 (①)m 이하, 장선방향에서는 (②)m 이하로 할 것
(나) 띠장간격은 (③)m 이하로 할 것. 다만, 작업의 성질상 이를 준수하기가 곤란하여 쌍기둥틀 등에 의하여 해당부분을 보강한 경우에는 제외
(다) 비계기둥의 제일 윗부분으로부터 (④)m 되는 지점 밑부분의 비계기둥은 2개의 강관으로 묶어세울 것. 다만, 브래킷(bracket) 등으로 보강하여 2개의 강관으로 묶을 경우 이상의 강도가 유지되는 경우에는 제외
(라) 비계기둥간의 적재하중은 (⑤)kg을 초과하지 않도록 할 것

해답
① 1.85 ② 1.5
③ 2   ④ 31
⑤ 400

주) 강관비계의 구조 : 안전보건규칙 제60조

02

동영상은 이동식비계 위에서 작업하는 장면을 보여주고 있다. 다음 내용은 이동식 비계를 조립하여 작업을 하는 경우 준수사항이다. (   )안에 알맞은 용어 또는 숫자를 쓰시오.

(1) 이동식비계의 바퀴에는 뜻밖의 갑작스러운 이동 또는 전도를 방지하기 위하여 브레이크, 쐐기 등으로 바퀴를 고정시킨 다음 비계의 일부를 견고한 시설물에 고정하거나 (①)을(를) 설치하는 등 필요한 조치를 할 것
(2) 승강용 사다리는 견고하게 설치할 것
(3) 비계의 최상부에서 작업을 하는 경우에는 안전난간을 설치할 것
(4) 작업발판은 항상 수평을 유지하고 작업발판 위에서 안전난간을 딛고 작업을 하거나 받침대 또는 사다리를 사용하여 작업하지 않도록 할 것
(5) 작업발판의 최대 적재하중은 (②)kg을 초과하지 않도록 할 것

해 답
① 아웃트리거(Outrigger)
② 250

주 이동식비계 : 안전보건규칙 제13조

길잡이 이동식 비계의 구조

구 분	내 용
높이제한 (설치높이)	밑변 최소 폭의 4배 이하
제동장치	브레이크, 쐐기 등 바퀴 고정장치 설치
승강로	승강용 사다리 설치
난간대	최상부에 안전난간 설치
작업발판	발판재마다 2개소 이상 비계와 고정조치
가새	2단 이상 조립시 교차가새 설치

03

다음은 낙하물방지망의 설치기준에 대한 사항이다. ( )안에 알맞은 내용 또는 숫자를 쓰시오.

(가) 방망의 설치는 지상에서 (①)m이내 지점에 첫 번째 방망을 설치하고 매 (②)m마다 설치하며, 방망의 돌출길이(내민 길이)는 벽면으로부터 수평으로 (③)m 이상으로 한다.
(나) 방망의 수평면과 각도는 (④)도 내지 (⑤)도를 유지한다.

해답
① 10
② 10
③ 2
④ 20
⑤ 30

 낙하물방지망 또는 방호선반의 설치기준 : 안전보건규칙 제13조

길잡이 물체의 낙하, 비래에 의한 위험방지 조치사항(안전보건규칙 제14조)

1) 낙하물방지망, 수직보호망 또는 방호선반의 설치
2) 출입금지구역의 설정
3) 보호구의 착용 등

04

동영상 화면은 백호(굴삭기)가 하수관을 1줄걸기로 인양하고 있으며, 작업자 2명이 그 밑에서 하수관의 이음작업을 하는 장면을 보여주고 있다. 다음 물음에 답하시오.
1) 재해의 종류는?
2) 재해방지대책을 쓰시오.
3) 하수관 인양작업시 백호 등 차량계 건설기계의 전도방지대책을 2가지 쓰시오.

해답

1) 재해의 종류 : 협착
2) 재해방지대책
　① 신호수를 배치할 것
　② 하수관 인양시 2줄걸기를 할 것
3) **차량계 건설기계의 전도 등의 방지대책**
　① 유도하는 자의 배치
　② 지반의 부동침하 방지
　③ 갓길의 붕괴 방지
　④ 도로의 폭 유지

05

타워크레인에 의한 비계재료인 강관을 위로 끌어올리고 있다. 사진에 나타난 작업상황을 보고 사고를 일으킬 수 있는 위험요인을 3가지만 쓰시오.

해 답 위험요인

1) 강관 인양시 한 가닥의 와이어로프만 묶어서 운반하고 있다.
2) 신호수를 배치하지 않았다.
3) 크레인의 작업반경 내에 사람이 접근하고 있다.
4) 위험표지판 또는 안전표지판을 설치하지 않았다.
5) 작업자가 안전모의 턱 끈을 매지 않았다.

길잡이 안전대책

1) 강관 인양시 강관의 두 군데를 와이어로프로 묶어서 운반할 것
2) 신호수를 배치할 것
3) 크레인의 작업반경 내에 출입금지 조치를 할 것
4) 위험표지판 또는 안전표지판을 설치할 것
5) 안전모의 턱 끈 등 보호구를 확실하게 착용할 것

06

깊이 10.5m 이상의 굴착의 경우 흙막이 구조의 안전을 예측하기 위하여 설치하는 계측기의 종류를 4가지 쓰시오.

해 답
1) 수위계
2) 경사계
3) 하중 및 침하계
4) 응력계

주 계측기기의 종류 : 굴착공사 표준안전작업지침(고용노동부고시)

07

동영상은 작업자 2명이 긴 철근을 어깨에 메고 운반작업을 하고 있다. 인력에 의한 철근 운반시 유의사항 3가지를 쓰시오.

해답 인력에 의한 철근 운반시 유의사항
1) 긴 철근은 2인이 1조가 되어 어깨메기로 하여 운반하는 등 안전성을 도모한다.
2) 긴 철근을 부득이 한 사람이 운반할 때는 한 곳을 드는 것보다 한쪽을 어깨에 메고 한쪽 끝을 땅에 끌면서 운반한다.
3) 운반 시에는 항상 양끝을 묶어 운반한다.
4) 1회 운반시 1인당 무게는 25kg 정도가 적절하며, 무리한 운반은 삼간다.
5) 공동 작업시는 신호에 따라 작업을 행한다.

길잡이 철근 운반작업시 발생할 수 있는 재해형태
1) 전도
2) 충돌(부딪힘)
3) 요통

08

동영상 화면은 터널 내 발파작업 장면을 보여주고 있다. 발파작업 기준 중 점화 후 장전된 화약류가 폭발하지 아니한 경우 또는 장전된 화약류의 폭발여부를 확인하기 곤란한 경우 다음 항목에 따른 조치사항을 각각 쓰시오.
(1) 전기뇌관에 의한 경우 :
(2) 전기뇌관 외의 것에 의한 경우 :

해답 (1) 전기뇌관에 의한 경우 : 발파모선을 점화기에서 떼어 그 끝을 단락시켜 놓는 등 재점화되지 않도록 조치하고 그 때부터 5분 이상 경과한 후가 아니면 화약류의 장전장소에 접근시키지 않도록 할 것
(2) 전기뇌관 외의 것에 의한 경우 : 점화한 때부터 15분 이상 경과한 후가 아니면 화약류의 장전장소에 접근시키지 않도록 할 것

 발파의 작업기준(발파작업시 준수사항) :(안전보건규칙 제348조)
1) 얼어붙은 다이나마이트는 화기에 접근시키거나 기타의 고열물에 직접 접촉시키는 등 위험한 방법으로 용해하지 아니하도록 할 것
2) 화약 또는 폭약을 장전하는 때에는 그 부근에서 화기의 사용 또는 흡연을 하지 아니하도록 할 것
3) 장전구는 마찰, 충격, 정전기 등에 의한 폭발이 발생할 위험이 없는 안전한 것을 사용할 것
4) 발파공의 충진 재료는 점토, 모래 등 발화성 또는 인화성의 위험이 없는 재료를 사용할 것

건설안전산업기사 2020년 3회 (실기 작업형)

01

굴착기계 백호가 하수관 매설작업을 위해 하수관을 1줄 걸기로 인양하던 중 작업자 한명이 밑에서 하수관을 받다가 밟아 하수관 밑에 끼이는 사고가 발생하였다. 재해원인을 분석하시오.
(1) 재해형태 :
(2) 기인물 :
(3) 재해발생원인 1가지 :

해답
1) 재해형태 : 협착
2) 기인물 : 하수관
3) 재해발생원인
   ① 하수관을 1줄 걸기로 하여 인양하였다.
   ② 신호수를 배치하지 않았다.

02

다음은 철근을 인력으로 운반시 안전사항에 대한 내용이다. ( )안에 알맞은 용어를 쓰시오.

[보기]
(가) 1인당 무게는 (①)kg 정도가 적절하여 무리한 운반은 삼가야 한다.
(나) 2인 이상이 1조가 되어 (②)로 하여 운반하는 등 안전을 도모하여야 한다.

해답
① 25
② 어깨메기

1) 철근을 인력으로 운반시 준수사항(고용노동부고시)
① 1인당 무게는 25kg 정도가 적절하며, 무리한 운반은 삼가야 한다.
② 2인 이상이 1조가 되어 어깨메기로 하여 운반하는 등 안전을 도모해야 한다.
③ 긴 철근을 부득이 한사람이 운반할 때에는 한쪽 어깨에 메고 한쪽 끝을 끌면서 운반하여야 한다.
④ 운반할 때에는 양끝을 묶어 운반하여야 한다.
⑤ 내려놓을 때에는 천천히 내려놓고 던지지 말아야 한다.
⑥ 공동작업을 할 때에는 신호에 따라 작업하여야 한다.
2) 철근을 어깨메기로 운반할 경우 발생할 수 있는 재해형태
① 전도
② 요통
③ 충돌(부딪힘)

03

동영상은 강관비계를 설치하는 작업장면을 보여주고 있다. 강관비계 설치시 준수사항 3가지를 쓰시오.

해답
1) 비계기둥의 간격은 띠장방향에서는 1.85m 이하, 장선방향에서는 1.5m 이하로 할 것
2) 띠장 간격은 2.0m 이하로 할 것
3) 비계기둥의 제일 윗부분으로부터 31m 되는 지점 밑부분의 비계기둥은 2개의 강관으로 묶어 세울 것
4) 비계기둥간의 적재하중은 400kg을 초과하지 않도록 할 것

주 강관비계의 구조 : 안전보건규칙 제60조

04

공사용 가설도로를 설치하는 경우 준수사항 3가지를 쓰시오.

해답
1) 도로는 장비와 차량이 안전하게 운행할 수 있도록 견고하게 설치할 것
2) 도로와 작업장이 접하여 있을 경우에는 울타리 등을 설치할 것
3) 도로는 배수를 위하여 경사지게 설치하거나 배수시설을 설치할 것
4) 차량의 속도제한 표지를 부착할 것

주 가설도로 설치시 준수사항 : 안전보건규칙 제379조

05

변압기 등 전기기계, 기구에 접촉 또는 접근함으로써 감전의 위험이 있는 충전부분에 대하여 감전을 방지하기 위한 필요 조치사항을 3가지 쓰시오.

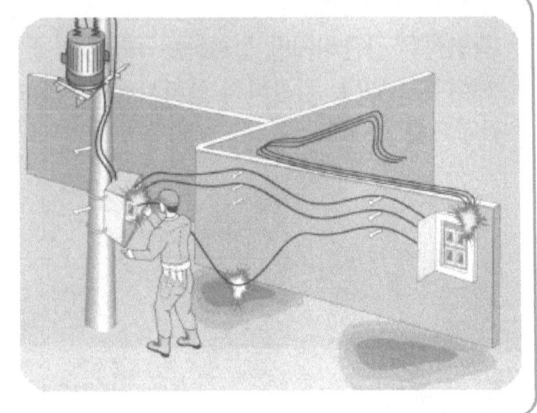

해 답
1) 충전부가 노출되지 아니하도록 폐쇄형 외함이 있는 구조로 할 것
2) 충전부에 충분히 절연효과가 있는 방호망 또는 절연덮개를 설치할 것
3) 충전부는 내구성이 있는 절연물로 완전히 덮어 감쌀 것
4) 발전소, 변전소 및 개폐소 등 구획되어 있는 장소로서 관계근로자 외의 자의 출입이 금지되는 장소에 충전부를 설치하고, 위험표시 등의 방법으로 방호를 강화할 것
5) 전주 위 철탑 위 등 격리되어 있는 장소로서 관계근로자 외의 자가 접근할 우려가 없는 장소에 충전부를 설치할 것

주 전기기계, 기구 등의 충전부 방호 : 안전보건규칙 제301조

06

다음 내용은 통로와 계단에 대한 설명이다. ( )안에 알맞은 용어 또는 수치를 쓰시오.

(가) 통로의 주요 부분에는 통로표시를 하고 근로자가 안전하게 통행할 수 있도록 하여야 하며 통로면으로부터 높이 (①)m 이내에는 장애물이 없도록 하여야 한다.
(나) 계단을 설치하는 경우 그 폭을 (②)m 이상으로 하여야 한다.

해 답 ① 2 ② 1

주 1) 통로의 설치 : 안전보건규칙 제22조
(2) 계단의 폭 : 안전보건규칙 제27조

07

동영상 화면은 터널 내 발파작업 장면을 보여주고 있다. 발파작업에 종사하는 근로자가 준수해야 할 사항을 3가지 쓰시오.

해답
1) 얼어붙은 다이너마이트는 화기에 접근시키거나 기타의 고열물에 직접 접촉시키는 등 위험한 방법으로 융해하지 아니하도록 할 것
2) 화약 또는 폭약을 장진하는 때에는 그 부근에서 화기의 사용 또는 흡연을 하지 아니하도록 할 것
3) 장전구는 마찰, 충격, 정전기 등에 의한 폭발이 발생할 위험이 없는 안전한 것을 사용할 것
4) 발파공의 충진 재료는 점토, 모래 등 발화성 또는 인화성의 위험이 없는 재료를 사용할 것

주 **발파의 작업기준** : 안전보건규칙 제348조

08

항타기 또는 항발기를 조립하는 경우 점검 사항 3가지를 쓰시오.

해답
1) 본체 연결부의 풀림 또는 손상의 유무
2) 권상용 와이어로프, 드럼 및 도르래의 부착상태의 이상 유무
3) 권상장치의 브레이크 및 쐐기장치 기능의 이상 유무
4) 권상기의 설치상태의 이상 유무
5) 버팀의 방법 및 고정상태의 이상 유무

주 항타기, 항발기 조립시 점검 : 안전보건규칙 제207조

건설안전산업기사 2020년 4회(A형)

01

동영상은 흙막이지보공 설치장면을 보여주고 있다. 흙막이지보공 설치시 붕괴 등의 위험방지를 위해 정기적으로 점검해야 할 사항 3가지를 쓰시오.

해답
1) 부재의 손상, 변형, 부식, 변위 및 탈락의 유무와 상태
2) 버팀대의 긴압의 정도
3) 부재의 접속부, 부착부 및 교차부의 상태
4) 침하의 정도

주 흙막이지보공 붕괴 등의 위험방지 : 안전보건규칙 제347조

02

동영상은 작업자(안전대 비착용, 안전모 턱 끈을 매지 않음)가 아파트 공사현장에서 외줄비계를 타고 이동하는 장면을 보여주고 있다. 동영상을 보고 작업자의 불안전한 행동과 불안전한 상태를 각각 2가지씩 쓰시오.

해답
1) 불안전한 행동(행동의 미비점)
   ① 안전대 미착용
   ② 안전모 턱 끈을 매지 않음
2) 불안전한 상태(설비의 미비점)
   ① 비계에 작업발판 미설치
   ② 안전난간 미설치

03

동영상은 방호선반을 설치하는 장면을 보여주고 있다. 방호선반에 관한 다음 ( )안에 알맞은 내용 또는 수치를 쓰시오.

(가) 높이 (①)m이내마다 설치하고 내민 길이는 벽면으로부터 (②)m 이상으로 할 것
(나) 수평면과의 각도는 (③)도 이상 (④)도 이하를 유지할 것

해답
① 10
② 2
③ 20
④ 30

주 낙하물방지망 또는 방호선반 설치시 준수사항 : 안전보건규칙 제14조 제3항

04

리프트는 동력을 사용하여 사람이나 화물을 운반하는 것을 목적으로 하는 기계 설비이다. 리프트의 방호장치 2가지를 쓰시오.

해 답
1) 권과방지장치
2) 과부하방지장치
3) 비상정지장치

※ 권과방지 등 : 안전보건규칙 제151조

리프트의 설치, 조립, 수리, 점검 또는 해체작업 시 조치사항(안전보건규칙 제156조)
1) 작업을 지휘하는 자를 선임하여 그 자의 지휘 하에 작업을 실시할 것
2) 작업을 할 구역에 관계근로자 외의 자의 출입을 금지하고 그 취지를 보기 쉬운 장소에 표시할 것
3) 비, 눈 그밖의 기상상태의 불안정으로 인하여 날씨가 몹시 나쁠 때에는 그 작업을 중지시킬 것

05

거푸집 동바리 등의 조립 또는 해체작업을 하는 때에 준수해야 할 사항 3가지를 쓰시오.

해답

1) 해당 작업을 하는 구역에서는 관계근로자 외의 자의 출입을 금지시킬 것
2) 비, 눈 그 밖의 기상상태의 불안정으로 인하여 날씨가 몹시 나쁠 때에는 그 작업을 중지시킬 것
3) 재료, 기구 또는 공구 등을 올리거나 내릴 때에는 근로자로 하여금 달줄, 달포대 등을 사용하도록 할 것
4) 보, 슬래브 등의 거푸집 동바리 등을 해체할 때에는 낙하충격에 의한 돌발적 재해를 방지하기 위하여 버팀목을 설치하는 등 필요한 조치를 할 것

※ 거푸집 동바리 등의 조립, 해체작업시 준수사항 : 안전보건규칙 제336조

06

항타기, 항발기에 사용되는 권상용 와이어로프의 사용금지사항 3가지를 쓰시오.

해답
1) 이음매가 있는 것
2) 와이어로프의 한 꼬임[스트랜드(strand)를 말함]에서 끊어진 소선[필러(piler)선은 제외]의 수가 10% 이상(비자전로프의 경우에는 끊어진 소선의 수가 와이어로프 호칭지름의 6배 길이 이내에서 4개 이상이거나 호칭지름 30배 길이 이내에서 8개 이상)인 것
3) 지름의 감소가 공칭지름의 7%를 초과하는 것
4) 꼬인 것
5) 심하게 변형되거나 부식된 것
6) 열과 전기충격에 의해 손상된 것

1) **항타기 또는 항발기의 권상용 와이어로프의 안전계수**(안전보건규칙 제211조) : 5이상
2) **권상용 와이어로프의 길이 등**(안전보건규칙 제212조)
   ① 권상용 와이어로프는 추 또는 해머가 최저의 위치에 있을 때 또는 널말뚝을 빼내기 시작할 때를 기준으로 권상장치의 드럼에 적어도 2회 감기고 남을 수 있는 충분한 길이일 것
   ② 권상용 와이어로프는 권상장치의 드럼에 클램프, 클립 등을 사용하여 견고하게 고정할 것

07

동영상은 아파트 신축공사현장에서 타워크레인에 의해 화물을 인양하는 장면을 보여주고 있다. 화물인양 시 발생할 수 있는 사고 원인(위험요인)을 3가지 쓰시오.

해 답

1) 강관인양시 강관을 한가닥의 와이어로프만 묶어서 운반하고 있다(강관을 한줄걸이로 인양).
2) 신호수를 배치하지 않았다(신호수 미배치).
3) 크레인의 작업반경 내에 작업자가 접근하고 있다(작업반경내에 작업자 접근).
4) 위험표지판 또는 안전표지판을 설치하지 않았다(출입금지 표지판 미설치).
5) 작업자의 안전모 턱 끈이 풀려져 있다(안전모 턱 끈을 제대로 매지 않음).

Guide ① 위험요인을 쓰는 문제는 답을 길게 쓰거나 짧게 쓰거나에 상관없이 문맥과 의미가 맞으면 정답으로 인정됩니다.
② 위험요인을 반대로 작성하면 안전대책(위험방지 조치사항)이 됨을 유의하며 항상 연습하여 두기 바랍니다.

08

동영상은 철골을 조립하는 장면을 보여주고 있다. 철골조립 작업장에서의 위험요인을 3가지 쓰시오.

해답
1) 수직방향 이동을 위한 고정된 승강로 미설치(대책 : 근로자가 수직방향으로 이동하는 철골부재에는 답단 간격이 30cm이내인 고정된 승강로를 설치할 것)
2) 수직방향 철골과 수평방향 철골이 연결되는 부분에 연결작업을 위한 작업발판의 미설치(대책 : 작업발판 설치)
3) 근로자의 주요 이동통로에 고정된 가설통로 미설치(대책 : 고정된 가설통로의 설치)
4) 안전대 부착설비 미설치 및 안전대 미착용(대책 : 안전대 부착설비 설치 및 안전대의 착용)
5) 추락방지망 미설치(대책 : 10cm이내 각 절마다 추락방지망 설치)
6) 별도의 신호수 없이 근로자가 작업과 신호수 역할을 병행(대책 : 근로자와 신호수를 별도로 배치하고 신호를 일치시킬 것)
7) 철골세우기 장비의 작업반경 내에서 작업(대책 : 작업반경내 근로자 출입금지)

건설안전산업기사 2020년 4회(B형)

01

동영상은 작업자가 가스용접을 하는 장면을 보여주고 있다. 산업안전보건법상 금속의 용접·용단 또는 가열에 사용되는 가스 등의 용기취급시 준수사항을 3가지 쓰시오.

해답
1) 용기의 온도를 섭씨 40도 이하로 유지할 것
2) 전도의 위험이 없도록 할 것
3) 충격을 가하지 않도록 할 것.
4) 운반하는 경우에는 캡을 씌울 것
5) 사용하는 경우에는 용기의 마개에 부착되어 있는 유류 및 먼지를 제거할 것
6) 밸브의 개폐는 서서히 할 것
7) 사용 전 또는 사용 중인 용기와 그밖에 용기를 명확히 구별하여 보관할 것
8) 용해아세틸렌의 용기는 세워 둘 것
9) 용기의 부식·마모 또는 변형의 상태를 점검한 후 사용할 것

※ 가스 등의 용기취급시 준수사항 : 안전보건규칙 제234조

02

다음 내용은 산업안전보건법상 거푸집 동바리 등 조립시 준수사항이다. ( ) 안에 알맞은 내용을 쓰시오.

1) 깔목의 사용, 콘크리트 타설, 말뚝박기 등 동바리의 (①)를 방지하기 위한 조치를 할 것
2) 개구부 상부에 동바리를 설치하는 경우에는 상부하중을 견딜 수 있는 견고한 (②)를 설치할 것
3) 동바리의 상하 고정 및 미끄러짐 방지 조치를 하고, 하중의 지지상태를 유지할 것
4) 동바리의 이음은 맞댄이음이나 장부이음으로 하고 같은 품질의 재료를 사용할 것
5) 강재와 강재의 접속부 및 교차부는 볼트·클램프 등 (③)을 사용하여 단단히 연결할 것
6) 거푸집이 곡면이 경우에는 버팀대의 부착 등 그 거푸집의 부상을 방지하기 위한 조치를 할 것

해 답
① 침하
② 받침대
③ 전용철물

거푸집 동바리 등의 안전조치 : 안전보건규칙 제332조

03

동영상의 화면은 작업자가 낙하물 방지망을 설치하는 장면을 보여주고 있다.
다음 ( ) 안에 알맞은 내용을 쓰시오.

(1) 낙하물 방지망의 설치·보수작업을 하는 작업자의 추락을 방지하기 위한 조치사항을 쓰시오.
(2) 낙하물 방지망의 설치높이는 (①)m마다 1개소씩 설치하고, 건물 밖으로 내민 길이는 벽면으로부터 (②)m 이상으로 하며, 수평면과의 각도는 (③)도를 유지할 것.

해답
1) 추락방지 조치사항 : 안전대 착용
2) ① 10
　② 2
　③ 20~30

주 낙하물에 의한 위험방지 : 안전보건규칙 제14조

04

산업안전보건법상 작업면의 조도기준에 관련된 ( ) 안에 알맞은 수치를 쓰시오.

1) 초정밀작업 : (①)럭스 이상
2) 정밀작업 : 300럭스 이상
3) 보통작업 : (②)럭스 이상
4) 그밖에 작업 : 75럭스 이상

해답　① 750　　② 150

주 작업면 조도기준 : 안전보건규칙 제8조

05

동영상은 콘크리트 믹서트럭의 바퀴를 물로 세척하는 장비를 보여주고 있다. 동영상의 1) 장비명칭과 2) 용도를 쓰시오.

해답 1) 장비명칭 : 세륜기
2) 용도 : 특수차량 등의 바퀴와 차체를 세척하는 장비

길잡이
콘크리트 타설작업을 위한 콘크리트 펌프 또는 펌프카 사용시 준수사항(안전보건규칙 제335조)
1) 작업을 시작하기 전에 콘크리트 펌프용 비계를 점검하고 이상을 발견한 때에는 즉시 보수할 것
2) 건축물의 난간 등에서 작업하는 근로자가 호스의 요동·선회로 인하여 추락하는 위험을 방지하기 위하여 안전난간의 설치 등 필요한 조치를 할 것
3) 콘크리트 펌프카의 붐을 조정할 때에는 주변전선 등에 의한 위험을 예방하기 위한 적절한 조치를 할 것
4) 작업 중에 지반의 침하, 아우트리거의 손상 등으로 인하여 콘크리트 펌프카가 넘어질 우려가 있는 때에는 이를 방지하기 위한 적절한 조치를 할 것

06

차량계 하역운반기계(지게차, 구내운반차, 화물자동차)에 화물을 적재할 때에 준수사항을 3가지 쓰시오.

해답
1) 하중이 한쪽으로 치우치지 않도록 적재할 것
2) 구내운반차 또는 화물자동차의 경우 화물의 붕괴 또는 낙하로 인한 근로자의 위험을 방지하기 위하여 화물에 로프를 거는 등 필요한 조치를 할 것
3) 운전자의 시야를 가리지 아니하도록 화물을 적재할 것

※ 화물적재시의 조치 : 안전보건규칙 제173조

길잡이
작업장 내 화물(자재)적재시 준수사항(안전보건규칙 제393조)
1) 침하 우려가 없는 튼튼한 기반 위에 적재할 것
2) 건물의 칸막이나 벽 등이 화물의 압력에 견딜 만큼의 강도를 지니지 아니한 경우에는 칸막이나 벽에 기대어 적재하지 않도록 할 것
3) 불안정할 정도로 높이 쌓아 올리지 말 것
4) 하중이 한쪽으로 치우치지 않도록 쌓을 것

07

동영상은 드릴작업을 하는 장면(드릴전기선 피복이 훼손된 곳에 절연테이프가 엉성하게 감겨져 있음)을 보여주고 있다. 산업안전보건법상 이동 중에나 휴대장비 등을 사용하는 작업에서 감전재해를 예방하기 위한 근로자의 이행사항 3가지를 쓰시오.

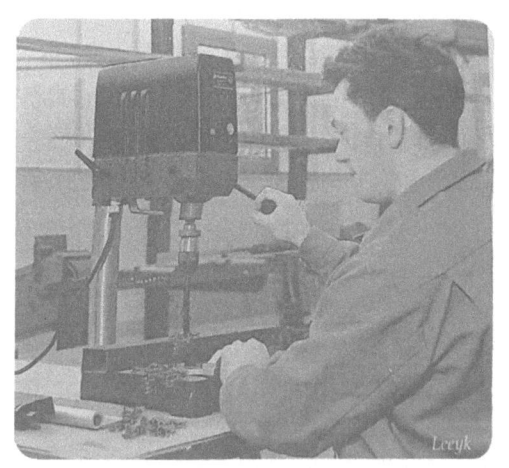

해답
1) 근로자가 착용하거나 취급하고 있는 도전성 공구·장비 등이 노출 충전부에 닿지 않도록 할 것
2) 근로자가 사다리를 노출 충전부가 있는 곳에서 사용하는 경우에는 도전성 재질의 사다리를 사용하지 않도록 할 것
3) 근로자가 젖은 손으로 전기기계·기구의 플러그를 꽂거나 제거하지 않도록 할 것
4) 근로자가 전기회로를 개방, 변환 또는 투입하는 경우에는 전기 차단용으로 특별히 설계된 스위치, 차단기 등을 사용하도록 할 것
5) 차단기 등의 과전류 차단장치에 의하여 자동 차단된 후에는 전기회로 또는 전기기계·기구가 안전하다는 것이 증명되기 전까지는 과전류 차단장치를 재투입하지 않도록 할 것

주 이동 및 휴대장비 등의 사용 전기작업 : 안전보건규칙 제317조

08

동영상은 백호우가 토사 굴착작업을 하는 장면을 보여주고 있다. 산업안전보건법령상 굴착작업에 있어서 비가 올 경우 빗물 등의 침투에 의한 붕괴재해를 예방하기 위하여 필요한 조치사항 2가지를 쓰시오.

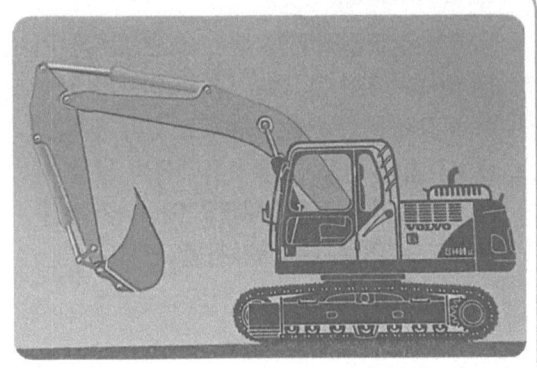

해답 1) 측구를 설치할 것
2) 굴착경사면에 비닐을 덮을 것

지반의 붕괴 등에 의한 위험방지 조치사항(안전보건규칙 제340조)
1) 흙막이 지보공의 설치
2) 방호망의 설치
3) 근로자의 출입금지
4) 비가 올 경우를 대비 측구 설치 및 굴착사면에 비닐을 덮는 등의 조치

건설안전산업기사 2021년 1회

01

동영상은 거푸집 동바리 등의 조립작업을 하는 장면을 보여주고 있다. 거푸집 동바리로 사용하는 파이프 서포트에 대한 (   ) 안에 알맞은 용어를 쓰시오.

(1) 파이프 서포트를 (①) 이상 이어서 사용하지 않도록 할 것
(2) 파이프 서포트를 이어서 사용할 때에는 (②) 이상의 볼트 또는 전용철물을 사용하여 이을 것
(3) 높이가 3.5m를 초과할 때에는 높이 (③) 이내마다 수평연결재를 2개 방향으로 만들고 수평연결재의 변위를 방지할 것

해답
① 3개
② 4개
③ 2m

주) 거푸집 동바리 등의 안전조치 : 안전보건규칙 제332조

02

동영상은 철골작업 장면을 보여주고 있다. 철골작업을 중지하여야 하는 기준 3가지를 쓰시오.

해답
1) 풍속이 초당 10m 이상인 경우
2) 강우량이 시간당 1mm 이상인 경우
3) 강설량이 시간당 1cm 이상인 경우

※ 철골작업의 제한 : 안전보건규칙 제383조

03

사진 속의 차량계 건설기계에 대한 다음 물음에 답하시오.
(1) 건설기계의 명칭을 쓰시오.
(2) 차량계 건설기계를 사용하여 작업을 할 때에 작업계획에 포함되어야 할 사항을 3가지 쓰시오.

해답
1) 건설기계의 명칭 : 모터 그레이더
2) 차량계 건설기계 사용시 작업계획에 포함사항
   ① 사용하는 차량계 건설기계의 종류 및 능력
   ② 차량계 건설기계의 운행경로
   ③ 차량계 건설기계에 의한 작업방법

길잡이 모터 그레이더(moter grader)
1) 모터 그레이더는 토공기계의 대패라고 하며, 지면을 절삭하여 평활하게 다듬는 것이 목적이다.
2) 이 장비는 노면의 성형, 정지용 기계이므로 굴착이나 흙을 운반하는 것이 주된 작업이지만 하수구 파기, 경사면 다듬기, 제방작업, 제설작업, 아스팔트 포장재료 배합 등의 작업을 할 수도 있다.

04

강교량 공사 중에 추락사고를 방지할 수 있는 대책을 3가지 쓰시오.

해답
1) 추락방호망 설치
2) 안전난간, 울타리, 수직형 추락방망 설치
3) 안전대 착용

1) **추락 방지대책(작업발판 끝, 개구부 등 제외)** (안전보건규칙 제42조)
   ① 작업발판 설치
   ② 추락방호망 설치
   ③ 안전대 착용
2) **작업발판 및 통로의 끝 또는 개구부에서의 추락방지대책**(안전보건규칙 제43조)
   ① 안전난간, 울타리, 수직형 추락방망 설치
   ② 덮개설치 및 개구부 표시
   ③ 추락방호망 설치
   ④ 안전대 착용

05

동영상은 철골의 접속부를 볼트·클램프 등을 이용하여 체결하는 작업장면을 보여주고 있다. 동영상의 작업상황에 대한 안전대책을 3가지 쓰시오.

해답
1) 안전대를 착용할 것
2) 추락방호망을 설치할 것
3) 작업지휘자의 지휘 하에 작업하도록 할 것

06

동영상은 가공전선에 근접한 장소에서 펌프카에 의해 콘크리트 타설작업을 하는 장면을 보여주고 있다. 감전방지 대책을 3가지 쓰시오.

해 답
1) 차량 등을 충전전로의 충전부로부터 300cm 이상 이격시켜 유지시킬 것. 단, 50kV를 넘는 경우 10kV 증가시마다 이격거리를 10cm씩 증가시킬 것
2) 충전전로의 전압에 적합한 절연용 방호구를 설치할 것
3) 울타리를 설치하거나 감시인을 배치할 것

주) 충전전로 인근에서의 차량·기계장치 작업 : 안전보건규칙 제322조

07

동영상은 둥근톱에 의해 목재를 가공하는 작업장면을 보여주고 있다. 목재가공용 둥근톱기계의 방호장치 2가지를 쓰시오.

해 답
1) 톱날접촉예방장치
2) 반발예방장치(분할날, 반발방지기구, 반발방지롤)

주) 둥근톱기계의 톱날접촉예방장치와 반발예방장치 : 안전보건규칙 제105조, 제106조

08

양중기의 와이어로프 등 사용금지 사항 3가지를 쓰시오.

해답
1) 이음매가 있는 것
2) 와이어로프의 한 꼬임에서 끊어진 소선(素線)의 수가 10% 이상 (비자전로프의 경우에는 끊어진 소선의 수가 와이어로프 호칭지름의 6배 길이이내에서 4개 이상이거나 호칭지름 30배 길이이내에서 8개 이상)인 것
3) 지름의 감소가 공칭지름의 7%를 초과하는 것
4) 꼬인 것
5) 심하게 변형되거나 부식된 것
6) 열과 전기충격에 의해 손상된 것

1) 달기체인의 사용금지사항
 ① 달기체인의 길이가 달기체인이 제조된 때의 길이의 5%를 초과한 것
 ② 링의 단면지름이 달기체인이 제조된 때의 해당 링의 지름이 10%를 초과하여 감소한 것
 ③ 균열이 있거나 심하게 변형된 것
2) 섬유로프 또는 섬유벨트 사용금지사항
 ① 꼬임이 끊어진 것
 ② 심하게 손상되거나 부식된 것

건설안전산업기사

2021년 2회 실기 작업형

01

동영상은 안전난간을 설치하는 작업장면을 보여주고 있다. 추락방지를 위한 안전난간의 구성요소 3가지를 쓰시오.

해 답
1) 상부난간대
2) 중간난간대
3) 발끝막이판
4) 난간기둥

안전난간의 구조 및 설치요건(안전보건규칙 제13조)
1) 상부난간대, 중간난간대, 발끝막이판 및 난간기둥으로 구성할 것
2) 상부난간대는 바닥면, 발판 또는 경사로의 표면(이하 "바닥면 등"이라 함)으로부터 90cm 이상 지점에 설치하고, 상부난간대를 120cm 이하에 설치하는 경우에는 중간난간대는 상부난간대와 바닥면 등의 중간에 설치하여야 하며, 120cm 이상 지점에 설치하는 경우에는 중간난간대를 2단 이상으로 균등하게 설치하고 난간의 상하 간격은 60cm 이하가 되도록 할 것. 다만, 계단의 개방된 측면에 설치된 난간기둥 간의 간격이 25cm 이하인 경우에는 중간난간대를 설치하지 아니할 수 있다.
3) 발끝막이판은 바닥면 등으로부터 10cm 이상의 높이를 유지할 것. 다만, 물체가 떨어지거나 날아올 위험이 없거나 그 위험을 방지할 수 있는 망을 설치하는 등 필요한 예방조치를 한 장소는 제외한다.
4) 난간기둥은 상부난간대와 중간난간대를 견고하게 떠받칠 수 있도록 적정한 간격을 유지할 것
5) 상부난간대와 중간난간대는 난간 길이 전체에 걸쳐 바닥면 등과 평행을 유지할 것
6) 난간대는 지름 2.7cm 이상의 금속제 파이프나 그 이상의 강도가 있는 재료일 것
7) 안전난간은 구조적으로 가장 취약한 지점에서 가장 취약한 방향으로 작용하는 100kg 이상의 하중에 견딜 수 있는 튼튼한 구조일 것

02

동영상은 아세틸렌 용접장치를 이용하여 가스용접하는 장면을 보여주고 있다. 산업안전보건법상 가스용기가 발생기와 분리되어 있는 아세틸렌 용접장치에 대하여 발생기와 가스용접 사이에 설치하여야 하는 설비의 명칭을 쓰시오.

해 답 안전기

아세틸렌 용접장치의 안전기의 설치(안전보건규칙 제289조)

1) 아세틸렌 용접장치의 취관마다 안전기를 설치하여야 한다. 다만, 주관 및 취관에 가장 가까운 분기관마다 안전기를 부착한 경우에는 그러하지 아니하다.
2) 가스용기가 발생기와 분리되어 있는 아세틸렌 용접장치에 대하여 발생기와 가스용기 사이에 안전기를 설치하여야 한다.

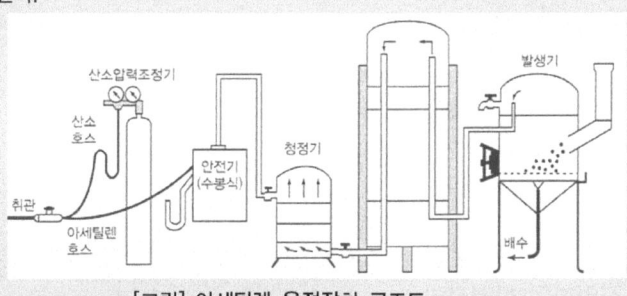

[그림] 아세틸렌 용접장치 구조도

03

낙하물방지망 설치기준에 대한 다음 ( ) 안에 알맞은 내용을 쓰시오.

(1) 설치각도 : 수평면과의 각도 (①)
(2) 설치간격 : 높이(②)마다 설치
(3) 내민길이 : 벽면으로부터 (③)

해답
① 20° 이상 30° 이하
② 10m 이내
③ 2m 이상

 낙하물에 의한 위험방지 : 안전보건규칙 제12조

길잡이
작업으로 인하여 물체가 떨어지거나 날아올 위험이 있는 경우 위험방지 조치사항(안전보건규칙 제14조 2항)
1) 낙하물방지망·수직보호망 또는 방호선반의 설치
2) 출입금지구역의 설정
3) 보호구(안전모, 안전화 등)의 착용

04

동영상은 지게차에 화물을 잔뜩 싣고 운반하던 중에 운행통로에서 작업하던 작업자와 충돌하는 사고장면을 보여주고 있다. 사고원인 3가지를 쓰시오.

해답
1) 화물을 과대적재(운전자 시야장애)하고 적재불량하여 지게차가 이동중에 크게 흔들렸다.
2) 지게차 운행통로에 출입금지 조치를 하지 않아 접촉사고가 발생하였다.
3) 작업지휘자(또는 신호수)를 배치하지 않았다.

05

흙막이 지보공에 대한 다음 물음에 답하시오.

1) 흙막이 지보공 설치시 정기점검 사항을 4가지 쓰시오.
2) 흙막이 구조의 안전을 예측하기 위하여 설치하는 계측기기의 종류를 4가지 쓰시오.

해답

1) 흙막이 지보공 설치시 정기점검사항
   ① 부재의 손상·변형·부식·변위 및 탈락의 유무와 상태
   ② 버팀대의 긴압의 정도
   ③ 부재의 접속부·부착부 및 교차부의 상태
   ④ 침하의 정도

2) 계측기기의 종류
   ① 수위계
   ② 경사계
   ③ 하중 및 침하계
   ④ 응력계

주 1) 흙막이지보공 설치시 정기점검사항(붕괴 등의 위험방지) : 안전보건규칙 제347조
   2) 계측기기의 종류 : 고용노동부고시

06

동영상은 작업자가 교류아크용접기로 용접작업을 하는 장면을 보여주고 있다. 산업안전보건법상 용접·용단작업을 하는 경우에 화재감시자를 배치하여야 할 작업장소 3가지를 쓰시오.

해답
1) 작업반경 11m이내에 건물구조 자체나 내부(개구부 등으로 개방된 부분을 포함한다)에 가연성 물질이 있는 장소
2) 작업반경 11m이내의 바닥하부에 가연성 물질이 11m 이상 떨어져 있지만 불꽃에 의해 쉽게 발화될 우려가 있는 장소
3) 가연성 물질이 금속으로 된 칸막이·벽·천장 또는 지붕의 반대쪽 면에 인접해 있어 열전도나 열복사에 의해 발화될 우려가 있는 장소

🔸 화재감시자 : 안전보건규칙 제241조의 2

07

동영상은 건설현장에 눈이 쌓여있는 화면을 보여주고 있다. 건설현장에 폭설이나 한파가 왔을 때 조치사항 2가지를 쓰시오.

해답
1) 적설량이 많을 경우 하중에 취약한 가설구조물 위에 쌓인 눈을 제거한다.
2) 작업자가 다니는 통로에는 눈의 결빙으로 인해 사고(전도 : 추락 등)의 위험이 있으므로 눈을 신속히 제거하고 모래 등을 이용하여 미끄럼방지 조치를 한다.

08

분전반의 설치방법에 따른 종류 2가지를 쓰시오.

해답
1) 매입형 분전반
2) 반매입형 분전반
3) 노출형 분전반(외부 노출형)
4) 자립형 분전반

건설안전산업기사 2021년 4회

01

터널공사 등의 건설작업에 있어서 가스농도 측정결과 가연성 가스가 존재하여 폭발 또는 화재가 발생할 위험이 있는 때에는 필요한 장소에 당해 가연성 가스농도의 이상상승을 조기에 파악하기 위하여 필요한 자동경보장치를 설치하여야 한다. 자동경보장치의 당일의 작업시작 전 점검사항을 3가지 쓰시오.

해답
1) 계기의 이상 유무
2) 검지부의 이상 유무
3) 경보장치의 작동상태

주 인화성 가스의 농도측정 등 : 안전보건규칙 제350조

터널굴착 작업시 작업계획서의 작성내용(안전보건규칙 별표4)
1) 굴착의 방법
2) 터널지보공 및 복공의 시공방법과 용수의 처리방법
3) 환기 또는 조명시설을 하는 때에는 그 방법

02

동영상은 항타기 · 항발기를 설치하는 작업 장면을 보여주고 있다. 다음 [보기]는 동력을 사용하는 항타기 또는 항발기 설치시 도괴를 방지하기 위하여 준수할 사항이다. ( ) 안에 알맞은 내용을 쓰시오.

[보기]
(1) 연약한 지반에 설치하는 경우에는 각부나 가대의 침하를 방지하기 위하여 (①) 등을 사용할 것
(2) 각부나 가대가 미끄러질 우려가 있는 경우에는 (②) 등을 사용하여 각부나 가대를 고정시킬 것
(3) 버팀대만으로 상단부분을 안정시키는 경우 버팀대는 (③)개 이상으로 하고 그 하단부분은 견고한 (④) 등으로 고정시킬 것

해답
1) 깔판, 깔목
2) 말뚝 또는 쐐기
3) 3
4) 버팀, 말뚝 또는 철골

주 항타기 · 항발기 무너짐의 방지 : 안전보건규칙 제209조

항타기 또는 항발기에 대하여 무너짐을 방지하기 위하여 준수하여야 할 사항(안전보건규칙 제209조)
1) 연약한 지반에 설치하는 경우에는 각부(脚部)나 가대(架臺)의 침하를 방지하기 위하여 깔판, 깔목 등을 사용할 것
2) 시설 또는 가설물 등에 설치하는 경우에는 그 내력을 확인하고 내력이 부족하면 그 내력을 보강할 것
3) 각부나 가대가 미끄러질 우려가 있는 경우에는 말뚝 또는 쐐기 등을 사용하여 각부나 가대를 고정시킬 것
4) 궤도 또는 차로 이동하는 항타기 또는 항발기에 대해서는 불시에 이동하는 것을 방지하기 위하여 레일 클램프(rail clamp) 및 쐐기 등으로 고정시킬 것
5) 버팀대만으로 상단부분을 안정시키는 경우 버팀대는 3개 이상으로 하고 그 하단부분은 견고한 버팀, 말뚝 또는 철골 등으로 고정시킬 것
6) 버팀줄만으로 상단부분을 안정시키는 경우에는 버팀줄을 3개 이상으로 하고 같은 간격으로 배치할 것
7) 평형추를 사용하여 안정시키는 경우에는 평형추의 이동을 방지하기 위하여 가대에 견고하게 부착시킬 것

03

동영상은 작업자(안전대 미착용, 안전모 턱끈을 매지 않음)가 아파트 공사현장에서 외줄비계를 타고 위로 이동하는 장면을 보여주고 있다. 2.5m 높이의 비계에서 추락을 방지하기 위하여 가장 우선적으로 설치하여야 할 안전시설물 1가지를 쓰시오(단, 작업발판을 설치할 수 없는 경우).

해답 추락방호망

 추락하거나 넘어질 위험이 있는 장소(작업발판 끝, 개구부 등은 제외) 또는 기계·설비·선반블록 등에서 작업시 위험방지 조치사항(안전보건규칙 제42조)
1) (비계를 조립하여) 작업발판 설치
2) (작업발판 설치곤란시) 추락방호망 설치
3) (추락방호망 설치곤란시) 안전대 착용

04

동영상은 낙하물 방지망을 설치하는 작업장면을 보여주고 있다. 낙하물 방지망 설치관련에 대해 ( ) 안에 알맞은 내용을 쓰시오.

(1) 설치간격 : 높이 (①)m 이내마다 설치
(2) 내민길이 : 벽면으로부터 (②)m 이상
(3) 설치각도 : 수평면과의 각도는 20° 이상 (③)° 이하

해답
① 10
② 2
③ 30

주 낙하물에 의한 위험방지 : 안전보건규칙 제14조

05

동영상의 화면은 철골의 조립장면을 보여주고 있다. 철골조립 작업시 작업을 중지해야 할 기후조건을 3가지 쓰시오.

해답
1) 풍속이 초당 10m 이상인 경우
2) 강우량이 시간당 1mm 이상인 경우
3) 강설량이 시간당 1cm 이상인 경우

㈜ 철골작업의 제한 : 안전보건규칙 제383조

06

동영상은 압쇄기를 사용하여 아파트를 해체하는 작업장면을 보여주고 있다. 동영상과 같은 공사에서 분진방지 대책을 2가지만 쓰시오.

해답
1) 물을 뿌린다.
2) 방진마스크 등 보호구를 착용한다.
3) 방진벽을 설치한다.

07

동영상 화면은 흙막이 공사장면(버팀대 대신에 흙막이 벽 배면을 PC강선으로 지지하는 형식의 공법)과 흙막이에 연결되어 있던 선로에 노란색의 사각형 기계를 보여주고 있다. 동영상 화면에서 (1) 공법의 명칭과 (2) 노란색 사각형의 기계명칭과 (3) 용도를 쓰시오.

해 답 1) 공법의 명칭 : 어스앵커 공법
2) 계측기기의 명칭 : 비중계(load cell)
3) 계측기기의 용도 : 버팀대 또는 어스앵커에 설치하여 축하중 변화상태를 측정하여 부재의 안정 상태파악 및 원인규명에 사용한다.

길잡이
1) 어스앵커(earth anchor) : 흙막이벽 배면에 보링공 내에 고강도 강재를 삽입하고 모르타르로 시공한 것
2) 어스앵커 공법의 시공순서 : 천공 → 주입(강선 삽입) → 인장 → 정착(grouting)
3) 어스앵커가 지반에 힘을 전달하는 지지방식
  ① 널말뚝에 의한 방식
  ② 강대에 의한 방식
  ③ 강선에 의한 방식
4) 어스앵커(earth anchor) 공법의 안전대책
  ① 앵커의 저항은 어스앵커 공법의 안전상 가장 유의할 사항이므로 지반의 상태에 따라 앵커의 길이를 결정해야 한다.
  ② 흙막이벽 뒷면 지반의 전체적인 침하나 붕괴범위를 검토하여 그 영향이 미치지 않는 지반에 앵커를 설치해야 한다.
  ③ 앵커는 현장에서 직접 시험을 행하여 정착력을 확인해야 한다.
  ④ 앵커 강재는 강도를 충분히 검토하여야 하며, 장기간 부재시는 부식에 주의해야 한다.

08

다음 [보기] 내용은 철골구조의 앵커볼트 매립의 정밀도에 관계되는 내용이다.
( ) 안에 알맞은 내용을 쓰시오.

[보기]
(1) 기둥중심은 기준선 및 인접기둥의 중심에서 (①)mm 이상 벗어나지 않은 것
(2) 인접기둥 간 중심거리의 오차는 (②)mm 이하일 것
(3) 앵카볼트는 기둥중심에서 (③)mm 이상 벗어나지 않을 것
(4) 베이스 플레이트의 하단은 기준 높이 및 인접기둥의 높이에서 (④)mm 이상 벗어나지 않을 것

해답
① 5
② 3
③ 2
④ 3

건설안전산업기사 2022년 1회

01

동영상은 크레인을 사용하여 화물을 인양하는 작업장면을 보여주고 있다. 산업안전보건법상 크레인을 사용하여 작업하는 경우 준수사항 3가지를 쓰시오.

해답
1) 인양할 하물(荷物)을 바닥에서 끌어당기거나 밀어내는 작업을 하지 아니할 것
2) 유류드럼이나 가스통 등 운반 도중에 떨어져 폭발하거나 누출될 가능성이 위험물 용기는 보관함(또는 보관고)에 담아 안전하게 매달아 운반할 것
3) 고정된 물체를 직접 분리, 제거하는 작업을 하지 아니할 것
4) 미리 근로자의 출입을 통제하여 인양 중인 하물이 작업자의 머리 위로 통과하지 않도록 할 것
5) 인양할 하물이 보이지 아니하는 경우에는 어떠한 동작도 아니할 것(신호하는 사람에 의하여 작업을 하는 경우는 제외한다)

※ 크레인 작업시의 조치 : 안전보건규칙 제146조

길잡이 동영상에서와 같은 작업 상황에서의 위험요인(재해발생원인)
1) 강관인양 시 강관을 한 가닥의 와이어로프만 묶어서 운반하고 있다(강관을 한줄걸이로 인양).
2) 신호수를 배치하지 않았다(신호수 미배치).
3) 크레인의 작업반경 내에 작업자가 접근하고 있다(작업반경 내에 작업자 접근).
4) 위험표지판 또는 안전표지판을 설치하지 않았다(출입금지표지판 미설치).
5) 작업자의 안전모 턱 끈이 풀려져 있다(안전모 턱 끈을 제대로 매지 않음).

02

아파트 공사현장에서 작업으로 인하여 물체의 낙하·비래에 의한 위험방지 조치사항을 3가지 쓰시오.(6점)

해답
1) 낙하물방지망·수직보호망 또는 방호선반의 설치
2) 출입금지구역의 설정
3) 보호구(안전모, 안전화 등)의 착용

주 낙하물에 의한 위험의 방지 : 안전보건규칙 제14조 ②항

1) 낙하물방지망 또는 방호선반 설치기준(안전보건규칙 제14조③항)
   ① 설치높이는 10m 이내마다 설치하고, 내민 길이는 벽면으로부터 2m 이상으로 할 것
   ② 수평면과의 각도는 20도 내지 30도를 유지할 것
2) 높이 3m 이상인 장소에서 물체투하 시 위험방지 조치사항(안전보건규칙 제15조)
   ① 투하설비를 설치할 것
   ② 감시인을 배치할 것

03

동영상은 항타기 · 항발기를 설치하는 작업 장면을 보여주고 있다. 항타기 또는 항발기를 조립하는 경우 점검사항 3가지를 쓰시오.

해답
1) 본체 연결부의 풀림 또는 손상의 유무
2) 권상용 와이어로프, 드럼 및 도르래의 부착상태의 이상 유무
3) 권상장치의 브레이크 및 쐐기장치 기능의 이상 유무
4) 권상기의 설치상태의 이상 유무
5) 버팀의 방법 및 고정상태의 이상 유무

주 항타기 · 항발기 조립시 점검사항 : 안전보건규칙 제207조

항타기 또는 항발기에 대하여 무너짐을 방지하기 위한 준수사항(안전보건규칙 제209조)
1) 연약한 지반에 설치하는 때에는 각부 또는 가대의 침하를 방지하기 위하여 깔판·깔목 등을 사용할 것
2) 시설 또는 가설물 등에 설치하는 때에는 그 내력을 확인하고, 내력이 부족한 때에는 그 내력을 보강할 것
3) 각부 또는 가대가 미끄러질 우려가 있는 때에는 말뚝 또는 쐐기 등을 사용하여 각부 또는 가대를 고정시킬 것
4) 궤도 또는 차로 이동하는 항타기 또는 항발기에 대하여는 불시에 이동하는 것을 방지하기 위하여 레일클램프 및 쐐기 등으로 고정시킬 것
5) 버팀대만으로 상단부분을 안정시키는 때에는 버팀대는 3개 이상으로 하고 그 하단부분은 견고한 버팀, 말뚝 또는 철골 등으로 고정시킬 것
6) 버팀줄만으로 상단부분을 안정시키는 때에는 버팀줄을 3개 이상으로 하고 같은 간격으로 배치할 것
7) 평형추를 사용하여 안정시키는 때에는 평형추의 이동을 방지하기 위하여 가대에 견고하게 부착시킬 것

04

동영상은 시스템 비계의 조립과정 장면을 보여주고 있다. 다음 내용은 산업안전보건법령상 시스템 비계를 구성하는 경우 준수사항이다. ( ) 안에 알맞은 내용을 쓰시오.

(1) 수직재, 수평재, 가새재를 견고하게 연결하는 구조가 되도록 할 것
(2) 비계 밑단의 수직재와 받침철물은 밀착되도록 설치하고, 수직재와 받침철물의 연결부의 겹침길이는 받침철물 전체길이의 ( ) 이상이 되도록 할 것

해답 1/3

길잡이
시스템 비계의 구조(안전보건규칙 제69조)
1) 수직재, 수평재, 가새재를 견고하게 연결하는 구조가 되도록 할 것
2) 비계 밑단의 수직재와 받침철물은 밀착되도록 설치하고, 수직재와 받침철물의 연결부의 겹침길이는 받침철물 전체길이의 3분의 1 이상이 되도록 할 것
3) 수평재는 수직재와 직각으로 설치하여야 하며, 체결 후 흔들림이 없도록 견고하게 설치할 것
4) 수직재와 수직재의 연결철물은 이탈되지 않도록 견고한 구조로 할 것
5) 벽 연결재의 설치간격은 제조사가 정한 기준에 따라 설치할 것

05

차량계 하역운반기계(지게차, 구내운반차, 화물자동차 등)에 단위화물의 무게가 100kg 이상인 화물을 싣는 작업(로프걸이 작업 및 덮개를 덮는 작업 포함) 또는 내리는 작업(로프풀기작업 또는 덮개를 벗기는 작업 포함)을 하는 때에 작업지휘자가 준수하여야 할 사항을 2가지만 쓰시오.

해답
1) 작업순서 및 그 순서마다의 작업방법을 정하고 작업을 지휘할 것
2) 기구 및 공구를 점검하고 불량품을 제거할 것
3) 당해 작업을 행하는 장소에 관계근로자 외의 자의 출입을 금지시킬 것
4) 로프를 풀거나 덮개를 벗기는 작업을 행하는 때에는 적재함의 화물의 낙하할 위험이 없음을 확인한 후에 당해 작업을 하도록 할 것

주 싣거나 내리는 작업 : 안전보건규칙 제177조

06

동영상은 낙하물방지망 설치장면을 보여주고 있다. 낙하물방지망 설치기준에 대한 다음 ( ) 안에 알맞은 내용을 쓰시오.

(1) 설치높이 : ( )m이내
(2) 내민 길이 : 벽면으로부터 2m 이상
(3) 수평면과의 각도 : 20도 이상 30도 이하

해답 10

주 낙하물에 의한 위험물 방지 : 안전보건규칙 제14조

07

금속의 용접, 용단 또는 가열에 사용되는 가스 등의 용기를 취급할 때 준수해야 할 사항을 4가지만 쓰시오.

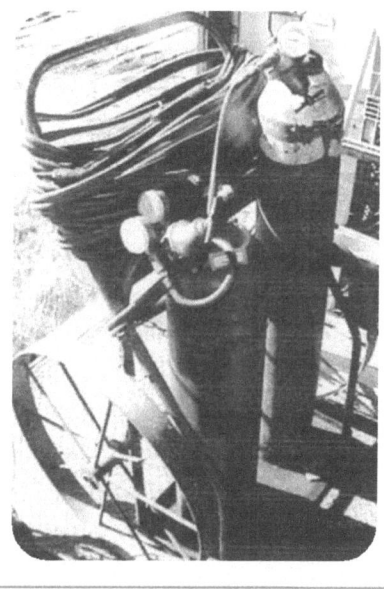

해답
1) 용기의 온도를 섭씨 40도 이하로 유지할 것
2) 전도의 위험이 없도록 할 것
3) 충격을 가하지 아니하도록 할 것
4) 운반할 때에는 캡을 씌울 것
5) 사용할 때에는 용기의 마개에 부착되어 있는 유류 및 먼지를 제거할 것
6) 밸브의 개폐는 서서히 할 것
7) 사용 전 또는 사용 중인 용기와 그 외의 용기를 명확히 구별하고 보관할 것
8) 용해 아세틸렌의 용기는 세워둘 것
9) 용기의 부식, 마모 또는 변형 상태를 점검한 후 사용할 것

주 가스 등의 용기 : 안전보건규칙 제234조

08

동영상은 철근운반 작업 장면을 보여주고 있다. 인력에 의한 철근운반 시 주의사항을 3가지만 쓰시오.

해 답
1) 긴 철근은 2인이 1조가 되어 어깨메기로 하여 운반하는 등 안전성을 도모한다.
2) 긴 철근을 부득이 한 사람이 운반할 때는 한 곳을 드는 것보다 한쪽을 어깨에 메고 한쪽 끝을 땅에 끌면서 운반한다.
3) 운반 시에는 항상 양끝을 묶어 운반한다.
4) 1회 운반 시 1인당 무게는 25kg 정도가 적절하며, 무리한 운반은 삼간다.
5) 공동 작업 시는 신호에 따라 작업을 행한다.

건설안전산업기사

2022년 2회

실기 작업형

01

동영상은 크레인의 설치·조립작업장면을 보여주고 있다. 크레인의 설치·조립·수리·점검 또는 해체작업시 조치사항 3가지를 쓰시오.

해답
1) 작업순서를 정하고 그 순서에 따라 작업을 할 것
2) 작업을 할 구역에 관계근로자가 아닌 사람의 출입을 금지하고 그 취지를 보기 쉬운 곳에 표시할 것
3) 비, 눈 그밖에 기상상태의 불안정으로 날씨가 몹시 나쁜 경우에는 그 작업을 중지시킬 것
4) 작업장소는 안전한 작업이 이루어질 수 있도록 충분한 공간을 확보하고 장애물이 없도록 할 것
5) 들어올리거나 내리는 기자재는 균형을 유지하면서 작업을 하도록 할 것
6) 크레인의 성능, 사용조건 등에 따라 충분한 응력(應力)을 갖는 구조로 기초를 설치하고 침하 등이 일어나지 않도록 할 것
7) 규격품인 조립용 볼트를 사용하고 대칭되는 곳을 차례로 결합하고 분해할 것

※ 크레인의 조립 등의 작업시 조치사항 : 안전보건규칙 제141조

02

동영상은 둥근톱기계에 의한 작업장면을 보여주고 있다. 둥근톱기계의 방호장치 2가지를 쓰시오.

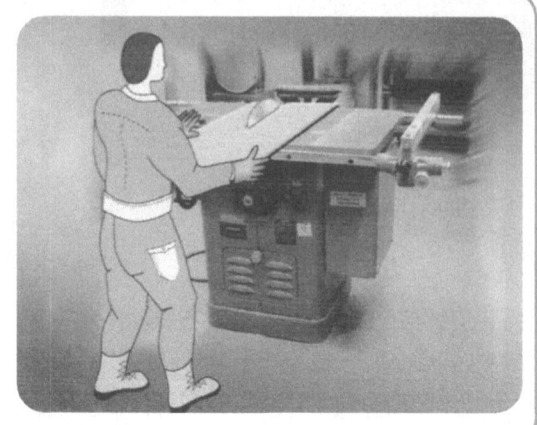

해 답
1) 톱날접촉 예방장치(덮개)
2) 반발예상장치(분할날, 반발방지기구, 반발방지롤)

03

채석작업을 하는 경우 지반의 붕괴 또는 토석의 낙하로 인한 위험방지 조치사항을 2가지 쓰시오.

해 답
1) 점검자를 지명하고 당일 작업시작 전에 작업장소 및 그 주변 지반의 부석과 균열의 유무와 상태, 함수·용수 및 동결상태의 변화를 점검할 것
2) 점검자는 발파 후 그 발파장소와 그 주변의 부석 및 균열의 유무와 상태를 점검할 것

주 채석작업시 지반의 붕괴로 인한 위험방지 조치사항 : 안전보건규칙 제370조

04

동영상은 강관틀 비계를 조립하는 장면을 보여주고 있다. 강관틀 비계를 조립하여 사용할 때의 준수사항 3가지를 쓰시오.

해답
1) 비계기둥의 밑둥에는 밑받침철물을 사용하여야 하며 밑받침에 고저차가 있는 경우에는 조절형 밑받침을 사용하여 각각의 강관틀비계가 항상 수평 및 수직을 유지하도록 할 것
2) 높이가 20m를 초과하거나 중량물의 적재를 수반하는 작업을 할 경우에는 주틀간의 간격이 1.8m 이하로 할 것
3) 주틀간의 교차가새를 설치하고 최상층 및 5층 이내마다 수평재를 설치할 것
4) 수직방향으로 6m, 수평방향으로 8m 이내마다 벽이음을 설치할 것
5) 길이가 띠장방향을 4m 이하이고 높이가 10m를 초과하는 경우에는 10m 이내마다 띠장방향으로 버팀기둥을 설치할 것

주) 강관틀 비계를 조립하여 사용시 준수사항 : 안전보건규칙 제62조

05

동영상에서와 같이 이동식 비계를 조립하여 작업을 할 때에 준수사항을 3가지 쓰시오.

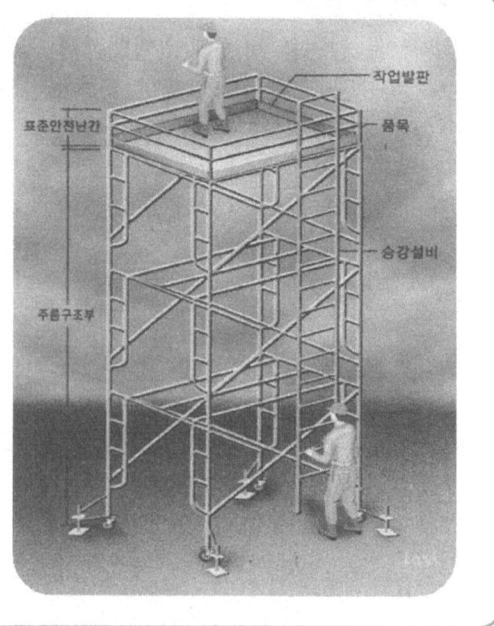

해 답
1) 이동식비계의 바퀴에는 뜻밖의 갑작스러운 이동 또는 전도를 방지하기 위하여 브레이크·쐐기 등으로 바퀴를 고정시킨 다음 비계의 일부를 견고한 시설물에 고정하거나 아웃트리거(outrigger)를 설치하는 등 필요한 조치를 할 것
2) 승강용 사다리는 견고하게 설치할 것
3) 비계의 최상부에서 작업을 하는 경우에는 안전난간을 설치할 것
4) 작업발판은 항상 수평을 유지하고 작업발판 위에서 안전난간을 딛고 작업을 하거나 받침대 또는 사다리를 사용하여 작업하지 않도록 할 것
5) 작업발판의 최대적재하중은 250kg을 초과하지 않도록 할 것

주 이동식비계 : 안전보건규칙 제68조

06

동영상은 타워크레인에 의해 비계재료인 강관을 인양하는 작업장면을 보여주고 있다. 동영상의 작업상황에 대한 1) 위험요인과 2) 안전대책을 각각 2가지씩 쓰시오.

해답

1) 위험요인
   ① 강관 인양시 한 가닥의 와이어로프만 묶어서 운반하고 있다.
   ② 신호수를 배치하지 않았다.
   ③ 크레인의 작업반경 내에 사람이 접근하고 있다.
   ④ 위험표지판 또는 안전표지판을 설치하지 않았다.
   ⑤ 작업자가 안전모의 턱 끈을 매지 않았다.

2) 안전대책
   ① 강관인양시 강관의 두 군데를 와이어로프로 묶어서 운반할 것
   ② 신호수를 배치할 것
   ③ 크레인의 작업반경 내에 출입금지 조치를 할 것
   ④ 위험표지판 또는 안전표지판을 설치할 것
   ⑤ 안전모의 턱 끈 등 보호구를 확실하게 착용할 것

07

다음은 가설통로의 구조에 관한 사항이다.
( ) 안에 알맞은 용어 및 숫자를 쓰시오.

1) 견고한 구조로 할 것
2) 경사는 (①)° 이하로 할 것
3) 경사가 (②)°를 초과하는 때에는 미끄러지지 아니하는 구조로 할 것
4) 추락의 위험이 있는 장소에는 (③)을 설치할 것
5) 수직갱에 가설된 통로의 길이가 (④)m 이상인 때에는 (⑤)m 이내마다 계단참을 설치할 것
6) 건설공사에 사용하는 높이 (⑥)m 이상인 비계다리에는 (⑦)m마다 계단참을 설치할 것

해답
① 30 ② 15
③ 안전난간 ④ 15
⑤ 10 ⑥ 8
⑦ 7

※ 가설통로의 구조 : 안전보건규칙 제23조

08

터널 등의 건설작업시 낙반 등에 의한 위험 방지 조치사항 3가지를 쓰시오.

해답 1) 터널지보공 설치
2) 록 볼트의 설치
3) 부석(浮石)의 제거

주 터널건설 작업시 낙반 등에 의한 위험의 방지 : 안전보건규칙 제351조

건설안전산업기사

2022년 4회

01

동영상은 작업자가 가스용접을 하는 장면을 보여주고 있다. 산업안전보건법상 금속의 용접·용단 또는 가열에 사용되는 가스 등의 용기취급시 준수사항을 3가지 쓰시오.

해답
1) 용기의 온도를 섭씨 40도 이하로 유지할 것
2) 전도의 위험이 없도록 할 것
3) 충격을 가하지 않도록 할 것
4) 운반하는 경우에는 캡을 씌울 것
5) 사용하는 경우에는 용기의 마개에 부착되어 있는 유류 및 먼지를 제거할 것
6) 밸브의 개폐는 서서히 할 것
7) 사용 전 또는 사용 중인 용기와 그밖에 용기를 명확히 구별하여 보관할 것
8) 용해아세틸렌의 용기는 세워 둘 것
9) 용기의 부식·마모 또는 변형의 상태를 점검한 후 사용할 것

주 가스 등의 용기취급시 준수사항 : 안전보건규칙 제234조

02

동영상의 화면은 작업자가 낙하물 방지망을 설치하는 장면을 보여주고 있다.
다음 ( ) 안에 알맞은 내용을 쓰시오.

(1) 낙하물 방지망의 설치·보수작업을 하는 작업자의 추락을 방지하기 위한 조치사항을 쓰시오.
(2) 낙하물 방지망의 설치높이는 (①)m마다 1개소씩 설치하고, 건물 밖으로 내민 길이는 벽면으로부터 (②)m 이상으로 하며, 수평면과의 각도는 (③)도를 유지할 것.

해답
1) 추락방지 조치사항 : 안전대 착용
2) ① 10
   ② 2
   ③ 20~30

㈜ 낙하물에 의한 위험방지 : 안전보건규칙 제14조

03

산업안전보건법상 작업면의 조도기준에 관련된 ( ) 안에 알맞은 수치를 쓰시오.

1) 초정밀작업 : (①)럭스 이상
2) 정밀작업 : 300럭스 이상
3) 보통작업 : (②)럭스 이상
4) 그밖에 작업 : 75럭스 이상

해답 1) 750   2) 150

㈜ 작업면 조도기준 : 안전보건규칙 제8조

04

다음 내용은 산업안전보건법상 거푸집 동바리 등 조립시 준수사항이다. ( ) 안에 알맞은 내용을 쓰시오.

1) 깔목의 사용, 콘크리트 타설, 말뚝박기 등 동바리의 (①)를 방지하기 위한 조치를 할 것
2) 개구부 상부에 동바리를 설치하는 경우에는 상부하중을 견딜 수 있는 견고한 (②)를 설치할 것
3) 동바리의 상하 고정 및 미끄러짐 방지 조치를 하고, 하중의 지지상태를 유지할 것
4) 동바리의 이음은 맞댄이음이나 장부이음으로 하고 같은 품질의 재료를 사용할 것
5) 강재와 강재의 접속부 및 교차부는 볼트·클램프 등 (③)을 사용하여 단단히 연결할 것
6) 거푸집이 곡면이 경우에는 버팀대의 부착 등 그 거푸집의 부상을 방지하기 위한 조치를 할 것

해답
① 침하
② 받침대
③ 전용철물

주 거푸집 동바리 등의 안전조치 : 안전보건규칙 제332조

05

동영상은 콘크리트 믹서트럭의 바퀴를 물로 세척하는 장비를 보여주고 있다. 동영상의 1) 장비명칭과 2) 용도를 쓰시오.

해답
1) 장비명칭 : 세륜기
2) 용도 : 특수차량 등의 바퀴와 차체를 세척하는 장비

콘크리트 타설작업을 위한 콘크리트 펌프 또는 펌프카 사용시 준수사항(안전보건규칙 제335조)
1) 작업을 시작하기 전에 콘크리트 펌프용 비계를 점검하고 이상을 발견한 때에는 즉시 보수할 것
2) 건축물의 난간 등에서 작업하는 근로자가 호스의 요동 · 선회로 인하여 추락하는 위험을 방지하기 위하여 안전난간의 설치 등 필요한 조치를 할 것
3) 콘크리트 펌프카의 붐을 조정할 때에는 주변전선 등에 의한 위험을 예방하기 위한 적절한 조치를 할 것
4) 작업 중에 지반의 침하, 아웃트리거의 손상 등으로 인하여 콘크리트 펌프카가 넘어질 우려가 있는 때에는 이를 방지하기 위한 적절한 조치를 할 것

06

차량계 하역운반기계(지게차, 구내운반차, 화물자동차)에 화물을 적재할 때에 준수사항을 3가지 쓰시오.

해답
1) 편하중이 생기지 아니하도록 적재할 것
2) 구내운반차 또는 화물자동차에 있어서 화물의 붕괴 또는 낙하로 인한 근로자의 위험을 방지하기 위하여 화물에 로프를 거는 등 필요한 조치를 할 것
3) 운전자의 시야를 가리지 아니하도록 화물을 적재할 것

▶ 화물적재시의 조치 : 안전보건규칙 제173조

길잡이

작업장 내 화물(자재)적재시 준수사항(안전보건규칙 제393조)
1) 침하 우려가 없는 튼튼한 기반 위에 적재할 것
2) 건물의 칸막이나 벽 등이 화물의 압력에 견딜 만큼의 강도를 지니지 아니한 경우에는 칸막이나 벽에 기대어 적재하지 않도록 할 것
3) 불안정할 정도로 높이 쌓아 올리지 말 것
4) 하중이 한쪽으로 치우치지 않도록 쌓을 것

07

동영상은 드릴작업을 하는 장면(드릴전기선 피복이 훼손된 곳에 절연테이프가 엉성하게 감겨져 있음)을 보여주고 있다. 산업안전보건법상 이동 중에나 휴대장비 등을 사용하는 작업에서 감전재해를 예방하기 위한 근로자의 이행사항 3가지를 쓰시오.

해 답
1) 근로자가 착용하거나 취급하고 있는 도전성 공구·장비 등이 노출 충전부에 닿지 않도록 할 것
2) 근로자가 사다리를 노출 충전부가 있는 곳에서 사용하는 경우에는 도전성 재질의 사다리를 사용하지 않도록 할 것
3) 근로자가 젖은 손으로 전기기계·기구의 플러그를 꽂거나 제거하지 않도록 할 것
4) 근로자가 전기회로를 개방, 변환 또는 투입하는 경우에는 전기 차단용으로 특별히 설계된 스위치, 차단기 등을 사용하도록 할 것
5) 차단기 등의 과전류 차단장치에 의하여 자동 차단된 후에는 전기회로 또는 전기기계·기구가 안전하다는 것이 증명되기 전까지는 과전류 차단장치를 재투입하지 않도록 할 것

주 이동 및 휴대장비 등의 사용 전기작업 : 안전보건규칙 제317조

08

동영상은 백호우가 토사 굴착작업을 하는 장면을 보여주고 있다. 산업안전보건법령상 굴착작업에 있어서 비가 올 경우 빗물 등의 침투에 의한 붕괴재해를 예방하기 위하여 필요한 조치사항 2가지를 쓰시오.

해답
1) 측구를 설치할 것
2) 굴착경사면에 비닐을 덮을 것

길잡이

지반의 붕괴 등에 의한 위험방지 조치사항(안전보건규칙 제340조)
1) 흙막이 지보공의 설치
2) 방호망의 설치
3) 근로자의 출입금지
4) 비가 올 경우를 대비 측구 설치 및 굴착사면에 비닐을 덮는 등의 조치

건설안전산업기사 2023년 1회 실기 작업형

01

동영상은 백호우로 하수관을 매립하는 장면 (하수관을 1줄걸기로 인양하고 있으며 유도로프도 사용하지 않고 훅에 해지장치도 없으며 신호수가 배치되어 있지만 운전자와 신호가 맞지 않는지 눈을 찡그리고 있으며 신호수가 하수관을 손으로 당기다가 하수관이 떨어져 하수관 사이에 작업자 다리가 끼는 사고가 발생하는 장면)을 보여주고 있다. 동영상의 작업상황과 사고사례에 대한 1) 재해발생형태와 2) 가해물을 쓰시오.

해답
1) 재해발생형태 : 끼임
2) 가해물 : 하수관

길잡이

상기 동영상의 작업상황에 대한 위험 요인
1) 하수관 인양시 2줄걸기를 하지 않음
2) 신호체계 미확정(또는 신호수 미배치)
3) 인양작업 중 출입금지 조치를 하지 않음

02

다음은 거푸집 동바리 등을 조립할 때에 준수하여야 할 사항이다. ( )안에 알맞은 숫자 또는 용어를 기입하시오.

(가) 파이프 서포트를 (①)개 이상이어서 사용하지 아니하도록 할 것
(나) 파이프 서포트를 이어서 사용할 때에는 (②)가지 이상의 (③) 또는 전용철물을 사용하여 이을 것
(다) 높이가 (④)m를 초과할 때에는 높이 (⑤)m이내마다 수평연결재를 (⑥)개 방향으로 만들과 수평연결재의 변위를 방지할 것

해답
(가) ① 3
(나) ② 4   ③ 볼트
(다) ④ 3.5   ⑤ 2   ⑥ 2

03

동영상 항타기·항발기의 작업장면을 보여주고 있다. 산업안전보건법상 항타기 또는 항발기를 조립하는 경우 준수사항 3가지를 쓰시오.

해답
1) 본체 연결부의 풀림 또는 손상의 유무
2) 권상용 와이어로프, 드럼 및 도르래의 부착상태의 이상 유무
3) 권상장치의 브레이크 및 쐐기장치 기능의 이상 유무
4) 권상기의 설치상태의 이상 유무
5) 버팀의 방법 및 고정상태의 이상 유무

주 항타기·항발기 조립시 점검 : 안전보건규칙 제207조

04

동영상에서와 같이 이동식 비계를 조립하여 작업을 할 경우 준수사항 3가지를 쓰시오.

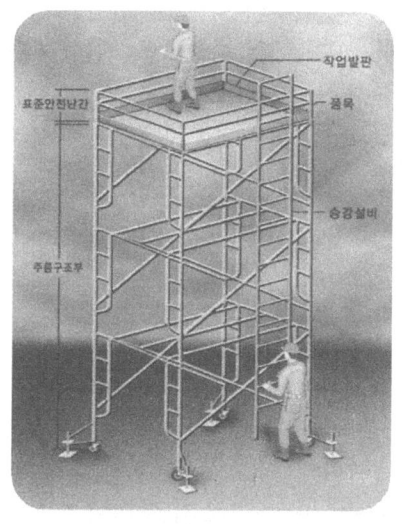

해 답
1) 이동식비계의 바퀴에는 뜻밖의 갑작스러운 이동 또는 전도를 방지하기 위하여 브레이크·쐐기 등으로 바퀴를 고정시킨 다음 비계의 일부를 견고한 시설물에 고정하거나 아웃트리거(outrigger)를 설치하는 등 필요한 조치를 할 것
2) 승강용 사다리는 견고하게 설치할 것
3) 비계의 최상부에서 작업을 하는 경우에는 안전난간을 설치할 것

주 이동식 비계 : 안전보건규칙 제68조

05

동영상은 굴삭기에 묻어 있는 분진토사를 제거하는 장면을 보여주고 있다. 동영상 사진의 장비명칭과 용도를 쓰시오.

해 답
1) **장비명칭** : 세륜기
2) **용도** : 덤프, 건설장비 등이 현장을 나갈 때 바퀴에 묻은 흙 먼지를 털어내고 세척하는데 사용하는 장비이다.

06

산업안전보건법상 추락 등의 위험방지를 위해 설치하는 안전난간의 구성요소 3가지를 쓰시오.

해 답
1) 상부난간대
2) 중간대
3) 발끝막이판
4) 난간기둥

 안전난간의 구조 및 설치요건(안전보건규칙 제13조)

1) 상부 난간대, 중간 난간대, 발끝막이판 및 난간기둥으로 구성할 것. 다만, 중간 난간대, 발끝막이판 및 난간기둥은 이와 같이 비슷한 구조와 성능을 가진 것으로 대체할 수 있다.
2) 상부 난간대는 바닥면, 발판 또는 경사로의 표면(이하 "바닥면등"이라 함)으로부터 90cm이상 지점에 설치하고, 상부 난간대를 120cm 이하에 설치하는 경우에는 중간 난간대는 상부 난간대와 바닥면 등의 중간에 설치하여야 하며, 120cm 이상 지점에 설치하는 경우에는 중간 난간대를 2단 이상으로 균등하게 설치하고 난간의 상하 간격은 60cm 이하가 되도록 할 것. 다만, 계단의 개방된 측면에 설치된 난간기둥 간의 간격이 25cm 이하인 경우에는 중간 난간대를 설치하지 아니할 수 있다.
3) 발끝막이판은 바닥면 등으로부터 10cm 이상의 높이를 유지할 것. 다만, 물체가 떨어지거나 날아올 위험이 없거나 그 위험을 방지할 수 있는 망을 설치하는 등 필요한 예방조치를 한 장소는 제외한다.
4) 난간기둥은 상부 난간대와 중간 난간대를 견고하게 떠받칠 수 있도록 적정한 간격을 유지할 것
5) 상부 난간대와 중간 난간대는 난간 길이 전체에 걸쳐 바닥면등과 평행을 유지할 것
6) 난간대는 지름 2.7cm 이상의 금속제 파이프나 그 이상의 강도가 있는 재료일 것
7) 안전난간은 구조적으로 가장 취약한 지점에서 가장 취약한 방향으로 작용하는 100kg 이상의 하중에 견딜 수 있는 튼튼한 구조일 것

07

동영상의 화면에 나타난 흙막이 공사 장면을 보고 다음 물음에 답하시오.

1) 흙막이 공사의 지보공 형식을 쓰시오.
2) 설치순서를 쓰시오.

해답
1) 지보공의 형식 : 어스앵커 공법(earth anchor method)
2) 설치순서 : 천공 → 강선 삽입 → 강선인장 → 장착

어스앵커(earth-anchor)
구조물과 지반을 결합시키기 위하여 설치되는 어스앵커는 다음과 같이 기본적인 세 가지 구성요소로 나누어진다.
① 앵커 : 표면으로부터 인장력을 지반에 전달시키기 위하여 설치되는 저항부분
② 인장부 : 인장력을 지반 내 앵커체에 전달하는 부분
③ 앵커두부 : 구조체로부터 인장부에 무리 없이 인장력을 전달시키기 위한 부분

08

동영상은 탠덤롤러를 사용하여 도로 다짐작업장면을 보여주고 있다. 공사용 가설도로를 설치하는 경우 준수사항 3가지를 쓰시오.

해답
1) 도로는 장비와 차량이 안전하게 운행할 수 있도록 견고하게 설치할 것
2) 도로와 작업장이 접하여 있을 경우에는 울타리 등을 설치할 것
3) 도로는 배수를 위하여 경사지게 설치하거나 배수시설을 설치할 것
4) 차량의 속도제한 표지를 부착할 것

※ 가설도로 : 안전보건규칙 제379조

건설안전산업기사

01

산업안전보건법상 콘크리트 타설 작업 시 준수사항 3가지를 쓰시오.

해 답
1) 당일의 작업을 시작하기 전에 해당 작업에 관한 거푸집 및 동바리의 변형·변위 및 지반의 침하 유무 등을 점검하고 이상이 있으면 보수할 것
2) 작업 중에는 감시자를 배치하는 등의 방법으로 거푸집 및 동바리의 변형·변위 및 침하 유무 등을 확인해야 하며, 이상이 있으면 작업을 중지하고 근로자를 대피시킬 것
3) 콘크리트 타설작업 시 거푸집 붕괴의 위험이 발생할 우려가 있으면 충분한 보강조치를 할 것
4) 설계도서상의 콘크리트 양생기간을 준수하여 거푸집 및 동바리를 해체할 것
5) 콘크리트를 타설하는 경우에는 편심이 발생하지 않도록 골고루 분산하여 타설할 것

🔖 **콘크리트 타설작업** : 안전보건규칙 제334조

02

작업으로 인하여 물체가 떨어지거나 날아올 위험이 있는 경우 조치할 사항 2가지를 쓰시오.

해답
1) 낙하물 방지망, 수직보호망 또는 방호선반의 설치
2) 출입금지구역의 설정
3) 보호구의 착용

주 낙하물에 의한 위험의 방지 : 안전보건규칙 제14조

03

다음 [보기]는 상시 작업하는 장소의 작업면의 조도기준에 관한 것이다. 빈칸에 알맞은 수치를 쓰시오.

[보기]
1) 초정밀작업 : 750럭스 이상
2) 정밀작업 : (①)럭스 이상
3) 보통작업 : (②)럭스 이상
4) 그밖에 작업 : 75럭스 이상

해답 ① 300 ② 150

주 작업면 조도기준 : 안전보건규칙 제8조

04

동영상 화면은 셔블계 굴착기계가 하수관을 매설하는 장면(하수관을 1줄걸기로 하여 인양하던 중 근로자 손이 끼이는 사고 발생)을 보여주고 있다. 1) 재해형태 2) 기인물 3) 재해발생원인(위험요인)을 쓰시오.

해답
1) 재해의 종류 : 협착
2) 기인물 : 하수관
3) 재해발생원인 : 하수관 인양시 2줄걸기로 하지 않고 1줄걸기로 하여 하수관의 무게 중심을 잡기 위해 보조기구를 사용하지 않고 로프를 조정하다가 손을 끼이는 사고가 발생하였다.

 상기 동영상이 작업상황에서의 안전대책
1) 하수관 등 길이가 긴 것을 인양할 때는 2줄걸이를 할 것
2) 무게중심을 잡기 위해 로프 조정시는 보조기구를 사용할 것
3) 신호수를 배치하여 굴착기계 운전자와 작업자는 신호수의 유도에 따라 보조를 맞추어 작업하도록 할 것

05

흙막이 지보공 설치시 붕괴 등의 위험 방지를 위해 정기적으로 점검해야 할 사항을 4가지 쓰시오.

해답
1) 부재의 손상, 변형, 부식, 변위 및 탈락의 유무와 상태
2) 버팀대의 긴압의 정도
3) 부재의 접속부, 부착부 및 교차부의 상태
4) 침하의 정도

주 흙막이지보공 설치시 붕괴 등이 위험방지를 위한 정기적 점검사항 : 안전보건규칙 제347조

06

다음은 가설통로의 구조에 관한 사항이다.
( )안에 알맞은 용어 및 숫자를 쓰시오.

(1) 견고한 구조로 할 것
(2) 경사는 (①)° 이하로 할 것
(3) 경사가 (②)°를 초과하는 때에는 미끄러지지 아니하는 구조로 할 것
(4) 추락의 위험이 있는 장소에는 (③)을 설치할 것
(5) 수직갱에 가설된 통로의 길이가 (④)m 이상인 때에는 (⑤)m 이내마다 계단참을 설치할 것
(6) 건설공사에 사용하는 높이 (⑥)m 이상인 비계다리에는 (⑦)m 마다 계단참을 설치할 것

해 답
① 30
② 15
③ 안전난간
④ 15
⑤ 10
⑥ 8
⑦ 7

주 가설통로의 구조 : 안전보건규칙 제23조

07

다음은 비계의 높이가 2m 이상인 작업장소에 설치하는 작업발판의 구조에 대한 설명이다. (   )안에 알맞은 숫자 및 용어를 써 넣으시오.

(가) 작업발판의 폭은 (①) 이상(외줄비계의 경우에는 고용노동부장관이 별도로 정하는 기준에 따른다)으로 하고 발판 재료간의 틈은 (②) 이하로 할 것.
(나) 추락의 위험이 있는 장소에는 (③)을 설치할 것.(작업의 성질상 안전난간을 설치하는 것이 곤란한 때 및 작업의 필요상 임시로 안전난간을 해체함에 있어서 추락방호망을 치거나 근로자로 하여금 안전대를 사용하도록 하는 등 추락에 의한 위험방지조치를 한 때에는 그러하지 아니하다.)

해답
① 40cm
② 3cm
③ 안전난간

주 작업발판의 구조 : 안전보건규칙 제56조

08

다음 [보기] 내용은 고정식 기계운반하역작업에서 운전자가 작업시작전에 점검할 사항에 관한 것이다. ( )안에 알맞은 내용 또는 수치를 쓰시오.

(가) 장비의 이상유무를 작업시작 전에 항상 점검하여야 한다.
(나) 점검을 실시할 때에는 사전점검의 소요시간을 정하고, 점검시간을 보기 쉬운 장소에 표시함과 동시에 표지(점검중)를 부착하는 등의 조치를 하고 다른 근로자에게 주지시켜야 한다.
(다) 스위치에는 표지(점검중 스위치를 넣지 말 것 등)를 부착하거나 (①)를 해야 한다.
(라) 주행로 상에 복수의 장비가 있을 때에는 주행로 양측에 (②)을 설치하여 인접장비와의 충돌을 방지하여야 한다.
(마) 점검을 능률적으로 하기 위하여 (③)명 이상의 점검자가 점검할 때에는 사전에 점검 범위 등을 협의하여야 한다.

해답
① 시건장치
② 가설고임목
③ 2

주 운반하역 표준안전작업 지침 : 고용노동부고시 제2020-26호

기계식 하역운반작업 기계
1) **고정식 기계** : 크레인 벨트 컨베이어 등
2) **이동식(차량계) 기계** : 원동기를 내장한 지게차, 구배운반차, 화물자동차, 셔블모터, 포터블 컨베이어 등

건설안전산업기사 2023년 4회

01

동영상은 가설통로를 설치하는 장면을 보여주고 있다. 산업안전보건법상 가설통로 설치 시 준수사항을 관련된 다음 ( )안에 알맞은 숫자를 쓰시오.

(가) 경사는 (①)도 이하로 할 것
(나) 경사가 (②)도를 초과하는 경우에는 미끄러지지 않는 구조로 할 것

해답
① 30
② 15

길잡이 가설통로 설치 시 준수사항(안전보건규칙 제23조)
1) 견고한 구조로 할 것
2) 경사는 30도 이하로 할 것(계단을 설치하거나 높이 2m 미만의 가설통로로서 튼튼한 손잡이를 설치한 때에는 그러하지 아니하다).
3) 경사가 15도를 초과하는 때에는 미끄러지지 아니하는 구조로 할 것
4) 추락의 위험이 있는 장소에는 안전난간을 설치할 것(작업상 부득이한 때에는 필요한 부분에 한하여 임시로 이를 해체할 수 있다).
5) 수직갱에 가설된 통로의 길이가 15m 이상인 때에는 10m이내마다 계단참을 설치할 것
6) 건설공사에 사용하는 높이 8m 이상인 비계다리에는 7m이내마다 계단참을 설치할 것

02

동영상은 작업자가 철골구조물 위에 걸터앉아 볼트를 체결하는 작업(작업자는 안전대를 보호구를 착용하지 않았고 철골에도 낙하물 방지망 등 안전설비도 설치 않은 장면) 중에 몽키 스패너를 떨어뜨리는 장면을 보여주고 있다. 산업안전보건법상 작업으로 인하며 물체가 떨어지거나 날아올 위험이 있는 경우 위험방지를 위해 설치해야 할 것을 2가지 쓰시오.

해답
1) 낙하물 방지망
2) 수직보호망
3) 방호선반

길잡이 낙하물에 의한 위험장지를 위해 조치할 사항(안전보건규칙 제14조)
1) 낙하물방지망, 수직보호망 또는 방호선반의 설치
2) 출입금지구역의 설정
3) 보호구(안전모, 안전화 등)의 착용

03

동영상은 바닥이 정리정돈이 되어 있지 않은 작업장에서 고소작업대에 사람이 탑승한 채로 이동하는 장면을 보여주고 있다. 산업안전보건법상 고소작업대를 이동하는 경우 준수사항 2가지를 적으시오.

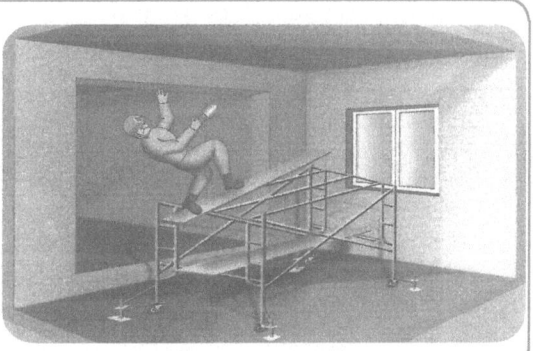

해답
1) 작업대를 가장 낮게 내릴 것
2) 작업대를 올린 상태에서 작업자를 태우고 이동하지 말 것. 다만 이동 중 전도 등의 위험예방을 위하여 유도하는 사람을 배치하고 짧은 구간을 이동하는 경우에는 그러하지 아니하다.
3) 이동통로의 요철상태 또는 장애물의 유무 등을 확인할 것

주 고소작업대 이동 시 준수사항 : 안전보건규칙 제186조 제③항

04

동영상은 사다리식 통로에서 작업하는 장면을 보여주고 있다. 산업안전보건법상 사다리식 통로 설치 시 준수사항에 대한 다음 ( )안에 알맞은 내용 또는 수치를 쓰시오.

(가) 발판의 간격은 (①)하게 할 것
(나) 폭은 (②)cm 이상으로 할 것

해답
① 일정
② 30

 사다리식 통로 등의 구조(안전보건규칙 제24조)
1) 견고한 구조로 할 것
2) 심한 손상·부식 등이 없는 재료로 사용할 것
3) 발판의 간격은 일정하게 할 것
4) 발판과 벽과의 사이는 15cm 이상의 간격을 유지할 것
5) 폭은 30cm 이상으로 할 것
6) 사다리가 넘어지거나 미끄러지는 것을 방지하기 위한 조치를 할 것
7) 사다리의 상단은 걸쳐놓은 지점으로부터 60cm 이상 올라가도록 할 것
8) 사다리식 통로의 길이가 10m 이상인 경우에는 5m 이내마다 계단참을 설치할 것
9) 사다리식 통로의 기울기는 75° 이하로 할 것. 다만, 고정식 사다리식 통로의 기울기는 90° 이하로 하고, 그 높이가 7m 이상인 경우에는 바닥으로부터 높이가 2.5m 되는 지점부터 등받이울을 설치할 것
10) 접이식 사다리 기둥은 사용시 접혀지거나 펼쳐지지 않도록 철물 등을 사용하여 견고하게 조치할 것

05

동영상은 정리정돈이 되어 있지 않은 작업장 내에 여러 자재들이 쌓여져 있는 상태에서 작업자가 용접기로 불꽃을 튀기며 용접작업을 하는 장면(불꽃비산방지덮개 사용, 소화기 있음)을 보여주고 있다. 산업안전보건법상 가연성물질이 있는 장소에서 화재위험작업을 하는 경우 화재예방을 위해 필요한 준수사항 3가지를 쓰시오.

해답
1) 작업 준비 및 작업 절차 수립
2) 작업장 내 위험물의 사용·보관 현황 파악
3) 화기작업에 따른 인근 가연성물질에 대한 방호조치 및 소화기구 비치
4) 용접불티 비산방지덮개, 용접방화포 등 불꽃, 불티 등 비산방지조치
5) 인화성 액체의 증기 및 인화성 가스가 남아 있지 않도록 환기 등의 조치
6) 작업근로자에 대한 화재예방 및 피난교육 등 비상조치

※ 화재 위험 작업 시의 준수사항 : 안전보건규칙 제241조

06

동영상은 화물인양작업장면(화물인양 작업반경 내에 턱끈이 풀린 안전모를 착용한 작업자가 어깨에 철근을 메고 걷는 중에 인양 화물이 떨어지는 장면)을 보여주고 있다. 운반하역표준작업지침상 크레인을 사용하여 걸이작업을 하는 경우 준수사항 3가지를 쓰시오.

해답
1) 인양 물체의 안정을 위하여 2줄걸이 이상을 사용하여야 한다.
2) 매다는 각도는 60도 이내로 하여야 한다.
3) 와이어로프 등은 크레인의 후크 중심에 걸어야 한다.
4) 근로자를 매달린 물체 위에 탑승시키지 않아야 한다.
5) 밑에 있는 물체를 걸고자 할 때에는 위의 물체를 제거한 후에 행하여야 한다.

※ 운반하역 표준작업 작업지침 : 고용노동부고시 제2015-47호

07

산업안전보건법상 콘크리트 타설작업시 콘크리트 펌프 또는 콘크리트 펌프카를 사용하는 경우 준수사항 3가지를 적으시오.

해 답
1) 작업을 시작하기 전에 콘크리트 타설장비를 점검하고 이상을 발견하였으면 즉시 보수할 것
2) 건축물의 난간 등에서 작업하는 근로자가 호스의 요동·선회로 인하여 추락하는 위험을 방지하기 위하여 안전난간 설치 등 필요한 조치를 할 것
3) 콘크리트 타설장비의 붐을 조정하는 경우에는 주변의 전선 등에 의한 위험을 예방하기 위한 적절한 조치를 할 것
4) 작업 중에 지반의 침하나 아웃트리거 등 콘크리트 타설장비 지지구조물의 손상 등에 의하여 콘크리트 타설장비가 넘어질 우려가 있는 경우에는 이를 방지하기 위한 적절한 조치를 할 것

주 콘크리트 펌프 등 사용시 준수사항 : 안전보건규칙 제335조

08

동영상에서와 같이 이동식 비계를 조립하여 작업을 할 때에 준수사항을 3가지 쓰시오.

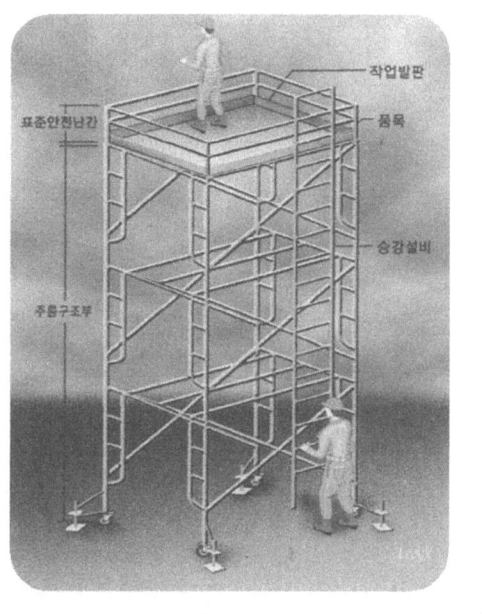

해답

1) 이동식비계의 바퀴에는 뜻밖의 갑작스러운 이동 또는 전도를 방지하기 위하여 브레이크·쐐기 등으로 바퀴를 고정시킨 다음 비계의 일부를 견고한 시설물에 고정하거나 아웃트리거(outrigger)를 설치하는 등 필요한 조치를 할 것
2) 승강용 사다리는 견고하게 설치할 것
3) 비계의 최상부에서 작업을 하는 경우에는 안전난간을 설치할 것
4) 작업발판은 항상 수평을 유지하고 작업발판 위에서 안전난간을 딛고 작업을 하거나 받침대 또는 사다리를 사용하여 작업하지 않도록 할 것
5) 작업발판의 최대적재하중은 250kg을 초과하지 않도록 할 것

주 이동식비계 조립 작업시 준수사항 : 안전보건규칙 제68조

건설안전산업기사 — 2024년 1회 (실기 작업형)

01

산업안전보건법상 고소작업대를 사용하는 경우 준수사항 3가지를 쓰시오.

해답

1) 작업자가 안전모·안전대 등의 보호구를 착용하도록 할 것
2) 관계자가 아닌 사람이 작업구역에 들어오는 것을 방지하기 위하여 필요한 조치를 할 것
3) 안전한 작업을 위하여 적정수준의 조도를 유지할 것
4) 전로(電路)에 근접하여 작업을 하는 경우에는 작업감시자를 배치하는 등 감전사고를 방지하기 위하여 필요한 조치를 할 것
5) 작업대를 정기적으로 점검하고 붐·작업대 등 각 부위의 이상 유무를 확인할 것
6) 전환스위치는 다른 물체를 이용하여 고정하지 말 것
7) 작업대는 정격하중을 초과하여 물건을 싣거나 탑승하지 말 것
8) 작업대의 붐대를 상승시킨 상태에서 탑승자는 작업대를 벗어나지 말 것. 다만, 작업대에 안전대 부착설비를 설치하고 안전대를 연결하였을 때에는 그러하지 아니하다.

주 고소작업대 사용하는 경우 준수사항 : 안전보건규칙 제186조 ④항

★★ [Zzan So] 1) 법규에는 고소작업대 설치시 준수사항(2가지), 이동시 준수사항(3가지), 사용시 준수사항(5가지)이 있습니다.
2) 상기 사용시 준수사항은 암기하기 쉬운 것을 4가지만 선정하여 암기하십시오.

02

동영상은 개구부에서 작업하는 장면을 보여주고 있다. 산업안전보건법상 작업발판 및 통로의 끝이나 개구부로서 근로자가 추락할 위험이 있는 장소에 덮개를 설치하는 경우 준수사항 2가지를 쓰시오.

해답
1) 덮개가 뒤집히지 않도록 설치할 것
2) 덮개가 떨어지지 않도록 설치할 것

길잡이
1) 작업발판 및 통로의 끝이나 개구부 등의 추락위험방지 조치사항(안전보건규칙 제43조)
   ① 안전난간, 울타리, 수직형 추락방망 설치
   ② 덮개설치(뒤집히거나 떨어지지 않도록 설치)
   ③ 개구부 표시
   ④ 추락방호망 설치
   ⑤ 안전대 착용
2) 추락할 위험이 있는 장소(작업발판 끝, 개구부 등 제외)에서의 추락위험방지 조치사항(안전보건규칙 제42조)
   ① (비계 조립 등의 방법) 작업발판 설치
   ② 추락방호망 설치
   ③ 안전대 착용
3) 추락방호망 설치 기준(안전보건규칙 제42조 제②항)
   ① 설치위치 : 가능하면 작업면으로부터 가까운 지점에 설치하여야 하며, 작업면으로부터 망의 설치지점까지의 수직거리는 10m를 초과하지 아니할 것
   ② 추락방호망은 수평으로 설치할 것
   ③ 추락방호망의 처짐 : 짧은 변 길이의 12)% 이상이 되도록 할 것
   ④ 추락방호망의 내민 길이 : 벽면으로부터 3m 이상. 다만 그물코가 20mm 이하인 망을 사용한 경우에는 낙하물방지망을 설치한 것으로 봄

★★ Zzan So [길잡이]이 있는 추락 관련 법규 내용은 모두 완벽하게 암기하여야 합니다.(출제율 매우 높음)

03

동영상 화면도(사진)의 1) 기기 명칭과
2) 용도(구체적으로 기술)를 쓰시오.

해 답 1) 기계 명칭: 탠덤 롤러(tandem roller)
2) 용도: 아스팔트 포장의 끝마감 다짐작업에 사용

 탠덤 롤러(tandem roller)
1) 앞뒤 2개의 차륜이 있으며(2축 2륜), 각각의 차축이 평행으로 배치된 다짐기계이다.
2) 찰흙, 점성토 등의 다짐에 적당하고, 3륜 롤러(머캐덤 롤러: macadam roller)의 다짐 후의 아스팔트 포장에 사용된다.

★★ [Zzan So] 1) 건설안전기사/산업기사 실기 작업형 문제에는 장비에 관한 문제가 1문제씩 꼭 출제됩니다.
2) 명칭과 용도를 알아두십시오.

04

산업안전보건법상 근로자가 상시 분진작업에 관련된 업무를 하는 경우 근로자에게 알려야 할 사항 3가지를 쓰시오.

해 답 1) 분진의 유해성과 노출경로
2) 분진의 발산방지와 작업장의 환기방법
3) 작업장 및 개인위생 관리
4) 호흡용 보호구의 사용방법
5) 분진에 관련된 질병예방 방법

주 분진의 유해성 등의 주지 : 안전보건규칙 제614조

★★ [Zzan So] 3가지만 쓸 수 있도록 암기하십시오.

05

산업안전보건법상 강관틀 비계를 조립하여 사용하는 경우 준수사항에 관련된 다음 ( )안에 알맞은 내용을 쓰시오.

(가) 비계기둥의 밑둥에는 밑받침철물을 사용하여야 하며 밑받침에 고저차가 있는 경우에는 조절형 밑받침을 사용하여 각각의 강관틀비계가 항상 수평 및 수직을 유지하도록 할 것
(나) 높이가 20m를 초과하거나 중량물의 적재를 수반하는 작업을 할 경우에는 주틀간의 간격이 (①)m 이하로 할 것
(다) 주틀간의 교차가새를 설치하고 최상층 및 5층 이내마다 (②)를 설치할 것
(라) 수직방향으로 6m, 수평방향으로 (③)m 이내마다 벽이음을 설치할 것
(마) 길이가 띠장방향을 4m 이하이고 높이가 10m를 초과하는 경우에는 (④)m 이내마다 띠장방향으로 버팀기둥을 설치할 것

해답
① 1.8
② 수평재
③ 3
④ 10

강관틀 비계를 조립하여 사용시 준수사항 : 안전보건규칙 제62조

★★ [Zzan So] 법규문제는 통상 ( ) 넣기 문제가 잘 출제됩니다. 숫자를 완벽하게 암기하십시오.

06

다음은 거푸집 동바리 등을 조립할 때에 준수하여야 할 사항이다. ( )안에 알맞은 숫자 또는 용어를 기입하시오.

(가) 파이프 서포트를 (①)개 이상이어서 사용하지 아니하도록 할 것
(나) 파이프 서포트를 이어서 사용할 때에는 (②)가지 이상의 (③) 또는 전용철물을 사용하여 이을 것
(다) 높이가 (④)m를 초과할 때에는 높이 (⑤)m이내마다 수평연결재를 (⑥)개 방향으로 만들과 수평연결재의 변위를 방지할 것

해답
① 3   ② 4
③ 볼트 ④ 3.5
⑤ 2   ⑥ 2

주) 거푸집동바리 등의 안전조치: 안전보건규칙 제332조

★★ [Zzan So] 출제율이 매우 높은 문제입니다. ( )넣기가 아닌 3가지를 쓰시오라는 문제가 출제되기도 합니다.

07

산업안전보건법상 근로자가 작업이나 통행 등으로 인하여 전기기계기구 또는 전도 등의 충전부분에 접촉하거나 접근함으로써 감전의 위험이 있는 충전부분에 대하여 감전을 방지하기 위한 방호방법 3가지 쓰시오.

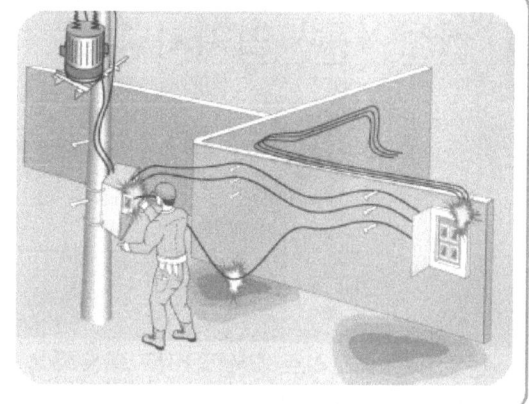

해답
1) 충전부가 노출되지 아니하도록 폐쇄형 외함이 있는 구조로 할 것
2) 충전부에 충분히 절연효과가 있는 방호망 또는 절연덮개를 설치할 것
3) 충전부는 내구성이 있는 절연물로 완전히 덮어 감쌀 것
4) 발전소, 변전소 및 개폐소 등 구획되어 있는 장소로서 관계근로자 외의 자의 출입이 금지되는 장소에 충전부를 설치하고, 위험표시 등의 방법으로 방호를 강화할 것
5) 전주 위 철탑 위 등 격리되어 있는 장소로서 관계근로자 외의 자가 접근할 우려가 없는 장소에 충전부를 설치할 것

주 전기기계, 기구 등의 충전부 방호 : 안전보건규칙 제301조

★★ Zzan So 본 문제는 통상 3가지를 쓰는 문제로 출제됩니다. 쓰기 쉬운 것부터 순서를 정하여 암기하십시오.

건설안전산업기사 2024년 2회

01

동영상은 콘크리트 타설장비를 이용하여 콘크리트 타설장면을 보여주고 있다. 산업안전보건법상 콘크리트 타설작업을 하기 위하여 콘크리트 타설장비인 콘크리트 플레이싱 붐(placing boom), 콘크리트 분배기, 콘크리트 펌프카 등을 사용하는 경우 준수사항 3가지를 쓰시오.

해답
1) 작업을 시작하기 전에 콘크리트 타설장비를 점검하고 이상을 발견하였으면 즉시 보수할 것
2) 건축물의 난간 등에서 작업하는 근로자가 호스의 요동·선회로 인하여 추락하는 위험을 방지하기 위하여 안전난간 설치 등 필요한 조치를 할 것
3) 콘크리트 타설장비의 붐을 조정하는 경우에는 주변의 전선 등에 의한 위험을 예방하기 위한 적절한 조치를 할 것
4) 작업 중에 지반의 침하나 아웃트리거 등 콘크리트 타설장비 지지구조물의 손상 등에 의하여 콘크리트 타설장비가 넘어질 우려가 있는 경우에는 이를 방지하기 위한 적절한 조치를 할 것

주 콘크리트 펌프 등 사용시 준수사항 : 안전보건규칙 제335조

02

산업안전보건법상 아세틸렌 용접장치에 관련된 다음 물음에 답하시오.

(가) 다음 ( )안에 알맞은 내용을 쓰시오.
사업주는 가스용기가 발생기와 분리되어 있는 아세틸렌 용접장치에 대하여 발생기와 가스용기 사이에 ( )를 설치해야 한다.

(나) 아세틸렌 용접장치의 아세틸렌 발생기실을 설치하는 경우 준수사항 2가지를 쓰시오.

해답 (가) 안전기

(나) 발생기실 설치 장소
1) 아세틸렌 용접장치의 발생기는 전용의 발생기실에 설치하여야 한다.
2) 발생기실은 건물의 최상층에 위치하여야 하며, 화기를 사용하는 설비로부터 3m를 초과하는 장소에 설치하여야 한다.
3) 발생기실을 옥외에 설치한 경우에는 그 개구부를 다른 건축물로부터 1.5m 이상 떨어지도록 하여야 한다.

주 1) **안전기의 설치**: 안전보건규칙 제289조
2) **발생기실의 설치장소 등**: 안전보건규칙 제286조

03

동영상은 낙하물방지망을 설치하는 작업장면을 보여주고 있다. 산업안전보건법상 낙하물방지망과 관련된 다음 (   )안에 알맞은 용어 또는 숫자를 쓰시오.

(가) 높이 10m이내마다 설치하고, 내민 길이는 (①)으로 할 것
(나) 수평면과의 각도는 (②)를 유지할 것
(다) 낙하물방지망은 산업표준화법에 따른 (③)에서 정하는 성능기준에 적합한 것을 사용하여야 한다.

해답
① 벽면으로부터 2m 이상
② 20도 이상 30도 이하
③ 한국산업표준

주 낙하물에 의한 위험의 방지: 안전보건규칙 제14조

길잡이

물체가 떨어지거나 날아올 위험이 있는 경우 위험방지 조치사항(안전보건규칙 제14조 2항)
1) 낙하물방지망·수직보호망 또는 방호선반의 설치
2) 출입금지구역의 설정
3) 보호구(안전모, 안전화 등)의 착용

04

터널공사 표준안전작업 지침상 터널공사 시 터널 작업면의 조도기준에 관련된 다음 (   )안에 알맞은 수치를 쓰시오.

(가) 막장구간: (①)Lux 이상
(나) 터널중간구간: (②)Lux 이상
(다) 터널입구·출구, 수직구 구간: (③) Lux이상

해 답
① 70
② 50
③ 30

※ 작업면에 대한 조도기준: 터널공사 표준안전작업지침(고용노동부고시 제2023-36호) 제36조

05

동영상에 보이는 1) 건설기계의 명칭과 2) 용도 2가지 쓰시오.

해 답
1) 건설기계의 명칭 : 모터 그레이더
2) 용어
   ① 지반 고르기(정지작업)
   ② 측구 굴착
   ③ 제설작업

모터 그레이더(moter grader)
1) 모터 그레이더는 토공기계의 대패라고 하며, 지면을 절삭하여 평활하게 다듬는 것이 목적이다.
2) 이 장비는 노면의 성형, 정지용 기계이므로 굴착이나 흙을 운반하는 것이 주된 작업이지만 하수구 파기, 경사면 다듬기, 제방작업, 제설작업, 아스팔트 포장재료 배합 등의 작업을 할 수도 있다.

06

동영상은 작업자 2명이 흡연후 작업자 1명이 맨홀 뚜껑을 열고 밀폐공간에 들어가 질식하는 장면을 보여주고 있다. 다음 물음에 답하시오.

(가) 산업안전보건법상 밀폐공간에 관련된 적정공기에 대한 ( )안에 알맞은 숫자를 쓰시오.
1) 산소농도 범위: 18% 이상 23.5% 미만
2) 탄산가스 농도: (①)% 미만
3) 일산화탄소 농도: (②)% 미만
4) 황화수소의 농도: (③)% 미만
(나) 밀폐공간 작업시 착용해야 할 호흡용 보호구 1가지를 쓰시오.

해답 (가) ① 1.5
② 30
③ 10
(나) 착용보호구: 공기 호흡기 또는 송기 마스크

★★ Zzan So 1) 적정공기 농도를 출제율이 매우 높은 법규상의 문제입니다.
2) 착용 호흡용 보호구는 1가지만 쓰라고 하면 공기호흡기 또는 송기마스크 중 1가지만 쓰면 됩니다. 2가지 쓰라고 출제된 적도 있습니다.

07

동영상은 공사중인 엘리베이터 피트를 주위에 안전난간(초록색 방호망이 씌워져 있음)과 「개구부 주의」라는 노란표지를 보여주고 있다. 산업안전보건법상 작업발판 및 통로의 끝이나 개구부에서의 추락위험방지 조치사항 4가지를 쓰시오.

해답
1) 안전난간 설치
2) 울타리 설치
3) 수직형 추락방망 설치
4) 덮개 설치

길잡이
1) 개구부 등의 방호조치(작업발판 및 통로의 끝이나 개구부에서의 추락 방지 대책)(안전보건규칙 제43조)
   ① 안전난간, 울타리, 수직형 추락방망 또는 덮개 설치(이하 난간등이라 함)
   ② (난간 등 설치 곤란시) 추락방호망 설치
   ③ (추락방호망 설치 곤란시) 안전대 착용
2) 추락 및 넘어질 위험이 있는 장소(작업발판끝, 개구부 등 제외)에서의 추락 방지 대책
   ① (비계 조립하여) 작업발판 설치
   ② (작업발판 설치 곤란시) 추락방호망 설치
   ③ (추락방호망 설치 곤란시) 안전대 착용

★★ Zzan So 출제율이 매우 높습니다. [길잡이] 내용도 모두 암기하여야 합니다.

08

동영상은 리프트 운행장면을 보여주고 있다. 산업안전보건법상 리프트에 관련된 다음 물음에 답하시오.

1) 동영상에서와 같이 리프트가 붕괴되거나 넘어지는 원인 1가지를 쓰시오.
2) 사업주는 순간풍속이 초당 (   )m를 초과하는 바람이 불어올 우려가 있는 경우 건설용 리프트(지하에 설치되어 있는 것은 제외)에 대하여 받침의 수를 증가시키는 등 그 붕괴 등을 방지하기 위한 조치를 하여야 한다. (   )안에 알맞은 숫자를 쓰시오.

해답
1) 리프트 붕괴 또는 넘어지는 원인
   ① 지반침하
   ② 불량한 자재 사용
   ③ 헐거운 결선
2) 35

주 리프트 등 붕괴의 방지 : 안전보건규칙 제154조

건설안전산업기사 2024년 3회

01

산업안전보건법상 투하설비에 관련된 다음 ( )안에 알맞은 용어를 쓰시오.

> 사업주는 높이가 (①)이상인 장소로부터 물체를 투하하는 경우 적당한 투하설비를 설치하거나 (②)을 배치하는 등 위험을 방지하기 위하여 필요한 조치를 하여야 한다.

해답
① 3m
② 감시인

높이 3m이상인 장소에서 물체 투하시 조지사항(안전보건규칙 제15조)
1) 투하설비 설치
2) 감시인 배치

02

01/4 기 05/4 기 06/4 산 07/1 기

동영상에서와 같이 이동식 비계를 조립하여 작업을 할 때에 준수사항을 3가지 쓰시오.

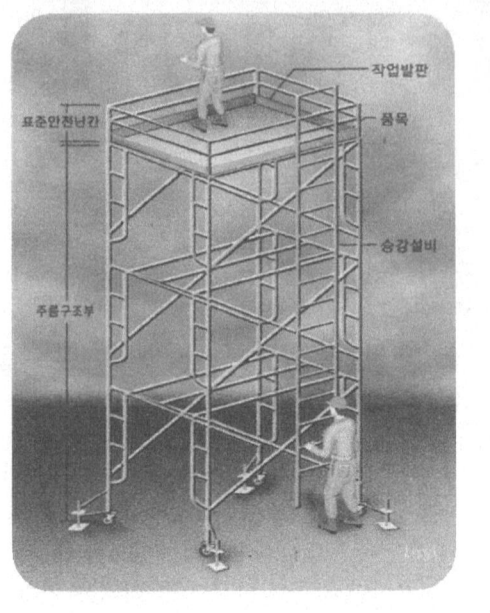

해답 1) 이동식비계의 바퀴에는 뜻밖의 갑작스러운 이동 또는 전도를 방지하기 위하여 브레이크·쐐기 등으로 바퀴를 고정시킨 다음 비계의 일부를 견고한 시설물에 고정하거나 아웃트리거(outrigger)를 설치하는 등 필요한 조치를 할 것
2) 승강용 사다리는 견고하게 설치할 것
3) 비계의 최상부에서 작업을 하는 경우에는 안전난간을 설치할 것
4) 작업발판은 항상 수평을 유지하고 작업발판 위에서 안전난간을 딛고 작업을 하거나 받침대 또는 사다리를 사용하여 작업하지 않도록 할 것
5) 작업발판의 최대적재하중은 250kg을 초과하지 않도록 할 것

주 이동식비계 : 안전보건규칙 제68조

03

지반 등을 굴착할 때에는 굴착면의 기울기 기준에 적합하도록 하여야 한다. 다음 지반의 종류에 따른 굴착면의 기울기를 ( ) 안에 쓰시오.

(가) 모래: (①)
(나) 풍화암 및 연암: (②)
(다) 경암: (③)
(라) 그 밖의 흙 1 : 1.2

해 답
① 1 : 1.8
② 1 : 1.0
③ 1 : 0.5

※ 굴착면의 기울기 기준 : 안전보건규칙 [별표 11] (2023.11. 개정)

★★ [Zzan So] 1) 굴착면의 기울기는 굴착면의 높이에 대한 수평거리의 비율을 말하는 것입니다.
2) 출제율이 매우 높으므로 반드시 암기하여야 합니다.

04

상시 작업하는 장소의 작업면 조도기준에 관련된 ( ) 안에 알맞은 수치를 쓰시오.

1) 초정밀작업 : (①)Lux 이상
2) 정밀작업 : (②)Lux 이상
3) 보통작업 : (③)Lux 이상
4) 그밖에 작업 : (④)Lux 이상

해 답
① 750   ② 300
③ 150   ④ 75

※ 작업면 조도기준 : 안전보건규칙 제8조

★★ [Zzan So] 자주 출제되는 출제율이 매우 높은 문제입니다.

05

동영상은 철근을 와이어로프 1줄걸이로 하여 들어올리는 장면(신호수가 보이지 않고 철근 인양작업을 하는 바로 아래에서 근로자가 작업을 하고 있음)을 보여주고 있다. 동영상의 작업상황에 대한 안전대책을 3가지 쓰시오.

해 답
1) 철근을 2줄걸이(양쪽 끝부분 2곳을 묶을 것)로 하여 수평으로 들어올릴 것
2) 신호수를 배치할 것
3) 작업구역 내에는 출입금지조치를 할 것

06

동영상은 터널 굴착작업 장면을 보여주고 있다. 산업안전보건법상 터널굴착작업시 1) 사전조사사항과 2) 작업계획서 내용 3가지를 쓰시오.

해 답
1) 사전조사 내용: 보링(boring) 등 적절한 방법으로 낙반·출수 및 가스폭발 등으로 인한 근로자의 위험을 방지하기 위하여 미리 지형·지질 및 지층상태를 조사
2) 작업계획서 내용
   ① 굴착의 방법
   ② 터널지보공 및 복공의 시공방법과 용수의 처리방법
   ③ 환기 및 조명시설을 설치할 때에는 그 방법

07

산업안전보건법상 사다리식 통로 등을 설치하는 경우 준수사항에 관련된 ( )안에 알맞은 내용 또는 수치를 쓰시오.

(가) 폭은 (①)cm 이상으로 할 것
(나) 사다리식 통로의 기울기는 (②)도 이하로 할 것

해답
① 30
② 75

주 사다리식 통로의 구조 : 안전보건규칙 제24조

길잡이

사다리식 통로의 구조 (사다리식통로 설치식 준수사항) : 안전보건규칙 제24조
1) 견고한 구조로 할 것
2) 심한 손상·부식 등이 없는 재료를 사용할 것
3) 발판의 간격은 동일하게 할 것
4) 발판과 벽과의 사이는 15cm 이상의 간격을 유지할 것
5) 폭은 30cm 이상으로 할 것
6) 사다리가 넘어지거나 미끄러지는 것을 방지하기 위한 조치를 할 것
7) 사다리의 상단은 걸쳐놓은 지점으로부터 60cm 이상 올라가도록 할 것
8) 사다리식 통로의 길이가 10cm 이상인 때에는 5m 이내마다 계단참을 설치할 것
9) 이동식 사다리식 통로의 기울기는 75° 이하로 할 것(다만, 고정식 사다리식 통로의 기울기는 90° 이하로 하고 높이 7m 이상인 경우 바닥으로부터 2.5m 되는 지점부터 등받이 울을 설치할 것)
10) 접이식 사다리기둥은 사용시 접혀지거나 펼쳐지지 않도록 철물 등을 사용하여 견고하게 조치할 것

08

동영상은 백호에 의한 경사면의 절토 작업 장면과 근로자가 경사면의 상부, 하부 동시에 작업하는 장면을 보여주고 있다. 경사면 절토 작업시 부득이하게 상하부 동시 작업을 할 경우 조치사항 3가지를 쓰시오.

해답
1) 견고한 낙하물 방호시설을 설치할 것
2) 부석을 제거할 것
3) 신호수 및 작업 지휘자를 배치할 것

2025 건설안전산업기사 실기 필답형 + 작업형

초판 1쇄 발행   2025년 5월 8일

지은이   경국현
펴낸이   정은재
펴낸곳   세영에듀

세영에듀
등록   제 2022-000031호
주소   서울 영등포구 경인로 71길 6, 3층
홈페이지   www.seyoung24.com
전화   02-2633-5119
팩스   02-2633-2929
이메일   syedu24@naver.com
ISBN   979-11-991961-4-8 (13530)
정가   42,000원

※ 파본은 구입하신 서점에서 교환해 드립니다.